战略·性
新兴
领域
"十四五"高等教育教材

U0368127

化工智能制造概论

Introduction to Intelligent Manufacturing in Chemical Industry

都　健　董亚超　主编

彭孝军　主审

微信扫描二维码获取本书配套资源
工程案例、教学课件

认准
正版

首次获取资源时，
需刮开网络增值服务码涂层，
扫码认证

I095573

刮开涂层
·扫码认证

网络增值服务码

化学工业出版社
·北京·

内容提要

《化工智能制造概论》是为满足过程工业高端化、绿色化、智能化可持续发展和新材料领域发展的重大需求而组织编写的战略性新兴领域"十四五"高等教育教材。全书共7章，包括智能制造背景与基本内容、工业大数据与数据挖掘、机器学习在智能化工中的应用、智能优化与化工过程综合、先进及智能控制系统、药物和精细化学品的智能制造、化工安全生产智慧化管理。本书重点介绍互联网、大数据、人工智能等新一代信息技术为化工智能制造提供的新方法与制造模式，并在每章引入了工程案例，以强化学生工程观念，培养其分析和解决实际工程问题的能力。

本书可作为化工、材料、制药等相关专业本科生教材，也可作为研究生教材及科技工作者的参考用书。

图书在版编目（CIP）数据

化工智能制造概论 / 都健，董亚超主编. -- 北京 ：化学工业出版社，2024. 8. --（战略性新兴领域"十四五"高等教育教材）. -- ISBN 978-7-122-46519-1

Ⅰ．TQ02

中国国家版本馆CIP数据核字第20243BA360号

责任编辑：徐雅妮　吕　尤
责任校对：刘　一　　　　　　　　　　　　装帧设计：刘丽华

出版发行：化学工业出版社（北京市东城区青年湖南街13号　邮政编码100011）
印　　刷：三河市航远印刷有限公司
装　　订：三河市宇新装订厂
787mm×1092mm　1/16　印张22　字数506千字　　2024年8月北京第1版第1次印刷

购书咨询：010-64518888　　　　　　　　　售后服务：010-64518899
网　　址：http://www.cip.com.cn
凡购买本书，如有缺损质量问题，本社销售中心负责调换。

定　　价：69.00元　　　　　　　　　　　　　版权所有　违者必究

随着工业 4.0 和智能制造概念的普及，化工等传统制造业以及新材料等新兴领域将向新范式过渡已经达成共识。中国共产党第二十次全国代表大会报告指出应建设现代化产业体系，并强调推动制造业高端化、智能化、绿色化发展。

石油、化工、材料等基础性产业是我国经济持续增长的重要力量，工业化和信息化的深度融合是其发展的关键推动力之一。由于这些相关行业生产具有连续性，与离散行业具有本质的不同，涉及多尺度系统，包括分子尺度、单元尺度、过程尺度、工厂尺度、园区尺度、产业链尺度等，需要科学地解决物质、能量、信息、资金在跨尺度间的传递和协同机制与系统集成问题。互联网、大数据、人工智能等最新信息技术的发展为化工与材料智能制造提供了新的方法与路径，并创新制造模式。

智能制造不仅受到了工业界和学术界的关注并开展了研究，也给高等教育提出了新的要求。为满足新科技发展所带来的产业变革与挑战，服务国家制造强国的战略，教育部、工业和信息化部及中国工程院发布了《关于加快建设发展新工科实施卓越工程师教育培养计划 2.0 的意见》。其中，以"信息 +"为特色的多学科交叉融合是实施新工科建设的重要路径。

在此背景下，本教材《化工智能制造概论》应运而生。该教材系统地介绍了智能制造背景与基本内容、工业大数据与数据挖掘、机器学习在智能化工中的应用、智能优化与化工过程综合、先进及智能控制系统，基于以上内容以药物和精细化学品的智能制造为例具体介绍了智能制造方法的应用，最后从化工安全角度介绍了化工安全生产智慧化管理内容；同时书中各章列举了多个化工智能制造的案例，突出智能制造"网络化＋数字化＋智能化"的协同制造新方式。

本教材由都健、董亚超主编，具体的编写分工为：第 1 章都健，第 2 章董亚超，第 3 章张磊、刘奇磊，第 4 章庄钰、刘琳琳，第 5 章董亚超、顾偲雯，第 6 章孟庆伟、赵静喃，第 7 章任婧杰、高伟；全书由中国科学院彭孝军院士主审。大连理工大学控制科学与工程学院的邵诚教授对本书提出了宝贵建议，博士生王超、邢雅枫、孙慧楠、赵雨靓、唐坤等参与了部分素材搜集工作，该教材由大连理工大学精品教材专项资助，在此一并表示感谢。

在教材编写过程中，参考了大量的文献资料，由于篇幅所限，未能全部列出，在此表示歉意。同时，向所有参考文献的作者表示衷心感谢。

由于编者水平有限，教材中难免有缺失和不足之处，恳请读者批评指正。

编者

2024 年 6 月

第 4 章　智能优化与化工过程综合　/133

第 5 章　先进及智能控制系统　/177

智能制造背景与基本内容

智能制造的产生与发展
- 产品智能化
- 装备智能化
- 制造智能化
- 服务智能化

智能制造的基本内容与体系基础及架构 —— IMSA架构

智能制造的关键信息技术
- 工业互联网
- 工业大数据
- 人工智能
- 信息物理系统
- 云制造
- 网络安全

数据驱动下的企业管理与运行

化学工业智能制造现状及面临的挑战

第**1**章

智能制造背景与基本内容

1.1 智能制造的产生与发展

制造业是我国国民经济的重要支柱产业，推动新兴产业发展和传统制造业升级，实现网络化、智能化制造是促进制造业高质量发展的重要途径。

在世界近代史上，工业文明的发展经历了四次革命。

18 世纪 60 年代英国发起的第一次工业革命，是一次技术革命，是从发明、改进和使用机器开始的，以蒸汽机作为动力机被广泛使用为标志，开始以机器代替手工工具，使人类社会进入到"机械化"时代。

19 世纪 60 年代后期开始的第二次工业革命，也是一场技术革命，是从发电机、电动机和内燃机的发明和应用开始，建立并迅速发展了电气、化工、石油等新兴产业，以电力在生产和生活中被广泛地应用为标志，人类社会进入到"电气化"时代。

20 世纪 40、50 年代开始的第三次工业革命，是以原子能、电子计算机、空间技术和生物工程的发明和应用开始，涉及信息技术、新能源技术、新材料技术、生物技术、空间技术和海洋技术等诸多领域，创建并发展了大批新型工业，第三产业迅速发展。其中最具划时代的标志是电子计算机的迅速发展和广泛运用，人类社会进入到"信息化"时代。

21 世纪开始的第四次工业革命，是信息科学技术在物理、数学、生物学基础上的进一步提升；生物、材料、能源、环境等多领域发现和发明多轨并行、交叉推动；从信息科学技术和多领域科学技术的深度融合和应用开始，信息技术渗透到各个领域，创建众多新业态，其标志是人工智能、大数据的快速发展和广泛应用，人类社会进入"智能化"时代。

智能制造是第四次工业革命的核心技术，第四次工业革命的共性赋能技术就是数字化、网络化、自动化技术和制造技术的深度融合形成了智能制造技术，又称为"工业 4.0（Industry 4.0）"。

"工业 4.0"概念最早出现在德国，于 2013 年的汉诺威工业博览会上正式推出，其核心目的是提高德国工业的竞争力，在新一轮工业革命中占领先机。"工业 4.0"是指利用信息物理系统（cyber physical systems，CPS）将生产中的供应、制造、销售信息数据化和智慧化，最后达到快速、有效、个人化的产品供应。

"中国制造 2025"与德国"工业 4.0"的概念有较强的相关性。2015 年 5 月，国务院正式印发《中国制造2025》，部署全面推进实施制造强国战略。

此外，为布局未来制造业发展，美国、法国、英国、日本等都提出了推动本国智能制造的相关政策、方案和途径。例如，美国的《先进制造业国家战略计划》《先进制造业美国领导力战略》；法国的《新工业法国》；英国的《英国工业2050战略》；日本的《智能制造系统》《工业价值链产业联盟计划》等。

从以上工业革命的发展过程可见，第一次、第二次、第三次工业革命，制造业一直以产品为中心推动发展，创新主要聚焦在产品功能与性能的延展与提升，但整体创新乏力，企业与企业及企业内部间信息沟通、安全保障、自动化水平提升等能力不足，导致生产效率提升难度大，制约了制造业竞争力的提升。而第四次工业革命即"工业4.0"概念是以"智能制造（intelligent manufacturing，IM；或者smart manufacturing，SM）"为主导的革命性生产方法，将制造业向智能化转型。

智能制造是为描述制造业与先进信息技术的融合而提出的，学术界研究者将其用IM或者SM两种模式表示。IM发展分为三个阶段：2000年前为第一阶段，即数字化制造，使用计算机及系统层面的操作，并在一定程度上应用了专家决策系统；2000—2020年为第二阶段，即SM阶段，其数字化制造是通过改进数字化模型、利用网络来适应动态环境和客户需求；2020年之后为第三阶段，即新一代智能制造阶段，即NGIM（new generation intelligent manufacturing，NGIM）阶段，使用机器学习（machine learning，ML）、大数据、物联网实现人机系统融合制造。也有学者认为SM与IM在有些时候虽然意义相同，但是相对于组织管理理念，IM更多地侧重于技术，而SM更多强调分析和控制。还有学者将SM看作IM的更新版本，利用物联网、信息-物理系统、云计算、大数据等智能技术可使工业4.0成为可能。

SM和IM对于新工业革命（工业4.0）来说是重要的模式/范式。SM和IM理念和技术发展的特征以及研究焦点是有重叠的，有合二为一的发展趋势，两者都利用了先进信息和通信技术来促进制造技术的发展。在不同的定义下，不同的理念和研究主题与SM或IM不同的发展时期有关联，其中制造业数字化、网络化和智能化发展趋势是这两种模式的共同特点。

综上所述，智能制造是由智能机器和人类专家共同组成的人机一体化智能系统，它在制造过程中能进行智能活动，诸如分析、推理、判断、构思和决策等。通过人与智能机器的合作共事，去扩大、延伸和部分地取代人类专家在制造过程中的脑力劳动。它把制造自动化的概念更新，扩展到柔性化、智能化和高度集成化。智能化是制造自动化的发展方向，在制造过程的各个环节几乎都广泛应用人工智能技术，尤其适合于解决特别复杂和不确定的问题。专家系统技术可以用于工程设计、工艺过程设计、生产调度和故障诊断等；也可以将神经网络和模糊控制技术等先进的计算机智能方法应用于产品配方、个性化的服务、生产调度等，实现制造过程智能化并满足绿色、低碳的发展方向。21世纪以来，由于信息技术的迅速发展，人类社会进入数字化、网络化阶段，所以智能制造的发展成为必然，它是"数字化+网络化+智能化"的协同制造新方式。

智能制造包括产品智能化、装备智能化、制造智能化和服务智能化四个层次，因此智能制造可以理解是先进制造成果、先进制造系统和先进制造模式的总称，智能制造模式可以用图1-1表示。

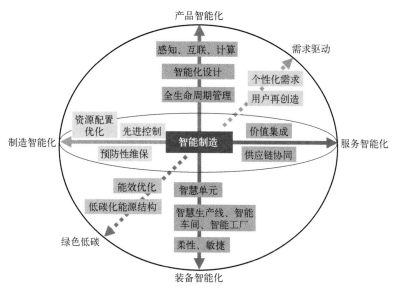

图 1-1 智能制造模式图

（1）产品智能化

智能制造支持产品的个性化定制，产品价值不仅仅由企业定义，也由用户定义；通过用户的认可、参与、分享来提升其市场价值。因此，实现产品智能化要求产品具有智能化设计，赋予用户在产品应用过程中的再创造能力。智能产品具有感知、互联和计算三个方面的功能。

（2）装备智能化

装备智能化是指使用新的、领先的设备和工艺，使制造企业能够制造更好的、特制化的甚至成本更低的产品；其融合物联网、大数据、云计算和人工智能等技术，使生产设备或生产线具有感知、分析、推理、决策、执行、学习及维护等方面的自组织和自适应能力。装备智能化包括单机智能化，以及智能生产线、智能车间、智能工厂。由智能化装备构成的生产系统是基于价值链集成的，具有柔性、绿色、低碳等特点。

（3）制造智能化

智能制造建立了消费与制造过程间无障碍的沟通、供应链中的协同关系，而且规模化的概念和模型也发生了变化，生产模式转型为个性化定制、极少量生产、服务型制造以及云制造等新的业态和新的模式。

（4）服务智能化

服务智能化强调知识资本、人力资本和产业资本的融合，使得智能制造突破传统的"以产品为核心"的制造模式，向"提供具有丰富服务内涵的产品和依托产品的服务"的制造模式转变，直至为顾客提供整体解决方案。

总的来说，智能制造是信息技术、工业制造或操作技术（operation technology，OT）和人的聪明才智及创造性融合发展的结果，引导了制造系统的迅速发展。然而，智能制造仅仅是一个实现制造业终极目标的工具，通过理解、积累和应用制造过程及系统知识库维持竞争优势，其最终目标还是减小缺陷、提高质量、提高生产率、降低成本、预测故障并在发生前停机、减少浪费、增强可持续性。

智能制造日益成为未来制造业发展的重大趋势和核心内容，是加快发展方式转变、促进工业向中高端迈进、建设制造强国的重要举措，也是新常态下打造新的国际竞争优势的必然选择。2021年，我国已陆续发布了《"十四五"数字经济发展规划》《"十四五"信息化和工业化深度融合发展规划》《"十四五"智能制造发展规划》等一系列政策；2023年12月，又发布了《2023年度国家智能制造政策》，从国家层面部署推动智能制造发展。同时，为了加速推动制造企业转型升级，我国各地纷纷出台了推进智能制造与数字化转型的政策措施，对各地制造企业转型给予指引。

1.2 智能制造的基本内容与体系基础及架构

智能制造模式是集中式控制向分散式增强型控制的基本模式改变。分散式控制的制造系统其资源在地理上是分散的，但通过中心节点相互连接，形成了具有分散式智能并能够自行决策的协作网络，有助于实现共享制造的潜力，目标是建立一个高度灵活的个性化和数字化的产品与服务的生产模式。它将互联网、物联网、云计算、大数据、人工智能等新一代信息技术，贯穿于设计、生产、销售、服务、管理等制造活动各个环节。智能制造的基本内容包括智能产品、智能工厂、智能生产和智能物流。

（1）智能产品

"智能产品"更强调消费与制造之间的关联，支持产品的个性化定制，产品价值不仅仅由企业定制，也由用户定义来提升其市场价值。因此，实现产品智能化要求产品具有智能化设计，赋予用户在产品应用过程中的再创造力。

（2）智能工厂

"智能工厂"是一个集成了先进技术和系统的制造环境。它利用物联网、大数据分析、人工智能等技术，实现工厂的自动化、数字化和网络化。它是一种新的生产和管理模式，能够实现工厂各个业务之间的无缝衔接、最低的人工投入。

（3）智能生产

"智能生产"主要涉及整个企业的生产物流管理、人机互动以及3D技术在工业生产过程中的应用等。智能生产建立了供应链中的协同关系，生产模式为个性化定制、极少量生产、服务型制造以及云制造等新的业态和新的模式。

（4）智能物流

"智能物流"主要通过互联网、物流网，整合物流资源，充分发挥现有物流资源供应方的效率，而需求方则能快速获得服务匹配，得到物流支持，实现个性化的生产、服务和资源的优化配置。

智能制造驱动新一轮工业革命，核心特征是互联。互联网技术降低了产销之间的信息不对称，加速两者之间的互相联系和反馈，因此，催生出消费者驱动的商业模式，真正能够实现"C2B2C（consumers to business to consumers）"的商业模式。

　　智能制造是在传统经典制造技术基础上，融合自动化、信息化、数字化和智能化技术，对组织架构、物料、设备、能源和信息所组成的生产系统进行规划、设计和改善，使资源要素效率最大化，是在传统制造模式、技术和管理架构基础上的升级和重构。但是智能制造仍然要面对产品价格、订单下达、生产计划、作业调度、生产组织、质量控制、原料供应、库存监控、成本控制、财务核算、组织架构、业务模式和管理等相关问题，因此传统的经典制造体系及管理技术仍然有其重要的现实意义。20世纪60年代以来，信息化技术在制造业不断推广及应用，从90年代至今，其管理目标已经不仅包括时间、质量、成本，还包括环境和服务等；其核心思想从信息集成、过程集成，发展到产业链集成，即企业内外部资源整合、优化配置、绿色制造等；路径、模式与管理上也实现了创新，从计算机集成制造、并行工程，发展到敏捷、网络和面向服务的客户中心；信息技术也从PC数据库网络通信、计算机辅助技术决策科学专家系统，发展到互联网、多媒体、物联网、大数据和人工智能；这些过程都夯实了智能制造的体系基础。

　　智能制造是一个先进制造系统的综合集成体系，有必要建立一个通用的智能制造架构模型，图1-2是中国国家标准化管理委员会提出的智能制造系统架构模型（intelligent manufacturing system architecture，IMSA）。

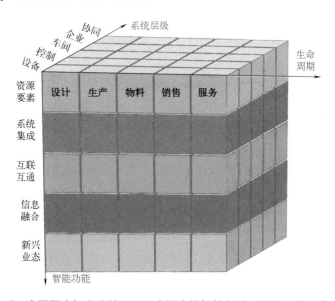

图1-2　中国国家标准化管理委员会提出的智能制造系统架构模型（IMSA）

　　中国的IMSA智能制造模型从生命周期、系统层级和智能功能三个维度构建了智能制造系统架构：

　　MSA的生命周期包括设计、生产、物流、销售和服务等一系列相互联系的链式集合体。

　　IMSA的系统层级包括设备、控制、车间、企业和协同五个层级，这五个系统层级体现了物联网、装备智能和工业互联网的发展方向。

① 设备层级包括传感器、仪器仪表、条形码、射频识别、机器、机械和装置等，是企业生产活动的物质技术基础。

② 控制层级包括可编程逻辑控制器（programmable logic controller, PLC）、数字信号处理器（digital signal processor, DSP）、高级精简指令集的微处理器（advanced RISC machine, ARM）、监视控制与数据采集（supervisory control and data acquisition, SCADA）系统、离散控制系统以及先进控制系统（advanced control system, ACS）等。

③ 车间层级实现面向工厂或者车间的生产调度及运行管理，典型的系统有制造执行系统（manufacturing execution system, MES）、实验室信息管理系统（laboratory information management system, LIMS）、设备管理系统（equipment management system, EMS）等。

④ 企业层级实现面向企业的经营和决策管理，包括企业资源计划（enterprise resource planning, ERP）、产品生命周期管理（product lifecycle management, PLM）、客户关系管理（customer relationship management, CRM）和供应链管理（supply chain management, SCM）等。

⑤ 协同层级由产业链上不同企业通过互联网络共享信息实现协同研发、智能生产、高效物流和智能服务等。

IMSA 的智能功能包括资源要素、系统集成、互联互通、信息融合和新兴业态五个内容，体现了智能化技术对新制造模式的创新支持。

① 资源要素包括有形资源和无形资源。有形资源包括产品图纸、工艺文件、原材料、设备、工厂、资本、能源、人员等物理实体；无形资源则包括创新能力、管理能力以及企业文化等。

② 系统集成是指通过二维码、射频识别以及通信等信息技术集成各类资源要素，实现从智能装备到智能生产单元、智能生产线、智能工厂，乃至智能制造系统的全集成。

③ 互联互通是指通过有线、无线等通信技术实现机器与机器、机器与人、企业与企业之间的广泛联通。

④ 信息融合是指在系统通信和集成的基础上，在保障数据和信息安全的前提下，利用云计算和大数据技术等实现信息共享。

⑤ 新兴业态是指包括个性化定制、产业链融合以及云制造等新的业务模式和产业模式。

从 IMSA 各维度的逻辑关系看，其"生命周期维度"和"系统层级维度"组成的平面自上而下一次映射到了"智能功能维度"的五个方面，最终形成智能设备、智能工程、智能服务、工业软件和大数据及工业互联网等智能制造关键技术体系。

1.3　智能制造的关键信息技术

工业领域经过第一次、第二次和第三次工业革命的发展，人们对工程中确定性问题的认识和控制已趋于成熟，但在生产效率、成本、质量以及产品个性化需求和服务等方面尚存在大量的不确定性问题，无法用精确的数学模型等固定的模式描述。而智能制造能够实现更高效、绿色和可持续的生产制造，互联网、大数据、人工智能、信息物理系统、云制造和网络安全等信息技术可以解决非结构化和不确定性问题，在智能制造中起到关键性作用。下面对这六类关键信息技术进行简要介绍。

（1）工业互联网技术

工业互联网被认为是自 18 世纪中叶的工业革命以及 20 世纪 50 年代的计算机革命之后的新工业革命的推动力。以互联网为代表的新一代信息技术与工业系统深度融合形成的产业和应用生态，是工业智能化发展的关键综合信息基础设施。工业互联网的未来很大程度上取决于先进信息和通信技术在传统工业的应用，包括射频识别技术、传感网络、物联网、信息物理系统、云计算、大数据和人工智能。工业互联网是开放、全球化的网络，将人、数据和机器连接起来，是全球工业系统与高级计算、分析、传感技术及互联网的高度融合。工业互联网的本质和核心是通过工业互联网平台把设备、生产线、工厂、供应商、产品和客户紧密地连接融合起来。可以帮助制造业拉长产业链，形成跨设备、跨系统、跨厂区、跨地区的互联互通来提高效率，推动整个制造服务体系智能化。这有利于推动制造业融通发展，实现制造业和服务业之间的跨越发展，使工业经济各种要素资源能够高效共享。工业互联网相对智能制造是一种重要且独立的研究，典型的工业互联网架构对发展早期智能制造架构产生了重要影响。工业互联网以"数据"为核心，把工业产品的全生命周期（研发、物料供应、生产、装配、包装、存储/物流、使用）的数据，传感器、机器、设备、设施、工厂等物理实体的数据，工业信息化应用的数据，人和流程的数据等，进行融合加工处理，打通各个环节，形成工业的数字孪生，将人工智能和优化等算法相结合，提升工业能力，创造增量价值。工业互联网是在已有的工业化和信息化成果基础上，将新一代网络信息技术与制造业技术进行深度融合的产物，是工业实现数字化、网络化、智能化发展的重要基础设施，推动工业系统全尺度、全要素、全产业链、全价值链的全面链接。无疑，基于工业互联网的工业制造和服务体系是面向特定工业场景的，工业互联网只有与特定行业的应用需求及其技术经济特征深度融合，才能真正推动工业系统进步，实现全尺度、全要素和全价值链的融合与协同。因此，发展工业互联网技术，除了关注传感器及标识技术、云计算及边缘计算、高速高通量及可靠通信网络、工业大数据以及人工智能等通用性技术，还需基于特定的行业需求与知识模型，提出有针对性的工业互联网架构平台，并研究其专业化技术。

（2）工业大数据技术

工业大数据是指企业在生产经营过程中所产生的海量数据，涵盖包括市场、设计、制造、服务和循环利用等全生命周期的各个环节，具有多源性、关联性、低容错性、时效性和专业性特点。大数据无法用常规软件工具在合理的数据内进行捕捉、管理和处理，需要用创新的模式才能处理海量、高增长和多样化的数据资产。大数据的含义包括了两层含义：一是对海量数据的采集、存储和关联分析的方法创新；二是大数据是一种发现新知识、创造新价值、提升新动能的新技术和新业态。大数据兼顾了规模（volume）、速度（velocity）、多样（variety）、真实（veracity）特点，正是因为大数据的这些特点，相应的技术具有了发现新知识的巨大潜在价值。大数据概念是一种对大规模数据模式的描述，也是一项与大数据相关的技术架构，是在新一代信息系统构架和技术背景下，对数量巨大、来源分散、格式多样的数据进行采集、存储和关联性分析的技术体系，包括数据采集、数据存储、数据处理（数据挖掘）以及数据展现与交互。大数据技术通过数据整合分析和深度挖掘来发现规律，建立从物理世界到数字世界和网络世界的无缝链接，实现从数据到智能的转换。工业大数据是工业领域信息化应用中所产生的数据，其基于网络互联和大数据技术，贯穿于工业的设计、工艺、生产、管理、服务等各个环节，使工业系统具备描述、诊断、预测、决策、控制等智能化功能。工业大数据在类型上主要分为现场设备数据、生产管理数据和外部数据。现场设备数据是来源于工业生产线设备、机器、产品等方面的数据，多由传感器、设备仪器仪表、工业控制系统采集产生，包括设备的运行数据、生产环境数据等；生产管理数据指传统信息管理系统中产生的数据，如供应链管理（SCM）、客户关系管理（CRM）系统、企业资源计划（ERP）系统、制造执行系统（MES）等；外部数据指来源于工厂外部的数据，主要包括来自互联网的市场、环境、客户、政府、供应链等外部环境的信息和数据。

（3）人工智能技术

人工智能（artificial intelligence，AI）是一种通过应用逻辑、if-then 规则、专家系统、决策树和机器学习等方法使计算机可模仿、加强或者代替人类大脑的技术。它是计算机科学的一个分支。人工智能早期的应用使用代理和通用算法。机器学习是人工智能的子集，包括统计技术，使机器根据经验改进任务。深度学习是机器学习的子集，它使用的软件算法是通过将大量数据导入到多层神经网络实现的。人工智能（AI）是智能制造（IM）的一种重要工具，其研究人的智能的理论、方法、技术及应用系统，并企图了解智能的实质，生产出一种新的能以人类智能相似的方式做出反应的智能机器。企业在描述客户需求、设计产品和生产经营中，有许多非数值型、离散型、不确定性和模糊的决策问题，例如生产工艺路线选择、过程系统综合、过程系统控制、装置开停车、故障诊断和处理等，均需要基于大数据的人工智能技术来解决，这些都是智能制造的关键创新及核心应用价值所在。

目前，人工智能有两大趋势，一是大数据驱动的人工智能，二是机理模型与数据模型融合的人工智能。

① 大数据驱动的人工智能

大数据技术驱动下，人工智能在计算机视觉、自然语言处理、生物特征识别等领域进展显著，尤其是以神经网络为基础的深度学习，极大地提高了机器学习算法的性能。神经网络是对人类大脑的模拟，特别是模拟人类大脑在已有数据基础上的学习和模型提炼的过程。

② 融合了机理模型与数据驱动模型的人工智能

大数据驱动的人工智能算法是完全基于数据挖掘的，而融合了机理的数据模型是将专业领域的机理模型与数据驱动模型深度结合，形成灰箱模型，以满足动态性、时效性和对分析结果准确性要求都很高的应用需求，特别是工业领域的应用需求，且自从工业化以来，基于数学模型驱动的控制技术在工业自动化发展中一直发挥着至关重要的作用。

（4）信息物理系统

信息物理系统（CPS）最早由美国提出，2007 年将其列为重点发展的八大关键信息技术的第一位，是德国工业 4.0 的核心技术。CPS 通过集成感知、计算、通信、控制等信息技术，构建物理空间与信息空间中人、机、物、环境、信息等要素相互映射和实时交互，实现系统内资源配置和运行的按需响应、快速迭代及动态优化。CPS 是一套综合技术体系，包含硬件、软件、网络、工业云等一系列信息通信和自动控制技术，这些技术有机组合与应用，构建起一个能够将物理实体和环境精准映射到信息空间，并能够进行实时反馈的智能系统，可作用于生产制造全过程、全产业链和产品的全生命周期。

（5）云制造

云制造是指将网络化制造和服务技术同工业互联网、人工智能和云安全等技术相融合，对制造装备、知识体系、产能、管理能力、制度与文化等制造资源进行数字化、网格化和共享化，实现制造资源和制造能力的统一管理、按需定制与部署，使之能自动和自适应地实现资源及服务的最优化分发和应用，为制造单元提供全生命周期的、按需的、安全可靠的、质优并经济的制造资源与服务。制造资源按其形态分为硬制造资源和软制造资源两类。硬制造资源包括机械、设备、物资、人员等有确定物理形态的资源，软制造资源包括各种制造模型、企业组织架构、知识库、数据信息及软件系统等没有物理形态的资源类型。

（6）网络安全技术

网络安全技术是指保障网络系统硬件、软件、数据和其他服务的安全而采取的信息安全技术。智能制造过程中，物联网介入到设备内部及过程控制的核心领域，因此数据通信和信息互通将涉及底层感知、网络连接和应用层面的安全及管理问题，这超出了一般意义的网络安全界定，要求建立面向工业需求的网络安全技术体系，包括：虚拟网技术、防火墙技术、病毒防护技术、入侵检测技术、安全扫描技术、认证和数字签名技术等。

1.4　数据驱动下的企业管理与运行

数据驱动下企业管理、运行与安全离不开企业资源计划（ERP），ERP 是将企业的业务流程看作是由几个紧密连接且协同作业的支持子系统构成的供应链系统，支持子系统包括财务、市场营销、生产制造、质量控制、服务和工程技术等。最初，ERP 只是一种基于企业内部"供应链"的管理思想。现在，"供应链"思想从企业内部发展到了全企业链乃至跨行业，ERP 管理范围亦相应地由企业内部扩展到了整个产业链，对象包括原料供应、生产加工、物流配送、产品流通以及最终消费者，主要体现在以下四个方面。

（1）对整个供应链进行管理的思想

企业的生产经营与供应链的各个参与者都有密切关联，企业必须将供应商、设备制造商、分销商和客户纳入一个衔接紧密的价值链中，才能合理、有效地安排企业的经营活动，满足企业利用一切有益资源进行生产经营的需求，以期进一步提高效率并在市场上赢得竞争优势。

（2）精益生产和敏捷制造的思想

ERP 支持混合型生产组织形式，其管理思想体现在两方面：一是"精益生产"（lean production），即企业将客户、销售商、供应链等纳入生产体系内，形成利益共享的合作关系。二是"敏捷制造"（agile manufacturing），企业依据任务要求，组织由研发部门、生产单元、供应商和销售渠道组成的供应链，用最短时间完成产品开发、生产及销售，保证产品的高质量、多样化和灵活性。

（3）事先计划和事中控制的思想

ERP 强调业务的计划性，其计划体系包括：主生产计划、物料需求计划、能力计划、采购计划、销售执行计划、利润计划、财务预算和人力资源计划等，这些计划的制定和执行监控功能完全集成到供应链的管理之中，形成由计划制定、监控和考核组成的封闭业务。

（4）追求整体最优化的管理思想

互联网信息的共享性和交互性改变了企业运营的商业环境，企业必须从只注重内部资源的配置转向到注重企业内外资源的整体优化配置，从企业内业务集成转向到整个供应链的业务协同。企业信息化平台也随之从面向事物处理的业务模式向面向知识的自动化、智能化模式发展，实现供应链优化、成本优化、资本优化、客户关系和股东关系优化、投资增值、人员设备及资源优化等，以实现全面的、系统性的整体优化。

此外，市场分析预测、产品研发、生产控制、计划及调度、经营决策等活动都是企业生产经营过程不可分割的整体活动中的一部分，具有很强的集成性，为此，计算机集成制造系统（computer integrated manufacturing system，CIMS）逐步发展为工业生产领域的主要技术之一，CIMS 系统的目标、结构、组成、约束、优化和实现等方面均体现了系统的总体性和一致性，而 ERP 则是 CIMS 的核心系统。而处于 ERP 和控制层之间的执行层是制造执行系统（MES），它主要负责生产管理和执行调度，通过对生产过程的整体优化来实现企业的完整闭环生产。MES 包括计划排程管理、生产调度管理、生产过程控制、项目管理、生产数据集成分析、上层数据集成分解等管理模块。

1.5 化学工业智能制造现状及面临的挑战

前面 1.1 节中我们介绍了世界近代史上工业过程发展经历的四次革命。同样，为满足现代化工行业发展的需求，化工行业智能化升级转型也势在必行，它是化工与人工智能等前沿领域多学科技术交叉融合升级的过程，如图 1-3 所示。

石化工业属于流程制造业，是国民经济的支柱产业，也是我国经济持续增长的重要支撑力量。经过数十年的发展，我国已成为石化制造大国，其生产工艺、装备、自动化水平都得到了大幅度提升，部分工业装置的装备水平与发达国家相当，甚至更先进，但在国际市场环境的新常态发展背景下，当前石化行业面临产能过剩、成本上升、效益下滑、资源环境约束、总资产平均回报率低等问题。主要原因是石化企业的底层感知、全流程控制和优化以及顶层的智慧决策方面存在相应的不足。因此，在经济新常态下，我国石化行业面临更严酷的竞争和市场形势。智能制造是石化产业转型升级、可持续发展的重要发展途径。

图1-3　化工行业的智能化转型升级过程

　　目前，自动化控制系统和信息管理系统在石化工业中已普遍配置，大部分石化企业建成了以企业资源计划（ERP）、制造执行系统（MES）和实时数据库为主线的生产经营信息化体系，辅以覆盖全公司生产质检和环保监测的实验室信息管理系统（LIMS）、重要生产装置的先进控制系统等。但在涉及装置运行与生产管理的核心技术的智能化方面仍存在一定差距，主要体现在：①信息的集成共享程度和深入挖掘程度不够，信息的共享不规范造成引用和维护的复杂度过大；②现有的信息系统相对独立，不能满足企业运营的信息化需求；③计划、调度、操作一体化协同依靠人工知识衔接，没有真正贯通生产管控全流程；④生产运行与设备的安环监控实时性与精准性不够等。

　　化工过程是通过物质和能量的可控转化和传递来生产化工产品的工业过程，涉及物质结构与工艺设计、生产制造运营，以及产业链集成的宽广领域，为新材料、新能源、生物医药，乃至信息技术行业提供基础性的支撑。与离散制造行业相比，化工行业是典型的多尺度系统，包括分子尺度（原子经济性工业代替平衡）、单元尺度（换热器、精馏、反应器、闪蒸、泵、燃烧炉等）、过程尺度（工艺流程）、工厂尺度（最优化调度、最优资源配置）、园区尺度（工业代谢平衡）、产业链尺度（全生命周期的开放、协同）。这一多尺度系统由多种结构化与非结构化的机制共存，相互影响并耦合，具有非线性和非平衡态特性。要实现化工系统的稳定和均衡，需依赖更多外部的输入性因素，如物料、能量、资金、信息的有效管控。这给化工行业在新技术和新经济模式的转换过程中带来了更大的挑战，如全产业链集成下的运营模式创新、全球范围内的资源优化配置、绿色化导向下的技术迭代，特别是更严格的健康、安全与环境要求的挑战。新技术带来的挑战对行业的稳定运行形成了冲击，但无疑也提供了新的机会和发展路径。

　　由于石化行业生产具有连续性特征，使其智能制造内涵与离散工业有所区别。对于流程工业而言，智能制造重点解决的是多生产单元流程之间的协调优化，而不再是单个工序的最优化生产。对于石化工业而言，智能制造的核心就是生产流程各项业务的系统集成，通过发展联系各信息孤岛系统的有效方法，如实时优化与控制一体化、计划调度一体化、过程设计与控制一体化等，真正将资金流、物质流、信息流和能量流四流合一。石化行业中工业互联网、人工智能、大数据等技术被广泛应用，推动了新一轮技术和管理的创新，因此，要求企业在供应链全生命周期内进行整合和优化，对智能制造的关键技术及应用要开展深入的研究。石化行业实施《中国制造2025》，是希望加快发展大数据、云计算、物联网应用，以新技术、新业态和新模式推动石化产业生产、管理和营销模式变革为目的，推动我国石化行业智能优化制造，从而进一步推动流程工业智能优化制造。

目前石化行业生产全流程的信息检测、建模、优化控制、企业经营管理决策以及故障监测和安全环保指标溯源等多个方面的进展如下。

（1）石化生产过程运行信息检测

石化生产过程的优化调控依赖于对更多工艺参数的检测以满足智能化运行的需求，传统的温度、流量、压力、液位等过程变量检测已在工程实践中得到了广泛的应用，但对复杂成分的物理化学性质在线实时检测仍待进一步研究。很多新型检测仪器设备大多数是针对采样样本做离线（也称回原位）检测和分析，不能满足在线检测、实时过程动态检测、实时反馈控制以及动态过程优化的系统运行要求，高精度和高实时性的检测需求仍受到工业界和学术界的广泛关注。

针对石化生产过程中通常具有的大滞后、大惯性、强非线性时变以及多变量耦合特点、标签数据样本不充分、小样本处理等种种特点，发展了一批软测量方法的有效思路与解决方法。基于案例推理、遗传算法、神经网络等的软测量方法已经在石化软测量中有大量应用案例。但软测量方法是基于数据驱动的方法，较大程度上依赖样本数量和质量，导致其在应用于不同工况和操作条件下的有效性、无偏性以及泛化适用性等方面存在很多不足之处。发展有效结合过程机理模型与先验专家知识的软测量方法已经越来越得到普遍共识。

（2）石化生产过程建模

石化生产过程是一个将石化原料通过物理过程和化学反应等实现不同形式物质与能量的相互转换与传递，从而生产石化产品的过程。生产工艺流程一般都很长，物质流、能量流、信息流耦合关系十分复杂。采用过程机理和运行信息智能融合策略建立一个多层次、多结构的生产过程模型，是实现石化生产过程先进控制和优化运行的基础。目前，针对石化生产过程的建模研究主要集中于三点：信息预处理、机理建模和混合建模。

① 信息预处理

石化企业生产中能够用来建模的信息量巨大。然而信息源种类很多，包括各类图像、文本以及数据等，这些信息存在不同程度的误差、噪声、时序不匹配、信息不全等问题，在建模之前需要对信息进行有效的识别和筛选。

② 机理建模

在获得了较为充分和详实的过程信息之后，可以根据过程机理建立准确的模型。机理建模能够有效地反映工艺过程的特点及规律，具有工程背景清楚、可解释性强等特点。若对过程机理了解较少，一般采用数据驱动的黑箱模型进行建模。

③ 混合建模

虽然机理模型具有较高的精确度和较广的适用范围，但是由于石化生产工艺流程较长，装置间耦合严重，采用分析过程机理逐个装置建立模型这种方式，很容易造成误差的逐级放大，模型收敛性和稳定性也很难保证。同时由于过程具有多变量、非线性、时变、工况波动范围较大等特点，采用数据驱动建模方法也很难得到满意的模型。近年来，混合模型由于综合了过程机理和流程信息，建模过程中能有效降低模型复杂度和改善模型性能，在石化工业受到了广泛的关注。这类模型首先根据过程机理特点，选择恰当的建模方法建立整体模型中的子模型，然后根据模型结构和目标特点，选择合适的方法实现子模型融合，最终建立适合工业过程的模型。根据子模型的不同，主要可以分为数据驱动融合建模和半参数建模方法。数据驱动融合建模方法主要采用回归分析、人工智能和统计学习理论建立子模型，然后通过融合算法实现子模型融合。这种方法融合了多个单一数据驱动模型，获得了对特定对象的完整表达，提高了模型的整体泛化能力。半参数建模方法采用基于机理的参数模型和基于数据的非参数模型融合来建立过程模型。根据模型结构可分为串联结构和并联结构。其中串联结构的半参数模型采用数据驱动模型建立过程模型，然后将该模型融入整体机理模型结构中，可以降低模型的整体复杂度，同时提高模型效率。另一方面，并联结构的半参数模型首先根据过程特性建立机理模型，然后采用数据驱动模型建立过程中难以用机理描述的部分，通过并联方式实现机理和数据驱动的互相补偿，最终建立完整的过程模型。

（3）石化生产过程先进控制和优化运行

石化装置在实际生产运行中会受到大量可测或不可测扰动的影响，如生产负荷的变化、进料组成的变化、原料产品价格的波动等，因而及时响应各类扰动持续或间歇性的影响，维持装置的最优操作运行成为石化装置经济效益、环境效益最大化的关键。在传统的石化装置操作中，实时优化器（或监督层）计算符合当前装置特性的最优操作条件，下层的（先进）控制器负责最优操作条件的实施及装置状态稳定。近30年来，石化装置的运行优化和先进控制研究分别取得了较大的进步，其中模型预测控制在复杂工业过程中取得了巨大的成功，是应用较为广泛的先进控制技术。但是如何使优化与控制高效地协同工作，实现优化控制一体化依然面临较大的挑战。

（4）石化企业经营管理决策

能源市场需求瞬息万变、国内外市场竞争日益激烈以及市场环境日益复杂化，使得石化企业经营管理面临着严峻的挑战。如何充分运用信息技术、完善石化行业企业制度、突出经营主线、把握市场需求、优化生产方案、降低采购成本、提高企业经营科学决策水平、提升企业竞争力，是石化企业和研究者迫切需要解决的关键问题。目前石化企业经营决策主要包括物料采购决策、管理决策、营销决策和生产决策。

（5）石化生产过程异常工况诊断和风险评估

石化行业生产规模大，生产条件苛刻，过程中直接或间接使用了大量有毒、易燃易爆的危险化学品，健康、安全、环境（health、safety、environment，HSE）要求贯穿了整个石化生产过程。化工过程安全经过多年发展，已经形成了较为完备的安全设计和管理体系，包括本质安全设计、危险和可操作性分析（hazard and operability analysis, HAZOP）、变更管理、报警管理、保护层设计、安全完整性等级评估等。

① 异常工况诊断

化工事故往往起源于生产过程中的异常状态，故障诊断是对生产异常行为的第一反应，是保障化工过程安全、平稳运行的重要工具。故障诊断可以分为基于历史数据的方法、基于定性模型的方法和基于定量模型的方法。随着化工事故数量的增加，分析历史化工安全生产事故对安全管理和技术发展显得尤为重要。数据挖掘是安全生产事故数据分析的主要手段，常用的安全生产事故数据分析方法包括聚类分析、决策树、关联规则分析等。这些研究大都以建立高效的事故信息检索系统为目标，分析工艺、事故类型、涉及物质在化工过程事故中的比重，建立知识库。结合 HAZOP 和其他安全分析手段，指导化工生产过程中危险辨识、预警和实时操作。

② 事故应急响应

应急响应决策系统由多个部分构成，涉及扩散模型、泄漏源预测、火灾爆炸评估、人员行动预测、地理信息系统以及相关数据库等多个子系统。事故后果评估是依据泄漏源和气象、地表信息，借助气体扩散模型预测泄漏事故的影响范围，为人员疏散和应急处置提供决策支持。

③ 风险评估与布局优化

园区布局是在考虑各类事故发生风险的前提下，对工艺装置布局进行科学、统筹安排，目的是降低各类事故发生后对人员造成的风险。合理安排的园区、装置能够降低毒气泄漏、火灾或爆炸对现场人员和园区外居民的危害。由于布局问题涉及园区从建设到使用的整个生命周期，需要综合考虑首轮投资、运行费用和风险因素。

目前，对于石化行业智能优化制造，国内相关企业已经开展了一些前沿的工作。但相比于国际石化企业，我国石化行业智能优化制造仍有一定的差距，在一些方面仍需要提升内涵。因此，石化行业智能优化制造的愿景目标是：依托现有信息物理制造系统，通过大数据、云计算、物联网、虚拟制造等信息集成和处理技术，融合过程机理和数据信息，深刻贯彻安全环保为主旨，以知识自动化为主线，实现装备智能检测和传感，推动全流程精准建模和分析，打造贯穿生产、管理以及营销全流程的一体化控制和决策平台，实现以高端化、智能化、绿色化、安全化为目标的石化行业智能优化制造，提升企业经济效益和社会效益，最终实现石化行业升级转型。

为实现石化行业智能优化制造的愿景目标，研究的新方向应主要集中在以下几个方面。

（1）智能检测、传感和信息集成

在检测方面，石化企业生产过程优化调控和经营管理优化决策需要大量的实时信息，目前面临的难点就是如何实现从原料供应、生产运行到产品销售全流程与全生命周期资源属性和特殊参量的快速获取与信息集成。在信息传感和集成方面，石化物联网将吸取物联网在国内外石油石化行业实施的成功经验，注重先进性、统一性、集成性和开放性相结合，充分利用现有资源，结合物联网、数据挖掘分析、优化模型、交换共享、移动应用等技术，建立以优化节能和健康、安全与环境管理预警以及智能感知、集中集成为核心应用的平台，打造绿色低碳、高效可靠的物流，从而提升企业管理水平。

（2）过程机理与数据融合的全流程建模和分析

在建模方法的研究中，未来的工作需要在确保建模鲁棒性、精确性的前提下，同时必须结合机理建模和数据驱动建模的优点，降低模型的计算复杂度，从而实现模型的合理简化。针对石化生产优化运行，进一步考虑针对全局、计划调度、过程控制、优化等不同需求模型的融合性、一致性和实时性等问题。最后进一步引入虚拟制造等新技术，降低生产运营的成本，实现数字化工厂和智能工厂是未来的研究方向之一。

（3）全流程控制与决策一体化

石化生产过程一般都存在多个相互耦合关联的过程，其整体运行的全局最优是一个混合、多目标、多测度的动态冲突优化命题，因此如何针对生产运行中的关键问题建立合理的模型、选择合适的优化方法进行求解，实现石化行业中工业过程回路控制与设定值优化一体化的控制系统理论的实际应用是一项具有极大挑战性的工作。实现全流程控制与决策一体化，可以有效提升石化行业全流程优化与控制的性能，提升自动化、智能化水平。同时，人工智能的兴起，对于全流程一体化控制和优化都有着重要意义，可以通过人工智能技术，提升控制系统的智能化以及自主化，通过深度学习等人工智能技术挖掘机理不清的流程系统中的关联知识以及因果知识等，实现人机自然交互决策。

（4）知识自动化驱动的企业经营决策优化

现代工业中机器已经基本取代体力劳动，其管理、调度和运行的核心是知识型工作。例如，如何将市场规律转化为知识，瞄准企业经营决策主要内容，采用先进管理理念信息技术，融合企业生产内在本质，构建企业经营决策优化模型，开展企业经营优化研究，是提高企业经营决策水平、经济效益和市场竞争能力的有效手段。围绕智能化生产、网络化协同、个性化定制、制造型服务4大重点，融合生产过程机理，将生产本质特性和技术创新形成知识，以知识自动化为主导，深入渗透到石化企业生产经营管理各个层面，通过知识自动化，重塑制造业产业链、供应链和价值链，改造提升传统动能，使之焕发新的生机与活力。

（5）安环指标溯源和应急响应

安全和环保涵盖了石化从工艺设计、选址到生产运行的各个方面，涉及的过程复杂，需要考虑的因素众多，是横跨公共安全、自动控制、系统工程、化学工程、环境工程等多专业的交叉学科。提高化工园区选址的科学性，提升生产过程的安全等级，增强事故应急处置能力是智能制造未来的发展方向，其中，故障诊断需要依靠机理和数据相结合的分析方法，充分利用多种信息，使用不同的方法对异常进行分析，提高结果的可靠性和鲁棒性；对事故应急响应，尤其是涉及到大气和水体污染的应急处置过程，未来的发展方向是建立机理-数据相结合的，具有一定普适性的定量后果评估模型，以提高模型的计算速度和可靠性为最终目的，提升事故应急处置的辅助能力；化工园区布局应综合考虑安全、经济和工程伦理等因素，提高过程安全分析和定量后果评估手段在布局模型中的可靠性，尝试新的布局模式（多层布局）以及三维建模。

为此，化学工业面临新的挑战，企业要增强竞争力、实现持续增长，必须在以下几个方面建立优势。

（1）面向全产业链的集成

化工过程的集成经历了两个阶段，一是基于热力学平衡、质量平衡的过程系统能量、质量集成与优化；二是以解决企业运营与决策优化为目标的信息集成。目前，化学工业与能源、材料和环境等领域深度融合，产生了跨企业、跨产业的"供应链"集成需求，在面向供应链网的新型产业集成模式中，企业必须具备创新优势。

（2）全球范围内的资源配置

信息技术推动化学工业在全球范围内进行供应链及资源配置布局，大数据和智能化技术为此提供了有力的支撑。因此，企业要合理配置资源和产能，突破产业模式束缚，开拓新的模式和创新途径。

（3）更高的健康、安全与环境标准

化学工业必须具备更高的健康、安全与环境标准，在严格的法律和技术监管下，化工企业加大新工艺和新设备的开发力度，提升新的价值理念和新的产业格局。

（4）绿色化学工业新技术

化学工业的不断发展，一方面，使资源导向性产业的集中度越来越高，如生物质、水资源、石油、天然气、页岩气、新能源、矿物和煤转化等，需要发展更大规模的集成技术和优化控制技术；另一方面，越来越多的化学品转向个性化和功能化，如生物、功能材料、纳米、膜、催化、药物、基因工程等，推动了量子化、分子自组装、微化工和多尺度复杂系统的研究与应用。但是无论化学工业向哪个方向发展，绿色、循环和低碳的可持续发展都是放在首位的，化学工业要实现过程节能减排和提质增效，并关注能源管理；二氧化碳的捕捉和利用技术（carbon dioxide capture and utilization, CCU）是低碳技术的重要发展方向。这也符合中国"2030 年'碳达峰'、2060 年'碳中和'"的奋斗目标。

（5）现代信息技术的挑战和机遇

现代工业诞生以来，以计算机为基础的控制技术一直是推动化学工业发展的关键动力。随着物联网和人工智能技术应用的深入，大网络下的能量和质量优化水平，以及化工工艺故障的识别、消除和控制优化会进一步改善系统运行的稳定性、鲁棒性和经济性。

同时，尽管化学工业一直注重信息技术的应用，较早地实现了生产过程自动控制，但是在目前智能制造的模式下，现代信息技术的应用是又一次挑战、也是新的机遇。化学工业应该充分研究其智能技术应用的背景，科学构建智能制造基础，具体包括以下几点。

① 工艺控制的鲁棒性及优化

过程工艺是化工生产的核心，决定了产品的性能和经济性，工艺控制的鲁棒性及优化是智能制造的首要任务。但是，化学工艺是由热力学、反应动力学和流体力学等"三传一反"理论机理决定的，知识体系相对完善，机理模型成熟，但这并不限制机器学习技术和人工智能技术在化工领域的应用，比如，在分散控制系统（distributed control system,

DCS）和装置实时数据基础上的黑箱模型如果与机理模型相结合，形成半机理模型，会构成化工工艺动态优化的基础。

② 设备密集型化学工业的安全

化学工业是设备密集型行业，人工智能技术在设备状态评估、设备预防性维护等方面有很好的应用。其中，设备和工艺异常的提取、描述、评价，以及故障树的自动建立是关键技术，也是实现完全无人化智能生产的前提条件，大数据技术的应用是化学领域关注的重点。

化工的安全边界由分子尺度的化学品特性、单元尺度的设备运行状态、过程尺度的生产工艺条件和企业尺度上的安全体系与过程管理共同决定。特别是各工序间的物料、能量、动量存在强耦合性，有非常高的平衡性要求，具备弱中心化、连锁互动、安全自适应特点。同时，化工安全状态具有动态性和系统性特点。生产过程中每一次物料属性、工艺条件和设备状态的波动与变化，都伴随着安全状态变化，当风险逼近安全边界时，必须从单一设备到整个工艺系统提供多尺度下的安全综合评价。

③ 化工生产过程的 DCS 控制

化工生产过程的 DCS 控制严格，将多种因素耦合关联，有很强的机理性。但是，化工过程很复杂，有许多现象还不能用机理模型描述，需要试验和经验的积累和总结，因此，基于领域知识的白箱模型和基于大数据的黑箱模型结合，是实现化工知识自动化的重要路径。

④ 化工生产的长流程特点控制

化工生产的流程较长，包括原料准备、化学反应、分离提纯、包装、仓储等连续或者间歇过程，有固、液、气等多种物流形态，工艺复杂，尽管也有很简单的工艺，但是当前存在着人工成本逐渐上升、技术成本逐渐降低的趋势，因此智能技术的覆盖面将会越来越大，智能化水平也会越来越高。

⑤ 提高过程控制能力和决策科学性

生产过程的智能化目标是使整个系统自动运行在最佳的、平稳的、安全的状态下使生产达到最优。这涉及了基于供应链协同优化和管控一体的先进控制问题。因此，优化模型必须考虑生产能力和环境条件的强约束性，这是化工行业的特点所在。

⑥ 国产化学工业软件及软件平台化仍需夯实前进

工业软件是在长期工业实践中为支持工业界的创新实践而产生的，客观来说，国产化学工业软件和其他国产工业软件一样，存在的不足仍十分明显：一是自主创新能力薄弱；二是基础配套能力不足；三是部分化工产品质量可靠性有待提升；四是化工产业结构不合理。同时，从工业软件的发展趋势来看，其演进方向不仅体现在软件功能上，还体现在系统构架、软件性能、用户界面等诸多方面，在这个过程中，化学工业软件也正逐渐摆脱单纯的工具属性，成为支撑化工企业业务的重要平台。

⑦ 化工装备制造企业要积极探索 MBSE 应用

当前，随着化工装备系统的技术复杂性和密集性越来越突出，传统的化工装备产品研制方法已经无法满足化工新产品功能、性能的持续提升及研制周期的持续缩短。基于模型的系统工程（model based systems engineering，MBSE）方法被视为系统工程的革命，是化工装备产品研制不可逆转的趋势，它是在原有的基于文档的基础上，通过统一建模语言对文件中隐含的设计要素进行显性化的关联建模，通过模型的不断迭代、演化，最终形成一个具有和实物产品完全一致且经过虚拟试验仿真验证的产品数字样机。化工装备制造企业应当主动拥抱 MBSE，全面梳理企业内外、产品全生命周期业务流程、标准规范，将软件设计、机械工程、电气工程、多领域建模和仿真等技术融合，形成化工企业完整的产品研制能力体系。

总之，信息物理系统、工业互联网、人工智能等技术被应用于流程制造业，支持了生产要素诸元间的信息共享，推动新一轮技术和管理创新，如何扩大信息技术应用的广度与深度，提升企业面向全生命周期进行要素整合与优化的能力，这将成为行业竞争的制高点。我国石化行业应深入贯彻《中国智能制造 2025》，加强统筹协调，完善政策措施，将智能生产和智慧决策作为制造转型升级的主攻方向，实现石化行业智能优化制造。

 本章小结

本章介绍了智能制造产生和发展的背景，其目前已经成为制造业发展的重大趋势和核心内容。同时介绍了智能制造的基本内容，包括智能产品、智能工厂、智能生产和智能物流等，以及它的体系基础和架构模型 IMSA。此外还介绍了工业大数据、工业互联网、人工智能、信息物理系统、云制造和网络安全等关键信息技术的基本内涵。重点介绍了化学工业智能制造的现状及面临的挑战，并指出了其发展的愿景目标。

 思考题

1. 阐述世界近代史上工业过程发展的四个阶段。
2. 什么是工业 4.0 和《中国智能制造 2025》。
3. 什么是工业大数据和工业互联网技术？
4. 化学工业智能制造的特点是什么？面临的挑战和发展目标是什么？

 参考文献

[1] 吉旭，周利 . 化学工业智能制造 - 互联化工 . 北京：化学工业出版社 .2020，11.

[2] 人民教育出版社历史室 . 世界近代现代史 . 河南：人民教育出版社 .2006，6.

[3] 褚君浩 . 第四次工业革命和智能时代 . 中国工业和信息化，2022，04：56-60.

[4] 周济 . 智能制造是第四次工业革命的核心技术 . 智能制造，2021，3：25-26.

[5] 王柏村，陶飞，方续东，等 .Theodor Freiheit. 智能制造—比较性综述与研究进展 . Engineering，2021，7（6）：738-757.

[6] Manu S, Ken S Y, Yang W, et al. Cyber-Physical Production Systems for Data-Driven. Decentralized, and Secure Manufacturing—A Perspective, Engineering, 2021, 9: 1212-1223.

[7] Zhou J, Li P, Zhou Y, et al. Toward new-generation intelligent manufacturing. Engineering, 2018, 4（1）: 11-20.

[8] Thoben K D, Wiesner S, Wuest T. "Industrie 4.0" and smart manufacturing—a review of research issues and application examples. Int J Autom Technol, 2017, 11（1）: 4-16.

[9] Yao X, Zhou J, Zhang J, et al. From intelligent manufacturing to smart manufacturing for Industry 4.0 driven by next generation artificial intelligence and further on. In: Proceedings of the 5th international conference on enterprise systems（ES）; 2017 Sep 22-24; Beijing, China; 2017. p. 311-8.

[10] Zhang Y F, Zhang D, Ren S. Survey on current research and future trends of smart manufacturing and its key technologies. Mech Sci Technol Aerosp Eng, 2019, 38: 329-38.

[11] Stephen J. A policymaker's guide to smart manufacturing. Washington, D.C.: Information Technology and Innovation Foundation, 2016.

[12] Wei S, Hu J, Cheng Y, et al. The essential elements of intelligent manufacturing system architecture. In: Proceedings of the 13th IEEE Conference on Automation Science and Engineering（CASE）; 2017 Aug 20- 23; Xi' an, China; 2017. p. 1006-1

[13] 钱锋, 杜文莉, 钟伟民, 等. 石油和化工行业智能优化制造若干问题及挑战. 自动化学报, 2017, 43（6）: 893-901.

[14] 吉旭. 工业互联网在化工行业的发展与应用. Frontiers, 2020（1）: 43-51.

[15] 吉旭, 许娟娟, 卫柯丞. 化学工业 4.0 新范式及其关键技术. 高校化学工程学报, 2015, 29（5）: 1215-1223.

[16] 孙宏伟. 化学工程的发展趋势—认识时空多尺度结构及其效应. 化工进展, 2003, 22（3）: 224-227.

[17] 覃伟中, 冯玉仲, 陈定江, 等. 面向智能工厂的炼化企业生产运营信息化集成模式研究. 清华大学学报（自然科学版）, 2015（4）: 373-377, 469.

[18] 吉旭, 党亚固, 周利, 等. 化学工业多尺度融合的智能制造模式—互联化工. 化工进展, 2020, 39（8）: 2927-2936.

[19] 王中杰, 谢璐璐. 信息物理融合系统研究综述. 自动化学报, 2011, 37（10）: 1157-1166.

[20] Li R, Xie Y, Li R, et al. Survey of cyber-physical systems. Journal of Computer Research and Development, 2012, 49（6）: 1149-1161.

[21] Qiu X, He G, Ji X. Cloud manufacturing model in polymer material industry. The International Journal of Advanced Manufacturing Technology, 2016, 84（1/2/3/4）: 239-248.

[22] 李向前, 杨海成, 敬石开, 等. 面向集团企业云制造的知识服务建模. 计算机集成制造系统, 2012, 18（8）: 1869-1880.

[23] 王子宗, 高立兵, 索寒生. 未来石化智能工厂顶层设计: 现状、对比及展望. 化工进展, 2022, 41（7）: 3387-3401.

[24] 张锁江, 彭孝军, 朱旺喜, 等. 化学工程发展战略: 高端化、绿色化、智能化. 北京: 化学工业出版社, 2023.

工业大数据与数据挖掘

数据挖掘概述
- 数据挖掘过程
- 基本数据类型

工业大数据及其特点
- 流程工业
- 能源工业
- 制药工业

数据特征提取与清洗
- 数据特征提取
- 数据清洗

数据简化转换与预分析
- 数据简化与转换
- 相似性与距离分析
- 聚类分析
- 异常值分析

应用示例
- 玉米淀粉食品工业数据处理

第2章

工业大数据与数据挖掘

2.1 数据挖掘概述

数据挖掘（data mining）是数据收集、清理、处理、分析和从其中获得有效信息的研究。在实际应用中数据表示方面存在很大差异。因此，"数据挖掘"是一个广义上的用于描述数据处理不同问题的总括性术语。

几乎所有现代自动化系统都会以诊断或分析为目的生成某种形式的数据，这导致了海量的数据。一些不同类型数据的示例如下。

① 万维网：索引网站上的文档数量现在已经达到数十亿。用户访问此类文档时会在服务器上创建网络访问日志，并在商业网站上创建客户行为档案。这些不同类型的数据在各种应用中都很有用。例如，可以通过挖掘网络文档和链接结构的方式来确定网络上不同主题之间的关联。另一方面，可以挖掘用户访问日志，以确定频繁的访问模式或识别不必要行为的异常模式。

② 财务交互：日常生活中最常见的交易，例如使用储蓄卡或信用卡，可以自动创建数据；通过挖掘此类交易以获得有用的信息，例如欺诈或其他异常活动。

③ 用户交互：多种形式的用户交互创建了大量的数据。例如，用户使用电话后通常会在通信公司创建一个记录，其中包含通话持续时间和地点的详细信息。许多通信公司定期分析这些数据，以确定有关网络容量、促销、定价或客户定位决策的相关行为模式。

④ 传感器技术和物联网：最近的一个趋势是开发低成本的可穿戴传感器、智能手机和其他能够相互通信的智能设备。据估计，这类设备的数量在 2008 年就超过了地球上的人口数量。这种海量的数据收集对于挖掘算法来说意义重大。

⑤ 工厂：对工厂运行中成千上万的过程变量持续监控，并在此基础上进行建模、控制和优化，是实现安全、高效、智能化生产的重要途径。本书中侧重于介绍化学过程工业、能源工业、制药及精细化工等不同的化工行业。

海量的数据是技术进步和现代生活各个方面计算机化的直接结果。因此，从可用数据中提取出用于特定应用程序的简明、可行的信息，就是数据挖掘的任务所在。原始数据可能是任意的、非结构化的，甚至是不适合立即进行自动处理的格式。例如，手动收集的数据可能来自于不同格式的异构数据源，但需要一个自动化的计算机程序来处理以获得信息。

为了解决这个问题，数据挖掘分析师使用某一处理流程，收集、清理原始数据，并将其转换为标准化的格式。数据可存储在商业数据库系统中，最终使用分析的方法进行处理来获得信息。虽然数据挖掘通常会提到分析算法的概念，但绝大多数工作都与过程中的数据准备部分有关。这种处理在概念上类似于从矿石到精炼最终产品的实际采矿挖掘过程，"挖掘"（mining）该词的使用即源于这一类比。

数据挖掘因所遇到的问题和数据类型存在很大差异，从分析的角度有很大的挑战性。例如，商业产品推荐问题与入侵检测应用程序非常不同，甚至在输入数据格式或问题定义的级别上也是如此。尽管存在这些差异，数据挖掘的应用通常与数据挖掘中的四个"关键问题"密切相关，即：关联模式挖掘、聚类、分类和异常检测。这些问题非常重要，因为它们在大多数应用程序中通过某种间接的形式来用作构建模块。

数据可能具有不同的格式或类型。类型可以是定量的（如年龄）、分类的（如种族）、文本的、空间的、时间的或图形导向的。尽管最常见的数据形式是多维的，但越来越多的数据形式属于更为复杂的数据类型。虽然在很高的层次上，算法在许多数据类型之间具有概念上的可移植性，但从实际角度来看情况并非如此。因此，可能需要设计多维数据基本方法的精细变体，以将其有效地用于不同的数据类型。由于数据体量不断增加，近年来出现了一个重大的挑战：除非在存储上花费大量资源，否则网络流量生成的大数据流无法有效存储。这从处理和分析的角度带来了独特的挑战。在无法完整存储数据的情况下，很多处理都需要实时执行，这对算法提出了更高的要求。

2.1.1　数据挖掘过程

数据挖掘过程包含许多阶段，如数据清理、特征提取和算法设计。典型数据挖掘应用程序的工作流程包含以下三个阶段。

（1）**数据收集**

数据收集可能需要使用专用硬件（如传感器网络）、人工操作（如收集用户调查）或软件工具（如网络文档爬网引擎）来收集文档。虽然此阶段是高度特定于应用程序的，并且通常不在数据挖掘分析师的工作范围内，但好的选择会显著地影响数据挖掘过程。在收集阶段之后，数据通常存储在数据库中进行处理。

（2）**数据预处理（特征提取和数据清理）**

在收集数据时，数据的形式通常不适合处理。例如，数据可以在复杂日志或自由格式文档中被编码处理。在许多情况下，不同类型的数据可以任意混合在一个自由格式的文档中。为了使数据适合处理，必须将其转换为对数据挖掘算法友好的格式，例如多维格式、时间序列格式或半结构化格式。多维格式是最常见的格式，在这种格式中，不同的数据字段对应于不同的测量属性，这些属性被称为特征、属性或维度。提取相关特征对于挖掘过程至关重要。特征提取阶段通常与数据清理并行执行，其中数据缺失和错误的部分被评估或纠正。在许多情况下，数据可能由多个来源提取，且需要整合成统一的格式进行处理。

这个过程最终形成一个可以被计算机程序有效使用的结构良好的数据集。在特征提取阶段之后，可以再次将数据存储在数据库中进行处理。

（3）分析处理和算法

挖掘过程最后一部分是根据处理后的数据设计有效的分析方法。对于特定的应用，数据挖掘中的四个"关键问题"可能无法直接使用标准数据挖掘的算法；然而，许多应用可以分解为使用这些不同构建的模块来实现分析与处理。数据挖掘的整体过程如图 2-1 所示。

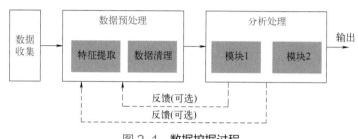

图 2-1 数据挖掘过程

数据预处理阶段在收集数据后开始，是数据挖掘过程中最关键的阶段。此阶段包括以下步骤。

① 特征提取：原始数据可能会遇到大量的原始文档、系统日志等，这个阶段高度依赖于分析师是否能够提取出与特定应用最相关的特性。例如，在化工厂的 DCS 系统中，关键位点是判断生产产品质量的重要数据（如精馏塔的提馏段与精馏段灵敏板温度），而其他一些位点可能与产品质量关联性较弱。因此，提取出正确的特征通常需要了解特定应用域的特点。

② 数据清理：提取的数据可能有错误或丢失的条目。因此，可能需要删除某些记录或估计丢失的条目以及不一致之处，需要用缺失数据估计的统计方法。

③ 特征的选择和转换：当数据的维数很高时，许多数据挖掘算法不能有效地运行。此外，许多高维特征含有噪声，可能会增加数据挖掘过程中的错误。因此，可以使用多种方法删除不相关的特征，或者将当前的特征集转换至更适合分析的新数据空间。另一个相关方面是数据转换，其中具有特定属性的数据集可以转换为具有相同或不同类型的另一组属性的数据集。例如，可以将属性（如设备使用时间等）划分为多个区间，以创建离散值便于分析。

2.1.2 基本数据类型

大多数据均可通过多维数据（multidimensional data）来表示，其定义为：一个多维数据集 D 是 n 个记录的集合（$\overline{X_1}, \cdots, \overline{X_n}$），其中每个记录 $\overline{X_i}$ 包含一组特征 $[x_i^i, \cdots, x_i^d]$。每个记录（record）$\overline{X_i}$ 也称为数据点（data point）、实例（instance）、示例（example）、实体（entity）、对象（object）或特征向量（feature vector）。每个记录都包含一组特征（features），也称为属性（attributes）、维度（dimensions）。在多维数据基础上细化和延伸可形成更为多元复杂的数据类型。对于数据挖掘过程，有两大类复杂程度不同的数据。

(1) 非依赖型的数据

通常指简单的数据类型，如多维数据或文本数据。这些数据类型是最简单也是最常见的。在这些情况下，数据记录在数据项或属性之间没有任何指定的依赖关系。比如工厂工人的统计记录，其中包含年龄、性别和最高学历等，为非依赖型数据。

(2) 依赖型数据

在某情况下，数据项之间可能存在隐式或显式关系。例如，化工厂 DCS 系统中不同位点的数据可能相互关联。此外，时间序列（time series）包含隐式依赖关系，因为时间属性隐式地指定了连续读数之间的依赖关系。一般来说，依赖型数据更具挑战性，因为数据项之间预先存在的关系会使问题更加复杂。数据项之间的这种依赖关系需要直接纳入分析过程，以获得有意义的结果。隐式关系下，数据项之间的依赖关系没有被明确指定，但已知"通常"存在于该域中。例如，传感器采集的连续温度值可能极为相似。显式关系通常是指图形或网络数据。图是一种强大的抽象形式，通常用作解决其他数据类型的关联问题，而图中的边用于指定显式关系。

非依赖型数据包含：定量多维数据（quantitative multidimensional data）、分类与混合属性数据（categorical and mixed attribute data）、二进制数据与集合数据（binary and set data）、文本数据（text data）等。依赖型数据则包含：时序数据（time-series data）、空间数据（spatial data）、时空数据（spatiotemporal data）、网络和图形数据（network and graph data）等。

① 定量多维数据：所有字段都是定量的数据也称为定量数据或数值数据。因此，当上述多维数据定义中每一个值 x_i^j 都是定量的值时，相应的数据集称为定量多维数据。在数据挖掘的文献中，这种特殊的数据类型被认为是最常见的。此子类型对于分析处理特别方便，因为从统计角度处理定量数据要容易得多。例如，一组定量记录的平均值可使用简单平均值，而这种计算在其他数据类型中变得更加复杂。因此，在可能且有效的情况下，许多数据挖掘算法试图在处理之前将不同类型的数据转换为定量值。然而，在实际应用中，数据可能更复杂，并且可能包含不同数据类型的混合。

② 分类与混合属性数据：在实际的应用中许多数据集可能包含具有离散无序值的分类属性。例如，属性（如性别、种族和邮政编码）具有离散值，它们之间没有自然顺序，称为分类数据。结合分类属性和数值属性的数据称为混合属性数据。

③ 二进制数据与集合数据：二进制数据可以被视为多维分类数据或多维定量数据的特例。例如，与性别对应的属性只有两个可能的值，是分类的数据；因此可以将这些值按分类进行排序，并使用针对此类数值数据设计的算法。这种类型的数据被称为二进制数据，可以将其视为数值或分类数据的特例。此外，二进制数据也是集合数据的表示形式，其中每个属性都被视为集合元素的指示：数值 1 表示该元素应该被包含在集合中，而数值 0 则表示不包含。本章将讲解二进制数据如何将数值属性或分类属性转换为适合在多数情况下处理的通用格式。

④ 文本数据：文本数据可以被视为字符串，也可以被视为多维数据，具体取决于它们

的表示方式。在其原始形式中，文本文档对应于字符串。但是，文本文档很少表示为字符串。这是因为对于大规模应用程序而言，很难有效地直接使用单词之间的排序，并且利用排序的这一附加优势在文本域中通常会受到限制。在工程实践中，在文档中单词的频率被用于分析时会采用向量空间的表达方式。单词有时也被称为词条。因此，在这种表示中，单词的精确顺序丢失了。这些频率通常通过统计数据（如文档长度或集合中单个单词的频率）进行规范化。对于包含 n 个文档和 d 个词条的文本集合，相应的 $n \times d$ 数据矩阵称为文档词条矩阵。当以向量空间形式表示时，文本数据可以被视为多维定量数据，其中属性对应于单词，值对应于这些属性的频率。然而，这种定量数据是特殊的，因为大多数属性具有零值，只有少数属性具有非零值。这是因为单个文档可能只包含大小为 10^5 的词典中相对较少的单词。这种现象被称为数据稀疏，它显著地影响了数据挖掘过程。由于数据稀疏性问题，文本数据通常采用专门的方法进行处理。

⑤ 时序数据：包含随时间连续测量生成的值。这类数据通常在随时间推移接收到的值中内置了隐式依赖项。例如，温度传感器记录的相邻值通常会随时间平稳变化，并且在数据挖掘过程中需要明确地使用该系数。时间依赖性的本质可能会因应用的不同而显著不同。例如，温度、压力等传感器读数可能显示测量属性随时间周期性变化的模式；而时序挖掘的一个重要方面是提取数据中的依赖关系。多元时序数据定义如下：长度为 n 且维度为 d 的时间序列在 n 个时间戳 $t_1 \cdots t_n$ 的每个时间戳中包含 d 个数值特征。因此，在时间戳 t_i 处接收的值集是 $\overline{Y}_i = (y_i^1, \cdots, y_i^d)$。时间戳在 t_i 处的第 j 个序列的值为 y_i^j。例如，特定位置的两个传感器每秒监测温度和压力，监测时长为一分钟的情况，这对应于 $d=2$ 和 $n=60$ 的多维序列。当时间戳的值间隔相等时，时间戳 $t_1, \cdots, t_n$ 可以由从 1 到 n 的索引值代替。

⑥ 空间数据：许多非空间属性（如温度、压力、像素颜色等）是在空间位置测量的。例如，气象学家经常收集海面温度来预测飓风的发生。空间数据定义如下，d 维空间数据记录包含 d 个行为属性与一个或多个包含空间位置的上下文属性。因此，一个 d 维空间数据集是一组 d 维的记录 $\overline{X_1} \cdots \overline{X_n}$，以及一组 n 个位置 $L_1, \cdots, L_n$，使得记录 $\overline{X_i}$ 与位置 L_i 相关联。空间数据挖掘与时序数据挖掘密切相关。尽管有些空间应用也可能使用分类属性，但最常研究的空间应用中行为属性是连续的。因此，在连续空间位置上观察到的值的连续性，就像在时序数据中连续时间戳上观察到的值的连续性一样。

⑦ 时空数据：包含空间和时间属性。数据的精确性质也取决于哪些属性是上下文属性，哪些属性是行为属性。有两种时空数据最常见。第一种为空间和时间属性都是上下文的；而第二种为时间属性是上下文属性，而空间属性是行为属性。后者最常出现在轨迹（trajectory）分析的背景下。任何二维或三维的时序数据都可以映射到轨迹上。例如，Intel Research Berkeley 的数据集包含了来自各种传感器的读数。图 2-2（a）和图 2-2（b）表示了来自温度和电压传感器的一对读数，相应的温度 - 电压轨迹如图 2-2（c）所示。

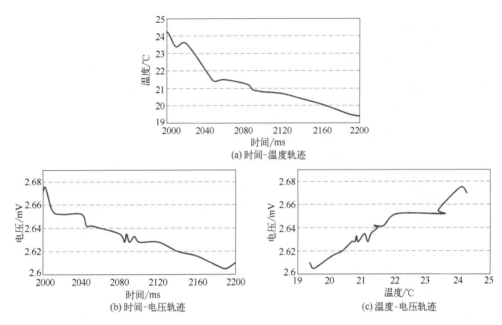

图 2-2　多元时序到轨迹数据的映射

⑧ 网络和图形数据：网络和图形数据中，数据值可对应于网络中的节点，而数据值之间的关系可对应于网络中的边。其定义为：网络 $G=(N, A)$ 包含一组节点 N 和一组边 A，其中 A 中的边表示节点之间的关系。在某些情况下，属性集 $\overline{X_i}$ 可以与节点 i 相关联，或者属性集 $\overline{Y_{ij}}$ 可以与边 (i, j) 关联。边 (i, j) 可以是定向的或无定向的。例如，网络图可能包含与网页之间超链接方向相对应的有向边，而社交网络中的好友关系是无向的。网络数据是一种非常通用的表示形式，可用于分析许多其他数据类型的基于相似性的间距。例如，可以通过为数据库中的每个记录创建一个节点并通过边表示节点之间的相似性，来将多维数据转换为网络数据。这种表示通常用于许多基于相似性的数据挖掘应用中，例如聚类。图形挖掘问题适用于包含许多小图（如化合物）的数据库。在这种情况下，节点对应于元素，边对应于元素之间的化学键。这些化合物中的结构对于确定这些化合物的重要热力学、反应动力学和药理学性质非常有用。

2.2　工业大数据及其特点

不同于传统的基于化学、物理原理的"第一性方法"（first-principles approaches），大数据等方法为复杂化工过程提供了新的发展机遇。大数据具有的 4V 特征，即规模性（volume）、高速性（velocity）、多样性（variety）、真实性（veracity），代表着数据从量到质的变化过程、从静态变为动态、从较简单的多维度变成复杂的巨量维度，而且其种类日益丰富。工业大数据是在大数据概念的基础上衍生出来的，指工业制造业在经营活动、自动化和信息技术的应用中，由各类设备和生产系统所产生的海量数据。相比互联网大数据，工业大数据有更强的多源性、关联性、完整性、低容错性、时效性、高通量、专业性等特点。这些数据的采集、分析、处理、存储和展现都涉及复杂的多模态高维计算过程，已应用于化学过程工业、能源工业、制药及精细化工等不同的化工行业。在化工行业的大数据中除了 4V 特征，还具有高维度、强非线性、低信噪比、多模态等特点，下面对流程工业、能源工业和制药工业进行简述。

2.2.1　流程工业

化学流程工业跨度广，既包含规模庞大的大宗化学品、石化炼化产品，也包含制造规模较小、专业化程度较高的特种化学品和生物化学品等。大数据分析等智能制造技术将成为行业的重要增长点。

从历史上看，化学流程行业是最早采用基于计算机技术的行业之一。安全高效的工厂运营需要对成千上万的过程变量进行持续监控。收集数据、形成完整的数据库，使工程师和研究人员能够轻松地访问过程数据。此外，使用数据驱动的方法进行建模、监测和控制已经成为行业中广泛采用的制造手段。

单变量控制是确保流程安全运行的传统方法。随着工厂越来越多地配备数以千计的传感器和执行器，大量数据很容易让操作员不堪重负。因此，企业智能制造（enterprise manufacturing intelligence, EMI）平台将关键的工厂指标置于控制大屏等界面中以进行实时可视化。根据工艺知识，可以将故障排除预警系统内置到 EMI 平台中，促进数据和知识驱动的决策。多变量分析是另一种分析大量数据的方法。连续过程有密集和结构化的数据流，涉及流动、传质、传热和基本热力学等化工相关原理。常用的数据驱动的建模方法和机器学习方法包括主成分分析（principle component analysis, PCA）、偏最小二乘法（partial least square, PLS）、神经网络（neural networks）、支持向量机（support vector machines）和高斯过程回归等。目前的研究中，尚未有完全适用于每一个场景的通用方法，建模者针对不同应用需创建适当的工具组合。此外，相比传统的基于 PID 的分层控制结构，高级控制和控制回路监控还需要更大范围内的过程数据：例如 ABB 公司开发的工业应用每天可监控 60 万个控制回路，识别对系统影响最大的控制回路，并对工厂的整体绩效进行分层分析。在流程工业中，通过强化数据的采集与集成，实现从数据到服务的关键能力提升，并将人工智能技术应用在感知、计算和分析等过程，使工业系统具备描述、诊断、预测、决策、控制和优化等智能化功能，其框架如图 2-3 所示。

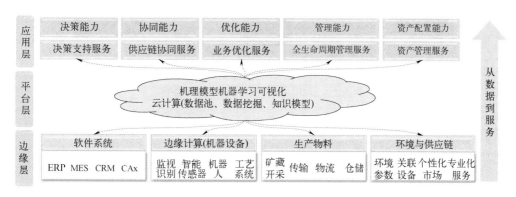

图 2-3　流程工业从数据到服务的智能制造框架

2.2.2　能源工业

能源产业的驱动力是实现以清洁、低成本和可持续的方式满足生产和生活需求。随着各国二氧化碳排放，温室气体猛增，对生命系统形成威胁，世界各国以全球协约的方式减排温室气体。2020年，我国提出了"二氧化碳排放力争于2030年前达到峰值，努力争取2060年前实现碳中和""到2030年，中国单位国内生产总值二氧化碳排放将比2005年下降65%"等庄严的目标承诺。"碳达峰"和"碳中和"发展目标顺应我国可持续发展的内在要求，有利于构建绿色低碳可持续的循环经济发展，实现社会高质量发展。

以数据驱动方法为代表的智能制造技术在能源行业有广泛的应用前景，可用于更好地估计消费者需求，优化能源管理，并减少环境影响。为产生更清洁环保的电力，可通过改造现有的燃煤电厂或建设新的天然气联合循环电厂，优化发电流程和生产控制来实现；另外，再生能源发电（包括光伏发电、水力发电、风能、核能、生物能源和混合能源）、智能电网等新型智能制造方法对优化能源供给也有重要影响（其信息流和能量流框架如图2-4所示）。例如，使用每月发电数据，跟踪满足特定能耗目标，对能源需求进行预测和规划，对二氧化碳排放状态进行评估等。大数据方法可用于解决可再生能源系统的气象条件等随机性问题（如更好地预测风力发电，风速和风向）。为减轻单一可再生系统的间歇性发电，混合可再生能源结合风能、太阳能和其他能源生产和存储单元的系统可平衡电力生产中的这些波动，而海量历史数据可用于评估对满足电力需求的影响。

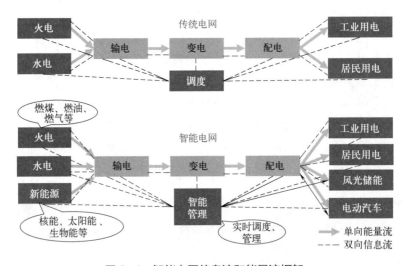

图2-4　智能电网信息流和能量流框架

2.2.3　制药工业

制药工业中，特别是创新药物的发现，在计算机辅助下的高通量筛选方面取得了相当大的成功，在数据驱动或机理模型的基础上，可通过智能方法实现样本空间的高效搜索。此外，医药制造业使用数据驱动方法来提高生产效率、可靠性和制造过程的安全性。

在合成制药和生物制药行业，通过高通量实验平台这类自动化实验装置，可并行获得多种实验条件及多个时间点下的数据，使每单位时间的数据捕捉最大化，为化学工程基本单元操作（如反应、萃取、发酵、结晶等）的设计和优化提供信息。其优点在于加速开发、降低成本，与人工方法相比提高了稳定性和可重复性。其中涉及的自动化设备可用于多方面的过程研发和优化，包括初级反应样品制备、分离催化剂和载体、溶解度分析、晶体筛分等，如图 2-5 所示。默克（Merck）研发人员 Santanilla 等人开发的基于微阵列和质谱测量的高通量化学反应筛选平台，每日可筛选超过 1500 个偶联反应，但只适用于二甲基亚砜（DMSO）溶剂环境和室温环境。辉瑞（Pfizer）的研发人员 Perera 等人于 2018 年取得突破，开发了可在不同温度、压力、溶剂等条件下进行的基于微流体技术与超高效液相色谱 - 质谱联用（UPLC-MS）技术的自动化高通量合成化学实验平台。Burger 等人于 2020 年引入了移动式机器人技术，通过贝叶斯优化算法等自动进行了 8 天超过 600 种不同的实验，最终得到比初始催化剂活性高 6 倍的光催化剂体系。Georgakis 和董亚超等人使用数据驱动的方法自动分析系统中存在的反应方程式，识别反应网络。此外，药品生产的质量改进也依赖于智能制造的技术方法，以获得稳健可靠的流程。常见的思路为先根据第一性原理估计动态模型，之后结合实际流程数据进行控制和优化。常用的方法包括 PLS、ANOVA 分析、弹性网回归等。这些方法都依赖于研发中整合的各种数据：使用机器学习等方法，研究人员在临床、遗传、生化和制造等各种场景中利用相关性数据。

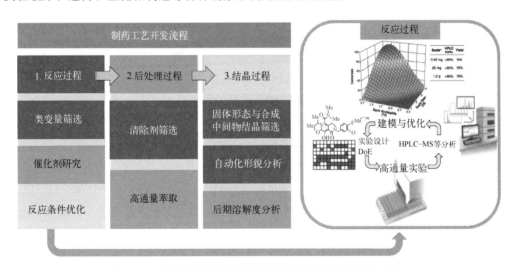

图 2-5 制药工艺整体开发流程及反应过程的研发与优化

2.3 数据特征提取与清洗

真实数据的原始形式通常变化很大。许多数值可能会丢失；在不同的数据源之间，数据可能不一致，甚至发生错误。对于分析人员来说，这给有效使用数据带来了许多挑战。此外，一些形式的数据（如原始日志）通常不能直接使用，因为它们是非结构化的。换句话说，人们需要从这些数据源中提取有用的特征，即数据准备。数据准备阶段通常是一个三步的过程，包括数据的特征提取、数据的清洗、数据的简化转换与预分析。本节主要介绍前两步，最后一步将在下一节中介绍。

第一步，特征提取是指原始数据的形式不适合处理，需要从数据中得出有意义的特征的阶段。通常，具有良好语义可解释性的特征更受欢迎，因为它们简化了分析人员理解中间结果的过程。此外，数据从多个来源获得，需要将其集成到单个数据库中进行处理，且数据可能包含异构类型。在这种情况下，当一种类型的属性转换为另一种类型时，数据类型的可移植性（portability）就变得很重要。这就产生了一个可以由现有算法处理的同构数据集。

第二步为数据清洗阶段，删除数据中缺失的、错误的、不一致的条目。此外，一些缺失的条目也可以通过一种称为归因(imputation)的过程来估计。

2.3.1　数据特征提取

特征提取的第一个阶段是至关重要的，尽管它针对的是非常具体的应用程序。在某些情况下，特征提取与数据类型可移植性的概念密切相关，即其中一种类型的低阶特征可以转换为另一种类型的高阶特征。特征提取的性质取决于提取数据的领域。

① 传感器数据：传感器数据通常被收集成大量的低电平信号。利用小波变换或傅里叶变换可将低阶信号转换为高阶特征。在其他情况下，进行一些清理后直接使用时间序列。有大量的文献专门研究信号处理方法，这些技术对于将时间序列数据移植到多维数据也很有用。

② 图像数据：在其最原始的形式，图像数据表示为像素。在稍微高一点的层次上，可以用颜色直方图来表示图像的不同部分的特征。最近，视觉词汇的使用变得越来越流行。这是一种语义丰富的表示，类似于文档数据。图像处理的挑战在于，数据通常是非常高维的。因此，要在不同的级别上执行特征提取。

③ Web 日志：Web 日志通常以预定义格式的文本字符串表示。由于这些日志中的字段被明确指定并分开，因此将 Web 访问日志转换为（相关的）分类和数字属性的多维表示相对容易。

④ 网络流量：在许多入侵检测应用程序中，网络数据包的特征用于分析入侵或其他活动。根据基础应用程序的不同，可以从这些数据包中提取各种特征，例如传输的字节数、使用的网络协议等。

⑤ 文档数据：文档数据通常以原始和非结构化的形式提供，数据可能包含不同特征之间丰富的语言关系。一种方法是删除停止词，截取数据，并使用词袋表示。另一种方法是使用特征抽取来确定语义关系。

数据类型的可移植性是数据挖掘过程中的一个关键元素，因为数据通常是异构的，并且可能包含多种数据类型的混合也限制了分析人员使用现成工具进行处理的能力。表 2-1 总结了各种数据类型之间转换的方法。因为数值数据类型是数据挖掘算法中最简单和研究最广泛的类型，所以关注不同的数据类型如何转换为数值数据类型非常有用。然而，其他形式的转换在许多场景中也很有用。

表 2-1 不同数据类型的可移植性

源数据类型	目标数据类型	方法
数值	类别	离散化
类别	数值	二值化
文本	数值	潜在语义分析(LSA)
时间序列	离散序列	符号聚合近似(SAX)
时间序列	数值	小波变换、傅里叶变换
离散序列	数值	小波变换、傅里叶变换
空间	数值	小波变换
图表	数值	多维缩放(MDS),光谱变换
任何类型	图表	相似度图(适用性有限)

（1）数值数据到类别数据：离散化

这是最常用的转换。离散化过程将数值属性的范围划分为 ϕ 个范围。然后，根据原始属性所在的范围，假设属性包含从 1 到 ϕ 的 ϕ 个不同类别标记值。然而，离散化后，无法区分在一定范围内的变化。因此，离散化过程确实会丢失一些信息。对于某些应用程序来说，这种信息的丢失并不是很严重。离散化的一个挑战是，数据可能是不均匀分布在不同的区间。例如，对于工资属性，一个很大的人口子集可能大部分在 [80000,120000] 元范围内，但很少会在[1040000,1080000]元范围内。请注意，这两个范围具有相同的大小。因此，使用大小相等的范围在区分不同的数据段时可能不是很有帮助。另一方面，许多属性，如年龄，是基本均匀分布的，因此大小相等的范围可能很有效。根据具体的应用目标，离散化过程可以以多种方式进行。

① 等宽范围：在这种情况下，每个范围 [a, b] 的选择方式是，每个范围的 $b-a$ 是相同的。这种方法的缺点是它不适用于分布在不同范围的非均匀数据集。为了确定范围的实际值，需要确定每个属性的最小值和最大值。然后将这个范围 [min, max] 划分为 ϕ 个等距的范围。

② 等对数范围：每个范围 [a, b] 的选择方式是使 $\log(b)-\log(a)$ 有相同结果。这种范围选择方法对 $\alpha>1$ 的情况，具有几何增大范围的效果，如 $[a, a \cdot \alpha]$、$[a \cdot \alpha, a \cdot \alpha^2]$ 等。当属性在一个范围内呈指数分布时，这种范围可能是有用的。事实上，如果一个属性的频率分布可以以函数形式建模，那么自然的方法是选择范围 [a, b]，使 $f(b)-f(a)$ 与某些函数 $f(\cdot)$ 相同。其目的是选择一个函数 $f(\cdot)$ 能使得每个范围包含大约相似数量的记录。然而，在大多数情况下，很难找到这样一个函数 $f(\cdot)$。

③ 等深度范围：在这种情况下，每个范围具有相同数量的记录。目的是为每个范围提供相同级别的粒度。将属性划分为等深度范围的方法是先对属性值进行排序，然后选择排序后的属性值上的分割点。

离散化过程也可以用来将时间序列数据转化为离散序列数据。

（2）类别数据到数值数据：二值化

因为二进制数据是数值数据和类别数据的一种特殊形式，所以可以将类别属性转换为二进制形式，然后在二值化数据上使用数值算法。如果类别属性有 ϕ 个不同的值，则创建

ϕ 个不同的二元属性。每个二元属性对应于类别属性的一个可能值。因此，ϕ 个属性中恰好有一个取 1 的值，其余取 0 的值。

(3) 文本数据到数值数据

虽然文本的向量空间表示可以被认为是具有很高维数的稀疏数值数据集，但这种特殊的数值表示不太适合传统的数据挖掘算法。例如，对于文本数据，通常使用专门的相似函数，如余弦函数，而不是欧几里得距离。这就是文本挖掘是一个独特领域的原因，它有自己专门的算法家族。不过，可以将文本集合转换为更适合对数值数据使用挖掘算法的形式。第一步是使用潜在语义分析（latent semantic analysis，LSA）将文本集合转换为低维的非稀疏表示。此外，在转换后，每个文档 $\overline{X} = (x_1, \cdots, x_d)$ 需要被缩放为 $\dfrac{1}{\sqrt{\sum_{i=1}^{d} x_i^2}} (x_1, \cdots, x_d)$。这种缩放对于确保以统一的方式处理不同长度的文档是必要的。经过这种缩放，如欧几里得距离等传统的数值度量更有效。

(4) 时间序列数据到离散序列数据

可以使用一种称为符号聚合近似 (symbolic aggregate approximation，SAX) 的方法将时间序列数据转换为离散序列数据。该方法包括两个步骤。

① 基于窗口的平均：将序列划分为长度为 w 的窗口，计算每个窗口上的平均时间序列值。

② 基于值的离散化：（已经平均的）时间序列值被离散成更小数量的近似深度区间。

第二步与前面讨论的数值属性等深度离散是相同的。其目的是确保每个符号在时间序列中具有近似相等的频率。通过假设时间序列的值呈高斯分布来构造区间边界，以数据驱动的方式估计（加窗）时间序列值的均值和标准差，将高斯分布的参数实例化，高斯分布的分位数用来确定区间的边界。这比排序所有数据值来确定分位数更有效，而且对于长时间序列来说，这可能是一种更实用的方法。为了得到最好的结果，这些值被离散化为一个小的数字（通常是 3～10 个）。每个这样的等深间隔都被映射为一个符号值，这创建了一个时间序列的符号表示，本质上是一个离散序列。因此，SAX 可以被看作是基于窗口平均的等深度离散化方法。

(5) 时间序列数据到数值数据

这种特殊转换非常有用，因为它支持对时间序列数据使用多维算法。这种转换的常用方法是离散小波变换 (discrete wavelet transform，DWT)。小波变换将时间序列数据转换为多维数据，作为一组代表序列不同部分之间平均差异的系数。如果需要，可以使用最大系数的子集来减少数据体量。另一种类似方法，称为离散傅里叶变换 (discrete Fourier transform，DFT)。

(6) 离散序列数据到数值数据

可以通过两个步骤来执行。第一步是将离散序列转换为一组（二进制）时间序列，其中该集合中时间序列的数量等于不同符号的数量。第二步是使用小波变换将每个时间序列映射为多维向量。最后，将来自不同系列的特征组合起来创建一个多维记录。要将一个序列转换为二进制时间序列，可以创建一个二进制字符串，其中的值表示某个位置是否存在某个特定符号。例如，考虑下面的核苷酸序列，它被绘制在四个符号上：

ACACACTGTGACTG

该序列可转换为以下四个二进制时间序列集合，分别对应符号 A、C、T、G：

10101000001000

01010100000100

00000010100010

00000001010001

小波变换可以应用于每一个序列，以创建多维特征集，通过附加四个不同系列的特性以创建单个多维数值记录。

（7）空间数据到数值数据

空间数据可以通过使用与时间序列数据相同的方法转换为数值数据。主要的区别是现在有两个上下文属性（而不是一个）。这就需要对小波变换方法进行改进，即二维小波变换。

（8）图表数据到数值数据

通过使用多维尺度 (multidimensional scaling，MDS) 和光谱转换等方法，可以将图转换为数值数据。这种方法适用于边缘加权的应用，并表示节点之间的相似性或距离关系。光谱方法也可用于将图转换为多维表示，是一种降维方案，可将结构信息转换为多维数值表示。

（9）任何类型数据到图表数据：相似性应用程序

许多应用都是基于相似性的概念。例如，聚类问题被定义为创建一组相似的对象，而离群检测问题被定义为识别出与剩余对象显著不同的对象子集。许多形式的分类模型，如最近邻分类器，也依赖于相似性的概念。利用邻域图可以很好地捕捉成对相似的概念。对于给定的一组数据对象 $\boldsymbol{O}=\{O_1,\cdots,O_n\}$，邻域图定义如下：

① 为 $\boldsymbol{O}$ 中的每个对象定义一个节点。这是由节点集合 N 定义的，其中包含 n 个节点，节点 i 与对象 O_i 相对应。

② 如果距离 $d(O_i,O_j)$ 小于特定的阈值 ε，则 O_i 与 O_j 之间存在一个边。也可以使用每个节点的 k 个近邻点。因为这 k 个近邻点不是对称的，这就得到了一个有向图。忽略边缘上的方向，并删除平行边缘。边 (i,j) 的权重 w_{ij} 等于对象 O_i 与 O_j 之间距离的核函数（kernelized function），因此权重越大表示相似性越大。比如：

$$w_{ij}=\mathrm{e}^{-d(O_i,O_j)^2/t^2} \tag{2-1}$$

上式中的权重 w_{ij} 通常被称为热核（heat kernal），其中 t 是一个用户定义的参数。

各种各样的数据挖掘算法可用于网络数据。只要定义适当的距离函数，任何类型的数据对象均可转换为相似性图。

2.3.2 数据清洗

为避免数据收集过程的错误，数据清洗过程非常重要。在数据收集过程中，可能会出现丢失条目和错误，例如：

① 由于与收集和传输相关的硬件限制，一些数据收集技术（如传感器）在本质上是不准确的。有时传感器可能会因为硬件故障或电池耗尽而导致读数下降。

② 使用扫描技术收集的数据可能会有误差，因为光学字符识别技术还不够完善。此外，语音转文本的数据也容易出错。

③ 出于隐私原因，用户可能不想指定他们的信息，或者他们可能故意指定不正确的值。例如，我们经常发现，用户有时会在自动注册网站（如社交网站）上错误地指定自己的生日。在某些情况下，用户可能会选择保留几个字段为空。

④ 大量的数据是手工创建的。手动错误在数据输入过程中很常见。

⑤ 如果成本太高，负责数据收集的实体可能不会为某些记录收集某些字段。因此，记录可能不完全指定。

上述问题可能是数据挖掘应用程序不准确的重要原因。有一些方法可用于删除或纠正数据中丢失或错误的条目，下面将进行讨论。

（1）缺少条目

在数据收集方法不完善的数据库中很常见。例如，用户调查通常无法收集所有问题的回答。在自愿提供数据的情况下，数据几乎总是不完全的。处理丢失条目的方法有三种：

① 任何包含缺失项的数据记录都可能被完全删除。然而，当大多数记录包含缺失的条目时，这种方法可能不实用。

② 可以估计或估算缺失的值。但是，输入过程中产生的误差可能会影响数据挖掘算法的结果。

③ 分析阶段的设计方式可以处理缺失的值。许多数据挖掘方法原本就被设计为能够在有缺失值的情况下正常工作。这种方法通常是最可取的，因为它避免了估算过程中固有的额外偏差。

估计缺失条目的问题与分类问题直接相关。在分类问题中，对单个属性进行特殊处理，利用其他特征值来估计其值。在这种情况下，丢失的值可能出现在任何特性上，因此问题更具有挑战性。

对于依赖型的数据，例如时间序列或空间数据，处理缺失值估计要简单得多。在这种情况下，使用上下文附近记录的行为属性值进行估算。例如，在时间序列数据集中，可以使用时间戳上缺失属性之前或之后的值的平均值进行估计。或者，在最后一个时间序列数据戳上的行为值可以线性内插来确定缺失的值。对于空间数据，估计过程非常相似，可以使用相邻空间位置值的平均值。

（2）处理不正确和不一致的条目

主要方法如下。

① 不一致性检测：通常用于数据以不同的格式从不同的来源被获得时。例如，一个人的名字可能在一个信息源中完整地拼写出来，而另一个信息源可能只包含首字母和姓氏。在这种情况下，关键问题是重复检测和不一致检测。这些内容都属于在数据库领域的数据集成范畴。

② 领域知识：根据属性的范围或指定不同属性之间的关系规则，通常可以获得大量的

领域知识。例如，如果某分子类型为芳香烃类，那么具体的分子就不能是水、盐酸等。许多数据清洗和数据审计工具已经被开发出来，它们使用这些领域知识和约束来检测不正确的条目。

③ 以数据为中心的方法：在这些情况下，数据的统计行为被用来检测异常值。这些孤立的点可能是由于数据收集过程中的错误而产生的。然而，情况并非总是如此，因为异常可能是底层系统某种行为的结果。因此，在丢弃任何检测到的异常值之前，可能需要手动检查它。使用以数据为中心的方法进行清理有时是危险的，因为它们可能导致从底层系统中删除有用的知识。

（3）缩放（scaling）和归一化（normalization）

在许多情况下，不同的特征代表不同的参考范围，因此可能无法相互比较。例如，年龄等属性与工资等属性的数值尺度非常不同。后一个属性通常比前一个属性大几个数量级。因此，任何基于不同特征（如欧几里得距离）计算的聚合函数都将被更大的量级属性所支配。为了解决这个问题，属性通常需要被标准化。考虑第 j 个属性具有均值 μ_j 和标准偏差 σ_j 的情况。然后，第 i 个记录 $\overline{X_i}$ 的第 j 个属性值 x_i^j 被归一化如下：

$$z_i^j = \frac{x_i^j - \mu_j}{\sigma_j} \tag{2-2}$$

在正态分布假设下，绝大多数归一化值通常位于 $[-3,3]$ 范围内。

第二种方法使用最小值－最大值缩放将所有属性映射到 $[0,1]$ 范围内。设 $\min_j$ 和 $\max_j$ 表示属性 j 的最小值和最大值。然后，第 i 个记录 $\overline{X_i}$ 的第 j 个属性值 x_i^j 可以按式（2-3）缩放：

$$y_i^j = \frac{x_i^j - \min_j}{\max_j - \min_j} \tag{2-3}$$

2.4 数据简化转换与预分析

在数据的简化转换和预分析阶段，可通过选择数据子集、特征子集或数据转换来减少数据量。这个阶段可以带来两个好处。首先，当数据量减少时，算法通常更有效；其次，去除不相关的特征或记录，可以提高数据挖掘的质量。第一个目标是通过通用性抽样和降维技术实现的。为了实现第二个目标，必须使用一种高度针对问题的方法来选择特征。例如，一种特征选择方法可以很好地用于聚类，但却不能很好地用于分类。本节将首先介绍数据的简化与转换，之后介绍多种数据预分析方法，包括：相似性与距离分析、聚类分析、异常值分析等。

2.4.1 数据的简化与转换

数据简化的目标是获得更简洁的表示形式。当数据量较小时，应用复杂且计算昂贵的算法就容易得多。数据的减少可以按行数（记录）或按列数（维）计算。数据缩减确实会导致一些信息的丢失，使用更复杂的算法有时可以弥补数据缩减所造成的信息损失。下面将对不同类型的数据简化方法进行说明，包含数据取样、特征子集选择、主成分分析（principal component analysis，PCA）及奇异值分解（singular value decomposition，SVD）等。

（1）数据取样

数据取样的主要优点是简单、直观，并且相对容易实现。使用的取样类型可能会随应用的不同而不同，主要包含静态数据取样和数据流的储存器取样两种。

当整个数据集都可用时，基本数据点的数量是预先知道的，可采用静态数据取样。在无偏采样方法中，选择并保留预定义的数据点的一部分进行分析。在不替换有 n 条记录的数据集 D 的情况下，对数据以 f 的频率进行取样，总共从数据中随机抽取 $\lceil n \cdot f \rceil$ 记录。其他一些特殊的取样形式包含有偏取样和分层取样。

在有偏取样中，数据的某些部分被有意地强调，因为它们对分析更重要。一个经典的例子是时间衰减偏差，其中最近的记录有较大的机会被纳入样本，而陈旧的记录被纳入的机会较低。在指数衰减偏差中，对 δt 时间单位之前产生的数据记录 $\bar{X}$ 进行采样的概率 $p(\bar{X})$ 与衰减参数 λ 调节的指数衰减函数值成比例：

$$p(\bar{X}) \propto e^{-\lambda \delta t} \tag{2-4}$$

在一些数据集中，由于数据的稀缺性，数据的重要部分无法充分地用取样来表示。因此，分层样本首先将数据划分为所需的一组层级，然后应用特定的方式，从每个层级中根据预定义的比例独立取样。例如，考虑一项测量人口中不同个体生活方式的经济多样性的调查。即使是 100 万参与者的样本，也可能无法捕捉到亿万富翁，因为他们相对罕见。然而，分层样本（按收入）将从每个收入群体中独立抽取预定义的一部分，以确保分析具有更强鲁棒性。

数据流的储存器取样是指在储层采样（reservoir sampling）中，从数据流中动态地保持一些点的样本集。在静态情况下，在样本中包含一个数据点的概率是 k/n，这里 k 表示样本大小，而 n 是"数据集"中点的数量。数据流中"数据集"不是静态的，不能存储在磁盘上。此外，随着更多的点到达，并且先前的数据点（样本外）已经被丢弃，n 的值不断增加。因此，取样方法需要动态地做出两个简单的接纳控制决策：①应该使用什么取样规则来决定是否将新传入的数据点包括在样本中？②应该使用什么规则来决定如何从样本中删除一个数据点，以便为新插入的数据点"腾出空间"？设计一个在数据流中进行储层采样的算法相对简单。对于容量为 k 的容器，流中的前 k 个数据点用于初始化容器。随后，对于第 n 个进入流的数据点，应用以下两种接纳控制决策：①将第 n 个输入流的数据点以概率 k/n 插入到库中。②如果插入了新进入的数据点，则随机弹出一个旧数据点，为新到达的点腾出空间。上述规则保持了数据流中的无偏储层样本。

（2）特征子集选择

数据预处理的第二种方法是特征子集选择。有些无关的特征可以舍弃，但哪些特征是有关的呢？显然，这个取舍由当前的应用程序决定。这里主要介绍两种类型的特征选择方法。

首先，无监督特征选择，即从数据中去除噪声和冗余性。无监督特征选择最好根据它对聚类应用的影响定义。但如果不联系聚类问题的内容，很难全面描述这些特征选择方法。因此，无监督特征选择将在后面数据聚类部分进行讨论。

其次，监督特征选择，与数据分类问题相关。在这种情况下，只有可以有效预测每类属性的特征是相关特征。这些特征选择方法通常与其他分析方法紧密结合，用于进行分类问题的研究。特征选择是数据挖掘过程的重要组成部分，它决定了输入数据的质量。

（3）主成分分析

在真实数据集中，不同属性之间存在着大量的相关性。某些情况下，根据属性之间的硬约束或规则，某些属性可根据其他属性被唯一定义。例如，一个人的出生日期（定量表示）与他（她）的年龄紧密相关。尽管大多数情况下这些相关性并不特别契合，不同特征之间的相关性是真实存在的。真实的数据集往往包含许多这样的冗余相关性，并且分析人员不会在数据创建的初始阶段注意到它们。这些相关性和约束即隐式冗余，这就说明我们可以使用一些维度的子集信息来预测其他维度的值。以图 2-6 中所示的三维数据集为例，此时如果将轴旋转到图中所示的方向，则新变换后的特征值中的相关性和冗余性将被去除。去除冗余后的整个数据可以（近似）用一维线性表示。因此，此三维数据集的主要维数为1，其他两个轴是次要的。如果数据由图 2-6 所示的新轴系坐标进行表示，那么这些次要轴上的坐标值变化不大。由此说明，轴系旋转之后维度降低而数据信息没有较大损失。那么自然产生了一个问题，如何自动地确定如图 2-6 所示的可降维的轴系呢？这里阐述两种方法：主成分分析和奇异值分解。这两种方法虽然在定义上不完全相同，但是密切相关。主成分分析的概念在直观上更容易理解，但奇异值分解更通用。

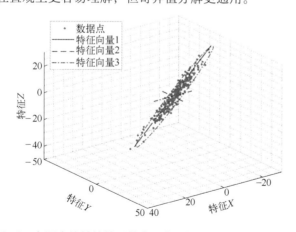

图 2-6　在适当旋转的轴系统中用少量维度表示的高度相关数据

进行主成分分析之前，通常先用每个数据点的值减去数据集的均值。但若是数据集的均值已经单独储存，也可以不使用均值处理，这一步称为均值中心化，形成以原点为中心的数据集。主成分分析是为了将数据集旋转到一个轴系中，以实现用较少的维度表示尽可能多的方差信息。这样的轴系受到属性间相关性的影响。这里有一个重要的结论，即一个数据集沿特定方向的方差可以直接用其协方差矩阵表示。

设 C 是 $n \times d$ 维数据矩阵 D 的对称协方差矩阵，则 C 的维度是 $d \times d$。因此，C 的第 (i, j) 项 c_{ij} 表示数据矩阵 D 的第 i 列和第 j 列（维）之间的协方差，令 μ_i 表示第 i 维的均值，x_k^m 表示第 k 项第 m 维，则协方差项 c_{ij} 的值如下所示：

$$c_{ij} = \frac{\sum_{k=1}^{n} x_k^i x_k^j}{n} - \mu_i \mu_j \quad \forall i, j \in \{1 \cdots d\} \tag{2-5}$$

令 d 维行向量 $\bar{\mu} = (\mu_1 \cdots \mu_d)$ 表示不同维度的均值。则上述式（2-5）中不同 i 和 j 项的 $d \times d$ 维矩阵可以用下式表示：

$$C = \frac{D^{\mathrm{T}} D}{n} - \bar{\mu}^{\mathrm{T}} \bar{\mu} \tag{2-6}$$

值得注意的是，矩阵 C 对角线上的 d 项对应于 d 个方差。协方差矩阵 C 是半正定的，因为由下式（2-7）可以证明，对于任何 d 维列向量 $\bar{v}$，$\bar{v}^{\mathrm{T}} C \bar{v}$ 的值等于数据集 D 在 $\bar{v}$ 方向上的一维投影 $D\bar{v}$ 的方差。

$$\bar{v}^{\mathrm{T}} C \bar{v} = \frac{(D\bar{v})^{\mathrm{T}} (D\bar{v})}{n} - (\bar{\mu}\bar{v})^2 \geqslant 0 \tag{2-7}$$

主成分分析的实际目标是逐步确定正交向量 $\bar{v}$ 使 $\bar{v}^{\mathrm{T}} C \bar{v}$ 的值最大。那么我们如何确定这个向量（方向）呢？考虑到协方差矩阵对称且半正定，可进行如下对角化：

$$C = P \Lambda P^{\mathrm{T}} \tag{2-8}$$

矩阵 P 的列包含矩阵 C 的正交特征向量，Λ 是包含非负特征值的对角矩阵。Λ_{ii} 是与矩阵 P 的第 ii 个特征向量（列）相对应的特征值。这些特征向量表示上述优化模型的连续正交解，使 $\bar{v}^{\mathrm{T}} C \bar{v}$ 沿着单位方向 $\bar{v}$ 的方差最大。

这种对角化有一个有趣的特点，即特征向量和特征值都可以根据数据分布进行几何解释。也就是说，如果将表示数据的轴系旋转到矩阵 P 特征向量的正交集中，则所有 $\binom{d}{2}$ 个新变换的特征值的协方差为零。换句话说，最大的方差保存方向也是相应的去除方向。此外，特征值对应着数据在相应特征向量上的方差。对角矩阵 Λ 实际上是轴旋转后的新协方差矩阵。因此，较大特征值对应的特征向量具有较大方差，被称为主成分。基于推导这些变换的优化公式的性质，新的轴系统只包含具有最大特征值的特征向量，优化后在特定维数中保持最大方差。例如，图 2-6 的散点图包含了所有特征向量，但只有最大方差的特征向量用于表示所需信息，因此只需要保留少量具有较大特征值的特征向量就足够了。

在不失一般性的情况下，可以假定矩阵 P（和对应的对角矩阵 Λ）的列从左到右排列，对应的特征值递减。将坐标轴旋转到 P 的标准正交列后，在新坐标系中变换后的数据矩阵 D' 可以用下列线性变换式计算：

$$D' = DP \tag{2-9}$$

虽然变换后的数据矩阵 D' 的大小也是 $n \times d$ 维，但只有其前（最左边的）k 列（$k \ll d$）发生显著变化。D' 的剩余（$d-k$）列中的每一列将近似等于旋转轴系中数据的均值。对于均值中心化的数据，这（d-k）列的值几乎为 0。因此，数据的维数可以减少，并且只保留了变换后的数据矩阵 $\boldsymbol{D}$ 的前 k 列用于表达信息。此外，将式（2-5）的协方差定义用于 $\boldsymbol{DP}$（变换数据）和 $\boldsymbol{\mu P}$（变换后的均值）而不是 $\boldsymbol{D}$ 和 $\boldsymbol{\mu}$，可以确定变换数据 $\boldsymbol{D'}$=$\boldsymbol{DP}$ 的协方差矩阵为对角矩阵 $\boldsymbol{\Lambda}$。得到的协方差矩阵可以用原协方差矩阵 $\boldsymbol{C}$ 表示为 $\boldsymbol{P}^{\mathrm{T}}\boldsymbol{CP}$。用式（2-9）中的 $\boldsymbol{C}$=$\boldsymbol{P\Lambda P}^{\mathrm{T}}$ 代替是等价的，因为 $\boldsymbol{P}^{\mathrm{T}}\boldsymbol{P}$=$\boldsymbol{PP}^{\mathrm{T}}$=$\boldsymbol{I}$。换句话说，因为 $\boldsymbol{\Lambda}$ 是对角的，所以转换后的数据中移除了相关性。

由最前边 k 个特征向量投影来定义得到的数据集，其方差等于 k 个对应特征值的和，在许多应用中，特征值在前几个值之后急剧下降。例如，从 UCI 机器学习数据库中选择的 279 维 Arrhythmia 数据集的特征值如图 2-7 所示。图 2-7（a）将特征值的绝对值递增排列，而图 2-7（b）是前 k 个特征值中保留的总方差。将图 2-7（a）中最小特征值相加得到图 2-7（b）。由于 215 个最小的特征值包含的数据方差不到数据总方差的 1%，因此将他们去除对基于相似性的应用程序几乎没有影响。这里尽管 Arrhythmia 数据集在许多维度上的相关性不强，但由于在多个维度上相关性的累积效应，其降维效果也十分明显。

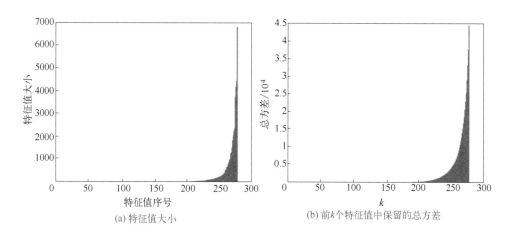

(a) 特征值大小　(b) 前 k 个特征值中保留的总方差

图 2-7　Arrhythmia 数据集的特征值与总方差

（4）奇异值分解

奇异值分解（SVD）和主成分分析（PCA）密切相关。奇异值分解是比主成分分析更通用的方法，它提供了两组基向量，即数据矩阵的行和列的基向量，而主成分分析仅提供一组基向量，即数据矩阵的行的基向量。但在某些特殊情况下，奇异值分解与主成分分析的数据矩阵的基向量相同，即对于其中每个属性均值为 0 的数据集，且数据矩阵 $\boldsymbol{D}$ 为方阵时，奇异值分解和主成分分析的基向量和数据变换均相同。

进行均值转换时主成分分析的基向量不变，而奇异值分解的基向量会发生变化。当数据没有经过均值中心化时，二者的基向量是不同的，可能会得到不同的定性结果。奇异值分解通常应用于没有均值中心化的稀疏非负数据，例如文档项矩阵。正式定义奇异值分解是将其定义分解为三个矩阵的乘积：

$$D=Q\Sigma P^{\mathrm{T}} \tag{2-10}$$

其中 Q 是具有正交列向量的 $n\times n$ 维矩阵，这些列向量是左奇异向量。Σ 是包含奇异值的 $n\times d$ 维非负对角矩阵，通常按非递增顺序排列。此外，P 是具有正交列向量的 $d\times d$ 维矩阵，它们是右奇异向量。需要注意的是对角矩阵 Σ 是矩形的而不是正方形的，但因为只有 Σ_{ii} 形式的项不为零，所以它也被称为对角矩阵。可以证明，线性代数中的这种分解总是存在的。Σ 的非零对角元素的个数等于矩阵 D 的秩，其值为 $\min\{n,d\}$。此外，由于奇异向量的正交性，$P^{\mathrm{T}}P$ 和 $Q^{\mathrm{T}}Q$ 都是单位矩阵。我们有如下结论：

① 矩阵 Q 的列（即左奇异向量），是 DD^{T} 的正交特征向量。这是因为 $DD^{\mathrm{T}}=Q\Sigma\left(P^{\mathrm{T}}P\right)\Sigma^{\mathrm{T}}Q^{\mathrm{T}}=Q\Sigma\Sigma^{\mathrm{T}}Q^{\mathrm{T}}$。因此，非零奇异值的平方，即 $n\times n$ 维对角矩阵 $\Sigma\Sigma^{\mathrm{T}}$ 的对角项，表示 DD^{T} 的非零特征值。

② 矩阵 P 的列（即右奇异向量），是 $D^{\mathrm{T}}D$ 的正交特征向量。$D^{\mathrm{T}}D$ 的非零特征值是 $d\times d$ 维对角矩阵 $\Sigma^{\mathrm{T}}\Sigma$ 对角线上的非零奇异值的平方。DD^{T} 和 $D^{\mathrm{T}}D$ 的非零特征值是相同的。这里矩阵 P 尤其重要，因为它提供了基向量，类似于主成分分析中协方差矩阵的特征向量。

③ 因为均值中心化数据的协方差矩阵表示为 $\dfrac{D^{\mathrm{T}}D}{n}$ ［参见式（2-6）］，并且奇异值分解的右奇异向量是 $D^{\mathrm{T}}D$ 的特征向量，所以对于均值中心化的数据来说，主成分分析的特征向量与奇异值分解的右奇异向量相同。此外，奇异值分解中的平方奇异值是主成分分析特征值的 n 倍。这种等价性解释了为什么在均值中心化的数据中，奇异值分解和主成分分析可以提供相同的数据变换。

④ 在不失一般性的情况下，可以假设 Σ 的对角线项降序排列，并且矩阵 P 和 Q 的列向量也相应地降序排列。令 P_k 和 Q_k 分别是由 P 和 Q 的前 k 列获得的截断的 $d\times k$ 和 $n\times k$ 维矩阵。设 Σ_k 是包含前 k 个奇异值的 $k\times k$ 维平方矩阵。则奇异值分解产生原始数据 D 的近似 d 维数据可表示为：

$$D\approx Q_k\Sigma_k P_k^{\mathrm{T}} \tag{2-11}$$

P_k 的列向量表示一个 k 维基系统，用于简化表示数据集。该 k 维基系统的降维数据由 $n\times k$ 维矩阵 D_k' 表示，由主成分分析的式（2-11）可知，$D_k'=DP_k=Q_k\Sigma_k$。D_k' 的 n 行数据表示这个新轴系统中每个转换数据的 k 个坐标。k 的值通常比 n 和 d 都要小。此外，与主成分分析不同的是，无论数据是否均值中心化，d 维满秩变换矩阵 $D'=DP$ 的最右边 $(d-k)$ 列近似为 0（而非数据的均值）。一般来说，主成分分析将数据投影到经过数据均值的低维超平面上，而奇异值分解将数据投影到经过原点的低维超平面上。主成分分析尽可能多地考虑数据的方差（关于均值的欧氏平方距离），而奇异值分解尽可能多地考虑关于原点的欧氏平方距离。这种逼近数据矩阵的方法称为截断奇异值分解。

下面我们将说明截断奇异值分解可以使变换数据关于原点的总欧氏平方距离（能量）最大化。$\bar{v}$ 是一个 d 维列向量，$D\bar{v}$ 是数据矩阵 D 在 $\bar{v}$ 上的投影。我们要考虑的问题是如何确定单位向量 $\bar{v}$，使投影数据点到原点的欧氏距离 $(D\bar{v})^{\mathrm{T}}(D\bar{v})$ 的平方和最大。设拉格朗日松弛 $\bar{v}^{\mathrm{T}}D^{\mathrm{T}}D\bar{v}-\lambda(\|\bar{v}\|^2-1)$ 的梯度为 0，等价于特征向量表达式 $D^{\mathrm{T}}D\bar{v}-\lambda\bar{v}=0$。由于右奇

异向量是 $\boldsymbol{D}^{\mathrm{T}}\boldsymbol{D}$ 的特征向量，因此这些具有 k 个最大特征值（平方奇异值）的特征向量（右奇异向量），使经变换和减少的数据矩阵 $\boldsymbol{D}_k' = \boldsymbol{D}\boldsymbol{P}_k = \boldsymbol{Q}_k\boldsymbol{\Sigma}_k$ 中保存的能量最大。因为能量是到原点的欧氏距离的平方和，发生轴旋转时其保持不变，所以在 $\boldsymbol{D}_k'$ 与 $\boldsymbol{D}_k'\boldsymbol{P}_k^{\mathrm{T}} = \boldsymbol{Q}_k\boldsymbol{\Sigma}_k\boldsymbol{P}_k^{\mathrm{T}}$ 矩阵中的能量相同。因此，k 阶奇异值分解是一个最大保能因子分解。这个结果被称为 Eckart-Young 定理。

下面举例说明一个 6×6 维矩阵的秩 2 截断奇异值分解：

$$\boldsymbol{D} = \begin{pmatrix} 2 & 2 & 1 & 2 & 0 & 0 \\ 2 & 3 & 3 & 3 & 0 & 0 \\ 1 & 1 & 1 & 1 & 0 & 0 \\ 2 & 2 & 2 & 3 & 1 & 1 \\ 0 & 0 & 0 & 1 & 1 & 1 \\ 0 & 0 & 0 & 2 & 1 & 2 \end{pmatrix} \approx \boldsymbol{Q}_2\boldsymbol{\Sigma}_2\boldsymbol{P}_2^{\mathrm{T}}$$

$$\approx \begin{pmatrix} -0.41 & 0.17 \\ -0.65 & 0.31 \\ -0.23 & 0.13 \\ -0.56 & -0.20 \\ -0.10 & -0.46 \\ -0.19 & -0.78 \end{pmatrix} \begin{pmatrix} 8.4 & 0 \\ 0 & 3.3 \end{pmatrix} \begin{pmatrix} -0.41 & -0.49 & -0.44 & -0.61 & -0.10 & -0.12 \\ 0.21 & 0.31 & 0.26 & -0.37 & -0.44 & -0.68 \end{pmatrix}$$

$$= \begin{pmatrix} 1.55 & 1.87 & 1.67 & 1.91 & 0.10 & 0.04 \\ 2.46 & 2.98 & 2.66 & 2.95 & 0.10 & -0.03 \\ 0.89 & 1.08 & 0.96 & 1.04 & 0.01 & -0.04 \\ 1.81 & 2.11 & 1.91 & 3.14 & 0.77 & 1.03 \\ 0.02 & -0.05 & -0.02 & 1.06 & 0.74 & 1.11 \\ 0.10 & -0.02 & 0.04 & 1.89 & 1.28 & 1.92 \end{pmatrix}$$

潜在语义分析（LSA）是奇异值分解方法在文本域的一种应用。这里的数据矩阵 $\boldsymbol{D}$ 是一个包含 n 个归一化词频的 $n×d$ 维文档矩阵。其中 d 是词汇的大小。不使用均值中心化，由于 $\boldsymbol{D}$ 的稀疏性，结果与主成分分析大致相同。$\boldsymbol{D}$ 的稀疏性意味着 $\boldsymbol{D}$ 的大多数项是 0，并且每列的均值远小于非零值。此时可以看出协方差矩阵与 $\boldsymbol{D}^{\mathrm{T}}\boldsymbol{D}$ 近似成正比。数据集的稀疏性也导致了较低的内在维度。因此，潜在语义分析在文本域的降维效果非常明显。例如，很多语料库可以在少于 300 个维度上表示 100000 个维度的文本。

2.4.2　相似性与距离分析

许多数据挖掘应用程序需要确定数据中相似或不同的对象、模式、属性和事件。换句话说，需要一种量化数据对象之间相似性的理性方法。几乎所有的数据挖掘问题，例如聚类、异常值检测和分类，都需要计算相似性。相似度（即量化后的相似性）或距离量化问题的正式表述如下：

给定两个对象 O_1 和 O_2，确定两个对象之间的相似度 $Sim(O_1, O_2)$ ［或距离 $Dist(O_1, O_2)$］的值。

在相似度函数中，较大的值意味着更大的相似性，而在距离函数中，较小的值意味着更大的相似性。在一些领域，比如空间数据，谈论距离函数更自然，而在其他领域，比如文本，谈论相似度函数更自然。尽管如此，设计此类功能所涉及的原则在不同的数据域中通常是不变的。因此，本章将根据领域使用术语"距离函数"或"相似函数"。相似度和距离函数通常以封闭形式表示（例如，欧几里得距离），但在某些领域，例如时间序列数据，它们是通过算法定义的且无法以封闭形式表示。

距离函数是有效设计数据挖掘算法的基础，因此在这方面如果选择不当可能对结果的质量非常不利。有时，数据分析师将欧几里得函数用作"黑箱"，而没有过多考虑这种选择的整体影响。没有经验的分析师在数据挖掘问题的算法设计上投入大量精力，而将距离函数子程序视为事后考虑的情况并不少见，这是错误的。根据应用领域的不同，距离函数的错误选择有时会造很大的误导。良好的距离函数设计对于数据类型的可移植性也很重要。

距离函数对数据分布、维度和数据类型高度敏感。在某些数据类型（例如多维数据）中，定义和计算距离函数比其他类型（例如时间序列数据）中简单得多。在某些情况下，用户意图（或对象对训练的反馈）可用于距离函数的设计。

尽管多维数据是最简单的数据形式，但跨不同属性类型（例如分类或定量数据）的距离函数设计存在显著差异。因此，本节将分别介绍这些类型。

（1）定量数据

定量数据最常见的距离函数是 L_p 范数。两个数据点 $\bar{X} = (x_1, \cdots, x_d)$ 和 $\bar{Y} = (y_1, \cdots, y_d)$ 之间的 L_p 范数定义如下：

$$Dist(\bar{X}, \bar{Y}) = \left(\sum_{i=1}^{d} |x_i - y_i|^p \right)^{\frac{1}{p}} \tag{2-12}$$

L_p 范数的两个特殊情况是欧几里得 ($p = 2$) 和曼哈顿 ($p = 1$) 度量。这些特殊情况的直觉来自空间应用，在这些应用中，它们具有明确的物理可解释性。欧几里得距离是两个数据点之间的直线距离。曼哈顿距离是在街道排列为矩形网格的区域（例如纽约市的曼哈顿岛）中的"城市街区"行驶距离。

欧几里得距离的一个很好特性是它的旋转不变性，因为两个数据点之间的直线距离不随轴系的方向而改变。此属性还意味着可以在不影响距离的情况下对数据使用诸如 PCA、SVD 或时间序列的小波变换等变换。另一个有趣的特殊情况是通过设置 $p = \infty$ 获得的。此计算的结果是选择两个对象彼此最远的维度，并记录该距离的绝对值。

在某些情况下，数据分析师可能知道对于特定应用程序哪些特征比其他特征更重要。例如，对于信用评分应用程序，与诸如性别之类的属性相比，薪水之类的属性与距离函数设计的相关性要高得多，尽管两者都可能会产生一些影响。在这种情况下，如果有关不同特征相对重要性的特定领域知识可用，分析师可能会选择对特征进行不同的加权。这通常是基于经验和领域知识的启发式过程。广义 L_p 距离最适合这种情况，其定义方式与 L_p 范数类似，不同之处在于系数 a_i 与第 i 个特征相关联。该系数用于对 L_p 范数中的相应特征分量进行加权：

$$Dist\left(\bar{X},\bar{Y}\right)=\left(\sum_{i=1}^{d}a_i\left|x_i-y_i\right|^p\right)^{\frac{1}{p}} \tag{2-13}$$

随着数据维数的增加，许多基于距离的数据挖掘应用程序失去了它们的有效性。例如，基于距离的聚类算法可能会将不相关的数据点分组，因为距离函数可能无法很好地反映数据点之间随着维数增加的内在距离。因此，基于距离的聚类、分类和异常值检测模型通常在质量上是无效的。这种现象被称为维度诅咒（curse of dimensionality），这是 Richard Bellman 首次创造的术语。

为了更好地理解维度诅咒对距离的影响，让我们测试一个维度为 d 的单位立方体，它完全位于非负象限，一个角位于原点 $\bar{O}$。这个立方体的角（原点）到立方体内随机选择的点 $\bar{X}$ 的曼哈顿距离是多少？在这种情况下，因为一个端点是原点，并且所有坐标都是非负的，曼哈顿距离将在不同维度上对 $\bar{X}$ 的坐标求和。这些坐标中的每一个都均匀地分布在 [0,1] 中。因此，如果 Y_i 表示 [0,1] 中均匀分布的随机变量，则曼哈顿距离为：

$$Dist\left(\bar{O},\bar{X}\right)=\sum_{i=1}^{d}(Y_i-0) \tag{2-14}$$

结果是一个随机变量，均值为 $\mu=d/2$，标准差为 $\sigma=\sqrt{d/12}$。对于较大的 d 值，可以通过大数定律表明，立方体内随机选择的绝大多数点将位于 $[D_{\min},D_{\max}]=[\mu-3\sigma,\mu+3\sigma]$ 范围内。因此，立方体中的大多数点都位于距原点 $D_{\max}-D_{\min}=6\sigma=\sqrt{3d}$ 的距离范围内。需要注意的是曼哈顿距离以与 d 呈线性比例的速率随维数增长。因此，距离变化与均值的比例称为对比度，由式（2-15）给出：

$$Contrast\left(d\right)=\frac{D_{\max}-D_{\min}}{\mu}=\sqrt{12/d} \tag{2-15}$$

这个比例可以解释为不同数据点之间的距离对比，可以考虑到原点的最小和最大距离的不同。对比度随着 $\sqrt{d}$ 减少。较低的对比度显然是不可取的，因为这意味着数据挖掘算法将以大致相同的方式对所有数据点对之间的距离进行评分，并且无法很好地区分具有不同关系级别的不同对象。图 2-8 显示了随维数增加的对比度变化。事实上，这种行为在不同 p 值的所有 L_p 范数中都被观察到，尽管严重程度不同。这些严重性差异将在后面的部分中探讨。显然，随着维度的增加，直接使用 L_p 范数可能无效。

前面提到的相似度函数仅保证映射到同一个存储区维度的非零相似度分量。使用等深分区确保两条记录共享特定维度的桶的概率为 $1/k_d$。因此，平均而言，上述总和很可能具有 d/k_d 个非零分量。对于更多相似的记录，此类维度的数量会更多，并且每个单独的维度

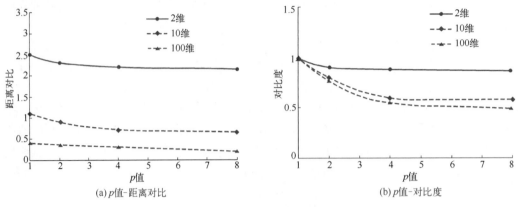

图 2-8　p 值的影响对比

也可能对相似度值的贡献更大。这种方法忽略了远距离维度上的不同程度，因为它通常由噪声主导。理论上已经表明，对于某些数据分布，选择 $k_d \propto d$ 可以在高维空间中实现恒定的对比度水平。k_d 值越高，每个维度的质量界限就越严格。这些结果表明，在高维空间中，最好为每个维度设置更高质量的边界，以便在相似度计算中使用较小百分比（而不是数量）的保留维度。该距离函数也被证明对于典型的最近邻分类应用程序更有效。

马哈拉诺比斯距离（也称为马氏距离）就是基于这个一般原则。设 Σ 为其数据集的 $d \times d$ 协方差矩阵。在这种情况下，协方差矩阵的第 (i, j) 个条目等于维度 i 和 j 之间的协方差。那么，两个 d 维数据点 $\overline{X}$ 和 $\overline{Y}$ 之间的马氏距离 $Maha(\overline{X}, \overline{Y})$ 如下：

$$Maha\left(\overline{X}, \overline{Y}\right) = \sqrt{(\overline{X} - \overline{Y})\Sigma^{-1}(\overline{X} - \overline{Y})^{\mathrm{T}}}$$

理解马哈拉诺比斯距离的另一种方式是主成分分析（PCA）。马哈拉诺比斯距离类似于欧几里得距离，不同之处在于它基于属性间相关性对数据进行归一化。例如，如果轴系被旋转到数据的主要方向（如图 2-9 所示），那么数据将没有次要属性间相关性。马哈拉诺比斯距离等价于此类变换（轴旋转）数据集中的欧几里得距离，之后再将每个变换坐标值除以沿该方向的数据标准偏差。因此，数据点 B 与原点的距离将大于图 2-9 中的数据点 A。

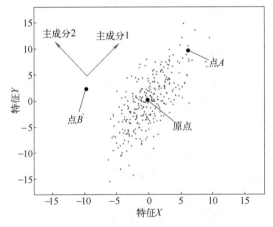

图 2-9　数据分布及主成分方向影响距离计算

（2）分类数据

根据距离函数表示各维度的数值差异可进行自然排序。但对分类数据来说，离散值之间不存在直接的排序。如何计算距离，一种可能性是使用第 2.3 节中讨论的二值化方法将分类数据转换为数值数据。本章第 2.3.1 节，由于二进制向量可能是稀疏的（许多零值），相似度函数可以从其他稀疏域（例如文本）中进行调整。对于分类数据，使用相似度函数而不是距离函数更常见，因为离散值可以更自然地匹配。

考虑两个记录 $\bar{X} = (x_1, \cdots, x_d)$ 和 $\bar{Y} = (y_1, \cdots, y_d)$。记录 $\bar{X}$ 和 $\bar{Y}$ 之间最简单的可能相似性是各个属性值的相似性之和。换句话说，如果 $S(x_i, y_i)$ 是属性值 x_i 和 y_i 之间的相似度，则整体相似度定义如下：

$$Sim(\bar{X}, \bar{Y}) = \sum_{i=1}^{d} S(x_i, y_i) \tag{2-16}$$

因此，$S(x_i, y_i)$ 的选择决定了整体相似度函数。

最简单的选择是在 $x_i = y_i$ 时将 $S(x_i, y_i)$ 设置为 1，否则设置为 0。这也称为重叠度量。这种度量的主要缺点是它没有考虑不同属性之间的相对频率。例如，考虑一个分类属性，其中 99% 记录的属性值为"正常"，其余记录的属性值为"癌症"或"糖尿病"。很明显，如果两个记录的这个变量有一个"正常"值，这不会提供关于相似性统计上显著的信息，因为大多数时很可能只是偶然地显示出这种模式。但是，如果这两个记录的该变量具有匹配的"癌症"或"糖尿病"值，则它提供了重要的相似性统计证据。这个论点类似于前面关于全局数据分布的重要性的讨论。不寻常的相似或差异在统计上比常见的更显著。

在分类数据中，数据集的聚合统计特性应该用于计算相似性，类似于通过使用全局统计计算基于马哈拉诺比斯距离的相似性。这也是用于文本等领域中许多常见规范化技术的基本原理。此处将介绍用于分类数据的类似度量，是简单匹配测度的推广。该度量通过匹配值频率反函数对两个记录的匹配属性之间的相似性进行加权。因此，当 $x_i = y_i$ 时，相似度 $S(x_i, y_i)$ 反比于加权频率，否则为 0。令 $p_k(x)$ 是第 k 个属性在数据集中具有 x 值的记录分数。当 $x_i = y_i$ 时，$S(x_i, y_i)$ 的值为 $1/p_k(x_i)^2$，否则为 0。

$$S(x_i, y_i) = \begin{cases} 如果 x_i = y_i & 1/p_k(x_i)^2 \\ 否则 & 0 \end{cases} \tag{2-17}$$

（3）混合定量和分类数据

通过添加定量（即数值）与分类分量的权重来推广混合数据的方法是相当简单的。主要的挑战是决定如何分配定量和分类分量的权重。例如，考虑两个记录 $\bar{X} = (\bar{X}_n, \bar{X}_c)$ 和 $\bar{Y} = (\bar{Y}_n, \bar{Y}_c)$，其中 $\bar{X}_n, \bar{Y}_n$ 是数值属性的子集，$\bar{X}_c, \bar{Y}_c$ 是分类属性的子集。那么，$\bar{X}$ 和 $\bar{Y}$ 的整体相似度定义如下：

$$Sim(\bar{X}, \bar{Y}) = \lambda \cdot NumSim(\bar{X}_n, \bar{Y}_n) + (1 - \lambda) \cdot CatSim(\bar{X}_c, \bar{Y}_c) \tag{2-18}$$

参数 λ 规定了分类和数值属性的相对重要性。在缺乏关于属性相对重要性的领域知识情况下，自然的选择是使用等于数据中数值属性分数作为 λ 值。此外，数值数据中的接近度通常是使用距离函数而不是相似度函数来计算的。但是，距离值也可以转换为相似度值。对于 $dist$ 的距离值，常用的方法是使用 $1/(1+dist)$ 计算相似度值。

有些情况下，为了能更有意义地比较在不同尺度上的数值和分类属性上的相似值分量，需要改进归一化的方式。常用的方法是使用记录的样本来确定两个域的相似性值的标准差，即相似性值（数值或分类）的每个分量除以其标准差。因此，如果 σ_c 和 σ_n 是分类分量和数值分量中相似度值的标准差，则等式（2-18）需要修改如下：

$$Sim\left(\overline{X}, \overline{Y}\right) = \lambda \cdot NumSim\left(\overline{X}_n, \overline{Y}_n\right) / \sigma_n + (1-\lambda) \cdot CatSim(\overline{X}_c, \overline{Y}_c) / \sigma_c \tag{2-19}$$

执行这种归一化的过程中，λ 作为两个分量之间的相对权重，其值的选取很重要。默认情况下，可将权重设置为与分类分量及数值分量中的属性数量成正比；另外，也可引入特定领域知识以设置属性的相对重要性。

2.4.3 聚类分析

许多应用需要将数据点划分为直观的相似组。将大量数据点划分为更小数量的组，有助于为各种数据挖掘应用程序总结数据并理解数据。聚类直观的定义如下：给定一组数据点，将他们分成含有相似数据点的组。该定义直观但相对粗糙，因为它没有规定组的数量或相似性的客观标准。尽管如此，这一简单的描述已成为许多不同应用专门定制模型的基础。这类应用的一些例子如下。

① 数据汇总：在最广泛的层面上，聚类问题可以被视为数据摘要的一种形式。由于数据挖掘是从数据中提取摘要信息，因此聚类过程通常是许多数据挖掘算法的第一步。事实上，许多应用程序具有以某种形式使用聚类分析的汇总属性。

② 客户分类：通常需要分析类似客户群体的共同行为。这就需要按客户分类来实现。客户分类应用的一个示例是协同过滤，在该应用中，类似客户群体的声明或推导出的偏好被用于在该群体中进行产品推荐。

③ 社交网络分析：对于网络数据，通过链接关系紧密聚集在一起的节点通常是相似的朋友组或社区。社区检测问题是社会网络分析中研究最广泛的问题之一，因为对社区群体动力学的分析可以更广泛地理解人类行为。

④ 分子相似性分析：对于不同分子，可根据其结构和化学键的关系，分析其相似性，进行聚类。对于描述分子特征的高维向量，常通过 t-SNE 等方法降维后再进行分子聚类。

⑤ 化工生产工况分析：在异常工况识别或故障诊断中，也常使用聚类的方法，进行基于数据挖掘的生产工况分析。

⑥ 与其他数据挖掘问题的关系：由于它提供的是汇总表示，聚类问题对于实现其他数据挖掘问题非常有价值。例如，聚类通常被用作许多分类和异常值检测模型中的预处理步骤。

对于聚类分析已经开发了多种模型，如 K-means 算法、层次聚类等。这些不同的模型在不同的场景和数据类型中可能有不同表现。许多聚类算法都遇到的问题是：许多特征可能对聚类分析而言是噪声或不具有分析意义。这些特征需要在聚类过程早期的分析中删除。这个问题被称为特征提取或特征选择。

特征选择的关键目标是去除那些不能很好聚类的噪声属性。对于无监督的问题，特征选择通常更加困难，外部验证条件（如标签）不适用于特征选择。直观地说，特征选择的问题与确定一组特征的内在聚类倾向问题密切相关。特征选择方法决定了能使潜在聚类趋势最大化的特征子集。以下有两个主要用于执行特征选择的模型类别。

① 过滤（filter）模型：在这种情况下，使用基于相似度的标准为每个特性计算分数。这个标准本质上是一个过滤器，为特征的去除提供一个明确的条件。不符合要求分数的特征被从中删除。在某些情况下，这些模型可能会将特征子集的质量量化为一个组合，而不是一个单个的特征。这样的模型更强大，因为它们隐性地考虑了添加不同特征的增量影响。

② 包装（wrapper）模型：在这种情况下，使用聚类算法来评估特征子集的质量。然后在执行聚类时用它来提炼其中的特征子集。这是一个迭代的方法，其中一个好的特征选择取决于聚类。通常所选功能至少在某种程度上取决于所使用的特定聚类方法。因此，这种方法也可以根据具体的聚类技术优化特征选择。另一方面，由于特定聚类方法的影响，特定特征的内在信息有时可能无法由这种方法所反映。

过滤和包装模型之间的主要区别是前者纯粹是一个预处理阶段，以下将重点介绍前者。

（1）过滤模型

在过滤模型中，使用特定标准评估特定特征或特定特征子集对数据集聚类趋势的影响。以下将介绍多种常用的标准。

术语强度适用于诸如文本数据之类的稀疏域。在这些领域中，讨论属性上是否存在非零值比讨论距离更有意义。而且，使用相似度函数比距离函数更有意义。在该方法中，对成对的文档进行采样，但在成对之间强加了随机排序。术语强度被定义为相似文件对的分数（相似度大于 β），其中该术语在两个文档中都出现，条件是它出现在第一个文件中。换句话说，任何一个术语 t，文件对 $(\bar{X}, \bar{Y})$ 被认为足够相似的强度定义如下：

$$术语强度 = P(t \in \bar{X} \mid t \in \bar{Y}) \tag{2-20}$$

如果需要，还可以通过将定量属性离散为二进制值，将术语强度推广到多维数据。其他类似度量使用总体距离和属性距离之间的相关性进行建模。

预测属性依赖是另一种度量，其直观概念是相关特征总是比不相关特征产生更好的集群。当一个属性相关时，可以用其他属性来预测这个属性的值。分类（或回归建模）算法可以用来评估这种预测性。如果属性是数字，则使用回归建模算法。否则，使用分类算法。量化一个属性 i 相关性的总体方法如下：①对于除属性 i 之外所有的属性使用分类算法来预测属性 i 的值，同时将其视为一种类别变量。②将分类准确性反映为属性 i 的相关性。

（2）熵

不同于物理化学中熵（entropy）的概念，数据分析中熵的基本思想是高度聚类的数据其部分聚类特征会反映在基础距离分布上。为了说明这一点，图 2-10（a）和图 2-10（b）分别说明了两种不同的数据分布。首先图 2-10（a）描绘了均匀分布的数据，而图

2-10（b）描绘了两个聚类的数据。在图 2-10（c）和图 2-10（d）中，说明了两种情况下的点对点距离分布情况。很明显，均匀数据的距离分布是以钟形曲线的形式排列的，而聚类数据的距离分布有两个不同的峰值，分别对应于聚类间分布和聚类内分布。这种峰值的数量通常会随着簇的数量增加而增加。基于熵方法的目标是量化这个距离分布在特征子集上的"形状"，然后选择与图 2-10（b）的情况更类似行为分布的子集。因此，这种算法除了量化基于距离的熵之外，通常还需要一种系统的方法来搜索适当的特征组合。

量化熵的一种自然方法是直接使用数据点上的概率分布。考虑一个 k 维特征子集。第一步是将数据离散成一组多维网格区域，每个维度使用 ϕ 网格区域。这导致 $m=\phi^k$ 个网格区域，其中索引定义为从 1 到 m。通过选择 $\phi=\left\lceil m^{\frac{1}{k}} \right\rceil$，$m$ 的值在所有评估的特征子集上大致相同。如果 p_i 是网格区域 i 中数据点的分数，则基于概率的熵 E 定义如下：

$$E = -\sum_{i=1}^{m}\left[p_i \log(p_i) + (1-p_i)\log(1-p_i)\right] \tag{2-21}$$

均匀分布且聚类行为较差的数据具有较高的熵值，而聚类数据具有较低的熵值。因此，熵度量提供了关于特征子集聚类质量的信息。

上述量化虽然可以直接使用，但网格区域 i 的概率密度 p_i 有时难以从高维数据准确估计。这是因为网格区域是多维的，并且它们在高维度上越来越稀疏。对于不同维数 k 的特征子集，网格区域数量 m 也很难确定，因为 $\phi=\left\lceil m^{\frac{1}{k}} \right\rceil$ 的值被四舍五入为整数值。因此，另一种方法是计算数据样本上一维点到点距离分布的熵。这与图 2-10 所示的分布相同。p_i 的值代表第 i 个一维离散范围内的距离分数。虽然这种方法并没有完全解决高维度的挑战，但是对于维度适中的数据来说，通常是更好的选择。例如，如果在图 2-10（c）和图 2-10（d）中的直方图上计算熵，那么这将很好地区分这两个分布。

为了确定熵值 E 的最小特征子集，可以使用各种搜索策略。例如，从全部特征集开始，使用一种简单的贪婪法来放弃导致熵最大降低的特征。特征数也反复下降，直到熵减少不明显，或熵增加。

（3）霍普金斯统计

霍普金斯统计量（Hopkins statistic）通常用于衡量数据集的聚类趋势，但它也可以应用于特定属性的子集。设 $\mathcal{D}$ 是需要评估聚类趋势的数据集。r 个样本 S 合成数据点是在数据空间的域中随机生成的。同时，r 个数据点的样本 R 是从 $\mathcal{D}$ 中选择的。设 $\alpha_1,\cdots,\alpha_r$ 是在距离样本 $R \subseteq \mathcal{D}$ 中的数据点到原始数据库内 $\mathcal{D}$ 中最近邻居的距离。同样，让 $\beta_1,\cdots,\beta_r$ 是合成样本集 S 中的数据点到 $\mathcal{D}$ 中最近邻居的距离。然后，霍普金斯统计量 H 定义如下：

$$H = \frac{\sum_{i=1}^{r}\beta_i}{\sum_{i=1}^{r}(\alpha_i + \beta_i)} \tag{2-22}$$

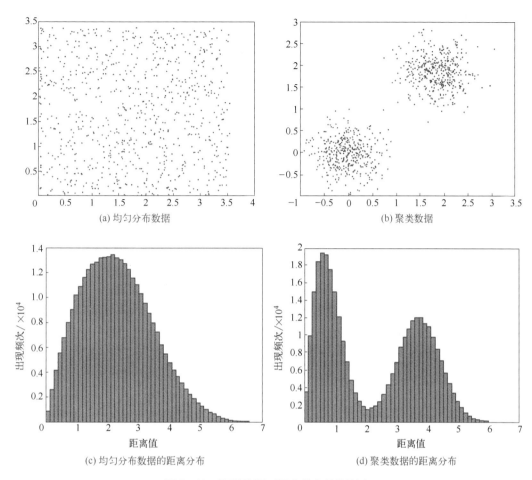

(a) 均匀分布数据

(b) 聚类数据

(c) 均匀分布数据的距离分布

(d) 聚类数据的距离分布

图 2-10　聚类数据对距离分布熵的影响

霍普金斯统计量的范围为 (0,1)。因为 α_i 和 β_i 是相近的，均匀分布数据的霍普金斯统计值为 0.5。另一方面，对于聚类数据 α_i 的值通常要比 β_i 的值低很多。这将导致霍普金斯统计值更接近 1。因此，较高数值的霍普金斯统计量 H 表明了数据点的高度聚集。

需要注意到该方法使用随机抽样，因此不同随机样本的测量结果会有所不同。如果案例需要，可以在多次试验中重复随机抽样。可以采用统计学上的尾部置信度测试来确定霍普金斯统计量大于 0.5 的置信度水平。对于特征选择，可以使用多次试验统计量的平均值。这个统计量可以用来评估任何特定属性子集的质量，以评价该子集的聚类趋势。这个标准可以与贪婪方法结合使用，以发现相关的特征子集。

2.4.4　异常值分析

异常值（outliers）是与大部分数据非常不同的数据点。异常值可以看作是集群概念的补充。虽然聚类试图确定相似的数据点组，但异常值是与其余数据不同的单个数据点。在数据挖掘和统计文献中，异常值也称为异常、不一致、偏差或差异值。异常值在许多数据挖掘场景中有应用。

大多数异常值检测方法都会创建正常模式的模型。此类模型的示例包括聚类、基于距离的量化或降维。异常值被定义为不适合此正常模型的数据点。数据点的"异常值"由一个称为异常值分数的数值进行量化。因此，大多数异常值检测算法产生的输出是以下两种类型之一。

① 实值异常值分数：这样的分数量化了数据点被视为异常值的趋势。分数越高，给定数据点是异常值的可能性越大（或在某些情况下，越小）。一些算法甚至可能输出一个概率值，量化给定数据点是异常值的可能性。

② 二元标签：输出一个 0 或 1 的二元变量，表示一个数据点是否为异常值。这种类型的输出包含的信息比第一种少，因此异常值比二元标签更通用，但二元标签提供了一个清晰的决策。

异常值分数的生成需要构建正常模式的模型。在某些情况下，模型可能会被设计为非常严格的正态分布模型，生成特殊类型的异常值。此类异常值的示例是极值，它们仅对某些特定类型的应用程序有用。下面总结了一些用于异常值分析的关键概念。

① 极值（extreme value）：如果数据点位于概率分布的两端之一，那么它是一个极值。对于多维数据，也可以使用多元概率分布（而不是单变量概率分布）等效地定义极值。这些是非常特殊的异常值类型，但在一般异常值分析中，它们将异常值分数转换为标签时非常有用。

② 聚类模型：聚类被认为是异常值分析的补充问题。聚类问题查找组中同步出现的数据点，而异常值分析问题查找组中排除的数据点。事实上，许多聚类模型将异常值确定为算法的副产品，同时还可以优化聚类模型以专门检测异常值。由于异常值分析可以被视为聚类的补充问题，因此也可以使用概率模型进行异常值分析。

③ 基于距离的模型：在这些情况下，分析数据点 k 的最近邻分布以确定它是否为异常值。直观地说，如果一个数据点 k 的最近邻距离远大于其他数据点的距离，那么它就是一个异常值。基于距离的模型可以被认为是更细粒度和以实例为中心的聚类模型。

④ 基于密度的模型：在这些模型中，数据点的局部密度用于定义其异常值分数。基于密度的模型与基于距离的模型密切相关，因为给定数据点的局部密度仅在其与最近邻的距离较大时才较低。

（1）极值分析

极值分析是一种非常特殊的异常值分析，其中数据外围的数据点被报告为异常值。这种异常值对应于概率分布的统计尾部。一维分布可以自然地定义统计尾部，同时也可以为多维情况定义类似的概念。

极值是非常特殊的异常值类型，也就是说，所有极值都是异常值，但反过来并非如此。异常值的传统定义是基于霍普金斯对生成概率的定义。例如，考虑对应于 {1，3，3，3，50，97，97，97，100} 的一维数据集。这里，值 1 和 100 可以被认为是极值。值 50 是数据集的平均值，因此不是极值。然而，它是数据集中最孤立的点，因此，从生成的角度来看，它应该被视为异常值。

类似的论点适用于多变量数据的情况，其中极值位于分布的多变量尾部区域。虽然基本概念与单变量尾部区域的概念类似，但正式定义多元尾部区域的概念更具挑战性。考虑图 2-11 中所示的例子，其中数据点 A 可以被认为是一个极值，也是一个异常值。但数据点 B 也是孤立的，邻域内无其他点，因此应该被视为异常值，然而它不是多元极值。

极值分析本身具有重要的应用，因此在异常值分析中起着不可或缺的作用。极值分析的一个重要应用示例是通过识别属于极值的异常值分数，从而将异常值分数转换为二元标签。多变量极值分析在多准则异常值检测算法中通常很有用，它可用于将多个异常值分数统一为一个值，并生成二进制标签作为输出。例如，考虑一个气象应用程序，在该应用程序中，空间区域的异常值分数是在独立分析它们的温度和压力变量的基础上生成的。这些数据需统一为空间区域的单个异常值分数或二元标签，多元极值分析在这些场景中非常有用。在下面的章节中，将讨论单变量和多变量极值分析的方法。

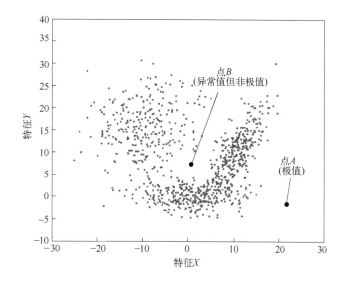

图 2-11　多元极值

单变量极值分析与统计尾部置信度检验的概念密切相关。通常，统计尾部置信度检验假设一维数据由特定的分布描述，这些方法试图根据这些分布假设，确定预期比数据点更极端的数据点比例。这种量化提供了关于特定数据点是否为极值的置信度。

如何定义分布的"尾部"？对于不对称的分布，通常上尾部和下尾部是有意义的，它们的概率可能不同。上尾部定义为所有大于特定阈值的极值，下尾部定义为所有小于特定阈值的极值。考虑密度分布 $f_X(x)$，通常尾部可以定义为密度分布的两个极端区域，对于人为定义的阈值 θ，$f_X(x) \le \theta$。图 2-12（a）和图 2-12（b）分别说明了对称和非对称分布的下尾部和上尾部示例（$\theta=0.05$）。从图 2-12（b）可以明显看出，非对称分布的上尾部和下尾部的面积可能不同，分布内部的一些区域的密度低于密度阈值 θ，但不是极值。在对称概率分布中，尾部是根据该区域而不是密度阈值来定义的。相反的，密度阈值的概念这种尾部的定义特征适用于非对称的单变量或多变量分布情况下。一些非对称分布，例如指数分布，甚至可能在分布的一端没有尾部。

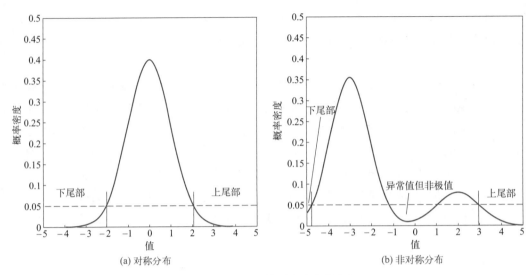

图 2-12   对称和非对称分布的尾部

选择模型分布来量化尾部概率，最常用的模型是正态分布模型。具有均值 μ 和标准偏差 σ 的正态分布密度函数 $f_X(x)$ 定义如下：

$$f_X(x) = \frac{1}{\sigma \cdot \sqrt{2 \cdot \pi}} \cdot e^{\frac{-(x-\mu)^2}{2 \cdot \sigma^2}} \tag{2-23}$$

标准正态分布是均值为 0，标准差 σ 为 1 的分布。在一些应用场景中，分布的均值 μ 和标准差 σ 可以通过先验领域知识得知。此外，当有大量数据样本可用时，可准确地估计均值和标准差，可用于计算随机变量 Z 值，观测值 x_i 的 Z 值 z_i 可以计算如下：

$$z_i = (x_i - \mu) / \sigma \tag{2-24}$$

z_i 较大的正值对应上尾部，较小的负值对应下尾部。正态分布可以用 Z 值直接表示，它对应于一个均值为 0、标准差为 1 的正态分布缩放和转换的随机变量。方程 (2-25) 可以直接写成变换为标准正态分布的 Z 值：

$$f_X(z_i) = \frac{1}{\sigma \cdot \sqrt{2 \cdot \pi}} \cdot e^{\frac{-z_i^2}{2}} \tag{2-25}$$

这代表累积正态分布可用于确定大于 z_i 的尾部面积。根据经验，如果 Z 值的绝对值大于 3，则相应的数据点被视为极值。在该阈值下，对于正态分布，尾部内的累积面积小于 0.01%。

当可用于估算平均 μ 和标准偏差 σ 的数据样本数较少时，仍可使用上述方法，只需稍加修改。使用具有 n 个自由度的 t 分布而不是正态分布来量化尾部的累积分布，并与之前一样计算 z_i 的值。注意，当 n 较大时，t 分布近似于正态分布。

严格地说，尾部是为单变量分布定义的。但正如单变量尾部被定义为概率密度小于特定阈值的极端区域一样，也可以为多变量分布定义类似的概念，这一概念比单变量情况更复杂，需定义单峰概率分布。与前一种情况一样，通过使用多元高斯模型，并以数据驱动的方式估计相应的参数。多元极值分析的隐式建模假设是所有数据点均位于具有单峰（即单高斯聚类）的概率分布中，且所有方向上尽可能远离聚类中心的数据点均应视为极值。

设 $\bar{\mu}$ 为 d 维数据集的 d 维平均向量，Σ 为其 $d \times d$ 协方差矩阵。因此，协方差矩阵的第 (i, j) 项等于维度 i 和 j 之间的协方差。基于这些表示多元高斯分布的估计参数，d 维数据点 $\bar{X}$ 的概率分布 $f(\bar{X})$ 可定义如下：

$$f(\bar{X}) = \frac{1}{\sqrt{|\Sigma|} \cdot (2 \cdot \pi)^{d/2}} \cdot e^{\frac{-1}{2}(\bar{X}-\bar{\mu})\Sigma^{-1}(\bar{X}-\bar{\mu})^T} \tag{2-26}$$

其中 $|\Sigma|$ 的值表示协方差矩阵的行列式。指数中的项是数据点 $\bar{X}$ 和数据平均值 $\bar{\mu}$ 之间马哈拉诺比斯距离平方的一半。换句话说，如果 $Maha(\bar{X}, \bar{\mu}, \Sigma)$ 表示 $\bar{X}$ 和 $\bar{\mu}$ 之间的马氏距离，则正态分布的概率密度函数如下：

$$f(\bar{X}) = \frac{1}{\sqrt{|\Sigma|} \cdot (2 \cdot \pi)^{d/2}} \cdot e^{\frac{-1}{2} \cdot Maha(\bar{X}, \bar{\mu}, \Sigma)^2} \tag{2-27}$$

为了使概率密度低于特定阈值，马氏距离需要大于某阈值。因此，数据点到数据均值的马氏距离可以用于计算极值分数。

（2）概率分析

概率模型是多元极值分析方法的推广。基于马哈拉诺比斯距离的多元极值分析方法可以看作是含有单一成分的高斯混合模型。基于混合生成模型的基本原理是假设数据是由 k 个分布与概率分布 $G_1 \cdots G_k$ 基于以下过程混合生成：

① 选择具有先验概率 α_i 的混合成分，其中 $i \in \{1, \cdots, k\}$，假设选择第 r 个成分；

② 从 G_r 中生成一个数据点。

该生成模型将用 M 表示，并生成数据集 D 中的每个点，该数据集用于估计模型的参数。虽然高斯模型常用于表示混合分布的每个成分，但如果需要，也可以使用其他模型。这种灵活性对于将该方法应用于不同的数据类型非常有用。例如，在分类数据集中，可以对每个混合成分使用分类概率分布，而不是高斯分布。在对模型参数进行估计后，异常值被定义为 D 中极不可能由该模型生成的数据点。

接下来，我们讨论模型的各种参数的估计，如 α_i 不同值的估计和不同分布 G_r 的参数。该估计过程的目标函数是确保完整数据 D 具有与生成模型匹配的最大似然。假设 G_i 的密度函数由 $f^i(\bullet)$ 给出。模型生成数据点 $\overline{X_J}$ 的概率（密度函数）由以下公式给出：

$$f^{\text{point}}(\overline{X_J} \mid M) = \sum_{i=1}^{k} \alpha_i \bullet f^i(\overline{X_J}) \tag{2-28}$$

其中密度值 $f^{\text{point}}(\overline{X_J} \mid M)$ 提供了对数据点异常值得分的估计。作为异常值的数据点具有较低的概率拟合值。拟合值与异常值之间关系的示例如图 2-13 所示。因为数据点 A 和 B 自然不属于任何混合成分，A 和 B 与混合模型的拟合度很低，将被视为异常值。数据点 C 与混合模型高度拟合，因此不会被视为异常值。

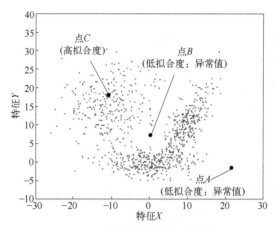

图 2-13 似然拟合值与异常值得分

对于包含 n 个数据点（由 $\overline{X_1},\cdots,\overline{X_n}$ 表示）的数据集 D，模型 M 生成数据集的概率密度是各种特定点概率密度的乘积：

$$f^{\text{data}}(D\mid M)=\prod_{j=1}^{n}f^{\text{point}}(\overline{X_J}\mid M) \tag{2-29}$$

数据集 D 相对于 M 的对数似然拟合 $\mathcal{L}(D\mid M)$ 是上述表达式的对数，并且可以更方便地表示为不同数据点上的值之和：

$$\mathcal{L}(D\mid M)=\log\left(\prod_{j=1}^{n}f^{\text{point}}(\overline{X_J}\mid M)\right)=\sum_{j=1}^{n}\log\left(\sum_{i=1}^{k}\alpha_i\cdot f^i\left(\overline{X_J}\right)\right) \tag{2-30}$$

这种对数似然拟合需要优化以确定模型参数，该目标函数为最大化数据点与生成模型的拟合度最大化。

2.5 应用示例：玉米淀粉食品工业数据处理

在玉米深加工制备淀粉糖工艺研究中，过滤工段的压差是考察淀粉糖化液质量的重要指标，位于过滤工段上游的单元操作都会影响淀粉糖化液的质量。然而由于实际工况下很多过程参数无法实时获取，且各类参数间存在强烈的非线性关系，因此传统的机理模型或多元线性回归模型无法准确关联各个参数间的相互作用关系，故难以做出准确预测。随着测量技术和 DCS 管理系统的广泛普及，工业中积累了大量数据，而物联网、互联网以及云计算等技术的发展为大数据的开发提供了可靠的保障。

某玉米淀粉和淀粉糖工艺生产路线如图 2-14 所示，玉米经过上料、清洗、浸渍、胚芽分离、精磨、纤维洗涤筛分、麸质分离等复杂的操作单元后经淀粉精制、液糖化、异构化等过程后进入过滤单元，过滤单元包含 4 个板框式过滤器，每个过滤器依据生产情况交替进行工作。该工艺流程长，且变量间的非线性关系较强，位于上游的操作单元都可能会对下游单元中的参数产生影响，因此仅凭工程经验和传统的机理模型很难将影响过滤压差的关键位点全面有效地筛选出来。

对玉米淀粉糖生产工艺中关键参数预测模型构建流程分为四步。第一步，从工厂数据库中提取需要进行大数据分析的原始数据，即围绕待分析工艺流程的所有相关数据开展工作。第二步，将提取出的原始数据通过数据清洗技术进行数据预处理。第三步，经数据预处理后，"干净规范"的数据通过神经网络构建基于历史数据的稳态模型，并进行多次训练和测试以满足预测精度。第四步，通过神经网络的权值分析法（第3章介绍）对训练的模型进行结果分析，最终形成新的知识积累。从工厂数据库中提取的原始数据信息包含工艺流程中 582 个检测位点，例如某一时间段三个多月的数据共 13761 组样本点。其中主要位点为：温度、压力、流量、电流、液位、pH 值和现场采集数据（加酶量、硅藻土用量、硫酸镁用量等）。

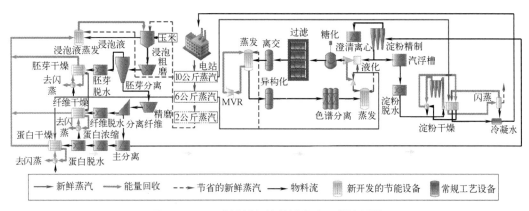

图 2-14　玉米淀粉与淀粉糖生产工艺流程图

用一步和两步神经网络方法筛选关键位点都有一些问题。例如，用两步法筛选出来的 100 个位点训练效果较好，能够实现输入数据降维的功能，但其最大的问题在于训练过程中仍然需要用到全部的输入位点，即第一次筛选时的训练时间仍然较长，限制了模型的总体训练速度。且该方法在输入参数降维时没有摆脱神经网络模型在赋予神经元权值时的随机性问题，因此还需要建立从数据本身出发筛选特征位点的方法。考虑采用聚类分析和 LASSO 回归的方法进一步筛选输入位点，并对其进行比较。聚类分析种类较多，这里采用 K- 平均 (K-means) 算法。其相似性系数的计算如式 (2-31) 所示：

$$E = \sum_{i}^{k} \sum_{x \in C_i} (x - u_i)^2 \tag{2-31}$$

其中，x 为簇内样本，u 为簇的中心，E 为相似度系数，其值越小，说明簇内样本距离越小，相似度越高。

以预处理后的位点为输入，分别以四个板框过滤器的压差为输出，利用神经网络建模训练，得出 582 个位点的训练权值。这些位点对应实际过程中记录的参数，由于部分参数之间的联系较为紧密，呈现一定的相关性，其对于输出参数的影响也较为类似。因此利用 K-means 算法对这些位点数据进行聚类分析，目的是将不同的输入变量分类，分类方式将以某一位点在全部运行时间上的数据作为一个样本，聚类结果为在全部时间上的数据表现相似的位点集，分类方式根据数据间的平均相对距离进行分类。为确定类别的个数，本项目采用拐点法，在不同 k 值（类别数量）计算簇内离差平方和（SSE），随着簇数量增加，簇中样本量会越来越少，导致目标数值 SSE 越来越小，此时可视化 k-SSE 图像，关注斜率的变化，当斜率开始趋于 0 时，则认为此时达到的点就是寻找的目标点，记录此时"拐点"所对应的 k 值。样本聚类误差平方和的计算公式如式 (2-32) 所示。

$$SSE = \sum_{h=1}^{k} \sum_{p \in C_h} |p - m_h|^2 \tag{2-32}$$

其中，k 是聚类数量，p 是样本，C_h 是第 h 个聚类的样本集，m_h 是第 h 个聚类的中心点。k 越大，SSE 越小，说明样本聚合程度越高。k-SSE 关系如图 2-15 所示。

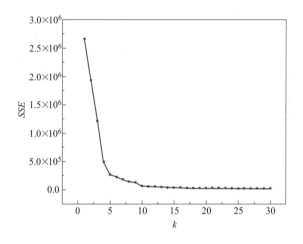

图 2-15　聚类分析样本聚类误差平方和 SSE 随 k 值变化趋势图

从图中可以看出，在 k=10 之后，样本聚类误差平方和 SSE 的值基本不再下降，斜率趋近为 0，故将 k=10 记为"拐点"，将输入数据的特征分为 10 类。依据 Olden 连接权值法计算出的权值，在每一类中，选择该类中权值绝对值较大的位点作为后续模型训练的输入位点，对模型进行训练。由于分类后不同类包含的参数个数不同，从中选出的输入位点数也不相同。

10 类中数目最多的类别包含 517 个特征，数目最少的类别包含 7 个特征参数，不同类别之间包含的特征参数差距较大，为保证每一类均能够取到且尽量涵盖足够数量的特征参数，不同类别中选出的参数数量依据类别比例进行划分。类别"1、2、3、4、6、8、9"分别包含 7、9、10、12、17、25、30 个参数，从中选择 1 个参数作为输入，即权值绝对值最大的特征；类别"5""0"中分别包含 48、62 个特征，考虑类别中参数个数每增加 30 个，就从中多选择 1 个参数，故分别选出 2、3 个参数作为输入。类别为"7"的类有 342 个参数，考虑到该类占据了半数以上的参数数量，因此尽可能对其取到较多的参数，故选择其中权值最高的 20 个参数作为特征变量输入。共计选出 32 个参数作为模型训练的输入，以某板框压差过滤器为例，以其压差作为输出变量构建模型，模型的相关系数 R 均在 0.99 以上，说明这 32 个输入参数能够很好地预测过滤器压差。

对筛选出的位点分别结合其物理含义进行机理分析，其中部分位点的物理意义及分析如下。

① 与玉米浸泡效果相关的位点，即玉米浸泡罐液位：玉米浸泡过程中吸水体积膨胀，膨胀后体积约为原体积的 154%～181%，引起浸泡罐液位变化，即液位反映浸泡效果，进而影响玉米淀粉质量，所以反映了该位点对过滤工段压差的影响。

② 与研磨过程相关的位点，即三道磨电流；三道磨负责将淀粉纤维蛋白精磨，精磨效果将影响后续分离过程，尤其是过滤工段的压差。

③ 与淀粉乳流量相关的位点，即淀粉乳出流量、新鲜水累积、脱盐水累积；淀粉工段的淀粉乳产品在进入果糖工段时与部分新鲜水和脱盐水混合以调整其密度和黏度。其总流量的增加将造成过滤工段的负荷增加，因而对过滤工段压差有较大影响。

④ 与蒸汽喷射器相关的位点，即喷射器 B 设定、蒸汽累积量、二喷维持管进口温度；喷射液化法使用压力为 390~588kPa 的蒸汽，喷射产生的湍流使淀粉受热快而均匀，黏度下降快，使得液化更加均匀，提高系统过滤性能，对过滤工段压差有较大影响。

⑤ 与液化、糖化效果相关的位点，即液化酶进口流量、pH 值调节罐温度、液化柱温度测量、糖化酶进口流量累计、糖化用酸泵频控制、糖化罐温度测量；液化糖化的酶量、温度、pH 值都将影响液糖化的效果。液化糖化将大分子淀粉链打断，有利于降低过滤工段压差。

 ## 本章小结

作为工业数字化的产物，工业大数据是智能制造的重要基础；而数据挖掘技术是实现人工智能的基础。本章围绕工业大数据和数据挖掘的内容进行了相关介绍。首先概述了数据挖掘的基本概念、基本过程和基本的数据类型；其次，阐明了工业大数据的概念及其特点，重点介绍了在流程工业、能源工业和制药工业中基于大数据的分析研究工作。2.3 节、2.4 节分别对数据特征提取与清洗、数据简化转换与预分析的各种方法及其数学模型进行了介绍。最后，以一工业案例，即食品加工业中玉米淀粉糖生产的工业数据为例，介绍了如何利用多种数据挖掘方法从海量数据中分析关键信息。

 ## 思考题

1. 基本的数据类型有哪些？以某一化工单元操作为例，描述其运行操作中包含哪些数据及相应的数据类型。

2. 什么是大数据和工业大数据？它们有哪些特点和异同之处？

3. 假设有一组包含多个蛋白质数据的集，其中每个蛋白质中的氨基酸序列已知，且含有一串阐述该蛋白质性质的文档。试阐述如何将该数据集通过多维数据表示。

4. 对 $p = 1, 2, \cdots, \infty$，分别计算点 $(1,2)$ 至点 $(3,4)$ 的 L_p 范数。

5. 某时间序列 $\{-3, -1, 1, 3, 5, 7, *\}$，其中最后一个数据点由于测量原因丢失。使用窗口长度为 3 的线性插值，估计最后一个数据点值。

6. 对一维数据点 {1, 2, 2.5, 3, 3.5, 6, 8, 10, 11}，考虑 $k=2$ 的 k - 平均值算法，试用初始点为 {1, 3.5} 计算前 3 次迭代的聚类结果。用初始点 {2, 9} 重复上述过程，并比较其结果。

7. 对于维度为 d 且各维度统计学独立的数据，假设每一维度的标准差为 $\{\sigma_1, \sigma_2, \cdots, \sigma_d\}$，试推导基于马氏距离的极值标准。

8. 试分析用于干燥工段的数据处理方法和本章介绍的案例中过滤工段的方法有何异同之处。

 参考文献

[1] 吉旭，周利 . 化学工业智能制造：互联化工 [M]. 北京：化学工业出版社 , 2020.

[2] 覃伟中，谢道雄，赵劲松 . 石油化工智能制造 [M]. 北京：化学工业出版社 , 2018.

[3] 都健，刘琳琳 . 化工过程分析与综合 [M].2 版 . 化学工业出版社 , 2021.

[4] 李德芳，蒋白桦，赵劲松 . 石化工业数字化智能化转型 [M]. 北京：化学工业出版社 , 2022.

[5] 王宏志，梁志宇，李建中，等 . 工业大数据分析综述：模型与算法 [M]. 大数据 ,2018,4(05)：62-79.

[6] Tong Y, Shu M, Li M, et al. A neural network-based production process modeling and variables importance analysis approach in corn to sugar factory[J]. Frontiers of Chemical Science and Engineering, 2022.

[7] Biegler L, Grossmann IE, Westerberg AW. Systematic Methods of Chemical Process Design[M]. New Jersey, USA: Prentice Hall PRT, 1997.

[8] Seider W D, Lewin D R, Seader J D, et al. Product and Process Design Principles: Synthesis, Analysis and Design[M]. NewYork, USA: Wiley, 2017.

[9] Ng K M, Gani R, Dam-Johansen K. Chemical Product Design: Towards a Perspective through Case Studies[M]. Amsterdam, The Netherlands: Elsevier, 2007.

[10] Chiang L, Lu B, Castillo I. Big data analytics in chemical engineering[J]. Annual Review of Chemical and Biomolecular Engineering, 2017, 8 , 63-85.

[11] Selekman J A, Qiu J, Tran, K, et al. High-Throughput automation in chemical process development[J]. Annual Review of Chemical and Biomolecular Engineering, 2017, 8 (1), 525-547.

[12] Santanilla A B, Regalado EL, Pereira T, et al. Nanomole-scale high-throughput chemistry for the synthesis of complex molecules[J]. Science, 2015, 347: 49-53.

[13] Perera D, Tucker J W, Brahmbhatt S, et al. A platform for automated nanomolescale reaction screening and micromole-scale synthesis in flow[J]. Science, 2018, 359, 429-434.

[14] Burger B, Maffettone P M, Gusev V V, et al. A mobile robotic chemist[J]. Nature, 2020, 583, 237-241.

[15] Coley C W, Eyke N S, Jensen K F. Autonomous Discovery in the Chemical Sciences Part I: Progress[J]. Angewandte Chemie International Edition, 2020, 59, 2-38.

[16] Gernaey K V, Cervera-Padrell A E, Woodley JM. A perspective on PSE in pharmaceutical process development and innovation[J]. Computers and Chemical Engineering, 2012, 42, 15-29.

[17] Garcia-Munoz S, Dolph S, Ward H W. Handling uncertainty in the establishment of a design space for the manufacture of a pharmaceutical product[J]. Computers and Chemical Engineering, 2010, 32, 1098-1107.

[18] Dong Y, Georgakis C, Mustakis J, et al. Constrained version of the dynamic response surface

methodology for modeling pharmaceutical reactions[J]. Industrial & Engineering Chemistry Research, 2019, 58 (30), 13611–13621.

[19] Zhu X, Ho C, Wang X. Application of life cycle assessment and machine learning for high-throughput screening of green chemical substitutes[J]. ACS Sustainable Chemistry & Engineering, 2020, 8(30), 11141-11151.

[20] Van de Vijver R, Vandewiele N M, Bhoorasingh P L, et al. Automatic Mechanism and Kinetic Model Generation for Gas- and Solution-Phase Processes: A Perspective on Best Practices, Recent Advances, and Future Challenges[J]. International Journal of Chemical Kinetics, 2015, 47, (4), 199-231.

[21] Wang K, Han L, Mustakis J, et al. Kinetic and Data-Driven Reaction Analysis for Pharmaceutical Process Development[J]. Industrial & Engineering Chemistry Research, 2020, 59, 2409-2421.

[22] Dong Y, Georgakis C, Han L, et al. Stoichiometry identification of pharmaceutical re- actions using the constrained dynamic response surface methodology[J]. AIChE Journal, 2019, 65(11), e16726.

[23] Al-Matouq A, Vincent T. A convex optimization framework for the identification of homogeneous reaction systems[J]. Automatica, 2020, 114, 108823.

[24] Kuhn, M, Campillos, M, Gonzalez P, et al. Large-scale prediction of drug-target relationships[J]. FEBS Letters, 2008, 582(8), 83–90.

[25] Alaimo, S, Pulvirenti, A, Giugno R, et al. Drug-target interaction prediction through domain tuned network-based inference[J]. Bioinformatics, 2013, 29(16): 2004–2008.

[26] Coley C W, Barzilay R, Jaakkola T S, et al. Computer-Assisted Retrosynthesis Based on Molecular Similarity[J]. ACS Central Science, 2017, 3, 434-443.

[27] Aggarwal C C.Data Mining: The Textbook[M].New York, USA: Springer, 2015.

2

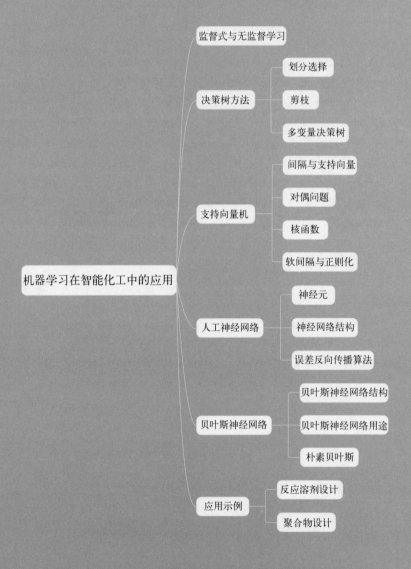

第3章

机器学习在智能化工中的应用

3.1 机器学习概述

人工智能的研究领域极为广泛，其核心目标是赋予机器模仿人类认知的能力，这包括但不限于学习行为、与环境的互动、逻辑推理、计算机视觉、语音识别和感知能力等。目前，人工智能的学科范畴可以概括为以下几个关键点。①感知能力：模拟人类的感知机制，对外界的视觉和语音等刺激进行识别和处理，涵盖语音信息处理和计算机视觉技术；②学习能力：模仿人类的学习过程，探索如何通过样本或环境互动来获取知识，涉及监督学习、无监督学习和强化学习等多种学习方式；③认知能力：模拟人类的认知过程，包括知识表达、自然语言理解、推理、规划和决策等复杂功能。

机器学习（machine learning，ML）是一种方法论，它通过分析有限的观测数据来发现潜在的普遍规律，并利用这些规律对未知数据进行预测。作为人工智能的一个重要分支，机器学习正逐渐成为推动该领域发展的主要动力。近年来，随着人工智能技术的突飞猛进，机器学习在化工行业中的应用日益广泛，包括化工流程的数字化建模、优化、故障诊断，以及有机合成和材料设计等。例如，陶氏化学公司已经开始采用机器学习和数字化建模技术来加快材料设计过程，利用历史数据、预测性数学模型、自动化流程和数字化工具，共同开发新的产品配方；巴斯夫公司则利用人工智能系统来解析模型，结合先进的机器学习算法和内外数据源，以提高预测的准确性，并优化产品库存与定价；凯博提克斯公司开发了全球首个由人工智能和机器人驱动的闭环平台，能够自主发现、合成、识别新材料。

机器学习技术可以通过监督学习、非监督学习或强化学习等不同的学习模式，使机器能够从数据中学习并进行预测。其中监督学习让机器通过已知的输入和预期输出进行训练，以预测未知数据；非监督学习允许机器在没有外部指导的情况下从输入数据中发现有价值的特征模式；强化学习则使机器作为与环境互动的代理，学习哪些行为能够获得奖励，进而优化其模型。对于传统的机器学习，通常需要将数据表示为一系列特征，这些特征可以是连续数值、离散符号或其他形式，然后输入到预测模型中以生成预测结果。这种类型的机器学习通常被视为浅层学习（shallow learning），其特点是不涉及特征的自动学习，特征主要依赖于经验和特征转换技术来提取。

在应用机器学习解决实际问题时会遇到各种形式的数据，例如化工流程中 DCS、PLC

系统产生的文本、数据，以及工厂摄像头记录的声音、图像和视频等。这些不同数据的特征构造方法差异显著。图像可以表示为连续向量，而文本数据由于由离散符号组成，且在计算机中通常以无意义的编码形式存在，因此很难找到合适的表示方法。因此，在实际应用中，使用机器学习模型通常包括以下几个步骤。

① 数据预处理：通过预处理去除数据中的噪声等干扰因素，如在文本分类中去除停用词；

② 特征提取：从原始数据中提取出有助于模型理解的有效特征，如在图像分类中提取边缘或尺度不变特征变换（scale invariant feature transform，SIFT）特征；

③ 特征转换：对特征进行一定的加工，比如降维、升维。降维包括特征抽取（feature extraction）和特征选择（feature selection）。常用的特征转换方法包括主成分分析（PCA）、线性判别分析（linear discriminant analysis，LDA）等；

④ 预测：这是机器学习流程的核心，通过学习得到的模型对数据进行预测。

上述流程中，每一步特征的处理以及预测一般都是分开进行的。传统的机器学习主要关注最后一步，即构建预测模型。但是在实际操作过程中，不同预测模型的性能相差不多，而前三步中的特征处理对最终系统的准确性有着十分关键的作用，具体参见第二章中的介绍。假设对某一化工产品，由某一生产流程生产，该产品的特性由生产流程的各项参数确定，那么如何通过学习来获取这些产品特性与流程参数之间的关系？

我们将一个标记好特征以及标签的数据看作一个样本（sample），也称为示例（instance），样本构成的集合称为数据集（data set），数据集可分为训练集和测试集。训练集（training set）也叫训练样本（training sample），用来训练模型；测试集（test set）也叫测试样本（test sample），用来检验模型的好坏。

通常可用一个 D 维向量 $\boldsymbol{x} = [x_1, x_2, \cdots, x_D]^{\mathrm{T}}$ 表示一个样本的所有特征构成的向量，也叫特征向量（feature vector），其中每一维表示一个特征。而样本的标签通常用标量 y 表示。假设训练集 $\mathcal{D}$ 由 N 个样本组成，其中每个样本都是独立同分布（identically and independently distributed，IID），即独立地从相同的数据分布中抽取，可记为：

$$\mathcal{D} = \left\{ \left(x^{(1)}, y^{(1)} \right), \left(x^{(2)}, y^{(2)} \right), \cdots, \left(x^{(N)}, y^{(N)} \right) \right\} \tag{3-1}$$

给定训练集 $\mathcal{D}$，可以让计算机从一个函数集 $\mathcal{F} = \left\{ f_1(\boldsymbol{x}), f_2(\boldsymbol{x}), \cdots \right\}$ 中自动寻找一个"最优"的函数 $f^*(\boldsymbol{x})$ 来近似表示每个样本的特征向量 $\boldsymbol{x}$ 和标签 y 间真实的映射关系。因此，对于一个样本 $\boldsymbol{x}$，可通过函数 $f^*(\boldsymbol{x})$ 来预测其标签的值：

$$\hat{y} = f^*(\boldsymbol{x}) \tag{3-2}$$

或者标签的条件概率：

$$\hat{p}(y \mid \boldsymbol{x}) = f_y^*(\boldsymbol{x}) \tag{3-3}$$

因此，寻找这个"最优"的函数 $f^*(\boldsymbol{x})$ 是机器学习中的关键，可以通过一定的学习算法（learning algorithm）$\mathcal{A}$ 完成。这个过程称为学习（learning）或训练（training）。

这样，若需要对生产的产品特性（测试样本）进行预测时，可以根据生产流程对应的数据，使用学习到的函数 $f^*(\boldsymbol{x})$ 来预测产品特性的好坏。为了评价的公正性，可以独立同分布地抽取一组数据作为测试集 $\mathcal{D}'$，并对测试集中所有样本进行测试，来计算预测结果的准确率：

$$Acc\left(f^*\left(\boldsymbol{x}\right)\right)=\frac{1}{\left|\mathcal{D}'\right|}\sum_{(\boldsymbol{x},y)\in\mathcal{D}'}I\left(f^*\left(\boldsymbol{x}\right)=y\right) \tag{3-4}$$

其中，$I(\cdot)$ 为指示函数；$\left|\mathcal{D}'\right|$ 为测试集大小。

图 3-1 为机器学习的基本流程。对于一个预测任务，输入特征向量为 $\boldsymbol{x}$，输出标签为 y，选择一个函数集合 $\mathcal{F}$，通过学习算法 $\mathcal{A}$ 和一组训练样本 $\mathcal{D}$，从 $\mathcal{F}$ 中学习得到函数 $f^*(\boldsymbol{x})$。从而，对于新的输入 $\boldsymbol{x}$，可用函数 $f^*(\boldsymbol{x})$ 进行预测。

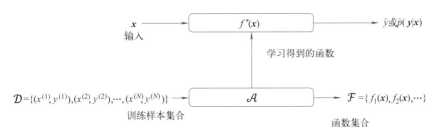

图 3-1　机器学习基本流程

可以说，机器学习是从有限的观测数据中学习得到具有一般性的规律，并将这样的规律推广应用到未观测的样本中的过程。机器学习方法包含三个基本要素：模型、学习准则、优化算法。

（1）模型

对于某一个机器学习任务，首先要确定其输入空间 $\mathcal{X}$ 和输出空间 $\mathcal{Y}$。不同机器学习任务的输出空间是不同的，在二分类问题中，$\mathcal{Y}=\{-1,+1\}$，在 C 分类问题中 $\mathcal{Y}=\{1,2,\cdots,C\}$，而在回归问题中 $\mathcal{Y}=\mathbb{R}$。输入空间 $\mathcal{X}$ 和输出空间 $\mathcal{Y}$ 构成样本空间，对于其中的样本 $(\boldsymbol{x},\boldsymbol{y})\in\mathcal{X}\times\mathcal{Y}$，假定 $\boldsymbol{x}$ 和 $\boldsymbol{y}$ 间的关系可通过一个未知的真实映射函数 $\boldsymbol{y}=g(\boldsymbol{x})$ 或真实条件概率分布 $p_r(\boldsymbol{y}|\boldsymbol{x})$ 进行描述。这样，机器学习的目标就是找到一个模型来近似真实映射函数 $g(\boldsymbol{x})$ 或真实条件概率分布 $p_r(\boldsymbol{y}|\boldsymbol{x})$。

真实的映射函数 $g(\boldsymbol{x})$ 或条件概率分布 $p_r(\boldsymbol{y}|\boldsymbol{x})$ 的具体形式是未知的，只能根据经验来假设一个函数集合 $\mathcal{F}$，称为假设空间（Hypothesis Space），然后观测其在训练集 $\mathcal{D}$ 上的特性，并选择一个理想的假设 $f^*\in\mathcal{F}$。

假设空间 $\mathcal{F}$ 通常为一个参数化的函数族：

$$\mathcal{F}=\left\{f\left(\boldsymbol{x},\theta\right)|\theta\in\mathbb{R}^D\right\} \tag{3-5}$$

其中，$f(\boldsymbol{x},\theta)$ 是参数为 θ 的函数，也称为模型（Model）；D 为参数的数量。

假设空间一般可分为线性和非线性两种，对应的模型 f 也分别称为线性模型和非线性模型。

线性模型的假设空间为一个参数化的线性函数族，即

$$f(\boldsymbol{x},\theta)=\boldsymbol{w}^{\mathrm{T}}\boldsymbol{x}+b \tag{3-6}$$

其中，参数 θ 包含权重向量 $\boldsymbol{w}$ 和偏置 b。

广义的非线性模型是多个非线性基函数 $\boldsymbol{\phi}(\boldsymbol{x})$ 的线性组合：

$$f(\boldsymbol{x},\theta)=\boldsymbol{w}^{\mathrm{T}}\boldsymbol{\phi}(\boldsymbol{x})+b \tag{3-7}$$

$\boldsymbol{\phi}(\boldsymbol{x})=[\phi_1(\boldsymbol{x}),\phi_2(\boldsymbol{x}),\cdots,\phi_K(\boldsymbol{x})]^{\mathrm{T}}$ 为 K 个非线性基函数组成的向量，参数 θ 包含权重向量 $\boldsymbol{w}$ 和偏置 b。

若 $\boldsymbol{\phi}(\boldsymbol{x})$ 本身为可学习的基函数，例如：

$$\phi_k(\boldsymbol{x})=h\left(\boldsymbol{w}_k^{\mathrm{T}}\boldsymbol{\phi}'(\boldsymbol{x})+b_k\right) \quad \forall 1\leqslant k\leqslant K \tag{3-8}$$

其中，$h(\cdot)$ 为非线性函数；$\boldsymbol{\phi}'(\boldsymbol{x})$ 为另一组基函数；$\boldsymbol{w}_k$ 和 b_k 为可学习的参数。则 $f(\boldsymbol{x},\theta)$ 等价于机器学习任务所构建的神经网络模型。

（2）学习准则

若训练集 $\mathcal{D}=\left\{\left(\boldsymbol{x}^{(n)},\boldsymbol{y}^{(n)}\right)\right\}_{n=1}^N$ 由 N 个独立同分布的样本组成，即每个样本 $(\boldsymbol{x},\boldsymbol{y})\in\mathcal{X}\times\mathcal{Y}$ 是从 $\mathcal{X}$ 和 $\mathcal{Y}$ 的联合空间中按照某个未知分布独立随机产生。这里要求样本分布 $p_r(\boldsymbol{x},\boldsymbol{y})$ 必须是固定的，不会随时间而变化。如果 $p_r(\boldsymbol{x},\boldsymbol{y})$ 本身可变的话，就无法通过这些数据进行学习。

好的模型 $f(\boldsymbol{x},\theta^*)$ 应在所有 $(\boldsymbol{x},\boldsymbol{y})$ 的可能取值上都与真实映射函数 $\boldsymbol{y}=g(\boldsymbol{x})$ 相一致，即：

$$\left|f(\boldsymbol{x},\theta^*)-\boldsymbol{y}\right|<\epsilon \quad \forall(\boldsymbol{x},\boldsymbol{y})\in\mathcal{X}\times\mathcal{Y} \tag{3-9}$$

或与真实条件概率分布 $p_r(\boldsymbol{y}|\boldsymbol{x})$ 一致，即：

$$\left|f_y(\boldsymbol{x},\theta^*)-p_r(\boldsymbol{y}|\boldsymbol{x})\right|<\epsilon \quad \forall(\boldsymbol{x},\boldsymbol{y})\in\mathcal{X}\times\mathcal{Y} \tag{3-10}$$

其中，ϵ 是一个很小的正数；$f_y(\boldsymbol{x};\theta^*)$ 为模型预测的条件概率分布中 y 对应的概率。

模型 $f(\boldsymbol{x},\theta)$ 的好坏可通过期望风险（expected risk）$\mathcal{R}(\theta)$ 衡量，其定义为：

$$\mathcal{R}(\theta)=\mathbb{E}_{(\boldsymbol{x},\boldsymbol{y})\sim p_r(\boldsymbol{x},\boldsymbol{y})}\left[\mathcal{L}(\boldsymbol{y},f(\boldsymbol{x},\theta))\right] \tag{3-11}$$

其中，$p_r(\boldsymbol{x},\boldsymbol{y})$ 为真实的数据分布；$\mathcal{L}(\boldsymbol{y},f(\boldsymbol{x},\theta))$ 为损失函数，来量化两个变量间的差异。损失函数是一个非负实数函数，用来量化模型预测和真实标签之间的差异。几种常用的损失函数介绍如下。

① 0-1 损失函数。0-1 损失函数是最直观的损失函数，是模型在训练集上的错误率：

$$\mathcal{L}(\boldsymbol{y},f(\boldsymbol{x},\theta))=\begin{cases}0 & \text{if } \boldsymbol{y}=f(\boldsymbol{x},\theta)\\1 & \text{if } \boldsymbol{y}\neq f(\boldsymbol{x},\theta)\end{cases}=I(\boldsymbol{y}\neq f(\boldsymbol{x},\theta)) \tag{3-12}$$

其中，$I(\cdot)$ 是指示函数。

虽然 0-1 损失函数能够客观地评价模型的好坏，但其数学性质不是很好，不连续且导数为 0，难以优化，因此经常用连续可微的损失函数替代。

② 平方损失函数。平方损失函数经常用在预测标签 $\boldsymbol{y}$ 为实数值的任务中，定义为：

$$\mathcal{L}(\boldsymbol{y},f(\boldsymbol{x},\theta))=\frac{1}{2}(\boldsymbol{y}-f(\boldsymbol{x},\theta))^2 \tag{3-13}$$

平方损失函数一般不适用于分类问题。

③ 交叉熵损失函数。交叉熵损失函数一般用于分类问题。假设样本的标签 $\boldsymbol{y} \in \{1, \cdots, C\}$ 为离散的类别，模型 $f(\boldsymbol{x}, \theta) \in [0,1]^C$ 的输出为类别标签的条件概率分布，即：

$$p(\boldsymbol{y} = c \mid \boldsymbol{x}, \theta) = f_c(\boldsymbol{x}, \theta) \tag{3-14}$$

并满足：

$$f_c(\boldsymbol{x}, \theta) \in [0,1], \quad \sum_{c=1}^{C} f_c(\boldsymbol{x}, \theta) = 1 \tag{3-15}$$

可用一个 C 维的 One-Hot 向量（One-Hot 编码，又称为一位有效编码，主要是采用 N 位状态寄存器来对 N 个状态进行编码，每个状态都有其独立的寄存器位，并且在任意时候只有一位有效）y 来表示样本标签，即假设样本的标签为 k，那么标签向量 y 只有第 k 维的值为 1，其余元素的值都为 0。标签向量 y 可以看作样本标签的真实条件概率分布 $p_r(\boldsymbol{y}|\boldsymbol{x})$，即第 c 维（记为 y_c，$1 \leqslant c \leqslant C$）是类别为 c 的真实条件概率。假设样本的类别为 k，那么它属于第 k 类的概率为 1，属于其他类的概率为 0。

④ Hinge 损失函数。对于二分类问题，假设 $\boldsymbol{y}$ 的取值为 $\{-1, +1\}$，$f(\boldsymbol{x}, \theta) \in \mathbb{R}$。Hinge 损失函数为：

$$\mathcal{L}(\boldsymbol{y}, f(\boldsymbol{x}, \theta)) = \max(0, 1 - \boldsymbol{y}f(\boldsymbol{x};\theta)) \triangleq \left[1 - \boldsymbol{y}f(\boldsymbol{x}, \theta)\right]_+ \tag{3-16}$$

其中，$[x]_+ = \max(0, \boldsymbol{x})$。

在确定了训练集 $\mathcal{D}$、假设空间 $\mathcal{F}$ 及学习准则后，如何找到最优的模型 $f(\boldsymbol{x}; \theta^*)$ 就变成一个最优化问题，机器学习的训练过程其实就是这样一个最优化问题的求解过程。在机器学习中，优化可以分为参数优化和超参数优化。模型 $f(\boldsymbol{x}; \theta)$ 中的 θ 称为模型的参数，可通过优化算法进行学习。除了可学习的参数 θ 之外，还有一类参数是用来定义模型结构或优化策略的，这类参数叫作超参数（Hyper-parameter）。常见的超参数包括聚类算法中的类别个数、梯度下降法中的步长、正则化项的系数、神经网络的层数、支持向量机中的核函数等。超参数的选取一般都是组合优化问题，很难通过优化算法来自动学习。因此，超参数优化是机器学习中一个经验性很强的技术，通常是按照人的经验设定，或通过搜索方法［例如网格搜索（grid search）、贝叶斯优化（Bayesian optimization）等算法］对超参数组合进行不断试错调整。

机器学习算法可以按照不同的标准来进行分类。比如按函数 $f(\boldsymbol{x}; \theta)$ 的不同，机器学习算法可分为线性模型和非线性模型；按照学习准则的不同，机器学习算法可分为统计方法和非统计方法。

为衡量一个机器学习模型的好坏，需要给定一个测试集，用模型对测试集中的每一个样本进行预测，并根据预测结果计算评价分数。对于分类问题，常见的评价标准有准确率、精确率、召回率和 F 值等。给定测试集 $\mathcal{T} = \left\{\left(x^{(1)}, y^{(1)}\right), \cdots, \left(x^{(N)}, y^{(N)}\right)\right\}$，假设标签 $y^{(n)} \in \{1, \cdots, C\}$，用学习好的模型 $f(\boldsymbol{x}; \theta^*)$ 对测试集中的每一个样本进行预测，结果为 $\left\{\hat{y}^{(1)}, \cdots, \hat{y}^{(N)}\right\}$。

① 准确率。准确率是最常用的评价指标：

$$A = \frac{1}{N}\sum_{n=1}^{N}I\left(y^{(n)} = \hat{y}^{(n)}\right) \tag{3-17}$$

其中，$I(\cdot)$ 为指示函数。

② 错误率。错误率和准确率相对应：

$$\varepsilon = 1 - \mathcal{A} = \frac{1}{N}\sum_{n=1}^{N}I\left(y^{(n)} \neq \hat{y}^{(n)}\right) \tag{3-18}$$

③ 精确率和召回率。准确率是所有类别整体性能的平均，如果希望对每类都进行性能估计，就需要计算精确率（precision）和召回率（recall）。精确率和召回率是广泛用于信息检索和统计学分类领域的两个度量值，在机器学习模型的评价中被大量使用。

精确率 P_c 也叫精度或查准率，类别 c 的查准率是所有预测为类别 c 的样本中预测正确的比例：

$$P_c = \frac{TP_c}{TP_c + FP_c} \tag{3-19}$$

其中，TP_c 为真正例，即一个样本的真实类别为 c 并且模型正确地预测为类别 c；FP_c 为假正例，即一个样本的真实类别为其他类，模型错误地预测为类别 c。

召回率 R_c 也叫查全率，类别 c 的查全率是所有真实标签为类别 c 的样本中预测正确的比例：

$$R_c = \frac{TP_c}{TP_c + FN_c} \tag{3-20}$$

其中，FN_c 为假负例，即一个样本的真实类别为 c，模型错误地预测为其他类。

F 值、F_c 是一个综合指标，为精确率和召回率的调和平均：

$$F_c = \frac{\left(1 + \beta^2\right) \times P_c \times R_c}{\beta^2 \times \left(P_c + R_c\right)} \tag{3-21}$$

其中 β 用于平衡精确率和召回率的重要性，一般取值为 1。$\beta=1$ 时的 F 值称为 $F1$ 值，是精确率和召回率的调和平均。

④ 交叉验证。交叉验证是一种比较好的衡量机器学习模型的统计分析方法，可以有效避免划分训练集和测试集时的随机性对评价结果造成的影响。我们可以把原始数据集平均分为 K 组不重复的子集，每次选 $K-1$ 组子集作为训练集，剩下的一组子集作为验证集，此方法称为 K 折交叉验证。这样可以进行 K 次试验并得到 K 个模型，将这 K 个模型在各自验证集上的错误率的平均作为分类器的评价。

（3）优化算法

优化算法是使策略（损失函数）最小化的方法。在机器学习中，有很多的问题并没有解析形式的解，或者有解析形式的解但是计算量很大（譬如，超定问题的最小二乘解）。对于此类问题，通常我们会选择采用迭代优化的方式进行求解，或者说通过迭代方法（优化算法）计算损失函数的最优解，同时调节模型参数，进而使得损失函数最小化。常用的优化算法包括：梯度下降法（gradient descent）、共轭梯度法（conjugate gradient）、Momentum 算法及其变体、牛顿法和拟牛顿法（包括 L-BFGS）、AdaGrad、Adadelta、RMSprop、Adam 及其变体 Nadam。

3.2　监督式与无监督学习

一般可以按照训练样本提供的信息以及反馈方式的不同，将机器学习算法分为以下几类：

（1）监督学习

若机器学习的目标是建模样本的特征 x 和标签 y 之间的关系，例如 $y = f(x, \theta)$ 或 $p(y|x, \theta)$，并且训练集中每个样本都有标签，这类机器学习称为监督学习（supervised learning）。根据标签类型的不同，监督学习又可以分为回归问题、分类问题和结构化学习问题。典型的监督学习包括决策树、支持向量机等方法。

① 回归问题中的标签 y 是连续值（实数或连续整数），$f(x, \theta)$ 的输出也是连续值。

② 分类问题中的标签 y 是离散的类别（符号）。在分类问题中，学习到的模型也称为分类器（classifier）。分类问题根据其类别数量又可分为二分类（binary classification）和多分类（multi-class classification）问题。

③ 结构化学习问题是一种特殊的分类问题。在结构化学习中，标签 y 通常是结构化的对象，比如序列、树或图等。由于结构化学习的输出空间比较大，因此定义一个联合特征空间，将 x, y 映射为该空间中的联合特征向量 $\phi(x, y)$，预测模型可表示为：

$$\hat{y} = \arg \max_{y \in Gen(x)} f\big(\phi(x, y), \theta\big) \tag{3-22}$$

其中，$Gen(x)$ 表示输入 x 的所有可能的输出目标集合。计算 arg max 的过程也称为解码（decoding）过程，一般可使用动态规划方法。

（2）无监督学习

无监督学习从未经标注的训练数据中提取有价值的信息。这种学习方式不依赖于目标标签，而是通过分析数据本身的结构来发现模式和关系。无监督学习的应用场景包括但不限于聚类分析、密度估计、特征提取和数据降维。常见的无监督学习方法有聚类算法和主成分分析（principal component analysis, PCA）等。

（3）强化学习

强化学习则是一种动态的机器学习策略，它通过智能体与环境的交互来实现学习。在这个过程中，智能体根据当前环境状态选择行动，并根据行动结果接收即时或延迟的反馈（奖励）。智能体的目标是优化其行为策略，以实现长期累积奖励的最大化。

与监督学习相比，无监督学习的优势在于它不需要预先标注的数据，从而降低了数据准备的成本。监督学习通常需要大量的标注样本，这往往需要昂贵的人工投入。为了解决这一问题，研究者们发展了弱监督学习（weakly supervised learning）和半监督学习（semi-supervised learning, SSL）等方法，这些方法旨在利用未标注的大规模数据集，同时减少对标注数据的依赖。与监督学习不同，强化学习不依赖于预先定义的输入输出对，而是一种通过实时交互进行的在线学习过程。

因无监督式学习方法，如聚类、主成分分析等，已在第二章数据挖掘中进行了详细介绍，本节以下各小节对部分监督学习方法进行介绍。

3.3　决策树方法

决策树作为一种广泛使用的机器学习技术，尤其适用于二分类问题。设想我们的目标是利用一组训练数据来构建一个模型，以便对新的数据实例进行分类。这一分类过程本质上是对"该样本是否属于正类"这一问题进行的"决策"或"判断"。正如其名，决策树依赖于树状结构来做出决策，这与人类在面对选择时的自然思考方式不谋而合。一个典型的决策树由一个根节点、多个内部节点和叶节点组成。叶节点代表了最终的决策结果，而其他每个节点则代表一个属性的测试。每个节点中的样本集合会根据属性测试的结果被进一步划分到子节点中。根节点包含了所有的样本数据。从根节点到任一叶节点的路径，实际上代表了一连串的判断测试。决策树学习的核心目标是生成一个具有强泛化能力，即在处理未见过的样本时表现出色的决策树。其学习过程遵循简单直观的"分而治之"策略，如图 3-2 所展示的那样。在化学工业领域，决策树技术可以被用于故障检测与诊断、有机反应的逆合成分析、化工投资与过程设计，以及生产过程中的决策制定等场景。

输入：样本集$D=\{(\boldsymbol{x}_1, \boldsymbol{y}_1),(\boldsymbol{x}_2, \boldsymbol{y}_2),\cdots,(\boldsymbol{x}_m,\boldsymbol{y}_m)\}$

　　　属性集$A=\{a_1,a_2,\cdots,a_d\}$

过程：函数TreeGenerate(D,A)

　1: 生成节点node；

　2: if D中样本全属于同一类别C then

　3: 将 node 标记为 C 类叶节点；return

　4: end if

　5: if $A=\phi$ OR D中样本在A上取值相同 then

　6: 将 node 标记为叶节点，其类别标记为D中样本数最多的类；return

　7: end if

　8: 从A中选择最优划分属性a_*；

　9: for a_*的每一个值a_*^v do

10: 为node生成一个分支；令D_v表示D中在a_*上取值为a_*^v的样本子集；

11: if D_v为空 then

12: 将分支节点标记为叶节点，其类别标记为D中样本最多的类；return

13: else

14: 以TreeGenerate$(D_v,A\backslash\{a_*\})$为分支节点

15: end if

16: end for

输出：以 node 为根节点的一颗决策树

图 3-2　决策树学习基本算法

3.3.1 划分选择

由决策树学习基本算法可以看出，决策树学习的关键是如何选择最优划分属性。随着划分过程不断进行，希望决策树的分支节点所包含的样本尽可能属于同一类别，即节点的纯度（purity）越来越高。以下对样本集合纯度常用的指标进行介绍。

（1）信息增益

信息熵（information entropy）是度量样本集合纯度最常用的一种指标。假定当前样本集合 D 中第 k 类样本所占的比例为 p_k（$k = 1, 2, \cdots, |y|$），则 D 的信息熵定义为：

$$Ent(D) = -\sum_{k=1}^{|y|} p_k \log_2 p_k \tag{3-23}$$

$Ent(D)$ 的值越小，D 的纯度越高。

假定离散属性 a 有 V 个可能的取值 $\{a^1, a^2, \cdots, a^V\}$，若使用 a 来对样本集 D 进行划分，则会产生 V 个分支节点，其中第 v 个分支节点包含了 D 中所有在属性 a 上取值为 a^v 的样本，记为 D^v。根据式（3-23）可计算出 D^v 的信息熵，再考虑到不同的分支节点所包含的样本数不同，给分支节点赋予权重 $|D^v|/|D|$，即样本数越多的分支节点的影响越大，于是可计算出用属性 a 对样本集 D 进行划分所获得的信息增益（information gain）：

$$Gain(D,a) = Ent(D) - \sum_{v=1}^{V} \frac{|D^v|}{|D|} Ent(D^v) \tag{3-24}$$

一般而言，信息增益越大，则意味着使用属性 a 来进行划分所获得的"纯度提升"越大。因此，我们可用信息增益来进行决策树的划分属性选择，即在图 3-2 的算法第 8 行选择属性 $a_* = \arg\max\limits_{a \in A} Gain(D,a)$。

（2）增益率

信息增益准则对可取值数目较多的属性有所偏好，为减少这种偏好可能带来的不利影响，可使用增益率（gain ratio）来选择最优划分属性。采用与式（3-24）相同的符号表示，增益率定义为：

$$Gain\ ratio(D,a) = \frac{Gain(D,a)}{IV(a)} \tag{3-25}$$

其中

$$IV(a) = -\sum_{v=1}^{V} \frac{|D^v|}{|D|} \log_2 \frac{|D^v|}{|D|} \tag{3-26}$$

称为属性 a 的固有值（intrinsic value）。属性 a 的可能取值数目越多（即 V 越大），则 $IV(a)$ 的值通常会越大。需注意的是，增益率准则对可取值数目较少的属性有所偏好，因此，可使用启发式规则：先从候选划分属性中找出信息增益高于平均水平的属性，再从中选择增益率最高的。

（3）基尼指数

CART 决策树使用基尼指数（Gini index）来选择划分属性。采用与式（3-23）相同的符号，数据集 D 的纯度可用基尼值来度量：

$$Gini(D) = \sum_{k=1}^{|y|} \sum_{k' \neq k} p_k p_{k'} = 1 - \sum_{k=1}^{|y|} p_k^2 \tag{3-27}$$

直观来说，$Gini(D)$ 反映了从数据集 D 中随机抽取两个样本，其类别标记不一致的概率。因此，$Gini(D)$ 越小，则数据集 D 的纯度越高。

采用与式（3-24）相同的符号表示，属性 a 的基尼指数定义为：

$$Gini\ index(D,a) = \sum_{v=1}^{V} \frac{|D^v|}{|D|} Gini(D^v) \tag{3-28}$$

于是，在候选属性集合 A 中，选择使得划分后基尼指数最小的属性作为最优划分属性，即 $a_* = \underset{a \in A}{\arg\min}\ Gini\ index(D,a)$。

3.3.2　剪枝

剪枝（pruning）是决策树学习算法对付过拟合的主要手段。在决策树学习中，为了尽可能正确分类训练样本，节点划分过程将不断重复，有时会造成决策树分支过多，这样可能造成因训练样本学得"太好"了，以至于把训练集自身的一些特点当作所有数据都具有的一般性质而导致过拟合。因此，可通过主动去掉一些分支来降低过拟合的风险。

决策树剪枝的基本策略有预剪枝（pre-pruning）和后剪枝（post-pruning）。预剪枝是指在决策树生成过程中，对每个节点在划分前先进行估计，若当前节点的划分不能带来决策树泛化性能提升，则停止划分并将当前节点标记为叶节点。后剪枝则是先从训练集生成一棵完整的决策树，然后自下而上地对非叶节点进行考察，若将该节点对应的子树替换为叶节点能带来决策树泛化性能的提升，则将该子树替换为叶节点。预剪枝使得决策树的很多分支都没有展开，这不仅降低了过拟合的风险，还显著减少了决策树的训练和测试的时间开销。但另一方面，有些分支的当前划分虽不能提升泛化性能，甚至可能导致泛化性能暂时下降，但在其基础上进行的后续划分却有可能导致性能显著提高。预剪枝基于贪心本质禁止这些分支展开，给预剪枝决策树带来了欠拟合的风险。后剪枝决策树通常比预剪枝决策树保留了更多的分支。一般情况下，后剪枝决策树的欠拟合风险很小，泛化性能往往优于预剪枝决策树。但后剪枝过程是在生成完全决策树之后进行的，并且要自下而上地对树中的所有非叶节点进行逐一考察，因此其训练成本比未剪枝决策树和预剪枝决策树都要大得多。

3.3.3　连续与缺失值

（1）连续值处理

现实学习任务中常会遇到连续属性，因此有必要讨论如何在决策树学习中使用连续属性。由于连续属性的可取值数目不再有限，因此，不能直接根据连续属性的可取值来对节点进行划分。此时，连续属性离散化技术可派上用场。最简单的策略是采用二分法对连续属性进行处理。

给定样本集 D 和连续属性 a，假定 a 在 D 上出现了 n 个不同的取值，将这些值从小到大进行排序，记为 $\{a^1, a^2, \cdots, a^n\}$。基于划分点 t 可将 D 分为子集 D_t^- 和 D_t^+，其中 D_t^- 包含那些在属性 a 上取值不大于 t 的样本，而 D_t^+ 则包含那些在属性 a 上取值大于 t 的样本。显然，对相邻的属性取值 a^i 与 a^{i+1} 来说，t 在区间 $[a^i, a^{i+1})$ 中任意取值所产生的划分结果相同。因此，对连续属性 a，我们可考察包含 $n-1$ 个元素的候选划分点集合：

$$T_a = \left\{ \frac{a^i + a^{i+1}}{2} \mid 1 \leqslant i \leqslant n-1 \right\} \tag{3-29}$$

即把区间 $[a^i, a^{i+1})$ 的中位点 $(a^i + a^{i+1}) / 2$ 作为候选划分点。然后，可像离散属性值一样来考察这些划分点，选取最优的划分点进行样本集合的划分。例如，可对式（3-24）稍加改造：

$$Gain(D,a) = \max_{t \in T_a} Gain(D,a,t) = \max_{t \in T_a} Ent(D) - \sum_{\lambda \in \{-,+\}} \frac{|D_t^\lambda|}{|D|} Ent\left(D_t^\lambda\right) \tag{3-30}$$

其中，$Gain(D, a, t)$ 是样本集 D 基于划分点 t 二分后的信息增益。于是，可选择使 $Gain(D, a, t)$ 最大化的划分点。

（2）缺失值处理

现实任务中常会遇到不完整样本，即样本的某些属性值缺失，尤其是在属性数目较多的情况下，往往会有大量样本出现缺失值。如果简单地放弃不完整样本，仅使用无缺失值的样本来进行学习，显然是对数据信息的极大浪费。因此，有必要考虑利用有缺失属性值的训练样例来进行学习。这里需解决两个问题：①如何在属性值缺失的情况下进行划分属性选择；②给定划分属性，若样本在该属性上的值缺失，如何对样本进行划分。

给定训练集 D 和属性 a，令 $\tilde{D}$ 表示 D 中在属性 a 上没有缺失值的样本子集。对问题①，显然仅可根据 $\tilde{D}$ 来判断属性 a 的优劣。假定属性 a 有 V 个可取值 $\{a^1, a^2, \cdots, a^V\}$，令 $\tilde{D}^V$ 表示 $\tilde{D}$ 在属性 a 上取值为 a^v 的样本子集，$\tilde{D}_k$ 表示 $\tilde{D}$ 中属于第 k 类（$k = 1, 2, \cdots, |y|$）的样本子集，则显然有 $\tilde{D} = \bigcup_{k=1}^{|y|} \tilde{D}_k$，$\tilde{D} = \bigcup_{v=1}^{V} \tilde{D}^V$。假定每个样本 $\boldsymbol{x}$ 赋予一个权重 ω_x，并定义

$$\rho = \frac{\sum_{\boldsymbol{x} \in \tilde{D}} \omega_x}{\sum_{\boldsymbol{x} \in D} \omega_x} \tag{3-31}$$

$$\tilde{p}_k = \frac{\sum_{\boldsymbol{x} \in \tilde{D}_k} \omega_x}{\sum_{\boldsymbol{x} \in \tilde{D}} \omega_x} \quad (1 \leqslant k \leqslant |y|) \tag{3-32}$$

$$\tilde{r}_v = \frac{\sum_{\boldsymbol{x} \in \tilde{D}^v} \omega_x}{\sum_{\boldsymbol{x} \in \tilde{D}} \omega_x} \quad (1 \leqslant v \leqslant V) \tag{3-33}$$

直观地看，对属性 a，ρ 表示无缺失值样本所占的比例，$\tilde{p}_k$ 表示无缺失值样本中第 k 类所占的比例，$\tilde{r}_v$ 则表示无缺失值样本中在属性 a 上取值 a^v 的样本所占的比例。显然，$\sum_{k=1}^{|y|} \tilde{p}_k = 1$，$\sum_{v=1}^{V} \tilde{r}_v = 1$。

基于上述定义，可将信息增益的计算式（3-24）推广为：

$$Gain(D,a) = \rho \times Gain(\tilde{D},a) = \rho \times \left(Ent(\tilde{D}) - \sum_{v=1}^{V} \tilde{r}_v Ent(\tilde{D}^V) \right) \tag{3-34}$$

其中由式（3-23），有：

$$Ent(\tilde{D}) = -\sum_{k=1}^{|y|} \tilde{p}_k \log_2 \tilde{p}_k \tag{3-35}$$

对问题②，若样本 x 在划分属性 a 上的取值已知，则将 x 划入与其取值对应的子节点，且样本权值在子节点中保持为 ω_x。若样本 x 在划分属性 a 上的取值未知，则将 x 同时划入所有子节点，且样本权值在与属性值 a^v 对应的子节点中调整为 $\tilde{r}_v \cdot \omega_x$。直观地看，这就是让同一个样本以不同的概率划入到不同的子节点中去。

3.3.4 多变量决策树

如果我们将每个属性视为一个坐标轴，那么在 d 维空间中，每个样本点就可以由 d 个属性来描述。在这个空间中进行样本分类，本质上是在寻找不同类别样本之间的分界线。决策树构建的分界线具有一个显著特征：它们是轴平行（axis-parallel）的，即这些分界线由多个与坐标轴平行的线段组成。这种轴平行的分界线使得决策树的分类结果具有较高的可解释性，因为每条线段都直接与某个属性的取值范围相对应。然而，如果真实世界的分类边界较为复杂，为了获得较好的近似效果，可能需要使用大量的线段来划分，这会导致决策树变得非常复杂。随着属性测试数量的增加，模型的预测时间也会相应增加。

若能使用斜的划分边界，则决策树模型将大为简化。多变量决策树（multivariate decision tree）就是能实现这样的"斜划分"甚至更复杂划分的决策树。在多变量决策树中，非叶节点不再是仅对某个属性，而是对属性的线性组合进行测试。换言之，每个非叶节点是一个形如 $\sum_{i=1}^{d} \omega_i a_i = t$ 的线性分类器，其中 ω_i 是属性 a_i 的权重，ω_i 和 t 可在该节点所含样本集和属性集上学得。于是，与传统的单变量决策树不同，在多变量决策树的学习过程中，不是为每个非叶节点寻找一个最优划分属性，而是试图建立一个合适的线性分类器。

3.3.5 决策树算例：药物合成中有机分子购买必要性的预测

药物的合成路径通常涉及多步有机合成反应。对于反应中所涉及到的大部分中间体来说，化学家有两种办法获得这些中间体，即实验室合成或市场购买。尽管专业的试剂提供商能够能提供高纯度的医药中间体，但由于受试剂价格、化合物稳定性等因素的影响，有时也需要在实验室合成那些在市场上能购买到的中间体来提高实验效率。本文通过考虑分子的天然产物相似性分数（natural product-likeness score，NPS）与合成复杂性分数（Synthesis Complexity Score，SCS）对有机分子的购买必要性进行预测，使用 ID3 决策树学习算法构建决策树。

（1）数据准备

通过查询阿拉丁试剂网站的部分产品列表数据，获得了 215 种可购买的分子并使用 SMILES（simplified molecular input line entry system）字符串对分子进行表示和储存。同时，从 ZINC 数据库中随机抽取了 251 个分子作为需要实验室合成的分子。借助 Ertl 等人提出的 NPS 和 Coley 等人提出的 SCS，分子在合成可行性方面的特征被提取出来。分子的 NPS 越大，表示其与天然产物的相似程度越高，越有可能在自然界中直接获取，可以在市场购买得到；分子的 SCS 越大，表示其合成的复杂程度越高，越不易在市场上买到，需要在实验室中合成。使用 Python 的 RDKit 库将 SMILES 具象化为分子并计算 NPS 和 SCS，计算好的数据被储存在 Data.txt 中，各列数据分别为分子 SMILES、标签、NPS 以及 SCS。标签为 1 的分子表示可从市场中购买，标签为 0 的分子表示需从实验室合成。以上操作通过使用 Python 语言实现。

（2）模型搭建

著名的 sklearn 库提供了非常多的便于使用的预定义模型，其中就包括了决策树分类器（decision tree classifier）模型（扫描封底二维码获取实现代码）。

（3）结果讨论

以上代码执行完毕后，可以得到一张决策树模型图和分类边界图，如图 3-3 和图 3-4 所示。

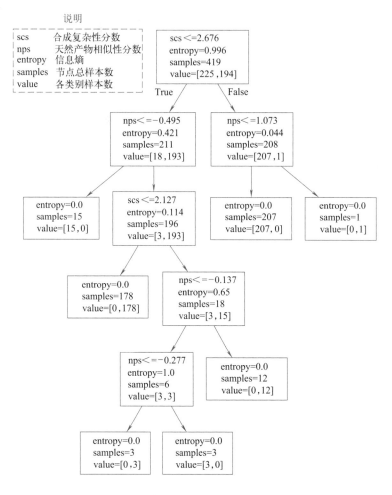

图 3-3　深度为 5 的决策树模型

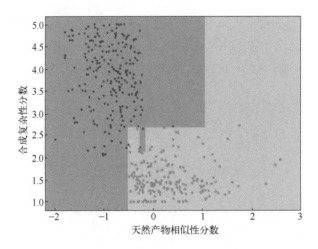

图 3-4   形状不规则的分类边界

从图 3-3 可知该决策树的深度为 5，树中各节点的内容包括决策条件、信息熵、节点总样本数以及各类别样本数。从图 3-4 可以看到决策边界的形状有些不规则，有过拟合的倾向。由于 sklearn 库只支持预剪枝操作，通过设定 max_depth 限制决策树的深度为 3，并重新进行训练，结果如图 3-5 和图 3-6 所示。

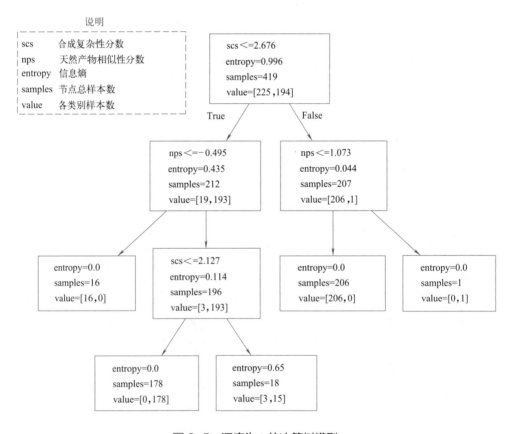

图 3-5   深度为 3 的决策树模型

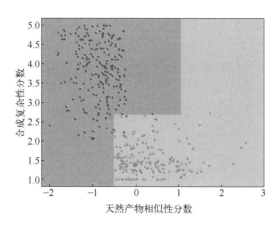

图 3-6 形状规则的分类边界

从图 3-6 可以看出模型根据输入特征较好地区分了两类样本，并且分类边界形状规则，没有过拟合或欠拟合倾向。

3.4 支持向量机

3.4.1 支持向量机定义与分类

支持向量机（support vector machines，SVM）是一种监督式学习算法，广泛应用于分类和回归任务。在化学工程领域，SVM 被频繁应用于探索分子结构与性能之间的关系，以及模拟化工过程。例如，它可以用来预测有机溶剂、离子液体和低共熔溶剂等化工介质的活度系数，这些系数对于理解气 - 液、液 - 液、固 - 液的相平衡至关重要。在化工过程模拟中，SVM 可以作为数据驱动模型的一部分，帮助实现高效的过程模拟。SVM 的核心原理是利用核技巧将数据映射到高维空间，以便在不同类别之间找到最优的分界面。该算法的目标是确定一个超平面，该超平面不仅能够正确分类数据，而且能够最大化与最近数据点的距离，即间隔。这个过程最终转化为一个凸二次规划问题，可以通过优化算法求解。SVM 因其在分类任务中的鲁棒性和高准确率而被广泛采用，并在多个领域展现出其优势。根据训练数据的特性，SVM 模型可以划分为几种不同的类型，如图 3-7 所示，每种类型都适用于特定的应用场景。

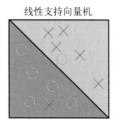

图 3-7 根据训练数据样本 SVM 模型可分为三类

① 线性可分支持向量机：在训练样本线性可分时，通过硬间隔最大化方法训练得到的 SVM 模型；

② 线性支持向量机：在训练样本近似线性可分时，通过软间隔最大化的方法进行训练得到的 SVM 模型；

③ 非线性支持向量机：当训练样本线性不可分时，通过核函数和软间隔最大化的方法进行训练得到的 SVM 模型。

3.4.2　分割超平面

在处理数据分类问题时，我们可以使用线性、平面或更高维度的分隔面来区分不同的类别。这种分隔面在数学上可以被统称为"超平面"。例如，在二维空间中，一条直线可以将数据点划分为两个不同的区域；在三维空间中，一个平面能够实现这一功能；同样，对于更高维度的数据集，相应的超平面能够将数据点划分为两个类别。

在此基础上，SVM 能够处理任意维度的数据集。其超平面被定义为 n 维欧几里得空间的 $n\text{-}1$ 维子空间。具体来说，对于一维数据，一个点就可以代表一个超平面；在二维情况下，一条直线界定了超平面；而在三维空间中，一个平面则充当了这个角色。通过这种方式，SVM 能够有效地在高维空间中找到最佳的分隔超平面，以最大化数据点之间的边界，从而实现高效的分类效果。

3.4.3　SVM 求解原理

在处理同一数据集的训练样本时，存在多种可能的超平面可以用于分割这些样本。如图 3-8 所示，对于一个线性可分的二维数据集，SVM 的分割超平面在二维空间中表现为一条直线。尽管在二维数据集中可以画出无数条这样的分割线，但 SVM 的目标是找到其中最理想的一条。核心挑战在于确定哪一条分割线能够最有效地区分不同的类别。

从直观角度来看，SVM 的最优分割超平面应该恰好位于两种类别的训练样本之间，如图 3-8 所示的明显加粗线条。这条超平面之所以理想，是因为它具有较好的"容忍度"，即使面对训练样本的微小变化或噪声干扰，也能维持稳定的表现。例如，由于受限于训练数据的局限性或噪声，可能存在一些样本点位于图 3-8 展示的样本点之间的边界附近。在这种情况下，许多可能的分割超平面都可能产生误差，但是选择加粗线条所表示的那条超平面，其影响则最小。换言之，这条超平面能产生最稳定且最具有泛化能力的分类效果，以应对未知数据的挑战。

在 SVM 中，间隔（margin）定义了数据点与代表分类边界的超平面之间的距离。间隔的大小决定了分类边界对于数据的局部变化或噪声的鲁棒性。间隔越大，超平面对于这些变化的容忍度越高，从而在新样本上的分类效果也更加稳定和可靠。

总结来说，分割数据点的超平面位置是由支持向量所决定的。支持向量是距离超平面最近的点，对超

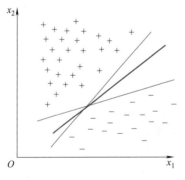

图 3-8　线性可分问题的二维
数据集及分割线

平面的位置具有决定性影响。一旦它们发生变化，超平面的位置也会相应地调整。寻找最优超平面的过程通常遵循以下两个基本原则：

① 首先，识别并选择那些与超平面距离最近的点，即找到距离的最小值；

② 其次，优化这些最近点与超平面之间的距离，以确保间隔尽可能地大。

3.4.4 间隔和支持向量

接下来我们用数学公式去获取间隔与支持向量。在样本空间中，给定一个二分类器数据集 $\boldsymbol{D}=\{(\boldsymbol{x}_n,y_n)\}_{n=1}^N$，其中 $y_n\in\{-1,1\}$，如果样本是线性可分的，即存在一个超平面将样本分开：

$$y=f(x)=\boldsymbol{w}^{\mathrm{T}}\boldsymbol{x}+b=0 \tag{3-36}$$

当 $f(x)$ 等于 0 的时候，$\boldsymbol{x}$ 便是位于超平面上的点，而 $f(x)$ 大于 0 的点对应 $y=1$ 的数据点，$f(x)$ 小于 0 的点对应 $y=-1$ 的点。

SVM 目的是获得最大分类间隔，其中 $\boldsymbol{w}=(w_1,w_2,\ldots,w_d)$ 为法向量，决定了超平面的方向；b 为位移项，决定了超平面与原点之间的距离。不同的 $\boldsymbol{w}$ 和 b 确定不同的分割面。下面我们将其记为 $(\boldsymbol{w},b)$。

数据集 $\boldsymbol{D}$ 中每个样本 $\boldsymbol{x}_n$ 到分割超平面 $(\boldsymbol{w},b)$ 的距离为：

$$\gamma_n=\frac{|\boldsymbol{w}^{\mathrm{T}}\boldsymbol{x}_n+b|}{\|\boldsymbol{w}\|}$$

由于 $y_n(\boldsymbol{w}^{\mathrm{T}}\boldsymbol{x}_n+b)\geqslant 0$，$y_n$ 与 $(\boldsymbol{w}^{\mathrm{T}}\boldsymbol{x}_n+b)$ 同号，则有：

$$\gamma_n=\frac{|\boldsymbol{w}^{\mathrm{T}}\boldsymbol{x}_n+b|}{\|\boldsymbol{w}\|}=\frac{y_n(\boldsymbol{w}^{\mathrm{T}}\boldsymbol{x}_n+b)}{\|\boldsymbol{w}\|} \tag{3-37}$$

γ 被定义为间隔，其为整个数据集 D 中所有样本到分割超平面的最短距离：

$$\gamma=2\times\min_{\boldsymbol{w},b,x_n}\gamma_n \tag{3-38}$$

单侧间隔是每一类样本中，到超平面距离最近的点与超平面的距离 $\dfrac{|\boldsymbol{w}^{\mathrm{T}}\boldsymbol{x}_n+b|}{\|\boldsymbol{w}\|}$（支持向量到超平面的距离）。间隔等于两个异类支持向量到超平面的距离之和，即 2 倍的单侧间隔，于是有式（3-38）。

如果间隔 γ 越大，其分割超平面对两个数据集的分割越稳定，不容易受噪声等因素影响。SVM 的目标是寻找一个最佳超平面 $(\boldsymbol{w},b)$ 使得 γ 最大，即：

$$\max_{\boldsymbol{w},b}\gamma$$

$$\mathrm{s.t.}\frac{y_n(\boldsymbol{w}^{\mathrm{T}}\boldsymbol{x}_n+b)}{\|\boldsymbol{w}\|}\geqslant\frac{1}{2}\gamma \qquad \forall n\in\{1,\ldots,N\}$$

进一步可以转化为：

$$\max_{\boldsymbol{w},b}\frac{2}{\|\boldsymbol{w}\|}\times\min_{\boldsymbol{w},b,x_n}y_n(\boldsymbol{w}^{\mathrm{T}}\boldsymbol{x}_n+b)$$

$$\text{s.t.} \; y_n(\pmb{w}^\mathrm{T}\pmb{x}_n + b) \geqslant 0 \qquad \forall n \in \{1,\dots,N\}$$

直接优化上面的式子很困难，我们需要做一些处理，即等比例改变参数 $\pmb{w}$ 和 b，使得同样的优化问题可以通过方便的优化算法来求解。

由于同时缩放 $\pmb{w} \to k\pmb{w}$ 和 $b \to kb$ 不会改变样本 x_n 到分割超平面的距离，这样我们就可以任意等比例修改参数，来使我们优化的目标表达起来更加友好。

单独考察 $y_n(\pmb{w}^\mathrm{T}\pmb{x}_n + b) \geqslant 0$，也就是说存在任意 $a > 0$ 使得：

$$\min_{\pmb{w},b,\pmb{x}_n} y_n\left(\pmb{w}^\mathrm{T}\pmb{x}_n + b\right) = a$$

我们令 $a=1$ 来简化运算，于是得到：

$$\min_{\pmb{w},b,\pmb{x}_n} y_n\left(\pmb{w}^\mathrm{T}\pmb{x}_n + b\right) = 1$$

综上，SVM 的目标进一步变为：

$$\max_{\pmb{w},b} \frac{2}{\|\pmb{w}\|}$$

$$\text{s.t.} \; y_n(\pmb{w}^\mathrm{T}\pmb{x}_n + b) \geqslant 1 \qquad \forall n \in \{1,\dots,N\}$$

显然，我们要找到符合这样一个条件的超平面来分开两类数据：这个超平面离两类样本都足够远，也就是使得"间隔"最大。数据集中所有满足 $y_n\left(\pmb{w}^\mathrm{T}\pmb{x}_n + b\right) \geqslant 1$ 的样本点，都称为支持向量。

3.4.5 对偶问题

为了找到最大间隔分割超平面，将 $\max\limits_{\pmb{w},b} \dfrac{2}{\|\pmb{w}\|}$ 目标函数改写为凸优化问题，仅需最大化 $\|\pmb{w}\|^{-1}$，这等价于最小化 $\|\pmb{w}\|^2$。于是，$\max\limits_{\pmb{w},b} \dfrac{2}{\|\pmb{w}\|}$ 等价于：

$$\min_{\pmb{w},b} \frac{1}{2}\|\pmb{w}\|^2$$

$$\text{s.t.} \; y_n\left(\pmb{w}^\mathrm{T}\pmb{x}_n + b\right) \geqslant 1, \; 即：$$

$$1 - y_n\left(\pmb{w}^\mathrm{T}\pmb{x}_n + b\right) \leqslant 0 \quad \forall n \in \{1,\dots,N\} \tag{3-39}$$

上式为 SVM 的基本型，其目标函数是二次的，约束条件是线性的，这是一个凸二次规划问题（convex quadratic programming），可以直接用现成的优化计算包求解，但若利用"对偶问题"来求解，效率会更高。

下面介绍"对偶问题"。对于一个不等式约束优化问题：

$$\min_x f(x)$$

$$\text{s.t.} \; m_n(x) \leqslant 0 \qquad n = 1,\dots,N$$

总可以将其转化成拉格朗日形式：

$$L(x,\lambda,\eta) = f(x) + \sum_{n=1}^{N} \lambda_n m_n$$

之后再转化为求如下的约束：

$$\min_{x} \max_{\lambda,\eta} L(x,\lambda,\eta)$$

可以证明转化后的约束包含了原问题。转化后的约束是一个关于 x 的函数。满足一定条件下［即 KKT 条件，因为式（3-39）包含不等式约束］，可进一步构建其对偶问题：

$$\max_{\lambda,\eta} \min_{x} L(x,\lambda,\eta)$$

对偶问题是关于 λ 和 η 的函数。由于是先求最小然后求最大，问题求解会变得更加容易。

KKT 条件是一个线性规划问题存在最优解的充分和必要条件。在这里 KKT 条件为：

$$\lambda_n \geq 0$$

$$y_n f(\boldsymbol{x}_n) - 1 \geq 0$$

$$\lambda_n (y_n f(\boldsymbol{x}_n) - 1) = 0$$

对式（3-39）使用拉格朗日乘子法可得到其"对偶问题"。具体来说，对式（3-39）的每条约束添加拉格朗日乘子 $\lambda_n \geq 0$，则该问题的拉格朗日函数可写为：

$$L(\boldsymbol{w},b,\lambda) = \frac{1}{2} \|\boldsymbol{w}\|^2 + \sum_{n=1}^{N} \lambda_n \left(1 - y_n \left(\boldsymbol{w}^{\mathrm{T}} \boldsymbol{x}_n + b\right)\right) \tag{3-40}$$

其中 $\lambda_1 \geq 0, \cdots, \lambda_N \geq 0$ 为拉格朗日乘子。

于是，目标函数可以表示为：

$$\min_{\boldsymbol{w},b} \max_{\lambda > 0} L(\boldsymbol{w},b,\lambda)$$

满足 KKT 条件下，等价于：

$$\max_{\lambda > 0} \min_{\boldsymbol{w},b} L(\boldsymbol{w},b,\lambda)$$

于是我们将整个问题转化为 $L(\boldsymbol{w},b,\lambda)$ 对 $\boldsymbol{w},b$ 求最小，再对 λ 求最大。

第一步 $L(\boldsymbol{w},b,\lambda)$ 对 $\boldsymbol{w},b$ 求最小，先计算 $L(\boldsymbol{w},b,\lambda)$ 关于 $\boldsymbol{w}$ 和 b 的偏导，并令其等于 0，得到：

$$\boldsymbol{w} = \sum_{n=1}^{N} \lambda_n y_n \boldsymbol{x}_n \tag{3-41}$$

$$0 = \sum_{n=1}^{N} \lambda_n y_n \tag{3-42}$$

将式（3-41）代入式（3-40）消去 $\boldsymbol{w}$ 和 b，再考虑式（3-42）约束，就得到式（3-43）的拉格朗日对偶函数：

$$\max_{\lambda} -\frac{1}{2} \sum_{n=1}^{N} \sum_{m=1}^{N} \lambda_m \lambda_n y_m y_n (\boldsymbol{x}_m)^{\mathrm{T}} \boldsymbol{x}_n + \sum_{n=1}^{N} \lambda_n$$

$$\mathrm{s.t.} \sum_{n=1}^{N} \lambda_n y_n = 0, \lambda_n \geq 0, n = 1,2,\ldots,N \tag{3-43}$$

解出拉格朗日乘子 λ_n 后，求出 $\boldsymbol{w}$ 和 b 即可得到模型：

$$f(x) = \boldsymbol{w}^{\mathrm{T}} x + b = \sum_{n=1}^{N} \lambda_n y_n \boldsymbol{x}_n^{\mathrm{T}} x + b$$

　　求解 λ 有很多高效算法，例如序列最小优化（sequential minimal optimization，SMO）算法。SMO 的基本思路是先固定 λ_n 之外的所有参数，然后求 λ_n 上的极值。由于存在约束 $\sum_{n=1}^{N} \lambda_n y_n = 0$，若固定 λ_n 之外的其他变量，则 λ_n 可由其他变量导出。于是，SMO 每次选择两个变量 λ_n 和 λ_m，并固定其它参数。这样，在参数初始化后，SMO 不断执行如下两个步骤直至收敛：

　　① 选取一对需更新的变量 λ_n 和 λ_m；

　　② 固定 λ_n 和 λ_m 以外的参数，求解式（3-43），获得更新后的 λ_n 和 λ_m。

　　注意，选取的 λ_n 和 λ_m 中有一个不满足 KKT 条件的话，目标函数就会在迭代后减小。违背 KKT 条件的程度越大，则目标函数迭代后数值减幅越大。因此，理论上应先选取违背 KKT 条件程度最大的变量，接着选择一个使目标函数值减小最快的变量。但由于比较各变量所对应的目标函数减幅过于复杂，因此，SMO 采用了一个启发式策略：使选取的两个变量所对应样本之间的间隔最大，一般这样的两个变量有很大的差别，对它们进行更新会带给目标函数值更大的变化。SMO 算法之所以高效，是因为其仅优化两个参数，而固定其他参数。具体来说，仅考虑 λ_n 和 λ_m 时，式（3-43）中的约束可重写为：

$$\lambda_n y_n + \lambda_m y_m = c \qquad \lambda_n \geqslant 0, \quad \lambda_m \geqslant 0$$

其中 $c = -\sum_{p \neq m,n} \lambda_p y_p$ 是使 $\sum_{n=1}^{N} \lambda_n y_n = 0$ 成立的常数，用 $\lambda_n y_n + \lambda_m y_m = c$ 消去式（3-43）中的变量 λ_m，则得到一个关于 λ_n 的单变量二次规划问题，仅有的约束是 $\lambda_n \geqslant 0$。这样的二次规划问题具有闭式解，不必调用数值优化算法即可高效地计算出更新后的 λ_n 和 λ_m。

3.4.6　核函数

　　在先前的讨论中，我们考虑了一个理想情况，其中训练样本能够通过单一的超平面被完美地分类，这假定了样本的线性可分性。但由于现实世界的复杂性，我们经常遇到原始数据空间中不存在这样的超平面，以至于无法直接将两类样本清晰地区分开来。为了克服这一挑战，我们可以利用核函数（kernel function）（非线性支持向量机）这一强大的工具，它能够将原始样本隐式地映射到一个更高维度的空间。在这个新的特征空间中，原本线性不可分的数据点可能变得线性可分，从而使得我们能够找到一个合适的超平面来有效地进行分类。

　　令 $\phi(\boldsymbol{x})$ 表示将 $\boldsymbol{x}$ 映射后的特征向量，于是，在特征空间中分割超平面所对应的模型可表示为：

$$f(\boldsymbol{x}) = \boldsymbol{w}^{\mathrm{T}} \phi(\boldsymbol{x}) + b \tag{3-44}$$

其中 $\boldsymbol{w}$ 和 b 是模型参数。进一步，可以得到：

$$\max_{\boldsymbol{w},b} \frac{1}{2} \| \boldsymbol{w} \|^2$$

$$\text{s.t.} \, y_n \left(\boldsymbol{w}^{\mathrm{T}} \phi(\boldsymbol{x}_n) + b \right) \geq 1, \quad n = 1, 2, ..., N$$

其对偶问题是：

$$\max_{\lambda} \sum_{n=1}^{N} \lambda_n - \frac{1}{2} \sum_{n=1}^{N} \sum_{m=1}^{N} \lambda_n \lambda_m y_n y_m \phi(\boldsymbol{x}_n)^{\mathrm{T}} \phi(\boldsymbol{x}_m) \tag{3-45}$$

$$\text{s.t.} \sum_{n=1}^{N} \lambda_n y_n = 0, \quad \lambda_n \geq 0, n = 1, 2, ..., N$$

求解式（3-45）涉及到计算 $\phi(\boldsymbol{x}_n)^{\mathrm{T}} \phi(\boldsymbol{x}_m)$，这是样本 $\boldsymbol{x}_n$ 与 $\boldsymbol{x}_m$ 映射到特征空间之后的内积。由于特征空间维数可能很高，甚至可能是无穷维，因此直接计算 $\phi(\boldsymbol{x}_n)^{\mathrm{T}} \phi(\boldsymbol{x}_m)$ 通常是困难的。为了避免这个问题，可以设想这样一个函数：

$$\kappa(\boldsymbol{x}_n, \boldsymbol{x}_m) = \phi(\boldsymbol{x}_n)^{\mathrm{T}} \phi(\boldsymbol{x}_m) \tag{3-46}$$

即 $\boldsymbol{x}_n$ 与 $\boldsymbol{x}_m$ 在特征空间的内积等于它们在原始样本空间中通过函数 $\kappa(\boldsymbol{x}_n, \boldsymbol{x}_m)$ 计算的结果。因此，对于"对偶问题"中的 $\boldsymbol{x}_n^{\mathrm{T}} \boldsymbol{x}_m$，我们可以将其替换成合适的核函数 $\kappa(\boldsymbol{x}_n, \boldsymbol{x}_m)$，有了这样的函数，就不必直接计算高维甚至无穷维特征空间中的内积，于是式（3-46）可重写为：

$$\max_{\lambda} \sum_{n=1}^{N} \lambda_n - \frac{1}{2} \sum_{n=1}^{N} \sum_{m=1}^{N} \lambda_n \lambda_m y_n y_m \kappa(\boldsymbol{x}_n, \boldsymbol{x}_m)$$

$$\text{s.t.} \sum_{n=1}^{N} \lambda_n y_n = 0, \quad \lambda_n \geq 0, n = 1, 2, ..., N$$

求解后即可得到：

$$f(x) = \boldsymbol{w}^{\mathrm{T}} \phi(\boldsymbol{x}) + b = \sum_{n=1}^{N} \lambda_n y_n \phi(\boldsymbol{x}_n)^{\mathrm{T}} \phi(\boldsymbol{x}) + b = \sum_{n=1}^{N} \lambda_n y_n \kappa(\boldsymbol{x}_n, \boldsymbol{x}) + b \tag{3-47}$$

这里的函数 $\kappa(\boldsymbol{x}_n, \boldsymbol{x})$ 就是核函数。式（3-47）显示出模型最优解可通过训练样本的核函数展开，这一展式亦称支持向量展式（support vector expansion）。

根据之前的内容，我们认识到映射后的样本在特征空间中是否线性可分对 SVM 的性能至关重要。正确的核函数选择对于确保这一可分性至关重要，它直接影响 SVM 的效率和准确性。尽管我们尚不清楚哪种核函数能确切保证特征空间的线性可分性，但核函数的选择无疑是影响 SVM 性能的关键因素。如果所选的核函数不恰当，可能会导致样本被映射到一个不适宜的特征空间，最终影响 SVM 的性能。为了提供一些参考，表 3-1 展示了一些广泛使用的核函数类型。

表 3-1　常用核函数

名称	表达式	参数
线性核	$\kappa(\boldsymbol{x}_i, \boldsymbol{x}_j) = \boldsymbol{x}_i^{\mathrm{T}} \boldsymbol{x}_j$	
多项式核	$\kappa(\boldsymbol{x}_i, \boldsymbol{x}_j) = (\boldsymbol{x}_i^{\mathrm{T}} \boldsymbol{x}_j)^d$	$d \geq 1$ 为多项式的次数
高斯核	$\kappa(\boldsymbol{x}_i, \boldsymbol{x}_j) = \exp\left(-\dfrac{\|\boldsymbol{x}_i - \boldsymbol{x}_j\|^2}{2\sigma^2} \right)$	$\sigma > 0$ 为高斯核的带宽

续表

名称	表达式	参数
拉普拉斯核	$\kappa(\boldsymbol{x}_i, \boldsymbol{x}_j) = \exp\left(-\dfrac{\|x_i - x_j\|}{\sigma}\right)$	$\sigma > 0$
Sigmoid核	$\kappa(\boldsymbol{x}_i, \boldsymbol{x}_j) = \tanh(\beta \boldsymbol{x}_i^{\mathrm{T}} \boldsymbol{x}_j + \theta)$	$\tanh$ 为双曲正切函数，$\beta > 0, \theta < 0$

此外，还可通过函数组合得到，例如：

① 若 κ_1 和 κ_2 为核函数，则对于任意正数 γ_1 和 γ_2，其线性组合 $\gamma_1\kappa_1 + \gamma_2\kappa_2$ 也是核函数；

② 若 κ_1 和 κ_2 为核函数，则核函数的直积 $\kappa_1 \otimes \kappa_2(\boldsymbol{x}, z) = \kappa_1(\boldsymbol{x}, z)\kappa_2(\boldsymbol{x}, z)$ 也是核函数；

③ 若 κ_1 为核函数，则对于任意函数 $g(\boldsymbol{x})$，$\kappa(\boldsymbol{x}, z) = g(\boldsymbol{x})\kappa_1(\boldsymbol{x}, z)g(z)$ 也是核函数。

3.4.7　软间隔与正则化

在理想化的条件下，我们期望训练数据能够在其所在的空间内通过单一的超平面被彻底分割，实现类别的清晰划分。但在现实应用中，寻找一个合适的核函数来确保数据在映射后的特征空间中保持线性可分性是一项极具挑战性的任务。即便我们能够找到一个使得训练数据线性可分的核函数，我们仍然面临着如何评估模型是否存在过拟合风险的问题。

为了缓解这一挑战，SVM 采用了一种容错机制，即通过引入软间隔（soft margin）的概念来允许模型在一定程度上接受分类误差。这种方法旨在平衡模型的精确度与对新数据的适应能力，如图 3-9 所示。

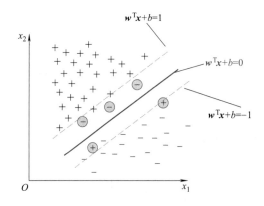

图 3-9　软间隔示意图（蓝色圈出了一些不满足约束 $y_n(\boldsymbol{w}^{\mathrm{T}}\boldsymbol{x}_n + b) \geqslant 1$ 的样本）

之前介绍的 SVM 是要求所有样本均须分割正确，这称为硬间隔（hard margin），而软间隔则是允许某些样本不满足 $y_n(\boldsymbol{w}^{\mathrm{T}}\boldsymbol{x}_n + b) \geqslant 1$ 约束。当然，不满足约束的样本应尽可能少。因此，优化目标可写为：

$$\min_{\boldsymbol{w}, b} \frac{1}{2}\|\boldsymbol{w}\|^2 + C\sum_{n=1}^{N} l_{0/1}\left(y_n\left(\boldsymbol{w}^{\mathrm{T}}\boldsymbol{x}_n + b\right) - 1\right) \tag{3-48}$$

其中参数 $C > 0$ 是一个常数，用来控制间隔和松弛变量惩罚的平衡，$l_{0/1}$ 是 0/1 损失函数：

$$l_{0/1}(z) = \begin{cases} 1, & \text{if } z < 0 \\ 0, & \text{otherwise} \end{cases} \qquad z = y_n\left(\boldsymbol{w}^\mathrm{T}\boldsymbol{x}_n + b\right) - 1 \tag{3-49}$$

显然，当 C 为无穷大时，式（3-48）使所有样本均满足约束 $y_n(\boldsymbol{w}^\mathrm{T}\boldsymbol{x}_n + b) \geq 1$；当 C 取有限值时，式（3-48）允许一些样本不满足约束。

然而，$l_{0/1}$ 存在非凸、非连续的特性，数学性质不友好，使得式（3-48）不易直接求解。因此，人们通常用其他一些函数来代替 $l_{0/1}$，称为替代损失（surrogate loss）。替代损失函数一般具有较好的数学性质，如它们通常是凸的、连续函数且是 $l_{0/1}$ 的上界。图 3-10 给出了三种常用的替代损失函数：

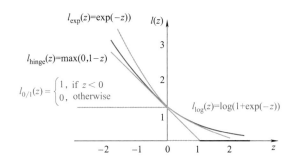

图 3-10　三种常见的替代损失函数：hinge 损失、指数损失、对率损失

hinge 损失：$l_{\text{hinge}}(z) = \max(0, 1-z)$；

指数损失（exponential loss）：$l_{\exp}(z) = \exp(-z)$；

对数损失（logistic loss）：$l_{\log}(z) = \log(1 + \exp(-z))$。

若采用 hinge 损失，则式（3-48）变成：

$$\min_{\boldsymbol{w},b} \frac{1}{2}\|\boldsymbol{w}\|^2 + C\sum_{n=1}^{N}\max\left(0, 1 - y_n\left(\boldsymbol{w}^\mathrm{T}\boldsymbol{x}_n + b\right)\right) \tag{3-50}$$

为了考虑不满足约束 $y_n\left(\boldsymbol{w}^\mathrm{T}\boldsymbol{x}_n + b\right) \geq 1$ 的程度，需引入松弛变量（slack variables）$\xi_n \geq 0$，使函数间隔加上松弛变量大于等于 1。此时，约束条件变为：$y_n\left(\boldsymbol{w}^\mathrm{T}\boldsymbol{x}_n + b\right) \geq 1 - \xi_n$。将式（3-50）改为：

$$\min_{\boldsymbol{w},b,\xi_n} \frac{1}{2}\|\boldsymbol{w}\|^2 + C\sum_{n=1}^{N}\xi_n \tag{3-51}$$

同理，求解如下凸二次规划问题：

$$\min_{\boldsymbol{w},b,\xi_n} \frac{1}{2}\|\boldsymbol{w}\|^2 + C\sum_{n=1}^{N}\xi_n$$

$$\text{s.t.} \; y_n\left(\boldsymbol{w}^\mathrm{T}\boldsymbol{x}_n + b\right) \geq 1 - \xi_n, \; \xi_n \geq 0 \qquad n = 1, 2, \ldots, N$$

上式为软间隔支持向量机。

显然，式（3-51）中每个样本都有一个对应的松弛变量 ξ_n，用以表征该样本不满足约束 $y_n\left(\boldsymbol{w}^\mathrm{T}\boldsymbol{x}_n + b\right) \geq 1$ 的程度。该问题仍是一个二次规划问题，因此，可通过拉格朗日乘子法得到式（3-51）的拉格朗日函数：

$$L\left(\boldsymbol{w},b,\lambda,\xi,\mu\right)=\frac{1}{2}\|\boldsymbol{w}\|^2+C\sum_{n=1}^N\xi_n+\sum_{n=1}^N\lambda_n\left(1-\xi_n-y_n\left(\boldsymbol{w}^T\boldsymbol{x}_n+b\right)-\sum_{n=1}^N\mu_n\xi_n\right) \quad (3\text{-}52)$$

其中 $\lambda_n\geqslant0$ ， $\mu_n\geqslant0$ 是拉格朗日乘子。

令 $L\left(\boldsymbol{w},b,\lambda,\xi,\mu\right)$ 对 $\boldsymbol{w},b,\xi_n$ 的偏导为零可得：

$$\boldsymbol{w}=\sum_{n=1}^N\lambda_ny_n\boldsymbol{x}_n \quad (3\text{-}53)$$

$$0=\sum_{n=1}^N\lambda_ny_n \quad (3\text{-}54)$$

$$C=\lambda_n+\mu_n \quad (3\text{-}55)$$

将式（3-53）～式（3-55）代入式（3-52）即可得到式（3-51）的对偶问题：

$$\max_\lambda\sum_{n=1}^N\lambda_n-\frac{1}{2}\sum_{n=1}^N\sum_{m=1}^N\lambda_n\lambda_my_ny_m\boldsymbol{x}_n^T\boldsymbol{x}_m \quad (3\text{-}56)$$

$$\text{s.t.}\sum_{n=1}^N\lambda_ny_n=0 ， 0\leqslant\lambda_n\leqslant C ， n=1,2,...,N$$

将式（3-56）与硬间隔下的对偶问题式（3-43）对比可看出，两者唯一的差别就在于对偶变量的约束不同：前者是 $0\leqslant\lambda_n\leqslant C$ ，后者是 $0\leqslant\lambda_n$ 。因此，通过算法求解，在引入核函数后能得到与式（3-47）相同的支持向量展式。

对于软间隔支持向量机，KKT 条件要求：

$$\begin{cases} \lambda_n\geqslant0,\mu_n\geqslant0 \\ y_nf\left(\boldsymbol{x}_n\right)-1+\xi_n\geqslant0 \\ \lambda_n(y_nf\left(\boldsymbol{x}_n\right)-1+\xi_n)=0 \\ \xi_n\geqslant0,\mu_n\xi_n=0 \end{cases}$$

因此，对任意训练样本 $(\boldsymbol{x}_n,y_n)$ ，总有 $\lambda_n=0$ 或 $y_nf\left(\boldsymbol{x}_n\right)=1-\xi_n$ 。若 $\lambda_n=0$ ，则样本不会对 $f(\boldsymbol{x})$ 有任何影响；若 $\lambda_n>0$ ，则必有 $y_nf\left(\boldsymbol{x}_n\right)=1-\xi_n$ ，即该样本是支持向量；由式（3-55）可知，若 $\lambda_n<C$ ，则 $\mu_n>0$ ，进而有 $\xi_n=0$ ，即该样本恰在最大间隔边界上；若 $\lambda_n=C$ ，则 $\mu_n=0$ ，此时若 $\xi_n\leqslant1$ ，则该样本落在最大间隔内部，若 $\xi_n>1$ ，则该样本被错误分类。由此可看出，软间隔 SVM 的最终模型仅与支持向量有关，即通过采用 hinge 损失函数仍保持了稀疏性。

考虑采用不同的损失函数，例如对率损失函数 $l_{\log}$ ，可以替代式（3-48）中的 0/1 损失函数，进而构建出对率回归模型。SVM 和对率回归在优化目标上具有相似性，并且在许多情况下它们的性能表现也相近。对率回归的一个显著优势是其预测结果具有概率解释性，能够同时提供预测类别和相应的概率估计，而 SVM 的预测结果本身并不包含概率信息，需要额外的步骤来获得概率输出。此外，对率回归模型能够直接应用于多类别的分类问题。从图 3-10 中可以看出，hinge 损失函数在一定条件下具有零梯度的平坦区域，这导致了 SVM 解的稀疏性。与此相对，对率损失函数是一个连续且单调递减的平滑函数，它不具备产生支持向量的条件。因此，对率回归模型的求解会更多地依赖于整个训练集，这可能导致在进行预测时计算成本较高。

式（3-48）中的 0/1 损失函数还可以换成别的替代损失函数以得到其它学习模型，这些模型的性质与所用的替代函数直接相关，但它们具有一个共性：优化目标中的第一项用来描述分割超平面的"间隔"大小，另一项 $\sum_{n=1}^{N} l(f(\boldsymbol{x}_n), y_n)$ 用来表述训练集上的误差，一般形式为：

$$\min_{f} \Omega(f) + C \sum_{n=1}^{N} l(f(\boldsymbol{x}_n), y_n) \tag{3-57}$$

其中 $\Omega(f)$ 称为结构风险（structural risk），用于描述模型 f 的某些性质；第二项 $\sum_{n=1}^{N} l(f(\boldsymbol{x}_n), y_n)$ 称为经验风险（empirical risk），用于描述模型与训练数据的契合程度；C 用于对二者进行折中。考虑经验风险最小化，函数 $\Omega(f)$ 反映了模型的特定属性，例如倾向于选择复杂度较低的模型，这为整合特定领域的知识及用户的具体需求提供了可能性。同时，这种方法有助于缩小模型的搜索空间，减少在最小化训练集误差时可能导致的过拟合问题。因此，我们可以将式（3-57）理解为一种正则化（regularization）策略，其中 $\Omega(f)$ 作为正则化项，而 C 则作为控制正则化强度的常数。在正则化策略中，l_p 范数（norm）是一种常见的选择，其中 l_2 范数 $\|\boldsymbol{w}\|_2$ 促进了权重向量 $\boldsymbol{w}$ 的各个分量之间保持一种均衡的分布，意味着权重向量中的非零元素数量趋于较多。相对地，l_0 范数 $\|\boldsymbol{w}\|_0$ 和 l_1 范数 $\|\boldsymbol{w}\|_1$ 则鼓励产生一个稀疏的权重向量 $\boldsymbol{w}$，即尽量减少非零分量的数量，从而增强模型的可解释性和泛化能力。

3.4.8 支持向量机的优缺点

各种分类技术都有其特定的优势与局限性，对于 SVM，其优势可以概括为以下几点：

① SVM 采用的凸优化策略确保了模型能够找到全局最优解，避免了局部最小值的问题。

② 通过核技巧，SVM 能够灵活地处理线性可分以及非线性可分的数据。

③ SVM 在处理低维和高维数据时均表现出色，特别是在高维空间中，其性能主要取决于支持向量的数量而非数据的维度。这意味着即使移除部分训练样本，SVM 仍能保持其最优解。

④ SVM 适用于小规模数据集，因为它的模型复杂度与训练样本的总数无关。

然而，SVM 也存在一些局限性：

① 对于大规模数据集，SVM 的训练过程可能较为耗时，且计算成本较高。

② 当数据集中存在大量噪声或类别之间界限不明显时，SVM 的训练效率可能会降低。

3.4.9 算例

在这里我们将用一个算例来展示 SVM 的建模过程，语言选择 Python，模块选择 sklearn，所用的算例为 sklearn 官网算例：非线性 SVM—scikit-learn 1.0.1 文档（https://scikit-learn.org/stable/auto_examples/svm/plot_svm_nonlinear.html#sphx-glr-auto-examples-svm-plot-svm-nonlinear-py）。

① 问题描述：本研究旨在探索如何利用 SVM 构建一个非线性模型，以识别一组位于

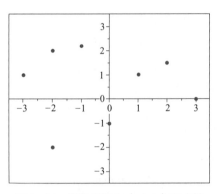

图 3-11 横纵坐标在（-3,3）以内的
数据点分布示例图

（-3,3）区间内的点集是否属于第二或第四象限。这些点的分布情况可通过图 3-11 获得直观展示。

② 数据来源：本算例采用 300 个随机生成的二维样本构建训练集，其中样本的坐标值位于（-3, 3）区间内。训练集的输出基于样本点的异或逻辑关系进行标记。为了评估模型的泛化能力，我们在相同的坐标区间内以均匀间隔划分了 500 个刻度点，进而生成了 250000 个点构成的测试集，这些点同样用于判断其异或关系。

③ 模型架构与参数细节：这里使用 sklearn.svm.NuSVC 搭建支持向量机网络模型，其参数如下所示。

{'break_ties': False,

'cache_size': 200,

'class_weight': None,

'coef0': 0.0,

'decision_function_shape': 'ovr',

'degree': 3,

'gamma': 'auto',

'kernel': 'rbf',

'max_iter': -1,

'nu': 0.5,

'probability': False,

'random_state': None,

'shrinking': True,

'tol': 0.001,

'verbose': False}

官网解释支持向量机参数如表 3-2 所示。

表 3-2 支持向量机参数解释

参数	说明
nu	浮点数，默认 =0.5 边界误差分数的上限(参见用户指南)和支持向量分数的下限。区间限定在(0,1)内。
kernel	{'linear', 'poly', 'rbf', 'sigmoid', 'precomputed'}，默认 ='rbf' 指定算法中使用的内核类型。它必须是 "linear" "poly" "rbf" "sigmoid" "precomputed" 或者 "callable" 中的一个。如果没有给出，将默认使用 "rbf"。如果给定了一个可调用函数，则用它来预先计算核矩阵。
degree	整数型，默认 =3 多项式核函数的次数 ('poly')。将会被其他内核忽略。

续表

参数	说明
gamma	浮点数或者 {'scale', 'auto'} , 默认 ='scale' 核系数包含 'rbf', 'poly' 和 'sigmoid' 如果 gamma='scale'(默认), 则它使用 1 / (n_features * X.var()) 作为 gamma 的值, 如果是 auto, 则使用 1 / n_features。 在 0.22 版本有改动: 默认的 gamma 从 "auto" 改为 "scale"。
coef0	浮点数, 默认 =0.0 核函数中的独立项。它只在 ' poly ' 和 ' sigmoid ' 中有意义。
shrinking	布尔值, 默认 =True 是否使用缩小启发式, 参见使用指南
probability	布尔值, 默认 =False 是否启用概率估计。必须在调用 fit 之前启用此参数, 因为该方法内部使用 5 折交叉验证, 因此会减慢该方法的速度, 并且 predict_proba 可能与 dict 不一致。
tol	浮点数, 默认 =1e-3 残差收敛条件。
cache_size	浮点数, 默认 =200 指定内核缓存的大小(以 MB 为单位)。
class_weight	{dict, 'balanced' }, 默认 =None 在 SVC 中, 将类 i 的参数 C 设置为 class_weight [i] * C。如果没有给出值, 则所有类都将设置为单位权重。"balanced" 模式使用 y 的值自动将权重与类频率成反比地调整为 n_samples / (n_classes * np.bincount(y))
verbose	布尔值, 默认 =False 是否启用详细输出。请注意, 此参数针对 liblinear 中运行每个进程时设置, 如果启用, 则可能无法在多线程上下文中正常工作。
max_iter	整数型, 默认 =-1 对求解器内的迭代进行硬性限制, 或者为 -1(无限制时)。 {'ovo', 'ovr'}, 默认 ='ovr' 是否要将返回形状为 (n_samples, n_classes) 的 one-vs-rest ('ovr') 决策函数应用于其他所有分类器, 而在多类别划分中始终使用 one-vs-one ('ovo'), 对于二进制分类, 将忽略该参数。
decision_function_ shape	在版本 0.19 中进行了更改: 默认情况下 Decision_function_shape 为 ovr。 0.17 版中的新功能: 推荐使用 Decision_function_shape ='ovr'。 在 0.17 版中进行了更改: 不建议使用 Decision_function_shape ='ovo' 和 None。
break_ties	如果为 true, decision_function_shape ='ovr', 并且类数 > 2, 则预测将根据 Decision_function 的置信度值打破平局; 否则, 返回绑定类中的第一类。请注意, 与简单的预测相比, 打破平局的计算成本较高。 这是 0.22 版中的新功能。
random_state	整数型或 RandomState 的实例, 默认 =None 控制用于数据抽取时的伪随机数生成。当 probability 为 False 时将忽略该参数。在多个函数调用之间传递可重复输出的整数值。请参阅词汇表。

④ 计算结果: SVM 分类结果能在一定程度上清晰分割, 如图 3-12 所示。

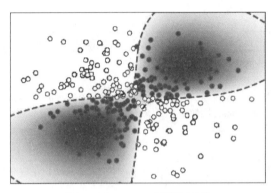

图 3-12   SVM 分割结果图

3.5   人工神经网络

3.5.1   人工神经网络概述

神经网络模型汲取了生物学和神经科学的灵感，通过模拟生物大脑的神经网络机制，构建了由一系列人工神经元构成的复杂网络架构。这些人工神经元遵循特定的拓扑结构相互连接，形成了一个旨在仿效人脑神经网络功能的数学框架。在这一框架中，节点间的连接权重被精心设计，以量化它们相互之间的影响力。信息的流动受到这些权重的调控，并最终通过激活函数的处理，转化为新的数据输出。这使得神经网络能够有效地捕捉并拟合数据间的复杂关系。

尽管构建人工神经网络的初步框架相对简单，但赋予其强大的学习能力却是一项挑战。早期的神经网络模型，如赫布网络，尽管引入了基于赫布规则的无监督学习机制，但其学习能力有限。感知器作为早期的机器学习模型，尽管具有开创性，却未能实现向多层网络的扩展。直至 20 世纪 80 年代，反向传播算法的诞生为多层神经网络的学习问题提供了有效的解决方案，至今仍然是该领域的主导算法。

人工神经网络目前也广泛应用于化工领域，不仅能够预测分子的物理化学性质，如熔点、沸点、闪点、活度系数、溶剂化自由能和溶解度系数等，还能利用其卓越的非线性拟合能力，揭示分子结构与性质之间的复杂关系。相比于传统的理论或半经验模型，人工神经网络方法可作为一种新的可选方法，实现对分子性质的高通量和精确预测。此外，在化工行业的其他方面，如第一性原理的计算、流体力学的模拟以及整个化工过程的仿真，人工神经网络同样展现出其强大的非线性处理能力和高效率的数据处理速度。这些优势使得它们在智能化工系统的构建中扮演着关键角色，极大地推动了化工行业向自动化和智能化的转型。

本节将专注于讨论人工神经网络在数据拟合方面的强大能力。作为一种高效的映射工具，神经网络能够将输入数据与输出数据之间的线性或非线性关系紧密相连。从理论上讲，通过合理设计多层神经网络结构，并搭配使用非线性激活函数，可以实现对任何函数的近似，这为解决各种复杂问题提供了强大的数学基础。

3.5.2 神经元

人工神经元（artificial neuron），或简称为神经元（neuron），是构成神经网络的基础元素。它们模仿了生物神经元的工作方式，能够接收多个输入信号，经过内部处理后，产生一个输出信号。在自然界中，神经元通过突触相互连接，形成复杂的网络。当一个神经元变得活跃时，它会释放神经递质，这些物质能够传递到相邻的神经元，影响它们的电位状态。如果某个神经元的电位累积到一定程度，超过了特定的阈值（threshold），它就会变得兴奋，并开始向其他神经元发送信号。

在 1943 年，心理学家 McCulloch 和数学家 Pitts 基于生物神经元的结构特征，提出了一种基础且影响深远的神经元模型，即著名的 McCulloch-Pitts 神经元模型（简称 M-P 模型）。这一模型至今仍然是神经网络设计的核心。M-P 模型中的神经元能够接收来自其他 n 个神经元的输入信号，并通过各自权重进行加权处理。随后，这些加权后的输入信号与神经元的阈值进行比较，决定是否触发激活。激活函数在此过程中扮演着关键角色，它将输入信号转换为输出信号，并传递给网络中的其他神经元。

现代神经网络中的神经元结构与 M-P 模型相似，但激活函数的选择有所不同。在 M-P 模型中，激活函数是一个简单的阶跃函数，其输出仅为 0 或 1，分别代表神经元的抑制和兴奋状态。然而，由于阶跃函数在数学上具有不连续性，这限制了其在某些应用中的适用性。因此，现代神经网络倾向于使用连续且可导的激活函数，以便于优化算法的实施和网络性能的提升。

假设一个神经元接收 N 个输入 $x_1, x_1, \cdots, x_N$，令向量 $\boldsymbol{x} = [x_1, x_1, \cdots, x_N]$ 表示这组输入，净输入 $y \in \boldsymbol{R}$ 表示一个神经元所获得的输入信号 $\boldsymbol{x}$ 的加权之和再加上偏置。

$$y = \sum_{i=1}^{N} w_i x_i + b = \boldsymbol{w}^{\mathrm{T}} \boldsymbol{x} + b \tag{3-58}$$

其中 $\boldsymbol{w} = [w_1, w_2, \cdots, w_N] \in \boldsymbol{R}^N$ 是 N 维的权重向量，$b \in \boldsymbol{R}$ 是偏置。净输入 y 在经过一个非线性函数 f 后，得到神经元的活性值（activation）a。

$$a = f(y) \tag{3-59}$$

其中非线性函数 f 称为激活函数。激活函数在神经网络中扮演着至关重要的角色，它不仅能够引入非线性特性，还能显著提升网络的学习和泛化能力。一个理想的激活函数应满足以下条件。

① 连续且可导（允许少数点上不可导）的非线性函数。可导的激活函数可通过数值优化的方法来调整网络参数。

② 激活函数及其导函数尽可能简单，这有利于提高网络训练效率。

③ 激活函数的导函数值域的区间不能太大也不能太小，这有利于网络训练的效率和稳定性。

在实践中，sigmoid 函数因其独特的 S 形曲线特性而被广泛用作激活函数。sigmoid 函数是一种两端饱和的函数，能够将输入值压缩映射到（0,1）的输出范围内。logistic 函数和双曲正切函数（tanh）是两种常见的 sigmoid 型函数。如图 3-13（b）所示，典型的 sigmoid

函数能够将输入值 x 的广泛变化范围压缩到一个相对狭窄的输出区间内。

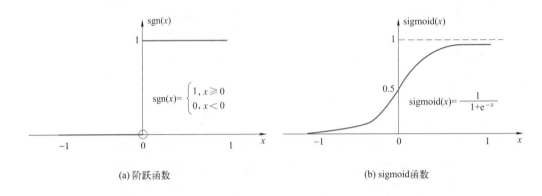

(a) 阶跃函数   (b) sigmoid函数

图 3-13　典型的神经元激活函数

3.5.3　神经网络结构

神经网络的多样性体现在其结构上，目前流行的神经网络结构主要有以下三种。

（1）前馈网络

前馈网络中，神经元根据接收信息的顺序被组织成不同的层。每个层可以视为一个神经层，其中当前层的神经元接收来自前一层的输出，并将其传递给下一层。信息在网络中单向流动，可以用有向无环图来表示。前馈网络的类型包括全连接神经网络和卷积神经网络等。这种模型可以视为一个复合的复杂函数，通过多次应用简单非线性函数来实现从输入空间到输出空间的映射。前馈网络结构简单，易于实现。

（2）记忆网络

与前馈网络不同，记忆网络中的神经元不仅能够接收来自其他层的信号，还能访问本层的历史信息。这种网络的神经元具备记忆功能，信息传播可以是单向的也可以是双向的，可以用有向循环图或无向图来表示。记忆网络的实例包括玻尔兹曼机和循环神经网络等。

（3）图网络

尽管前馈网络和记忆网络能够处理以向量或向量序列形式呈现的输入数据，它们在处理实际世界中常见的图结构数据时面临挑战。不同于前馈和记忆网络，图网络专门处理以图结构呈现的数据，如分子结构、社交网络和知识图谱等。在图网络中，每个节点代表一个或一组神经元，节点之间的连接可能是无向的或有向的，允许节点接收来自其邻居或自身的信息。这种网络结构是对前馈和记忆网络的重要扩展，提供了多种实现方式，例如图注意力网络（graph attention network, GAT）、图卷积网络（graph convolutional network, GCN）和消息传递神经网络（message passing neural network, MPNN）等。

图 3-14 展示了前馈网络、记忆网络和图网络的网络结构示例图，其中方形节点表示一组神经元，圆形节点表示一个神经元。

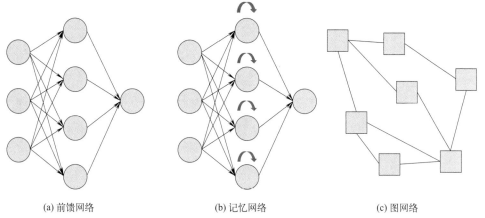

(a) 前馈网络　　　　　　(b) 记忆网络　　　　　　(c) 图网络

图 3-14　前馈网络、记忆网络和图网络的网络结构示例图

3.5.4　感知机与多层网络 / 多层前馈神经网络

感知机（perceptron）由两层神经元组成，如图 3-15 所示，输入层接收外界输入信号后传递给输出层，输出层是 M-P 神经元。

感知机可实现逻辑与、或、非运算。注意到 $y=f(\sum_{i=1}^{N}w_ix_i+b)$，假定 f 是图 3-13 中的阶跃函数，则有：

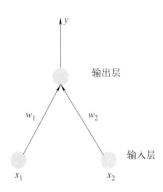

图 3-15　两个输入神经元的感知机网络结构示意图

- "与"（$x_1 \wedge x_2$）　令 $w_1=w_2=1$，$b=-2$，则 $y=f(1\times x_1+1\times x_2-2)$，仅在 $x_1=x_2=1$ 时，$y=1$；
- "或"（$x_1 \vee x_2$）　令 $w_1=w_2=1$，$b=-0.5$，则 $y=f(1\times x_1+1\times x_2-0.5)$，当 $x_1=1$ 或 $x_2=1$ 时，$y=1$；
- "非"（$\neg x_1$）　令 $w_1=-0.6$，$w_2=0$，$b=0.5$，则 $y=f(-0.6\times x_1+0\times x_2+0.5)$，当 $x_1=1$ 时，$y=0$；当 $x_1=0$ 时，$y=1$。

在一般情况下感知机可以拟合数据，例如给定训练数据集，权重 $w_i(i=1,2,\cdots,N)$ 以及阈值 b 可通过学习得到。感知机学习规则非常简单，对训练样例 (x,y)，若当前感知机的输出为 $\hat{y}$，则感知机权重将作以下调整：

$$w_i \leftarrow w_i + \Delta w_i \tag{3-60}$$

$$\Delta w_i = \eta(y-\hat{y})w_i \tag{3-61}$$

其中 $\eta \in (0,1)$ 称为学习率（learning rate）。从式（3-61）可看出，若感知机对训练样例 (x,y) 预测正确，即 $\hat{y}=y$，则感知机不发生变化，否则将根据误差大小进行权重调整。

感知机的学习能力在很大程度上取决于其输出层神经元所采用的激活函数。一些基本的逻辑操作，如"与"、"或"、"非"，它们都是线性可分的，这意味着可以通过一个线性超平面将不同类别的样本清晰地区分开来。如图 3-16（a）～（c）所示，如果样本数据满足线性可分的条件，感知机的学习算法将能够稳定地收敛，并最终确定一个合适的权重向量 $w=[w_1;w_2;\cdots;w_N]$。然而，对于非线性可分的问题，如图 3-16（d）所示的"异或"问题，感知机将难以找到一个稳定的解，其学习过程可能会出现振荡，无法收敛到一个合适的权重向量。

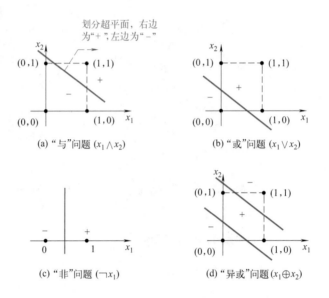

图 3-16   线性可分的"与""或""非"问题与非线性可分的"异或"问题

为了处理非线性可分问题，我们需引入多层神经网络结构，其中包含带有激活函数的神经元。例如，在图 3-17 中展示的两层感知机模型能够有效解决"异或"问题。在图 3-17（a）中，位于输入层和输出层之间的那一层被称为隐层或隐藏层（hidden layer）。这一层的神经元，连同输出层的神经元，都配备了激活函数，这些激活函数赋予了网络处理复杂问题的能力。

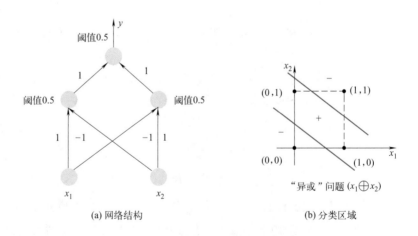

图 3-17   能解决异或问题的两层感知机

感知机作为神经网络的一种特定形式，其结构随着隐含层与神经元数量的增加而变得更加复杂。如图 3-18 所示，神经网络的一般化结构中，每一层的神经元都与下一层的神经元全面相连，但不存在同层或跨层的连接。这种结构的神经网络被称为多层前馈神经网络（multi-layer feedforward neural networks）。在这种网络中，输入层的神经元负责接收外部输入信号，而隐含层和输出层的神经元则对这些信号进行进一步的处理。最终，输出层的神经元将处理后的结果输出。值得注意的是，输入层的神经元仅承担接收信号的任务，并不进行任何形式的函数处理。相反，隐含层和输出层的神经元则包含了带有激活函数的复杂处理单元。图 3-18（a）展示了一个典型的"单隐含层前馈网络"，它仅包含一个隐含层，但即便如此，它也属于多层网络的范畴。神经网络的学习过程本质上是通过训练数据来优化神经元间的权重和每层神经元的阈值，以实现更好的信号处理和结果输出。

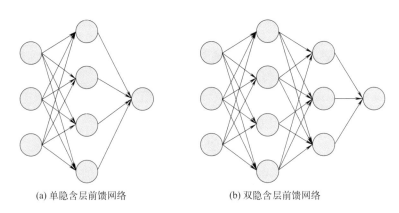

(a) 单隐含层前馈网络   (b) 双隐含层前馈网络

图 3-18   **多层前馈神经网络结构示意图**

3.5.5 误差反向传播算法

多层网络相较于单层感知机，在学习能力上具有显著的优势。在训练多层网络时，仅依赖于式（3-96）所描述的简单感知机学习规则是远远不够的，我们需要更为先进的学习算法。误差反向传播算法（back propagation, 简称 BP）是目前应用最成功和广泛的神经网络学习算法之一。目前，大多数神经网络的训练都依赖于 BP 算法。并且 BP 算法适用范围很广，除了多层前馈神经网络，同样可以应用于递归神经网络等其他类型神经网络的训练。但 BP 网络这个名词通常被认为是通过 BP 算法训练的多层前馈神经网络。

让我们通过一个具体的例子来了解 BP 网络的结构和工作原理。假设我们有一个训练集 $M = \{(\boldsymbol{x}_1, y_1), (\boldsymbol{x}_2, y_2),...,(\boldsymbol{x}_m, y_m)\}$，$\boldsymbol{x}_m \in R^d$，$y_m \in R^l$，其中输入描述符存在 d 个特征，输出值为实数值。图 3-19 展示了这样一个网络结构，它包括 d 个输入神经元、l 个输出神经元以及 q 个隐含层神经元。在这个结构中，输出层神经元的阈值用 b_y 表示，而隐含层神经元的阈值用 b_b 表示。输入层第 i 个神经元与隐含层第 h 个神经元之间的连接权重为 v_{ih}，隐含层第 h 个神经元与输出层第 j 个神经元之间的连接权重为 w_{hj}。记隐含层第 h 个神经元输出为 $b_h = f(\sum_{i=1}^{d} v_{ih} x_i + b_b)$，输出层第 j 个神经元输出为 $y_j = f(\sum_{h=1}^{q} w_{hj} b_h + b_y)$，我们假设激活函数是图 3-13（b）中所示的 Sigmoid 函数，它在隐含层和输出层的神经元中都有应用。

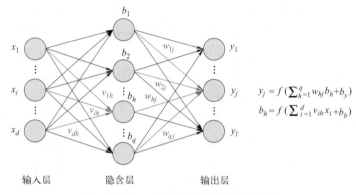

$$y_j = f\left(\sum_{h=1}^{q} w_{hj} b_h + b_y\right)$$
$$b_h = f\left(\sum_{i=1}^{d} v_{ih} x_i + b_b\right)$$

图 3-19　BP 网络及算法中的变量符号

对训练例 (x_k, y_k)，假定神经网络的输出为 $\hat{y}_k = (\hat{y}_1, \hat{y}_2, \ldots, \hat{y}_l)$，则：

$$\hat{y}_j^k = y_j \tag{3-62}$$

则网络在 (x_k, y_k) 上的均方误差为：

$$E_k = \frac{1}{l} \sum_{j=1}^{l} \left(\hat{y}_j^k - y_j^k\right)^2 \tag{3-63}$$

在图 3-19 所示的网络结构中，需要确定的参数总数为 $(d+l+1) \times q+l$，这包括了从输入层到隐含层的 $d \times q$ 个权重、从隐含层到输出层的 $q \times l$ 个权重，以及隐含层中的 q 个神经元和输出层中的 l 个神经元的阈值。BP 算法是一种迭代的学习方法，它在每一轮迭代中使用一种基于感知机学习规则的广义形式来更新这些参数的估计值。参数更新的计算方式与公式（3-60）相似，对于任意参数 v，其更新估计可以表示为：

$$v \leftarrow v + \Delta v \tag{3-64}$$

注意，BP 算法的目标是最小化训练集上的累积误差：

$$E = \frac{1}{m} \sum_{k=1}^{m} E_k \tag{3-65}$$

上文中所提到的标准 BP 算法是一种逐样本更新权重和阈值的方法。对于每个训练样例，算法都会计算误差并立即更新网络参数，这种方法虽然响应迅速，但存在一些局限性。由于每次更新都是基于单个样例，这可能导致参数更新频繁且可能相互抵消，从而延长了达到累积误差最小点所需的迭代次数。为了解决这个问题，累积 BP 算法应运而生。它基于累积误差的概念，即在处理整个训练集后才进行一次参数更新。这种方法减少了更新频率，但每次更新都是基于所有样例的综合考虑，从而可能更有效地推动网络向全局最小误差点收敛。然而，累积 BP 算法在误差下降到一定程度后，可能会遇到下降速度变慢的问题。在这种情况下，标准 BP 算法由于其频繁的更新，可能更容易找到更好的局部最小解。因此，两种算法各有优势，选择哪一种取决于具体的应用场景和训练数据的特性。

Hornik 等人的研究表明，一个多层前馈神经网络，只要其隐含层中包含足够数量的神经元，就能够以极高的精确度逼近任何复杂度的连续函数。这一理论为神经网络的建模能力提供了坚实的基础，但同时也带来了一个实际应用中的挑战：如何确定隐含层中所需的神经元数量。在实际应用中，由于缺乏一个明确的指导原则来确定神经元的最佳数量，工程师和研究人员通常采用一种经验性的调整方法，即试错法。这种方法涉及对不同数量的神经元进行实验，观察网络性能的变化，并据此调整神经元的数量，以期达到最优的模型性能。

BP神经网络以其强大的数据拟合能力著称，但它们也容易遇到过拟合的问题。过拟合是指模型在训练样本上表现出色，但在面对新的测试数据时，其预测性能却显著下降。这种现象反映了神经网络在泛化或外推能力上的不足。为应对BP网络的过拟合问题，目前主要有以下两种策略。

① 早停（early stopping）　这种方法涉及将数据集分为训练集和验证集两部分。训练集用于计算梯度并更新网络的连接权重和阈值，而验证集则用于评估模型对新数据的预测误差。如果在训练集上的误差持续降低，而验证集上的误差开始上升，这通常意味着模型开始过拟合。此时，应停止训练，并选择在验证集上误差最小的那组连接权重和阈值。

② 正则化（regularization）　正则化的核心是在损失函数中加入一个额外的项，用以惩罚模型的复杂度。例如，可以通过添加连接权重的平方项来实现。假设 E_k 表示第 k 个训练样本上的误差，w_i 表示连接权重，那么正则化的损失函数式（3-66）可以表示为：

$$E = \lambda \frac{1}{m} \sum_{k=1}^{m} E_k + (1-\lambda) \sum_i w_i^2 \tag{3-66}$$

其中 $\lambda \in (0,1)$ 用于折中经验误差与网络复杂度。

3.5.6　全局最小与局部极小

神经网络的训练本质上是一个参数优化问题，目标是在参数空间中寻找一组特定的参数，使得训练集上的误差 E 达到最小。这个误差函数 E 是连接权重 w 和阈值 b 的函数。在优化问题中，我们通常区分两种类型的解：局部极小（local minimum）和全局最小（global minimum）。局部极小解指的是在参数空间中，该点的误差函数值低于其邻域内所有点的函数值；而全局最小解则意味着在整个参数空间中，没有其他点的误差函数值更低。

在参数空间中，如果一个点的梯度为零，并且其误差函数值低于邻域内的其他点，那么这个点就是一个局部极小点。局部极小点可能不唯一，而全局最小点在整个参数空间中是唯一的。值得注意的是，全局最小点一定是局部最小点，但局部最小点不一定是全局最小点。例如，在图3-20中，可能存在多个局部极小点，但只有一个全局最小点。优化问题的目标是找到全局最小点，因为它代表了整个参数空间中的最优解。

梯度搜索法是解决这类参数优化问题的一种常用方法。该方法从一组初始参数开始，通过迭代过程逐步寻找最优参数。在每次迭代中，首先计算当前点的误差函数梯度，然后根据这个梯度来确定搜索方向。由于负梯度方向是函数值下降最快的方向，梯度下降法就是沿

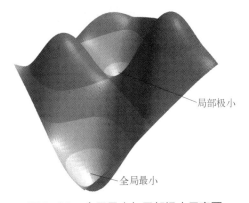

图3-20　全局最小与局部极小示意图

着这个方向进行搜索。如果当前点的梯度为零，那么可能已经达到了局部极小，此时可以停止参数的迭代更新。然而，如果误差函数存在多个局部极小点，找到的局部极小点可能并不是全局最小点，这种情况通常被称为陷入局部最优。

一般可采用以下策略来"跳出"局部极小，从而提高获得全局最优解的概率。

① 多组初始化参数值：一种有效的方法是使用不同的初始参数值来训练多个神经网络。这种方法可以看作是从多个不同的起点执行梯度搜索法。由于每个网络可能收敛到不同的局部最优解，我们可以从这些解中选择误差最小的一个作为最终的参数。这种方法增加了找到全局最优解的可能性，因为全局最优解可能隐藏在多个局部最优解之中。

② 模拟退火技术：模拟退火是一种启发式搜索算法，它通过以一定的概率接受比当前解更差的解来帮助算法跳出局部极小。这种方法的关键是在搜索过程中逐渐降低接受次优解的概率，以确保算法最终能够稳定下来。模拟退火通过这种方式增加了探索参数空间的能力，从而有助于找到全局最优解。

③ 随机梯度下降法：与标准梯度下降法不同，随机梯度下降法在计算梯度时引入了随机性。这种方法即使在局部极小点也可能计算出非零的梯度，从而提供了跳出当前局部极小并继续搜索的机会。随机性为算法提供了探索不同区域的可能性，有助于避免陷入局部最优。

3.5.7　其他常见神经网络

神经网络模型算法繁多，下面举例几种常见的网络稍作介绍。

（1）RBF 网络

径向基函数（radial basis function, RBF）网络是一种具有单隐含层的前馈神经网络，其隐含层神经元采用径向基函数作为激活函数，输出层则是隐含层输出的线性组合。假设输入是一个 d 维向量 $\boldsymbol{x}$，输出是一个实数值，那么 RBF 网络的数学表达可以表示为：

$$\varphi(\boldsymbol{x}) = \sum_{i=1}^{q} w_i \rho(\boldsymbol{x}, \boldsymbol{c}_i) \tag{3-67}$$

其中，q 为隐含层神经元个数；$\boldsymbol{c}_i$ 和 w_i 分别是第 i 个隐含层神经元所对应的中心和权重；$\rho(\boldsymbol{x}, \boldsymbol{c}_i)$ 是径向基函数，其为某种沿径向对称的标量函数，通常定义为样本 $\boldsymbol{x}$ 到数据中心 $\boldsymbol{c}_i$ 之间欧氏距离的单调函数。在众多的径向基函数中，高斯径向基函数因其简单性和有效性而广受欢迎。一个典型的高斯径向基函数可以表示为：

$$\rho(\boldsymbol{x}, \boldsymbol{c}_i) = e^{-\beta_i \|\boldsymbol{x} - \boldsymbol{c}_i\|^2} \tag{3-68}$$

通常采用两步过程来训练 RBF 网络：第一步，确定神经元中心 $\boldsymbol{c}_i$，常用的方式包括随机采样、聚类等；第二步，利用 BP 算法等来确定参数 w_i 和 β_i。

（2）ART 网络

竞争型学习是一种在神经网络领域广泛应用的无监督学习策略。在这种策略中，网络的输出层神经元通过竞争机制来决定哪一个神经元能够在任何给定时刻被激活，而其他神经元则被抑制，这种现象通常被称为"胜者通吃"原则。这种机制不仅促进了神经元之间的健康竞争，而且有助于网络快速识别和响应输入信号，从而提高了学习效率和识别精度。

自适应谐振理论（adaptive resonance theory, ART）网络是竞争型学习策略的一个典范，以其独特的结构和功能在神经网络领域中占据着重要地位。这种网络由几个关键部分组成：比较层、识别层、识别阈值以及重置模块。

当识别层接收到来自比较层的输入信号时，神经元之间会展开竞争，以确定哪个神经元能够成为获胜者。这一过程通常通过测量输入向量与识别层中每个神经元所代表的模式向量之间的距离来实现，距离最小的神经元获胜。一旦某个神经元获胜，它将向其他神经元发出信号。如果输入向量与获胜神经元的模式向量之间的相似度超过了设定的识别阈值，输入样本就会被归类到相应的类别，并且网络的权重会进行更新，以便在未来遇到相似的输入样本时，能够更有效地识别出相同的模式类别。如果相似度低于识别阈值，重置模块将被触发，在识别层中添加一个新的神经元，其模式向量初始化为当前的输入向量。识别阈值在 ART 网络中扮演着至关重要的角色。较高的识别阈值会导致网络将输入样本划分为更细致的多个类别，而较低的识别阈值则可能导致网络形成较少但更广泛的类别。这种灵活性使得 ART 网络能够适应不同的学习需求，实现对输入数据的有效分类和识别。

ART 网络在处理竞争型学习中的"可塑性 - 稳定性困境"方面表现出色。这种困境涉及到如何在保持对已学习知识的记忆（稳定性）的同时，吸收和适应新知识（可塑性）。ART 网络通过其独特的机制，允许网络在学习过程中不断调整，同时保留对之前学习内容的记忆，这一点对于增量学习或在线学习尤为重要。

最初，ART 网络设计用于处理布尔类型的输入数据。随着技术的发展，ART 网络已经扩展成为一个包含多种变体的算法家族。例如，ART 2 网络能够处理实数值的输入数据，FuzzyART 网络结合了模糊逻辑以处理更为复杂的输入，而 ARTMAP 网络则引入了监督学习的能力。这些进步显著增强了 ART 网络的适用性和灵活性，使其能够应用于更广泛的领域和更复杂的任务中。

（3）SOM 网络

自组织映射（self-organizing map，SOM）网络是一种基于竞争学习机制的无监督神经网络。它擅长将高维数据映射到低维表示空间（通常是二维平面），同时保留数据在原始高维空间中的拓扑关系。这意味着在高维空间中相互接近的样本点，在 SOM 的输出层中也会被映射到彼此邻近的神经元上。

SOM 的输出层由在二维空间中矩阵排列的神经元组成，每个神经元都关联一个权重向量。当网络接收到一个输入向量时，它将通过计算确定哪个输出层神经元的权重向量与输入向量最为接近，这个神经元即为获胜神经元，它决定了输入向量在低维映射空间中的位置。

SOM 网络的训练目标是优化每个输出层神经元的权重向量，以确保它们能够准确地反映输入数据的拓扑结构。训练过程遵循以下简单步骤：首先，对于每个训练样本，网络中的每个输出层神经元都会计算其权重向量与输入样本之间的距离。然后，距离最近的神经元被选为最佳匹配单元。接下来，最佳匹配单元及其邻近神经元的权重向量会根据输入样本进行调整，目的是减少这些权重向量与输入样本之间的距离。这个过程会不断重复，直到网络收敛。

（4）级联相关网络

级联相关（cascade-correlation）网络是一种结构自适应的神经网络，它在训练过程中不仅学习连接权重和阈值等参数，还自动调整网络的拓扑结构以更好地适应数据特性。这种网络由两个关键概念组成：级联和相关。级联描述了网络层次结构的建立过程。训练开始时，网络仅包含输入层和输出层，具有最简单的拓扑结构。随着训练的进行，新的隐含层神经元会根据需要逐步添加到网络中，形成层级化的连接结构。这些新加入的隐含层神经元的输入端权重是预先设定且固定的。相关则是指新神经元的输出与网络整体误差之间的相关性最大化过程。通过这种方式，新神经元被训练以减少整体误差。

与传统的前馈神经网络相比，级联相关网络的优势在于其能够自动确定网络的深度和宽度，无需人工设定层数或隐含层神经元的数量。这使得网络训练过程更加高效，尤其是在处理复杂数据集时。然而，这种网络在面对数据量较小的情况时，可能会遇到过拟合的问题，因为网络可能会学习到数据中的噪音而非潜在的数据分布。

（5）Elman 网络

递归神经网络（recurrent neural network，RNN）是深度学习领域的一种重要网络模型。与前馈神经网络相比，RNN 的独特之处在于其内部存在环形结构，允许神经元的输出信号在网络中循环传递。这种结构使得 RNN 能够捕捉时间序列数据中的动态特性，实现对时间相关性信息的建模。RNN 的一个关键特点是其在任意时间点 t 的输出状态不仅取决于该时刻的输入信号，还受到前一时刻 $t-1$ 的网络状态影响。这种能力使得 RNN 特别适合处理具有时间依赖性的任务，如自然语言处理、语音识别和时间序列预测等。

Elman 网络是递归神经网络的一种常见变体，它的结构与多层前馈网络相似，但具有一个关键的区别：Elman 网络的隐含层神经元在每个时间步的输出会被反馈到下一时间步，与输入层神经元的信号一起，作为隐含层在下一时间步的输入。这种反馈机制使得 Elman 网络能够记忆先前的输入信息，从而更好地处理时间序列数据。

在 3.7.1 小节中，我们采用选择 Python 语言和 keras 库，实现了通过人工神经网络预测分子表面电荷密度分布的目标，在此不再赘述。

3.6 贝叶斯神经网络

贝叶斯神经网络是一种将贝叶斯统计原理融入神经网络的模型，它为表示和推理因果关系提供了一种强有力的框架。这种网络模型的核心优势在于其能够处理不确定性，使得逻辑推理过程更加清晰和易于理解。例如，在化工产品性质预测等领域，这种网络能够考虑到预测过程中的不确定性因素，从而提供更全面的预测结果。这种对不确定性的考虑，使得贝叶斯神经网络的预测结果不仅在准确性上有所提高，而且在鲁棒性和稳定性方面也更为可靠。本节内容将深入探讨贝叶斯学派的起源，阐述贝叶斯统计的基础概念，并详细介绍贝叶斯神经网络的工作原理和关键特性。通过这些内容，读者将能够更好地理解贝叶斯神经网络如何利用概率分布来增强模型的预测能力和不确定性处理能力。

3.6.1　概率图模型概述

概率图模型（probabilistic graphical model）是一种将概率论与图论相结合的理论框架，它使用图形化的方式来表达变量之间的复杂概率依赖关系。这种模型由图灵奖得主 Pearl 开发，它能够有效地挖掘并表示数据中的隐含知识。

在概率图模型中，节点代表随机变量，边则表示这些变量之间的依赖或相关性。具体来说，观测节点代表我们可以直接观察到的数据，而隐含节点则代表那些未被直接观察到的潜在变量。边的存在形式可以是有向的或无向的，有向边表示变量之间的单向因果关系，而无向边则表示变量之间的对称性依赖关系。

概率图模型主要分为两大类：贝叶斯神经网络（Bayesian neural network）和马尔可夫网络（Markov network）。贝叶斯神经网络采用有向图来表示变量之间的因果关系，而马尔可夫网络则使用无向图来表示变量之间的相互作用。此外，概率图模型还包括了条件随机场、朴素贝叶斯模型、隐马尔可夫模型、主题模型和最大熵模型等，这些模型在自然语言处理、计算机视觉、推荐系统等机器学习领域中都有着广泛的应用。

3.6.2　频率派与贝叶斯学派

（1）频率派观点

在传统观念中，人们常常将事件的发生概率简单地视为 0 或 1，即事件要么完全发生，要么完全不发生。这种思维方式没有考虑到事件发生概率的连续性和不确定性。例如，如果问到：“投掷一枚硬币，正面朝上的概率 θ 是多少？”按照这种传统思维，人们可能会不假思索地回答是 1/2，因为在他们看来，每次投掷的结果只有两种可能性：正面或反面。他们认为这个概率是固定的，无论投掷多少次，正面朝上的概率 θ 始终是 1/2，不会因观察结果的不同而有所变化。这种观点被称为频率派，它曾经长期支配着人们对概率的理解。然而，随着贝叶斯学派的出现，特别是 Thomas Bayes 的工作，概率理论开始引入了新的理念。

（2）贝叶斯学派

Thomas Bayes（1702—1763）在其生前并未广为人知，他鲜少在学术期刊上发表文章或出版书籍，与当时的学术圈交流也相对有限。然而，他发表了一篇题为 “An essay towards solving a problem in the doctrine of chances” 的论文，翻译过来即为：机遇理论中一个问题的解。这篇论文一经发表便引起了巨大反响，确立了他在学术史上的重要地位。

这篇论文的核心思想可以用一个简单的例子来阐释：假设投掷一枚硬币，我们想要知道正面朝上的概率 θ 是多少。Thomas Bayes 认为，硬币正面朝上的概率并非一个确定的数值，而是存在不确定性。这与我们对生活中许多事件的不确定性的直觉相吻合。例如，当你评估一个朋友创业成功的可能性时，尽管你知道结果只有成功或失败两种，你仍会基于对他的了解——他的计划、思维清晰度、毅力以及团队合作能力——来估计他成功的概率，可能会认为这个概率超过 80%。这种思考方式突破了传统的“非黑即白”的二元对立思维，引入了概率的不确定性和连续性，正是贝叶斯学派的思考方式。Thomas Bayes 的工作为后来的贝叶斯统计学奠定了基础，提供了一种在不确定性条件下进行推理和决策的新方法。

接下来对于频率派与贝叶斯派各自不同的思考方式进行简要总结。

① 频率派的观点：频率派将参数 θ 视为一个固定的未知常数。在他们看来，尽管概率本身未知，但它是一个确定的值，不随时间和观察结果的变化而变化。频率派的研究重点在于样本空间，他们主要关注样本 X 的分布特性。这种观点强调了样本的随机性，并且通过长期的重复实验来估计概率；

② 贝叶斯派的观点：与频率派形成鲜明对比的是，贝叶斯派认为参数 θ 本身是一个随机变量，而观察到的样本 X 则是固定的。贝叶斯派的研究重点在于参数 θ 的概率分布，他们利用已有的信息和样本数据来更新对参数的估计。这种思考方式允许我们根据新的证据不断调整对未知参数的信念，体现了概率的主观性和不确定性。

3.6.3 贝叶斯定理

（1）条件概率

贝叶斯统计学是一种基于贝叶斯定理的概率推断方法。本节内容将从概率和条件概率的基本概念出发，逐步深入到贝叶斯定理的核心原理，并探讨贝叶斯统计的应用。

概率是一个介于 0 到 1 之间的实数，用来量化某一事件发生的可能性。概率为 1 意味着事件肯定会发生，而概率为 0 则表示事件不可能发生。概率值 0.5，或者说 50%，意味着事件发生和不发生的概率相等。例如，在投掷一枚公正的硬币时，正面朝上的概率通常被认为是接近 50% 的。

条件概率，也称为后验概率，是在已知某些前提条件的情况下，对事件发生概率的重新评估。条件概率 $P(A|B)$ 表示在事件 B 发生的条件下，事件 A 发生的概率，其示意图如图 3-21 所示。根据定义，条件概率可以通过以下公式计算：

$$P(A\,|\,B)=\frac{P(A\cap B)}{P(B)}$$

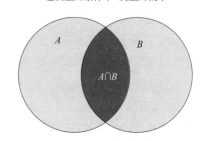

A 已发生的条件下 B 发生的概率

$$P(B\,|\,A)=P(A\cap B)/P(A)$$
$$P(A\cap B)=P(B\,|\,A)\,P(A)$$

图 3-21　条件概率示意图

（2）联合概率

联合概率是指两个事件同时发生的概率。$P(A\cap B)$ [即 $P(AB)$] 是 A 和 B 事件发生都为真的概率。

联合概率满足以下公式：

$$P(AB)=P(A)P(B)$$

例如，如果投掷两个硬币，A 表示第一枚硬币正面朝上，B 表示第二枚硬币正面朝上，那么 $P(A)=P(B)=0.5$，同样的 $P(AB)=P(A)P(B)=0.25$。

但是上面公式仅在 A 和 B 都是独立事件的情况下才成立。即已知 A 事件的结果并不影响或改变 B 事件发生的概率，$P(B|A)=P(B)$。

举一个事件之间并不独立的例子。假设 A 表示今天下雨的事件，B 表示明天会下雨的事件，刚好这段期间处于梅雨季节，前后两天是有潜在的相互影响的，此时 $P(B|A) > P(B)$。

通常意义下，联合概率表述为：

$$P(AB)=P(A)P(B|A)$$

（3）黑白球问题

当我们准备介绍贝叶斯定理时，可以通过一个简单而直观的例子来引入这一概念。假设我们有两个盒子，盒子 1 装有 30 个黑球和 10 个白球，而盒子 2 则各装有 20 个黑球和 20 个白球。

设想我们在不看的情况下随机选择了一个盒子，并从中取出了一个球，结果得到了一个黑球。现在的问题来了：这个黑球是从盒子 1 中取出的概率是多少？

这个问题是一个典型的条件概率问题。我们想要计算的是概率 $P($ 盒子 1| 黑球 $)$。然而，这个概率的直接计算可能比较复杂。相比之下，如果我们已经知道盒子的内容，计算黑球出现的概率则简单得多，即 $P($ 黑球 | 盒子 1$)=3/4$。贝叶斯定理允许我们从已知条件概率计算另一条件概率。通过这一定理，我们可以从 $P($ 黑球 | 盒子 1$)$ 推算出 $P($ 盒子 1| 黑球 $)$，这为我们在不确定性条件下进行推断提供了一种强有力的方法。这个黑白球问题不仅帮助我们理解贝叶斯定理的基本原理，也展示了它在实际问题中的应用价值。

（4）贝叶斯定理

下面将进行贝叶斯定理的推导。首先，联合概率是乘积可交换（乘法交换律）的，即：

$$P(AB)=P(BA)$$

对于任何 A 和 B 表示的事件都成立。然后，可以写出一个联合概率的表达式：

$$P(AB)=P(A)P(B|A)$$

由于我们并没有明确定义 A 和 B 的含义，因而可以对 A、B 进行互换操作。交换它们的位置后得：

$$P(BA)=P(B)P(A|B)$$

把这些表达式关联起来，可以得到下面的表达式：

$$P(B)P(A|B)=P(A)P(B|A)$$

上式意味着有两种方式计算联合概率，已知 $P(A)$，再乘以 $P(B|A)$；或者已知 $P(B)$，再乘以 $P(A|B)$。两种方法是相同的。最后，将上式除以 $P(B)$，得到：

$$P(A|B) = \frac{P(A)P(B|A)}{P(B)}$$

上式正是贝叶斯定理。接下来将利用该定理来解决黑白球问题。假设 $P(B1)$ 表示黑球属于盒子 1 的概率，$P(V)$ 表示球是黑球的概率。代入贝叶斯定理我们得到：

$$P(B1|V) = \frac{P(B1)P(V|B1)}{P(V)}$$

等式左边就是希望得到的概率，即黑球来自盒子 1 的概率。等式的右边表示：

$P(B1)$：表示选择盒子 1 的概率。因为选择盒子的过程是随机的，可以假设 $P(B1)=1/2$；

$P(V|B1)$：表示从盒子 1 得到一个黑球的概率 $P(V|B1)=3/4$；

$P(V)$：表示从任意盒子里得到一个黑球的概率。因为考虑到选择盒子的机会均等，而且每个盒子的球数都是 40，得到球的机会是相同的。两个盒子中黑球和白球总数各是 50 和 30，因此 $P(V)=5/8$。

代入它们，可以得到：

$$P(B1|V) = \left(\frac{1}{2} \times \frac{3}{4} \right) \Big/ \frac{5}{8} = 3/5$$

因此，"得到一个黑球"支持假设"来自盒子 1"，因为黑球来自盒子 1 的可能性更大。

该例子演示了如何应用贝叶斯定理：它提供了一个从 $P(B|A)$ 得到 $P(A|B)$ 的策略。这种策略在解决类似白球问题的情况下是有效的，即从贝叶斯定理的右边计算要比左边容易的情况下。

3.6.4　贝叶斯神经网络

（1）贝叶斯神经网络的定义

贝叶斯神经网络（Bayesian network）是由 Judea Pearl 在 1985 年提出的概率图模型，旨在模拟人类在处理因果关系时的不确定性推理过程。这种网络的拓扑结构是一个有向无环图，其中每个节点代表一个随机变量，这些变量可以是直接观察到的数据，也可以是潜在的、未被观察到的变量或参数（在计算机辅助药物设计中，这些节点可能指的是分子描述符、活性数据或有关化验的附带信息），边权重则是条件依赖关系。

在贝叶斯神经网络中，如果存在因果关系，那么相应的变量或命题通过箭头进行连接。当两个节点通过单箭头连接时，这表明一个节点作为原因（因），另一个作为结果（果），并且这两个节点之间会关联一个条件概率值。例如，假设节点 E 直接影响到节点 H，即 $E \rightarrow H$，则用从 E 指向 H 的箭头建立结点 E 到结点 H 的有向弧 (E,H)，权值（即连接强度）用条件概率 $P(H|E)$ 来表示，如图 3-22 所示。

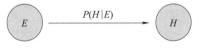

图 3-22　贝叶斯神经网络节点之间的关系

在构建贝叶斯神经网络时，研究者将系统中的随机变量根据它们是否相互条件独立进行布局。每个变量用一个圈来表示，而变量之间的条件依赖关系则通过箭头来描绘。

贝叶斯神经网络能够捕捉现实世界中特定系统或现象的多种状态，并将这些状态与相应的概率分布联系起来。这种网络适用于从简单的日常事件到复杂的系统动态的广泛建模任务。在这个模型中，每一种可能的状态都代表了世界的一种潜在形态。概率通常源自这些状态在现实世界中发生的相对频率。例如，在医疗领域，如果患者出现特定的症状，那么他们患有某种疾病的可能性就会增加。在交通领域，高峰时段的交通拥堵可能性远高于其他时间。

图 3-23 展示了一个简单的贝叶斯神经网络，用以阐释这些概念。在这个简化的世界模型中，天气可以是晴朗、多云或多雨，草地可以是湿润或干燥，而洒水系统可以是开启或

关闭状态。在这个世界中，存在着因果关系：如果下雨，草地会变湿；而在晴朗的天气下，通过打开洒水系统，草地也可以变湿。

在实际环境中的天气状况、草坪湿度以及洒水系统的操作概率被输入网络后，该网络能够解答一系列具有实际应用价值的问题。例如，我们可以询问："草坪湿润更可能是由于降雨还是洒水器的使用？"或者"如果降雨概率上升，我们应如何调整草坪灌溉的计划以优化预算？"网络中的箭头方向通常表示因果流向，意味着上游节点（在图中位置较高的节点）对下游节点有较大的影响。

贝叶斯神经网络允许存在链式结构，但不应该形成闭环。如图 3-24 左图所示，网络中存在多个链路，这是贝叶斯神经网络所允许的。然而，如图右侧所示，若从节点 D 到节点 B 的连接形成了一个闭环，则是不恰当的。避免闭环的主要原因是为了确保网络参数的更新算法能够高效运行，因为无休止的循环会影响参数更新的稳定性。

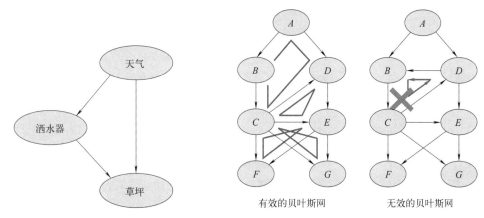

图 3-23　简单贝叶斯神经网络示意图　　　图 3-24　贝叶斯神经网络循环示意图

（2）贝叶斯神经网络的结构形式

① head-to-head　如图 3-25 所示，有：$P(a,b,c)=P(a)P(b)P(c|a,b)$ 成立，即在 c 未知的条件下，a、b 被阻断，是独立的，称 a 和 b 为 head-to-head 条件独立。

② tail-to-tail　如图 3-26 所示，考虑 c 未知和 c 已知两种情况。

在 c 未知的情况下，有：$P(a,b,c)=P(c)P(a|c)P(b|c)$，此时，没法得出 $P(a,b)=P(a)P(b)$，即 c 未知时，a、b 不独立。

在 c 已知的情况下，有：$P(a,b|c)=P(a,b,c)/P(c)$，然后将 $P(a,b,c)=P(c)P(a|c)P(b|c)$ 带入式中，得到：$P(a,b|c)=P(a,b,c)/P(c)=P(c)P(a|c)P(b|c)/P(c)=P(a|c)P(b|c)$，即 c 已知时，a、b 独立。

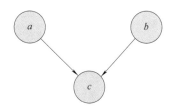
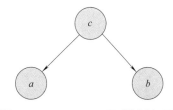

图 3-25　head-to-head 贝叶斯神经网络　　　图 3-26　tail-to-tail 贝叶斯神经网络

③ head-to-tail　如图 3-27 所示，还是分 c 未知和 c 已知两种情况。

c 未知时，有：$P(a,b,c)=P(a)P(c|a)P(b|c)$，但无法推出 $P(a,b)=P(a)P(b)$，即 c 未知时，a、b 不独立。

c 已知时，有：$P(a,b|c)=P(a,b,c)/P(c)$，且根据 $P(a,c)=P(a)P(c|a)=P(c)P(a|c)$，可化简得到：$P(a,b|c)=P(a,b,c)/P(c)=P(a)P(c|a)P(b|c)/P(c)=P(a,c)P(b,c)/P(c)=P(a|c)P(b|c)$。所以，在 c 给定的条件下，a、b 被阻断，是独立的，称 a 和 b 为 head-to-tail 条件独立。

这个 head-to-tail 其实就是一个链式网络，如图 3-28 所示。

图 3-27　head-to-tail 贝叶斯神经网络　　　　图 3-28　马尔可夫链示意图

根据之前对 head-to-tail 的讲解，在 x_i 给定的条件下，x_{i+1} 的分布和 x_1，x_2，…，x_{i-1} 条件独立。这意味着 x_{i+1} 的分布状态只和 x_i 有关，和其它变量条件独立。通俗点说，当前状态只跟上一状态有关，跟上上状态或上上之前的状态无关。这种顺次演变的随机过程，就叫做马尔可夫链（Markov chain）。

3.6.5　贝叶斯神经网络的用途

贝叶斯神经网络可作为任何不确定性建模领域的工具，它通过量化决策过程中的不确定性，帮助我们做出更加明智和合理的选择，从而提高实现预期结果的可能性。

（1）诊断应用

无论是在医疗行业的疾病诊断还是机械领域的故障检测，贝叶斯神经网络都能评估不同故障模式的可能性。在核能、航空和建筑等关键行业中，贝叶斯神经网络的应用至关重要，因为这些领域中的错误可能会带来严重的后果。

（2）预测功能

贝叶斯神经网络通过表示变量间的因果关系，能够基于历史数据预测未来事件。这种网络在气象预报、股市分析和生态研究等领域发挥着重要作用，特别是在缺失数据的情况下，它仍能提供准确的预测。

（3）金融风险管理与保险

在金融和保险行业，决策者常常面临信息不完整的挑战。贝叶斯神经网络能够利用所有可用信息，帮助他们做出基于概率的、合理的决策。

（4）生态系统建模

在生态学领域，鱼类和野生动植物专家经常面临着提出土地使用政策的艰巨任务。他们必须在产业、社区和自然的利益之间取得平衡，并且需要科学合理的论据来支持他们的分析和决策。贝叶斯神经网络可以帮助专家评估人类活动对自然环境的潜在影响，为政策制定提供科学依据。

（5）传感器融合

在需要整合来自多个传感器数据的应用中，贝叶斯神经网络能够有效地处理不同分辨率和时间序列的数据，解决对应问题，提高整体数据解释的准确性。这在计算机视觉和机器人领域尤为重要。例如，可能需要整合从各种角度和分辨率拍摄的各种摄像机数据，以确定场景中的内容。或者，工业传感器可能分别对每台机器的状态进行报告，只有将它们的所有读数结合在一起才能获得完整的信息。通常在传感器融合问题中，必须处理不同的时间或空间分辨率，并且必须解决"对应问题"，即确定来自一个传感器的哪些事件与另一传感器中报告的相同事件相对应。由于贝叶斯神经网络对于缺失数据具有鲁棒性，因此可以很好地结合信息。因此，尽管每个传感器只有很少的机会给出正确的解释，但是所有传感器的机会组合通常会增加有效解释的可能性。在计算机和机器人视觉领域，贝叶斯神经网络已被广泛使用。贝叶斯神经网络同样用于声纳图像理解。

（6）监视和警报系统

贝叶斯神经网络在监测系统状态和异常检测方面具有显著优势。它们能够基于传感器数据进行实时分析，从而在系统出现异常时及时发出警报。这种能力对于预防成本高昂的系统故障至关重要，同时也避免了因误报而导致的不必要干扰，如飞机航班中断或生产线停工。例如，Eric Horvitz 开发的 Vista 系统就是一个应用实例，它曾在 NASA 的任务控制中心发挥了关键作用。Vista 系统利用贝叶斯神经网络处理实时遥测数据，评估航天飞机推进系统潜在故障的风险，为任务控制团队提供决策支持。这种基于概率的决策方法不仅提高了监测系统的准确性，还增强了对不确定性的适应能力，使得在复杂和动态的环境中能够做出更加明智的决策。

3.6.6　朴素贝叶斯

朴素贝叶斯（naive Bayesian）是一种在机器学习领域广泛使用的算法，它基于贝叶斯定理，特别是朴素贝叶斯假设，即假设特征之间相互独立。这种算法以其实现的简便性和效率而受到青睐，尤其适用于文本数据的分类任务，例如垃圾邮件的识别和过滤。朴素贝叶斯模型可以被视为贝叶斯神经网络的一个特例，其中网络中的每个特征节点都与其他节点独立，没有直接的连接。然而，每个特征节点都与分类结果节点相连，形成了一个有向的依赖关系。这种结构简化了网络，使其更容易训练和解释，如图 3-29 所示。

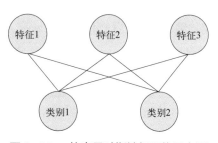

图 3-29　朴素贝叶斯神经网络示意图

朴素贝叶斯朴素在哪里呢？——两个假设：

① 一个特征出现的概率与其他特征（条件）独立；

② 每个特征同等重要。

朴素贝叶斯优点：朴素贝叶斯算法的逻辑结构清晰，易于理解和实现，通常只需应用贝叶斯公式进行转换；由于假设特征相互独立，主要涉及二维的数据结构，算法在分类过程中的存储和时间开销较小。

朴素贝叶斯缺点：尽管理论上朴素贝叶斯模型可能具有最小的误差率，但在实际应用中，由于特征之间往往存在相关性，这种独立性假设限制了模型的准确性，特别是在特征数量众多或特征间相关性较大的情况下。朴素贝叶斯模型的"朴素"之处在于它过于简化地假设样本特征彼此独立，这在现实世界中很少成立。然而，当特征间的相关性较小时，模型仍然能够提供良好的分类效果。

朴素贝叶斯模型（naive Bayesian model）中朴素（naive）指的是模型对特征之间相互独立性的简化假设。尽管在现实世界中，特征之间完全独立的情况极为罕见，但许多实际应用中特征的相关性可能并不显著。正因为如此，朴素贝叶斯模型在多种场景下仍然能够提供有效的分类结果。这种模型的效率和实用性来自于其对特征独立性的假设，这使得计算过程大大简化。即便在特征之间存在一定程度的相关性，朴素贝叶斯模型依然能够工作，尤其是在特征空间很大或者数据量很足的情况下，这种模型往往能够给出合理的预测。此外，朴素贝叶斯模型的另一个优势是其对小概率事件的处理能力。在许多情况下，即使特征的相关性被忽略，模型仍然能够通过概率的乘法规则捕捉到事件的整体概率。这种对概率的直接建模方式使得朴素贝叶斯模型在诸如文本分类、情感分析等自然语言处理任务中，以及垃圾邮件识别等信息检索领域中表现出色。

3.6.7　算例

在这里我们将用一个算例来展示朴素贝叶斯神经网络的建模过程，语言选择 Python，模块选择 sklearn。

① 问题描述：现有一新闻数据库，其中包含不同类型新闻，现试图通过根据每条新闻的词频来建立朴素贝叶斯神经网络从而进行多目标分类。

② 数据来源：数据由 sklearn 提供，根据 from sklearn.datasets import fetch_20newsgroups 可直接在 Python 中调用，其中包含 alt.atheism，comp.graphics 等二十种不同数据类型，总计 18846 个数据样本，通过随机打乱将 25% 的数据作为测试集，其余数据作为训练集参与到模型训练之中。

③ 模型架构与参数细节：使用 sklearn.naive_bayes. MultinomialNB 搭建朴素贝叶斯神经网络模型，其参数为 {'alpha': 1.0,'class_prior': None, 'fit_prior': True}。参数说明如表 3-3 所示。

表 3-3　朴素贝叶斯神经网络模型参数说明

参数	说明
alpha	浮点型可选参数，默认 =1
fit_prior	布尔型可选参数，默认 =True 布尔参数 fit_prior 表示是否要考虑先验概率，如果是 false，则所有的样本类别输出都有相同的类别先验概率。否则可以自己用第三个参数 class_prior 输入先验概率，或者不输入第三个参数 class_prior，让 MultinomialNB 自己从训练集样本来计算先验概率，此时的先验概率为 $P(Y=C_k)=m_k/m$。其中 m 为训练集样本总数量，m_k 为输出为第 k 类别的训练集样本数。
class_prior	布尔型可选参数，默认 =None

④ 计算结果：朴素贝叶斯神经网络在总体样本的分类效果（准确率）可以达到 80% 以上，其在不同样本类别中的效果如图 3-30 所示。

The Accuracy of Naive Bayes Classifier is :0.8397707979626485	precision	recall	f1-score	support
alt.atheism	0.86	0.86	0.86	201
comp.graphics	0.59	0.86	0.70	250
comp.os.ms-windows.misc	0.89	0.10	0.17	248
comp.sys.ibm.pc.hardware	0.60	0.88	0.72	240
comp.sys.mac.hardware	0.93	0.78	0.85	242
comp.windows.x	0.82	0.84	0.83	263
misc.forsale	0.91	0.70	0.79	257
rec.autos	0.89	0.89	0.89	238
rec.motorcycles	0.98	0.92	0.95	276
rec.sport.baseball	0.98	0.91	0.95	251
rec.sport.hockey	0.93	0.99	0.96	233
sci.crypt	0.86	0.98	0.91	238
sci.electronics	0.85	0.88	0.86	249
sci.med	0.92	0.94	0.93	245
sci.space	0.89	0.96	0.92	221
soc.religion.christian	0.78	0.96	0.86	232
talk.politics.guns	0.88	0.96	0.92	251
talk.politics.mideast	0.90	0.98	0.94	231
talk.politics.misc	0.79	0.89	0.84	188
talk.religion.misc	0.93	0.44	0.60	158
accuracy			0.84	4712
macro avg	0.86	0.84	0.82	4712
weighted avg	0.86	0.84	0.82	4712

图 3-30 朴素贝叶斯神经网络在不同样本类别中的分类效果（准确率）

3.7 应用示例：反应溶剂与聚合物设计

机器学习方法广泛应用于化学工程领域，对于智能化工建设起着重要的作用，其不仅可应用于化工流程智能建模与优化，并且可应用于化工产品智能优化设计，从而加快高附加值精细化学品的开发周期。下面本节将以机器学习在反应溶剂（均相催化剂）和聚合物设计中的应用为例，介绍机器学习方法在化工产品设计中的重要意义与应用价值。

3.7.1 反应溶剂设计

溶剂是一种溶解溶质（化学性质不同的液体、固体或气体）的物质，溶解后形成溶液，溶液中所有成分在分子水平上是均匀分布的。溶剂可根据化学组成分为四类：分子溶剂、可切换溶剂、离子液体和原子液体。分子溶剂由水和非水有机化合物组成，下面本节将简称分子溶剂为溶剂。当溶剂应用于反应单元操作时，一般称其为反应溶剂。除了常见的溶剂物理性质（例如熔点、沸点、溶解度等）外，反应溶剂具有独特的化学性质——反应动力学催化性能，可显著影响液-液均相有机合成的反应速率常数。因此，反应溶剂也常被认为是一种液-液均相有机合成催化剂，而这种催化效果也被称为反应溶剂的溶剂化效应。本节的研究重点为反应溶剂溶剂化效应对液-液均相有机合成反应速率常数的影响，不考虑溶剂化效应对反应平衡常数和相平衡的影响。

1862 年，Berthelot 和 Pean de Saint-Gilles 在研究乙酸与乙醇的酯化反应时，首次注意到溶剂对化学反应速率的影响。1890 年，Menschutkin 研究了 23 种溶剂对三烷基胺和卤代烷烃反应的影响，发现在不同的溶剂中反应速度有显著的不同。1948 年，Grunwald 和

Winstein 证明了卤代烷烃溶剂化反应速率对溶剂的依赖性很强。从这些早期的工作开始，溶剂对反应动力学的影响得到了广泛的研究。表 3-4 总结了 2- 氯 -2- 甲基丙烷在不同溶剂中的相对反应速率常数 k^L。在水中的相对 k^L 是在乙醇中的 335000 倍。表 3-5 展示了由 Campbell 和 Hogg 测量的环己烯和氯 -2,4- 二硝基苯磺胺反应相对 k^L 的溶剂依赖性。结果表明，在硝基苯中的相对 k^L 是在四氯化碳中的相对 k^L 的 2800 倍。在 Reichardt 和 Welton 的文章中可以找到许多其他溶剂影响 k^L 的反应。由此可见，溶剂化效应现象广泛存在于有机合成领域。鉴于其独特的动力学催化性能，溶剂化效应对 k^L 的作用机制也受到了全世界学者的广泛关注。

表 3-4　2- 氯 -2- 甲基丙烷在不同溶剂中溶剂化反应的相对反应速率常数

溶剂	C_2H_5OH	CH_3OH	$HCONH_2$	$HCOOH$	H_2O
相对 k^L	1	9	430	12200	335000

表 3-5　环己烯和氯 -2,4- 二硝基苯磺胺在不同溶剂中溶剂化反应的相对速率常数

溶剂	CCl_4	$CHCl_3$	CH_3COOH	$(CH_2Cl)_2$	$C_6H_5NO_2$
相对 k^L	1	605	1370	1380	2800

许多学者研究了溶剂化效应对反应速率常数的作用机制，研究范式主要分为启发式规则法定性调控溶剂化效应、机理模型定量调控溶剂化效应和经验 / 半经验模型定量调控溶剂化效应。其中，刘奇磊等人提出了一种混合建模方法（过渡态理论推导、补充描述符选择和模型识别三个步骤），构建了一个拓展性强、准确度高、冗余性低，且描述符合实验依存度低的反应动力学模型以定量描述反应溶剂溶剂化效应对 k^L 的作用机制，其动力学模型如式（3-69）所示。

$$\log k^L = A_0 + A_1 \log \gamma_{TS}^\infty + A_2 \log \gamma_A^\infty + A_3 \log \gamma_B^\infty + A_4 X_{DON} + A_5 X_{ACC} + A_6 St \quad (3\text{-}69)$$

其中，$A_0 \sim A_6$ 为回归系数，γ_{TS}^∞、γ_A^∞ 和 γ_B^∞ 分别指过渡态、反应物A和反应物B在反应溶剂中的无限稀释活度系数，X_{DON}、X_{ACC} 和 St 分别指反应溶剂的氢键供体数量、氢键受体数量和表面张力。

为集成反应动力学模型与计算机辅助分子设计（computer-aided molecular design, CAMD）方法，构建可快速、准确、定量预测动力学模型中溶剂性质（γ_{TS}^∞、γ_A^∞、γ_B^∞、X_{DON}、X_{ACC} 和 St）的分子构效关系模型是必要的。其中，X_{DON}、X_{ACC} 和 St 均可由基团贡献法（group contribution, GC）等分子构效关系模型快速计算得到，而 γ^∞ 一般可由传统热力学模型 UNIFAC 计算得到。然而，UNIFAC 模型无法计算非常规物系（过渡态）在溶剂中的活度系数，且存在二元交互参数经常缺失的问题。因此，本节从第一性原理出发，采用一种量子热力学模型（类导体屏蔽片段活度系数模型（conductor-like screening model segment activity coefficient, COSMO-SAC））来计算 γ^∞，该模型可解决 UNIFAC 模型存在的缺陷。在 COSMO-SAC 模型中，γ^∞ 由分子表面电荷密度分布 $p(\sigma)$ 输入计算得到，然而，由于 $p(\sigma)$ 通过密度泛函理论（density functional theory，DFT）计算获取，因此存在计算时间成本高的问题，对此有必要对其建立高效准确的分子构效关系模型，来高通量预测 $p(\sigma)$ 与 γ^∞。

本节介绍一种基于机器学习的原子贡献法（machine learning-based atom contribution，MLAC）来代替 DFT 实现高通量准确预测 $p(\sigma)$ 以及 $p(\sigma)$ 关联性质的目标。该方法以加权原子中心对称函数（weighted atom-centered symmetry functions，wACSFs）来表示分子结构的局部原子环境，通过非线性拟合能力强的高维神经网络（high-dimensional neural network，HDNN）模型（分子构效关系模型）来高通量准确估算 $p(\sigma)$。图 3-31 概述了 MLAC 方法，该方法用于预测 $p(\sigma)$ 以及 $p(\sigma)$ 关联的性质，其中第一部分涉及分子结构表示的转换，而第二部分涉及开发 HDNN 模型并将其用于预测 $p(\sigma)$。进而基于预测的 $p(\sigma)$，可使用 $p(\sigma)$ 关联的性质模型来预测分子性质。

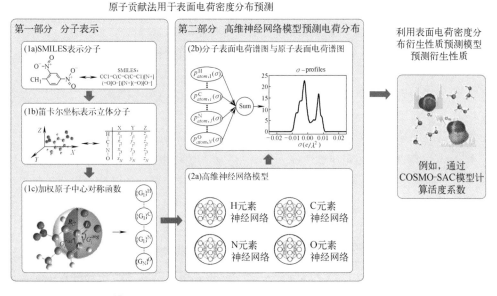

图 3-31　MLAC 方法预测 $p(\sigma)$ 以及 $p(\sigma)$ 关联的性质

如图 3-31 所示，MLAC 方法从分子 SMILES 表示作为输入 [图 3-31 (1-a)]，使用 OpenBabel（http://openbabel.org/wiki/Main_Page）将分子 SMILES 转换为具有笛卡尔坐标（".xyz"格式）的立体结构 [图 3-31 （1-b）]。接下来，为分子中的每个原子计算 wACSFs [图 3-31 （1-c）]，然后将其输入 HDNN 模型 [图 3-31 （2-a）] 以预测每个原子的 $p_{atom}(\sigma)$。MLAC 方法的输出是分子 $p(\sigma)$，其由分子涉及的所有 $p_{atom}(\sigma)$ 线性相加获得（基于 COSMO-SAC 模型的假设）[图 3-31 （2-b）]。最后，利用 MLAC 方法获得的 $p(\sigma)$，通过 $p(\sigma)$ 关联的性质预测模型（例如 COSMO-SAC 模型）计算 $p(\sigma)$ 关联的性质（例如活度系数 γ）。

本节根据以下四个子节具体介绍 MLAC 方法用于 $p(\sigma)$ 预测。

（1）创建有机溶剂数据库

本节参考 Virginia Tech 有机溶剂数据库创建了一个新的溶剂数据库，该数据库由 1120 个包含 H、C、N 和 O 元素的有机溶剂及其 CAS（chemical abstracts service）登录号组成。本节建立的 HDNN 模型仅考虑了 H、C、N 和 O 元素，原因是这些元素可以在大多数常用有机溶剂中找到。然后，从 PubChem（https://pubchem.ncbi.nlm.nih.gov/）数据库中收集这 1120 种溶剂的 Isomeric SMILES（异构体 SMILES），并使用 OpenBabel 将这些溶剂的

Isomeric SMILES 转换为具有笛卡尔坐标（".xyz"格式）的立体结构。注意，数据库中每种溶剂仅考虑一种构象。

（2）计算加权原子中心对称函数（wACSFs）

在一由截断半径构成的空间球体内 [图 3-31 (1-c)]，wACSFs 描述符可表示中心原子 i 的局部原子环境，环境信息是由原子 i 周围原子（例如 j 和 k）的径向分布函数（G^{rad}）和角度分布函数（G_i^{ang}）组成的。由于以下两个原因，wACSFs 被选择作为 HDNN 模型的三维原子描述符：(a) $p(\sigma)$ 对于分子系统在空间中的平移与旋转是不变的，因此，HDNN 模型输入必须遵循 $p(\sigma)$ 的不变特征，而 wACSFs 是内坐标表达式，可以满足此要求；(b) 在为 wACSFs 选择合适的参数集之后，wACSFs 的输入维度尺寸是固定的，这满足了 HDNN 模型输入维度必须为常数的要求。wACSFs 包括径向对称函数 [G^{rad}，式（3-70）] 和角度对称函数 [G^{ang}，式（3-71）]，它们分别用于描述局部原子环境的径向和角度分布。

$$G_i^{\text{rad}} = \sum_{j \neq i}^{N} g(Z_j) e^{-\eta(R_{ij}-\mu)^2} f_{\text{c}}(R_{ij}) \tag{3-70}$$

中心原子 i 的径向对称函数 G_i^{rad} 是由高斯函数 $e^{-\eta(R_{ij}-\mu)^2}$ 与截断函数 $f_{\text{c}}(R_{ij})$ 以及径向元素相关加权函数 $g(Z_j)=Z_j$ 相乘然后加和计算得到，其中 Z_j 是原子 j 的核电荷数，N 是分子的总原子数。引入 $g(Z_j)$ 可使原子环境的组成以隐式方式表示，而不是使用单独的函数来描述不同元素之间的组合。高斯函数的宽度由参数 η 定义，而高斯函数的中心可以通过参数 μ 移动一定的径向距离。

原子 i 的角度对称函数 G_i^{ang} 是由余弦函数 $2^{1-\xi}(1+\lambda\cos\theta_{ijk})^{\xi}$（角度 $\theta_{ijk}=\text{acos}(R_{ij} \cdot R_{ik}/R_{ij} \cdot R_{ik})$）与部分径向函数 $e^{-\eta(R_{ij}-\mu)^2} e^{-\eta(R_{ik}-\mu)^2} e^{-\eta(R_{jk}-\mu)^2} f_{\text{c}}(R_{ij}) f_{\text{c}}(R_{ik}) f_{\text{c}}(R_{jk})$ 以及角度元素相关加权函数 $h(Z_j, Z_k) = Z_j \times Z_k$ 相乘然后加和计算得到。参数 λ 取 ± 1，这将使角度项的最大值在 $0°$ 和 $180°$ 之间切换，而参数 ξ 调控余弦函数非零值的宽度。

$$G_i^{\text{ang}} = \sum_{j \neq i}^{N} \sum_{k \neq i,j}^{N} \left[\begin{array}{c} h(Z_j, Z_k) \times 2^{1-\xi} \left(1+\lambda\cos\theta_{ijk}\right)^{\xi} \times \\ e^{-\eta(R_{ij}-\mu)^2} e^{-\eta(R_{ik}-\mu)^2} e^{-\eta(R_{jk}-\mu)^2} f_{\text{c}}(R_{ij}) f_{\text{c}}(R_{ik}) f_{\text{c}}(R_{jk}) \end{array} \right] \tag{3-71}$$

在式（3-70）和式（3-71）中，截断函数 $f_{\text{c}}(R_{ij})$ 如式（3-72）所示。

$$f_{\text{c}}(R_{ij}) = \begin{cases} 0.5 \times \left[\cos\left(\dfrac{\pi R_{ij}}{R_{\text{C}}}\right) + 1 \right], & R_{ij} \leqslant R_{\text{C}} \\ 0 & , R_{ij} \geqslant R_{\text{C}} \end{cases} \tag{3-72}$$

其中 R_{ij} 是原子 i 和 j 之间的距离，R_{C} 是截断半径。如果 R_{ij} 大于 R_{C}，则 $f_{\text{c}}(R_{ij})$ 等于零，这意味着超出截断半径的原子不会影响中心原子 i。

在上述模型 [式（3-70）、式（3-72）] 中，参数 R_{C}、μ、η、λ 和 ξ 调控原子 i 局部原子环境的径向和角度分布 [例如，较高的 ξ 值会产生较窄的 $2^{1-\xi}\left(1+\lambda\cos\theta_{ijk}\right)^{\xi}$ 非零值范围]，使用由不同参数集计算得到的一组固定数量的 G_i^{rad} 和 G_i^{ang} 来生成原子描述符向量

[wACSFs，$\boldsymbol{G}_i = (\boldsymbol{G}_i^{\mathrm{rad}}, \boldsymbol{G}_i^{\mathrm{ang}})$]，可用于详细表示原子 i 的局部原子环境。由于 wACSFs 的参数集与局部原子环境的空间分辨率密切相关，因此参数集应合理选择，否则会影响后续 HDNN 模型的预测性能。对此，本节通过使用一种启发式策略选择 wACSFs 的参数集，该策略的目标是尽可能减少参数集的数量，同时最大程度地提高局部原子环境的空间分辨率。最终 wACSFs 数据维度为 152 维。

（3）生成原子表面电荷密度分布

在 HDNN 模型参数回归之前需要准备 $p_{\mathrm{atom}}(\sigma)$ 样本。因此，本节使用 Gaussian 09W 软件（http://www.gaussian.com/）和 COSMO-SAC 模型，通过 DFT 计算提前生成数据库中每种溶剂所有原子的 $p_{\mathrm{atom}}(\sigma)$。在 Gaussian 09W 中，选用 B3LYP 方法与 6-31G(d,p) 基组批量执行溶剂分子结构优化与 COSMO 计算任务。在 COSMO-SAC 模型中，与基团无关的模型参数如表 3-6 所示，这些参数专门为 B3LYP 方法与 6-31G(d,p) 基组进行了调参，且被验证在预测溶剂性质（例如活度系数 γ）时具有较好的准确度。

表 3-6　COSMO-SAC 模型参数

参数	数值	单位
a_{eff}	6.4547	$\mathrm{\mathring{A}}^2$
A_{ES}	23026.75	$(\mathrm{kJ \cdot mol^{-1}}) \cdot (\mathrm{\mathring{A}}^4 \cdot \mathrm{e}^{-2})$
B_{ES}	7.8786×10^8	$(\mathrm{kJ \cdot mol^{-1}}) \cdot (\mathrm{\mathring{A}}^4 \cdot \mathrm{e}^{-2}) \cdot \mathrm{K}^2$
$c_{\mathrm{OH-OH}}$	20510.92	$(\mathrm{kJ \cdot mol^{-1}}) \cdot (\mathrm{\mathring{A}}^4 \cdot \mathrm{e}^{-2})$
$c_{\mathrm{OT-OT}}$	5770.70	$(\mathrm{kJ \cdot mol^{-1}}) \cdot (\mathrm{\mathring{A}}^4 \cdot \mathrm{e}^{-2})$
$c_{\mathrm{OH-OT}}$	17629.43	$(\mathrm{kJ \cdot mol^{-1}}) \cdot (\mathrm{\mathring{A}}^4 \cdot \mathrm{e}^{-2})$

下面将简单介绍 $p_{\mathrm{atom}}(\sigma)$ 的计算过程。经过分子结构优化与 COSMO 计算后，每个分子都由许多具有表面电荷密度的片段来表示。为确保片段对在溶液中形成独立对（COSMO-SAC 模型中的基本假设），应首先通过式 (3-73) 对电荷密度进行平均化处理，以获得表观电荷密度 σ。

$$\sigma_m = \frac{\sum_n \sigma_n^* \dfrac{r_n^2 r_{\mathrm{eff}}^2}{r_n^2 + r_{\mathrm{eff}}^2} \exp\left(-f_{\mathrm{decay}} \dfrac{d_{mn}^2}{r_n^2 + r_{\mathrm{eff}}^2}\right)}{\sum_n \dfrac{r_n^2 r_{\mathrm{eff}}^2}{r_n^2 + r_{\mathrm{eff}}^2} \exp\left(-f_{\mathrm{decay}} \dfrac{d_{mn}^2}{r_n^2 + r_{\mathrm{eff}}^2}\right)} \tag{3-73}$$

其中，σ_m 是经过平均化处理后的片段 m 的电荷密度，σ_n^* 是未经过平均化处理后的片段 n 的电荷密度；$\sigma_n^* = q_n / a_n$，q_n 和 a_n 分别是片段 n 的电荷与面积；$r_n = \sqrt{a_n / 3.14}$ 是片段 n 的半径；$r_{\mathrm{eff}} = \sqrt{a_{\mathrm{eff}} / 3.14}$ 是标准表面片段的半径；f_{decay} 是经验参数，提前设定为 3.57；d_{mn} 是片段 m 和 n 之间的距离。

$p(\sigma)$ 的横坐标有 51 个离散点，对应 -0.025，-0.024，$\cdots$，$0.025\,\mathrm{e}/\mathrm{\mathring{A}}^2$，每一个片段都有一个片段 $p(\sigma)$，其纵坐标是片段面积大小。因此，$p_{\mathrm{atom}}(\sigma)$ 可通过式 (3-74) 计算得到。

$$p_{\mathrm{atom}}(\sigma) = \sum_{m \in \mathrm{atom}} a_m(\sigma), \quad \sigma = -0.025, -0.024, \ldots, 0.025\,\mathrm{e}/\mathrm{\mathring{A}}^2 \tag{3-74}$$

其中，$p_{atom}(\sigma)$是原子的$p(\sigma)$；atom表示分子中的某个原子；m表示属于原子atom的片段；σ是离散的电荷密度；a_m是片段m的面积。

分子的$p(\sigma)$可通过分子涉及的$p_{atom}(\sigma)$线性加和计算得到，如式 (3-75) 所示。

$$p(\sigma) = \sum\nolimits_{atom \in mol} p_{atom}(\sigma) \tag{3-75}$$

最终本节获得了 15535 个 H 原子、9108 个 C 原子、305 个 N 原子和 1215 个 O 原子的$p_{atom}(\sigma)$，并将其存储在溶剂数据库中。

（4）回归高维神经网络模型（HDNN）参数

获取 wACSFs 和 $p_{atom}(\sigma)$ 之后，本节开始训练 HDNN 模型。HDNN 模型由四个单独的基于化学元素（H、C、N 和 O）的反向传播神经网络（neural network, NN）组成，其输入为 wACSFs，输出为 $p_{atom}(\sigma)$。在模型中，每一种原子的 wACSFs 值必须根据元素类型送到相应的基于化学元素的 NN 中。每个基于元素（例如 H 元素）的 NN 模型架构如图 3-32 所示，通过式（3-76）和式（3-77）进行建模 / 训练。

$$\min f_{loss}\left(\boldsymbol{p}^{pre}, \boldsymbol{p}^{tar} \right) \tag{3-76}$$

$$\boldsymbol{p}^{pre} = F_{NN}(\mathbf{D}, \mathbf{P}) \tag{3-77}$$

其中，f_{loss} 是用于量化预测输出$\boldsymbol{p}^{pre}$和目标输出$\boldsymbol{p}^{tar}$之间差异的损失函数；$\mathbf{D}$是输入数据集；$\mathbf{P}$是NN模型的超参数（例如隐含层）和参数（例如权重和偏差）的集合；F_{NN}是优化函数，使模型能够"学习"输入和输出之间的关系。在训练过程中，F_{NN}使损失函数f_{loss}最小化。

选择 HDNN 模型将 wACSFs 与 $p_{atom}(\sigma)$ 相关联的原因如下：(a) HDNN 模型具有很强的拟合数据间复杂非线性关系的能力，这有利于 wACSFs 与 $p_{atom}(\sigma)$ 的关联，而传统的线性 / 非线性拟合方法通常无法关联此类复杂的关系；(b) HDNN 模型是具有高通量计算速度的高效代理模型，适用于 CAMD 溶剂高通量设计框架。

在每个神经网络模型中，优化器、损失函数、监督函数和激活函数分别为 Adam、均方误差（mean squared error, MSE）、决定系数 R^2 和 ReLu。对于每个元素，原子按 6∶1∶1 的比例被随机分为训练、验证和测试集合。数据预处理采用标准化方法。输入向量（wACSFs）和输出向量（$p_{atom}(\sigma)$）的维度分别为 152 和 51。隐含层中每个神经元的输出值用 y 表示，y 的上标表示层号（0= 输入层，1= 隐含层 1，2= 隐含层 2，3= 隐含层 3，4= 输出层）。y 的下标表示节点号。拟合参数（权重）表示为 a_{jk}^{pq}，连接层 p 中的节点 j 和层 q 中的节点 k。此外，除输入层外，层 p 中的每个节点 j 通过偏置权重 b_j^p 连接到偏置节点（为清楚起见，图 3-32 中未展示）。偏置权重可以作为可调整的偏移量来移动节点的输入。然后，通过式 (3-78) 计算 q 层中节点 k 的 y_k^q 值。

$$y_k^q = f_k^q \left(b_k^q + \sum_j a_{jk}^{(q-1)q} \cdot y_j^{(q-1)} \right) \tag{3-78}$$

在特殊情况 $q-1=0$ 时，$y_j^{(q-1)}$ 对应于 $G_{i,j}^{r/a}$，$G_i^{r/a}$ 表示中心原子 i 的径向或角度对称函数。函数 f_k^q 称为神经网络的激活函数，通常为非线性函数。如果没有激活函数，$p_{atom}(\sigma)$ 将简化为笛卡尔坐标的线性组合。本节采用 ReLu($f(x)$=max($0,x$)) 作为隐含层和输出层中所有节点的激活函数。将 ReLu 添加到输出层的原因是为了确保 $p_{atom}(\sigma)$ 非负。为了克服训练过程中的过拟合问题，在隐含层中加入了 Dropout 层。

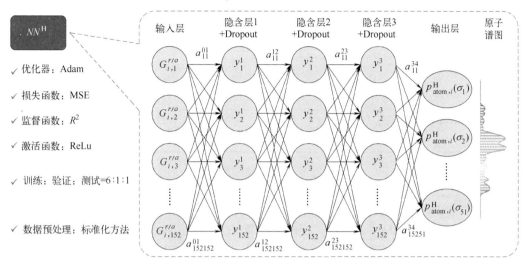

图 3-32　基于元素（例如 H 元素）的神经网络模型架构

表 3-7 给出了基于元素的各神经网络模型方程和模型参数个数。此外，本节根据经验确定神经网络模型的超参数（训练 / 验证 / 测试数据集样本大小、隐含层数、每层神经元数、迭代次数、批次大小、Dropout 比例）（如表 3-8 所示），以确保每个基于元素的神经网络模型在保持简洁的同时具有良好的泛化（外延）能力。该 HDNN 模型使用 Python 语言通过 Keras 库建立。

表 3-7　神经网络模型方程及模型参数个数

模型公式
H 元素神经网络模型
$p_{atom,i}^{H}\left(\sigma_n\right) = f_n^4\left(b_n^4 + \sum_{m=1}^{152} a_{mn}^{34} \cdot f_m^3\left(b_m^3 + \sum_{l=1}^{152} a_{lm}^{23} \cdot f_l^2\left(b_l^2 + \sum_{k=1}^{152} a_{kl}^{12} \cdot f_k^1\left(b_k^1 + \sum_{j=1}^{152} a_{jk}^{01} \cdot G_{i,j}^{r/a}\right)\right)\right)\right), n=51$
C 元素神经网络模型
$p_{atom,i}^{C}\left(\sigma_n\right) = f_n^4\left(b_n^4 + \sum_{m=1}^{152} a_{mn}^{34} \cdot f_m^3\left(b_m^3 + \sum_{l=1}^{152} a_{lm}^{23} \cdot f_l^2\left(b_l^2 + \sum_{k=1}^{152} a_{kl}^{12} \cdot f_k^1\left(b_k^1 + \sum_{j=1}^{152} a_{jk}^{01} \cdot G_{i,j}^{r/a}\right)\right)\right)\right), n=51$
N 元素神经网络模型
$p_{atom,i}^{N}\left(\sigma_n\right) = f_n^4\left(b_n^4 + \sum_{m=1}^{152} a_{mn}^{34} \cdot f_m^3\left(b_m^3 + \sum_{l=1}^{152} a_{lm}^{23} \cdot f_l^2\left(b_l^2 + \sum_{k=1}^{152} a_{kl}^{12} \cdot f_k^1\left(b_k^1 + \sum_{j=1}^{152} a_{jk}^{01} \cdot G_{i,j}^{r/a}\right)\right)\right)\right), n=51$
O 元素神经网络模型
$p_{atom,i}^{O}\left(\sigma_n\right) = f_n^4\left(b_n^4 + \sum_{m=1}^{152} a_{mn}^{34} \cdot f_m^3\left(b_m^3 + \sum_{l=1}^{152} a_{lm}^{23} \cdot f_l^2\left(b_l^2 + \sum_{k=1}^{152} a_{kl}^{12} \cdot f_k^1\left(b_k^1 + \sum_{j=1}^{152} a_{jk}^{01} \cdot G_{i,j}^{r/a}\right)\right)\right)\right), n=51$
整体高维神经网络模型
$p\left(\sigma_n\right) = \sum_{i=1\sim N} \sum_{element=H,C,N,O} p_{atom,i}^{element}\left(\sigma_n\right)$

模型参数数量		
层(类型)	输出层维度	参数数量
输入层	(None, 152)	—
隐含层1	(None, 152)	23256
隐含层2	(None, 152)	23256
隐含层3	(None, 152)	23256
输出层	(None, 51)	7803
每一个元素神经网络模型的总参数量		77571
高维神经网络模型的总参数量		310284

表 3-8　基于元素的神经网络模型超参数

元素	样本大小(训练/验证/测试)	隐含层数量	每一层中神经元个数	迭代次数	批次大小	Dropout比例
H	11653/1941/1941	3	152	1000	2000	0.05
C	6832/1138/1138	3	152	1000	1000	0.05
N	229/38/38	3	152	500	20	0.2
O	913/151/151	3	152	500	100	0.2

最终训练结果如图 3-33 所示。H 元素训练集 R_{train}^2、验证集 R_{val}^2 和测试集 R_{test}^2 分别是 0.964、0.918 和 0.907，C 元素分别是 0.975、0.931 和 0.931，N 元素分别是 0.950、0.889 和 0.865，O 元素分别是 0.935、0.867 和 0.902。所有结果均满足拟合标准 $\dfrac{R_{\text{train}}^2 - R_{\text{test}}^2}{R_{\text{train}}^2} < 0.1$

（$\dfrac{R_{\text{train}}^2 - R_{\text{test}}^2}{R_{\text{train}}^2} \geqslant 0.1$ 表示过拟合），这表明 H、C、N 和 O 元素的神经网络模型（即 HDNN 模型）对于 $p_{\text{atom}}(\sigma)$ 预测是可靠的。但是需要注意的是，对于 N 元素神经网络模型，拟合结果为 $\dfrac{R_{\text{train}}^2 - R_{\text{test}}^2}{R_{\text{train}}^2} = 0.09$，接近上限 0.1，这意味着 N 元素可能存在一定的过拟合趋势。

进一步，本节对 MLAC 方法进行了计算速度的测试。本节以包含 31 个原子的分子（SMILES: CCOC(C)CC(=O)OCOOC(C)=O）为例，在笔记本电脑（配置：Intel Core i5-8250U CPU@1.60GHz）上通过 MLAC 方法与 DFT 方法计算了该分子的 $p(\sigma)$，其中，MLAC 方法共耗时 0.921s，包括生成立体的分子结构（从 SMILES 至笛卡尔坐标）耗时 0.147 s、计算 wACSFs 描述符（从笛卡尔坐标至局部原子环境）耗时 0.742s 以及 HDNN 模型预测 $p(\sigma)$（从局部原子环境至 $p(\sigma)$）耗时 0.032s，相比于 DFT 方法（在同一电脑上大约耗时 51min），MLAC 方法的计算速度提升了大约三个数量级，满足 CAMD 高通量计算速度（秒级）要求。

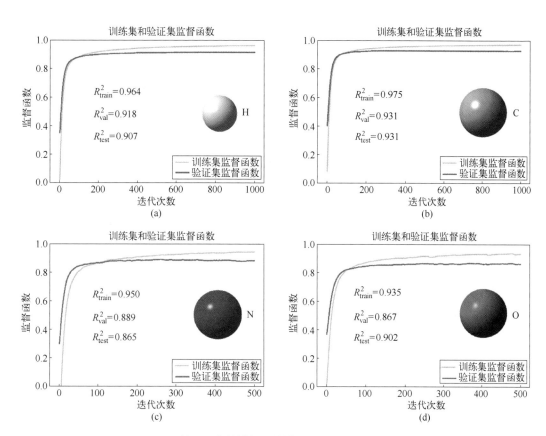

图 3-33　基于元素的神经网络模型的训练结果：(a) H 元素；
(b) C 元素；(c) N 元素；(d) O 元素

由于 MLAC 方法通过牺牲精度来提高 $p(\sigma)$ 的计算速度，因此 MLAC 方法的预测误差需作检验。本节使用 R^2 评估了 MLAC 方法和 DFT 方法（基准）预测的 $p(\sigma)$ 差异。同时，本节还构建了其他加速 DFT 计算的方法（包括 GC 和 GC+ 方法）来预测数据库中相同溶剂的 $p(\sigma)$，以比较 MLAC 方法的性能。这里 GC 和 GC+ 方法分别选择了 220 个 MG1 官能团和 350 个 MG1+MG2 官能团。MG1（一阶）官能团是基于分子亚结构的基团，而 MG2 基团是包含多个 MG1 基团的二阶基团（Marrero 和 Gani 与 Hukkerikar 等人所提出的）。选择官能基团集合（MG1 和 MG2）是因为它们涵盖了大量有机分子，且通常用于基于 GC 的性质预测和 CAMD 分子设计。注意，COSMO-SAC 模型需要三种类型的分子 $p(\sigma)$ 参数作为模型输入：总 (tot)$p(\sigma)$、羟基氢键 (oh)$p(\sigma)$ 和其他氢键 (ot)$p(\sigma)$。GC 和 GC+ 方法通过最小二乘法分别对这些 $p(\sigma)$ 参数进行基团贡献值回归，而 MLAC 方法中三种 $p(\sigma)$ 参数均从 $p_{atom}(\sigma)$ 推导得到。GC、GC+ 和 MLAC 方法中每个 σ 离散区间的 $p(\sigma)$ 回归结果 R^2 如图 3-34 所示。

从图 3-34 可以看出，MLAC 方法中的大多数 σ 区间都比 GC/GC+ 方法的 R^2 大。GC、GC+ 和 MLAC 方法中预测的 tot/oh/ot $p(\sigma)$ 的 $R^2_{平均}$ 分别为 0.82/0.82/0.85、0.87/0.87/0.88 和 0.94/0.92/0.93，这表明与 GC/GC+ 方法相比，MLAC 方法预测 $p(\sigma)$ 结果更接近于 DFT 方法，即 MLAC 方法牺牲的精度更小。

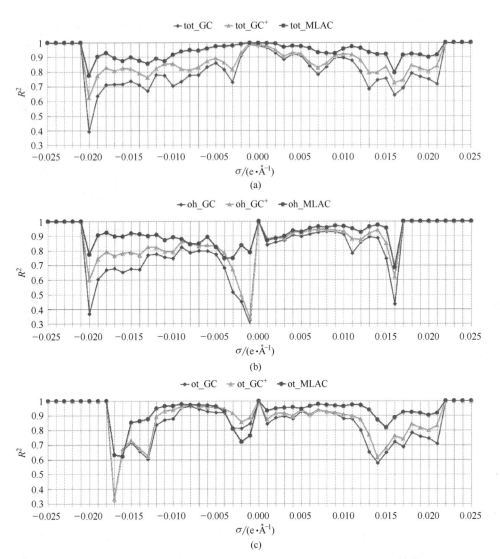

图 3-34　GC、GC$^+$ 和 MLAC 方法中每个离散 σ 区间的预测 tot/oh/ot $p(\sigma)$ 的 $R^2_{平均}$结果

使用 GC、GC$^+$ 和 MLAC 方法生成的 $p(\sigma)$ 可用于基于 COSMO-SAC 模型预测无限稀释活度系数 $\gamma^\infty = f(p(\sigma), V_C, T)$，其中分子空腔体积 V_C 可通过使用基于 MG1 官能团集合的 GC 方法预测（通过 GC 方法预测 V_C 的误差可忽略不计，其拟合结果为 $R^2=0.9998$）。本节使用 GC/GC$^+$/MLAC 方法计算得到的 γ^∞ 与通过 DFT 方法计算得到的 γ^∞ 进行比较。16 种溶质（表示为 "c1~c16"）和 1120 种溶剂用于 γ^∞ 计算，溶剂分为 13 类（表示为 "s1~s13"）。根据式 (3-79)，平均绝对百分比误差（average absolute percent error, AAPE）指标分别用于评估 DFT（基准）与 GC、GC$^+$ 和 MLAC 方法之间预测 γ^∞ 的差异。

$$\text{AAPE} = \frac{1}{T_n} \sum_{t=1}^{T_n} \frac{\left| \gamma_t^{\infty,\text{pre}} - \gamma_t^{\infty,\text{DFT}} \right|}{\left| \gamma_t^{\infty,\text{DFT}} \right|} \times 100\% \tag{3-79}$$

其中，$\gamma_t^{\infty,\text{pre}}$ 是使用 GC、GC$^+$ 和 MLAC 方法估算的无限稀释活性系数，$\gamma_t^{\infty,\text{DFT}}$ 是 DFT 计算的

无限稀释活度系数，T_n是数据点总数。较小的AAPE表示较好的预测能力。16种溶质与13类溶剂通过GC、GC$^+$和MLAC计算方法得到的AAPE热图如图3-35所示。在图3-35 (a)中，当分子存在极性官能团时，GC方法的预测性能会受到限制，例如，含羧基的溶质（c9列）表现出大量的黄色和橙色图块，表明它们对应的AAPE相对较大。即使在GC$^+$方法中引入了MG2基团，图3-35 (b)中的大多数AAPE仍比MLAC方法的AAPE大［图3-35 (c)］。此外，本节使用GC、GC$^+$和MLAC方法计算了总共17920个数据点（1120种溶剂×16种溶质）的AAPE总，结果分别为18.9%、15.6%和6.6%，这证明了本节开发的MLAC方法能够可靠地为COS-MO-SAC模型提供分子$p(\sigma)$以预测γ^∞。

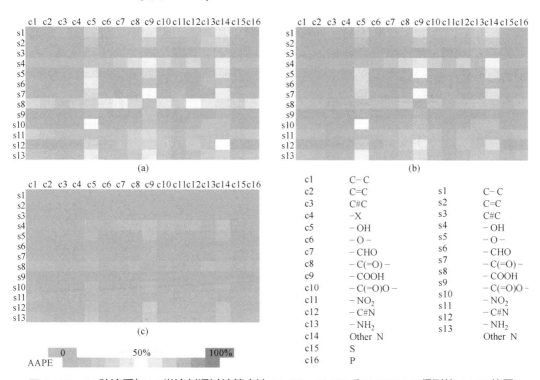

图 3-35 16 种溶质与 13 类溶剂通过计算方法 (a) GC、(b) GC$^+$ 和 (c) MLAC 得到的 AAPE 热图

另外，本节也采用了分配系数 $\log K_{OW}$ 作为额外的指标对 MLAC 方法进行评估，以比较 GC、GC$^+$ 和 MLAC 方法对 $p(\sigma)$ 的预测性能。公式 $\log K_{ow} = \log\left(0.151\dfrac{\gamma_i^{w,\infty}}{\gamma_i^{o,\infty}}\right)$ 用于计算分配系数，其中 $\gamma_i^{w,\infty}$ 是溶质 i 和溶剂水之间的无限稀释活性系数，$\gamma_i^{o,\infty}$ 是溶质 i 和溶剂正辛醇之间的无限稀释活度系数。比较结果如表 3-9 所示。

结果表明，MLAC 方法的平均绝对误差（mean absolute error, MAE）（0.10）小于 GC 方法（0.22）和 GC$^+$ 方法（0.17）。MLAC 方法在各误差（$\Delta \log K_{ow} = |\log K_{ow\,n}^{DFT} - \log K_{ow\,n}^{pre}|$）区间内（≤0.05, ≤0.1, ≤0.2, ≤0.5）的分子数均大于 GC 和 GC$^+$ 方法。MLAC 方法的最大绝对误差 $\max\Delta \log K_{ow}$（1.04）小于 GC 方法（3.50）和 GC$^+$ 方法（1.68）。以上三个结果表明，MLAC 方法预测 $\log K_{ow}$ 的精度高于 GC 和 GC$^+$ 方法，与本节 R^2 和 AAPE 指标的评价结果一致。

表 3-9　分配系数比较结果

方法	MAE [2]	$\Delta\log K_{ow}$ ≤ 0.05	$\Delta\log K_{ow}$ ≤ 0.1	$\Delta\log K_{ow}$ ≤ 0.2	$\Delta\log K_{ow}$ ≤ 0.5	$\max\Delta\log K_{ow}$ [3]
GC	0.22	248/1120 [1]	425/1120	688/1120	1018/1120	3.50
GC+	0.17	330/1120	551/1120	814/1120	1035/1120	1.68
MLAC	0.10	518/1120	769/1120	960/1120	1097/1120	1.04

① 分子数量，余同。② $MAE = \dfrac{1}{N}\sum_{n=1}^{N}|\log K_{own}^{DFT} - \log K_{own}^{pre}|$。③ $\Delta\log K_{ow} = |\log K_{own}^{DFT} - \log K_{own}^{pre}|$。

　　基于数学规划模型的计算机辅助分子设计方法（CAMD）常用于高通量、智能化、最优化设计分子结构。CAMD 一般可表示为由目标函数、分子结构约束和分子性质约束组成的混合整数非线性规划模型（mixed-integer nonlinear programming, MINLP）。通过分解式算法等方法对模型进行求解，可实现由性质到结构的反向优化设计分子的目标。本节将反应动力学模型与基于机器学习的原子贡献法集成到计算机辅助分子设计（CAMD）方法中，设计得到能促进 Menschutkin 反应过程动力学反应速率常数 k^L 的反应溶剂。

　　Menschutkin 反应是叔胺和卤代烷之间的 SN_2 反应。该反应在不同溶剂中受溶剂化效应的影响很大，并因其在工业实践和科学研究中的重要性而得到广泛应用。本节以三丙胺和碘甲烷在 298.15K 下的 Menschutkin 反应为例进行了研究，反应方程式如图 3-36 所示。59 种不同反应溶剂的 k^L 实验数据来从 Lassau 公布的动力学数据。

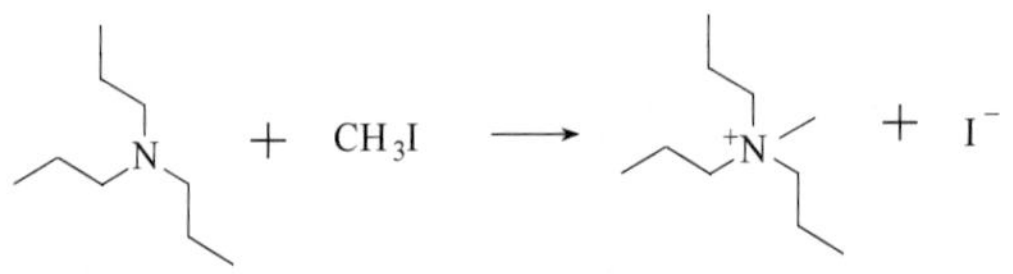

图 3-36　三丙胺与碘甲烷的 Menschutkin 反应化学方程式

　　本 节 选 择 以 下 官 能 团 设 计 分 子：CH_3、CH_2、CH、C、$CH_2=CH$、$CH=CH$、OH、$COOH$、CH_2CN、CN、CH_2NO_2 和 NO_2。表 3-10 给出了反应溶剂结构和性质约束的上下限。目标函数是对数形式的速率常数（$\log k^L$）最大化。熔点 T_m 与沸点 T_b 约束保证反应溶剂在反应温度下是呈液体状态，希尔德布兰德（Hildebrand）溶解度参数 δ 约束确保反应溶剂与反应物之间是相溶的，毒性 $-\log(LC_{50})FM$ 约束保证设计出来的反应溶剂是环境友好的，黏度 μ 约束确保传统过渡态理论的有效性。

　　对于表 3-10 中的反应模型参数（$A_0 \sim A_6$），本节计算了图 3-36 中的溶质（反应物和过渡态）与 59 种实验反应溶剂之间的无限稀释活度系数，通过最小二乘法线性拟合反应动力学模型参数。$A_0 \sim A_6$ 回归结果分别为 -4.752、-0.563、1.810、-4.141、0.712、-0.195 和 0.036，$R^2=0.901$ 和 AAPE=8.73%，表明所建立的反应动力学模型能可靠地预测考虑溶剂化效应的反应速率常数。

表 3-10　Menschutkin 反应过程的反应溶剂设计的结构、性质和过程约束列表

性质	约束条件
基团个数	$2 \leq N_G \leq 8$
相同基团个数	$N_S \leq 8$
官能团个数	$1 \leq N_F \leq 8$

续表

性质	约束条件
298K 下 Hildebrand 溶解度 参数	$15.55 \leqslant \delta \leqslant 23.39 MPa^{1/2}$
毒性	$-\log(LC_{50})FM \leqslant 5.33 -\log(mol \cdot L^{-1})$
熔点	$T_m \leqslant 298.15K$
沸点	$T_b \geqslant 298.15K$
黏度	$\mu \leqslant 6.26cP$①
目标函数(反应溶剂算例)	$\log k^L = A_0 + A_1\log\gamma_{TS}^{\infty} + A_2\log\gamma_A^{\infty} + A_3\log\gamma_B^{\infty} + A_4 X_{DON} + A_5 X_{ACC} + A_6 St$

① $1cP = 1 \times 10^{-3} Pa \cdot s$。

CAMD 方法可将上述溶剂分子结构约束、性质约束以及目标函数转化为混合整数非线性规划 MINLP 数学优化模型。若 MINLP 模型非线性不强，则可通过 BARON 求解器直接求得最优解。然而，本节中由于 COSMO-SAC、HDNN 神经网络等包含强非线性方程，因此需采用分解式算法进行 MINLP 模型的求解。首先，MINLP 模型被分解为混合整数线性规划（mixed-integer linear programming, MILP）和非线性规划（nonlinear programming, NLP）模型，第一个子问题（MILP）包括结构约束和线性性质约束，经过求解器求解得到了 654 个可行的分子候选物（基团集合）。第二个子问题（NLP）包括非线性性质约束与异构体算法，对 654 个基团集合使用基于 SMILES 的异构体生成算法生成 4138 个由 SMILES 表示的异构体，随后利用所建立的反应动力学模型，逐个计算了溶质（三丙胺、碘甲烷和过渡态）在 4138 个溶剂候选物中的 $\log k^L$ 值，并按降序排列，其中关键性质 γ^{∞} 由 MLAC 方法（生成 $p(\sigma)$）、GC 方法（生成 V_c）和 COSMO-SAC 模型估算，氢键供体数量 X_{DON} 和氢键受体数量 X_{ACC} 由 Python 中的 RDKit 库快速计算得到，表面张力 St 由 GC 方法预测得到。最后，通过严格的 DFT 方法验证了反应溶剂设计结果。表 3-11 给出了最优反应溶剂设计结果（根据 MLAC 方法降序排列第一名）。

表 3-11　Menschutkin 反应最优反应溶剂设计结果

SMILES	N#CC\C=C\C[N+](=O)[O-]
分子结构	
$\log k^L$(MLAC方法)	−0.752
$\log k^L$(DFT方法)	−0.835
$\delta(MPa^{1/2})$	22.691
$-\log(LC_{50})FM[-\log(mol \cdot L^{-1})]$	4.137
$T_m(K)$	288.276
$T_b(K)$	518.440
$\mu(cP)$	2.855

图 3-37 比较了 DFT（"D_DFT"）、GC（"D_GC"）、GC⁺（"D_GC⁺"）和 MLAC（"D_MLAC"）方法在计算最优设计溶剂的 $\log k^L$ 时的预测能力。

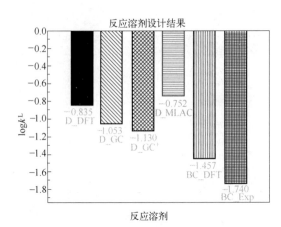

图 3-37　使用最优反应溶剂和苯乙腈对 Menschutkin 反应的 $\log k^L$ 结果

结果表明，MLAC 方法比 GC/GC$^+$ 方法的预测更接近于 DFT 方法，因为 "D_MLAC"（-0.752）的 $\log k^L$ 比 "D_GC"（-1.053）和 "D_GC$^+$"（-1.130）的 $\log k^L$ 更接近 "D_DFT"（-0.835）。此外，通过 DFT 方法，本节设计的最优反应溶剂（SMILES：N#CC\C=C\C[N+](=O)[O-]）的 k^L 为 0.146 与 Lassau 等人报道的最优溶剂（苯乙腈 Benzyl Cyanide, BC），k^L 为 0.035 相比，k^L 提高了 317.1%，说明集成反应动力学模型、基于机器学习的原子贡献法以及 CAMD 反应溶剂设计方法在寻找高性能反应溶剂方面具有很强的潜力。上述对比数据均基于本节的反应动力学模型参数（$A_0 \sim A_6$）和 γ 计算方法（基于 DFT 的 COSMO-SAC 模型）计算得到的。表 3-11 最优设计溶剂中存在的硝基也被证明对其他相似的 Menschutkin 反应有很大的加速作用，这支持了算例设计结果的可靠性。

3.7.2　聚合物设计

材料作为人类赖以生存和发展的物质基础，是工业革命的先导，不仅关系到社会发展、国民经济和国家安全，更是体现国家综合实力的重要标志。高分子材料是现代工业和高新技术的重要基石，已经成为国民经济基础产业以及国家安全不可或缺的重要保证。所谓高分子聚合物，是指相对分子量高达几百至数百万的大分子化合物长链分子，通常由相同的重复单元相互连接而成。聚合物的应用极为广泛，遍及人类的衣食住行，是国民经济的尖端技术。目前，化工产品中聚合物，尤其是塑料、纤维以及橡胶三大高分子材料，其使用已增长至 60% 以上。随着人们对知识的不断探索以及对生活质量的要求不断提高，使得高分子聚合物材料的研究飞速发展，而聚合物新材料的制备以及新应用领域的拓展，使其成为社会进步和发展的重要技术之一。然而，一些聚合物材料在性能、使用期限以及环保等方面仍有待提高。因此，开发高性能、功能性以及绿色化的聚合物材料已成为迫切需求。由于聚合物材料的结构以及性质上的复杂性，聚合物的重复单元结构、分子量分布、支链长度及分布等因素均会对聚合物的性质产生重要影响，因此新材料的开发仍然主要基于实验以及高分子化学知识进行开展，且产品研发周期长、不确定性大。因此综上所述，如何针对聚合物的特点，根据产品的特性需求，通过机器学习研究聚合物产品的设计方法，已成为亟待解决的问题。

计算机辅助聚合物设计方法（computer-aided polymer design，CAPD）一般分为三步。第一步，需要确定产品的需求和目标属性。收集和识别聚合物产品的需求，并通过消费者调查、知识库和启发式方法进一步转化为产品的性质/性能约束。表 3-12 显示了一些典型的聚合物产品的需求和相应的理化性质。例如，聚合物产品的耐热性能取决于导热系数（κ）。同时，基于规则的方法可用于确定聚合物产品的性能约束。这些物理性质的约束可以用计算机辅助方法生成新的聚合物结构，以寻找到满足符合目标需求的聚合物产品。

表 3-12 一些典型的聚合物产品的需求和相应的理化性质

产品需求	物理化学性质
耐热性	导热系数 $\kappa(\text{W}\cdot\text{m}^{-1}\cdot\text{K}^{-1})$
极性	介电常数 ε
聚合物产品形态：玻璃态或橡胶态	玻璃化转变温度 $T_g(\text{K})$
导电性能	电导率 $\sigma(\text{S}\cdot\text{m}^{-1})$
机械性能	拉伸模量 E；体积模量 K；剪切模量 G

第二步，需研究基于分子动力学的聚合物定量构效关系模型。传统的聚合物产品设计方法主要依靠在实验室中测试不同候选分子的试错法。对于种类繁多的化工产品，聚合物的分子量、侧链结构分布和交联对聚合物的性能有很大的影响。然而，聚合物的分子量、侧链结构分布和交联对性质的影响难以使用理论方法得出，多通过实验数据进行回归。因此，首先通过 MD（molecnlar dynamics）模拟聚合物不同分子量、不同侧链结构或不同交联度的目标属性，从而获得其理化性质。其次，基于 MD 模拟结果，通过利用理论模型、半经验方法或基于机器学习建模方法，建立不同分子结构与宏观性质的定量构效关系（QSPR），如式 (3-80) 所示。使用已建立的 QSPR 模型，可以推断具有不同分子量、不同侧链结构或不同交联度的聚合物性质。

$$P_k = f(M_n, n_{i_{SG}}, d_{i_{SG}}, l_{i_{SG}}, c_d \cdots) \tag{3-80}$$

其中，M_n 表示聚合物的分子量；P_k 表示聚合物的性质；$n_{i_{SG}}$ 表示聚合物侧链的基团数；$d_{i_{SG}}$ 表示聚合物侧链的分布；$l_{i_{SG}}$ 表示聚合物侧链的长度；c_d 表示聚合物的交联度。

第三步，需研究计算机辅助聚合物设计方法的数学优化模型。首先是随机优化模型。随机优化是应用随机概率解决具有随机特征的规划问题，是一种不确定性优化方法。随机规划由于引入了随机变量，使得模型更符合实际情况，具有更广泛的应用。为了满足更符合实际的聚合物性能／属性的需求，本节采用了两阶段随机优化的方法建立了以特定聚合物性能／属性最大化为目标的模型。第一阶段的聚合物性能（即第一阶段的决策变量），来源于以不同的聚合物结构建立的 QSPR 模型，第二阶段的聚合物性能（即第二阶段的决策变量），它与实际的操作条件（例如：温度、压力）相关。其次也可以选择贝叶斯优化模型。贝叶斯优化（Bayesian optimization，BO）是一种基于贝叶斯原理以指导搜索目标中的最优解，表达如式 (3-81) 所示。运用该方法的目标是尽可能寻找到满足某一种性能的多种聚合物交联结构。BO 可以根据对未知目标函数 f_{obj} 获取的信息，然后利用观测到的历史信息来找到下一个评估位置，从而快速地达到最优解。为了寻找到多种满足目标需求的聚合物交联结构，本节采用 BO 方法建立了特定聚合物性能／属性最大化为目标的模型。

$$P(f|D_{1:t}) = \frac{p(f)p(D_{1:t} \mid f)}{p(D_{1:t})} \tag{3-81}$$

其中，f 表示目标函数，$p(f)$ 表示 f 的先验分布；$D_{1:t} = \{(x_1, y_1), (x_2, y_2)...(x_t, y_t)\}$ 表示不同

交联度的聚合物结构及对应的性能；x_t表示第t个聚合物结构；$y_t=f(x_t)+\varepsilon_t$表示与第t个聚合物结构对应的性能；$p(D_{1:t}\,|\,f)$表示聚合物性能的似然分布；$p(D_{1:t})$表示边际化f的边际似然分布；$P(f|D_{1:t})$表示聚合物性能的后验分布。在贝叶斯优化框架中，核心过程是代理函数（prior function，PF）和采集函数（acquisition function，AC）的构建。PF主要是利用高斯过程回归，更新PF，则可得到包含更多数据信息的后验概率分布。AC是根据后验分布构造的，通过最大化AC来选择下一个最有"潜力"的评估点。同时，有效的AC能够保证选择的评估点序列使得总损失最小，其表达式如式(3-82)所示。

$$r_t=|y^*-y_t| \tag{3-82}$$

以考虑交联度的聚合物设计为例，对于考虑交联的聚氟磺酸型质子交换膜（PFSA-PEM）的设计，应具备以下性能需求：首先应确保材料的寿命及较好的化学稳定性，对于膜电极材料最重要的性能是较高的电导率以及在正常的温度下能够保持较高的电流密度。上述要求可进一步转化为两种物理化学性质：密度（ρ）和质子扩散系数（$D_{H_3O^+}$）。为保证膜电极的生产，因此聚合物膜密度要集中在一定范围内。质子扩散系数越大，相应的聚合物膜的电导率越高。

接下来将通过机器学习方法构建基于MD的聚氟磺酸型质子交换膜QSPR模型。首先需要进行聚氟磺酸型质子交换膜的MD模拟。为了使交联算法易于实现，本节引入三个基本假设规则。

规则1：聚合物与交联剂的反应活性相同，没有反应顺序，只要满足条件即可发生交联。

规则2：不考虑其他反应和高温条件下的反应。

规则3：反应是扩散控制的。

基于以上假设，使用Materials Studio 2018（MS）中的Perl脚本构建交联聚合物，具体步骤如下。

第一步：此步骤是初始步骤。首先建立聚合物单链和交联剂的初始结构模型，将模型复制并封装在固定边长的周期性盒子中。该步骤需要选择聚合物单链和交联剂中的一个或多个原子作为活性原子，以产生新的化学键。这些活性原子被标记为反应原子R_1，R_2，$\cdots$，R_n。

第二步：此步骤是整个算法的核心。首先，程序读取和搜索聚合物的数据文件，以检查活性原子（R_1，R_2，$\cdots$，R_n）的空间位置。然后，设置交联聚合物的模拟参数（如目标交联度D_{tc}、最大截断半径R_{max}、初始截断半径R、当前截断半径R_{now}等）。如果程序在截断半径内搜索到反应性原子对，聚合物链就会交联并形成新的化学键。否则，截断距离会扩大，直到形成化学键或超过算法定义的搜索次数。在该步骤中，可以通过脚本为活性原子添加一定量的电荷，以促进活性原子在搜索过程中的吸引力。

第三步：此步骤是循环步骤。为聚合物链的交联反应增加动力学扰动，使得聚合物体系的结构不断发生变化。随后，判断聚合物体系是否达到了目标交联度。如果是，将转到第四步。否则，更新原子对后将截断距离变大。在该步骤中，执行程序的目的是通过判断交联度（新形成的键的数量）来控制循环次数。

第四步：此步骤是结束步骤。将体系中过量的交联键和反应原子的额外电荷去除。然后，导出交联聚合物数据文件，将生成的结构文件用于后续的循环退火和 MD 模拟。

其次需要进行聚氟磺酸型质子交换膜的 QSPR 模型建模。在本节中，将贝叶斯神经网络的方法应用于 MD 模拟数据，建立 QSPR 模型，从而可预测出具有不同交联度的 PFSA-PEM 的质子扩散性能。在贝叶斯神经网络模型中，假定先验分布 $p(W)$ 服从正态分布 $N(0, 10)$，似然函数 $p(Y \mid X, W)$ 服从 $(f(x), 0.1)$ 的分布，后验分布 $P(W|X, Y)$ 服从正态分布。假定 KL 散度迭代的空间服从 $N(a, \log(1+\exp(b)))$ 的分布，其中 a 和 b 均为随机数。具体的流程如下：首先，随机取 10000 个样本。例如：$a=0$，$b=0$，那么样本就相当于在 $(0, \log(2))$ 中随机取样。同时在每一轮训练中都有 10000 个样本，且每一轮之间的 a 和 b 不相同。然后，在每一轮训练中，随机数 a_1 和 b_1 都会得到一个近似后验分布，从这个分布里得到 10000 个网络模型 $W_{1,i}$。其中，每个样本都会得到 $q(W_{1,i})$、$p(W_{1,i})$ 和 $\log p(Y \mid X, W_{1,i})$ 这三种分布。$q(W_{1,i})$ 表示参数 $W_{1,i}$ 在 $N(a, \log(1+\exp(b)))$ 分布中的概率，$p(W_{1,i})$ 表示参数 $W_{1,i}$ 在先验分布 $N(0, 10)$ 中的概率，$\log p(Y \mid X, W_{1,i})$ 表示样本输出 Y 在样本输入 X 经过参数为 $W_{1,i}$ 的网络模型后加入扰动的分布 $(f_{1,i}(X), 0.1)$ 中的概率。随后，分别对这三项的 10000 个进行值进行加和，计算 KL 散度。接下来，梯度反向传播优化随机数 a 和 b 使 KL 散度达到最大值。在训练完全后，使用得到的分布 $N(a, \log(1+\exp(b)))$ 近似替代后验分布，在该分布中取样得到 10000 个模型参数，计算得到不同的预测值。最后，根据这些预测值得到最终的贝叶斯神经网络模型预测值（由不同预测值取平均）及置信区间。在本节中，贝叶斯神经网络为两层，神经元的个数为 $(4, 32, 1)$，激活函数为 Sigmoid。将 MD 模拟得到的质子扩散系数数据集划分为训练集和测试集，分别为 $8:1$。损失函数为 ELBO，优化器为 Adam，学习率为 0.1，训练 2500 轮。贝叶斯神经网络的预测结果用置信区间进行评估，表达式如式（3-83）所示。

$$c=\Pr(u(x) < \omega < v(x)) \tag{3-83}$$

其中，c 表示贝叶斯神经网络模型中的置信区间；$u(x)$ 表示贝叶斯神经网络模型中预测结果排名前2.5%；$v(x)$ 表示贝叶斯神经网络模型中预测结果排名后2.5%。

最后通过聚氟磺酸型质子交换膜的随机优化模型进行聚合物的设计。将 BO 法用于确定目标函数中质子扩散系数的最大值，表达式如式 (3-84) 所示。

$$f_{\text{obj}}=\max(D_{\text{H}_3\text{O}^+}) \tag{3-84}$$

在本节中，主要量化不同交联度对 PFSA-PEM 性能的影响，而聚合物骨架对 PFSA-PEM 性能的影响被忽略。在 MD 模拟过程中选择 PEM 的正常工作温度下限和正常工作温度上限。因此，PFSA-PEM 操作条件（温度）约束表达式如式（3-85）所示。

$$T^L \leqslant T \leqslant T^U \tag{3-85}$$

介绍完方法论后，接下来将以一个算例为例进行说明。本节设定聚合物骨架的重复单元分别为 $x=7$ 和 $y=10$，PFSA-PEM 的侧链设定为 Dow（$m=0$，$n=2$）、Nafion（$m=1$，$n=2$）、Aciplex（$m=1$，$n=3$）。三乙胺用作聚合物链之间的交联剂，PFSA-PEM 的侧链在交联后以单氮键（-N-）的形式连接。因此，选择氮作为交联元素。所有交联过程均在 Materials Studio 2018（MS）中进行。首先，在 MS Visualizer 模块中分别构建了水分子（H_2O）、水合氢离子（H_3O^+）、三乙胺（$C_6H_{15}N$）和 PFSA-PEM（例如：Dow、Nafion、Aciplex）单链模型，分别如图 3-38(a)、(b)、(c) 和 (d) 所示。接下来，在 MS Amorphous Cell 模块中建立由 6 个 PFSA-PEM（例如：Dow、Nafion、Aciplex）单链和 30 个三乙胺组成的元胞结构，如图 3-38(e) 所示。随后，将活性原子标记为 R_1 和 R_2，其中将三乙胺的氮原子标记为交联反应原子 R_1，PFSA-PEM 侧链末端的硫原子标记为交联反应原子 R_2。然后，利用 MS Perl 脚本，基于交联聚合物算法建立了目标交联度分别为 0%、10%、20%、30%、40%、50%、60%、70% 和 80% 的 9 个不同交联度的 PFSA-PEM 模型。随着交联反应的进行，当两个反应原子 R_1 和 R_2 之间的距离小于设定的最大截短半径 R_{max} 时，就会形成新的键。而未键合的活性氮原子的数量不断减少，则聚合物体系内就需要多个循环来寻找满足反应条件的活性原子对。因此，难以获得交联度为 100% 的模拟体系。最后，将 H_3O^+ 和 H_2O 放入周期盒子中。为了使盒子保持电荷守恒，另外添加了 60 个 H_3O^+。H_2O 分子数量由水含量 λ（H_2O 数和 H_3O 数之和与磺酸基数之比）决定。在本节中，$\lambda=16$。交联后的 Dow 膜如图 3-38 所示。

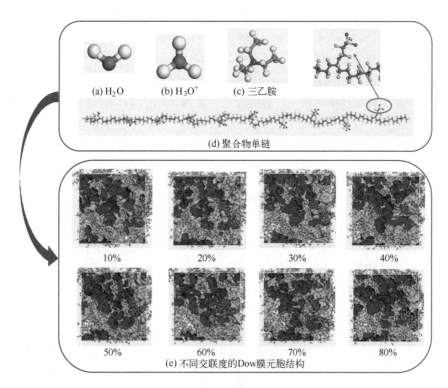

图 3-38　不同交联度的 Dow 膜

在本节中，所有 MD 模拟均在 Materials Studio 2018（MS）中进行。首先，运用 MS 的 Forcite 模块进行几何和能量优化，在多次几何和能量优化后，需要退火过程进行构象搜索，先采用 NPT 系综再 NVT 系综，在 300～600K 的温度范围内连续循环 5 个周期，动力学时间为 1000ps，时间步长为 1fs。然后，MD 平衡以获得最终的 PFSA-PEM 结构，基于牛顿运动定律先采用 NPT 系综再 NVT 系综，动力学时间设置为 2000ps，时间步长为 1fs。将温度和压力调整到不同系综模拟的平衡状态下的预期值。在本节中，Nose-Hoover 方法恒温和 Berendsen 方法恒压以及 COMPASS 力场应用于整个过程，最后分别在 300K、325K 和 350K 温度下进行动态平衡计算，得到能量、温度、边长和密度随时间变化的曲线。

根据最终结构，计算不同交联度 PFSA-PEM 的密度。图 3-39 显示了 3 种 PFSA-PEM（Dow、Nafion、Aciplex）在平衡后的密度。

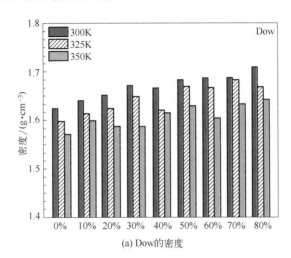

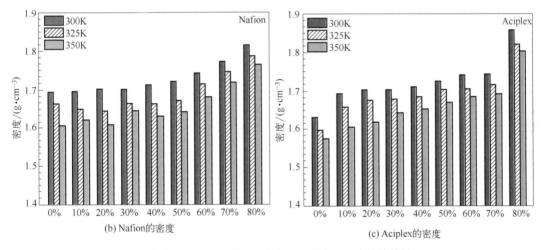

图 3-39　PFSA-PEM 的密度对交联度和温度的依赖性

确定材料的密度是获得最终合理性能的主要步骤。因此，在进行 MD 模拟应使密度接近参考值。据文献报道，Nafion（$\lambda=15$）在 300K 的实验密度为 $1.700\text{g}\cdot\text{cm}^{-3}$。在本节中，在交联度为 0% 时，Nafion（$m=1,n=2$）膜在 300K 时的密度为 $1.693\text{g}\cdot\text{cm}^{-3}$，与文献中的实验数据相接近。随着交联度的增大，分子链间的相互作用也增大，因此分子链排列更加紧密，故密度应呈增长趋势。由图 3-39 可知，交联度与密度的关联呈正相关趋势，证明了 MD 模拟结果的合理性。

在本节中，PFSA-PEM 的质子扩散特性是基于传输机制。在扩散过程中，H_2O 是载体，而氢离子（H^+）与 H_2O 结合形成 H_3O^+。因此，通过标记 H_3O^+ 获得质子扩散系数。

在 MD 模拟中，对于最终结构，MSD 曲线（如图 3-40 所示）是在动态模拟平衡后获得的。图 3-40 描述了不同交联度的 PFSA-PEM（Dow、Nafion、Aciplex）的水合氢离子 MSD 随时间的变化。由图 3-40 可以看出，MSD-t 曲线近似线性，说明水分子在共混体系中的扩散比较稳定。此外，斜率越大，质子扩散系数越高。

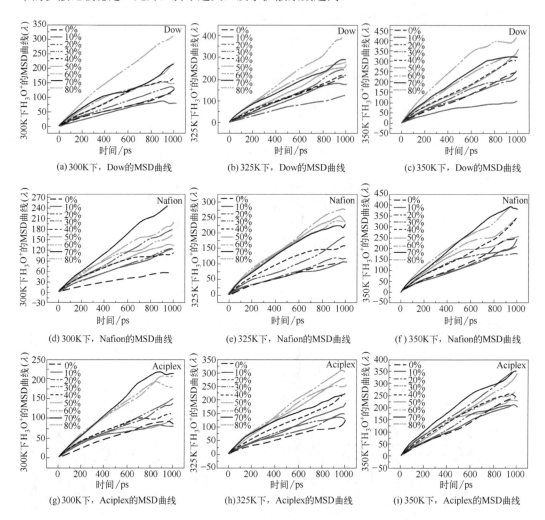

图 3-40　PFSA-PEM 的径向分布曲线

当模拟时间足够长时，MSD-t 曲线的斜率近似为扩散系数的 6 倍。在交联度为 0% Nafion（$m=1,n=2$）膜的在 300K 和 350K 时，质子扩散系数分别为 $0.066 \times 10^{-5} \text{cm}^2 \cdot \text{s}^{-1}$ 和 $0.031 \times 10^{-5} \text{cm}^2 \cdot \text{s}^{-1}$，与文献中的数据相接近（在 303.15K 时，$0.7 \times 10^{-5} \text{cm}^2 \cdot \text{s}^{-1}$；在 353.15K 时，$0.29 \times 10^{-5} \text{cm}^2 \cdot \text{s}^{-1}$）。

在相同的温度下，随着交联度的增大，质子扩散系数呈现增大的趋势。但增大到一定的交联度时继而出现下降趋势。这是由于聚合物链间的交联，使得聚合物链内部形成网状结构。网状的结构有利于质子的传输，但当网状过于紧密有可能会阻止质子的传输过程。质子扩散在 350K 时的 MSD 曲线明显比在 300K 时的质子传递具有更大的迁移率，这也说明温度对质子流动性的影响比较突出。这是因为当膜的温度较高时，体积膨胀，聚合物链之间的空间变大，形成更有利于质子传递的路径。

质子扩散系数性质的贝叶斯神经网络预测结果如图 3-41 所示。横轴（样本 1, 2, …, 11）包括来自 MD 模拟结果和建立的 QSPR 模型的测试集的 11 个数据点。

图 3-42 表明在测试集中几乎所有的样本点都落在 95% 的置信区间内。由 11/11＞95% 可知贝叶斯神经网络置信区间具有高鲁棒性，模型结果值得信赖。

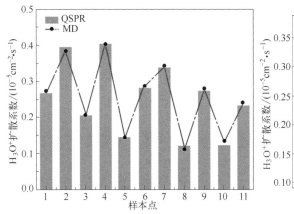

图 3-41 贝叶斯神经网络模型的质子 扩散性能预测结果

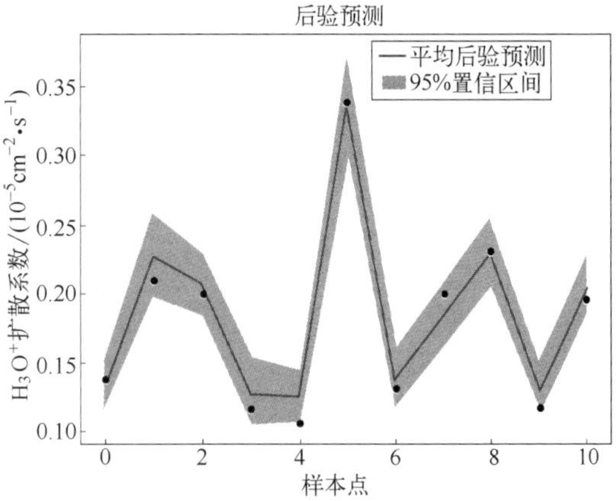

图 3-42 贝叶斯神经网络模型的质子 扩散性能置信区间

聚氟磺酸型质子交换膜的随机优化模型的目标函数为最大化质子扩散系数，表达式如式（3-86）所示。

$$f_{obj}=\max(D_{H_3O^+}) \tag{3-86}$$

侧链中不同交联度的结构约束表达式如式（3-87）所示。

$$0 \leq c_d \leq 0.9 \tag{3-87}$$

在 MD 模拟过程中选择 PEM 的正常工作温度下限（300K）和正常工作温度上限（350）。因此，PFSA-PEM 操作条件（温度）约束表达式如式（3-88）所示。

$$300 \leq T \leq 350 \tag{3-88}$$

在 CAPD 的基础上建立了贝叶斯优化的数学模型，以解决 PFSA-PEM 在不同交联度下的最佳质子扩散性能。在贝叶斯优化框架中，先验概率模型 $p(f)$ 服从正态分布 $N(0, 10)$，似然观测模型 $p(D_{1:t} \mid f)$ 服从 $(f(x), 0.1)$ 的分布。随后，根据 PFSA-PEM 的约束生成 18360 种结构，根据最大化采集函数来选择下一种结构 $x_{1,t}$。然后，根据选择的结构 $x_{1,t}$ 计算目标函数值 $f_{1,obj}=f(x_{1,t})+\varepsilon_t$。接下来，把新得到的 $\{(x_{1,t}, f_{1,obj})\}$ 添加到观测集中，并更新先验概率模型和似然观测模型，为下一次迭代作准备。最终，通过贝叶斯优化得到排名前 10 的 PFSA-PEM 的结构结果如表 3-13 所示。

表 3-13 排名前 10 的 PFSA-PEM 结构

J_m	Q_n	温度	交联度
0	3	350	0.7
0	3	350	0.6
0	4	348	0.9

续表

J_m	Q_n	温度	交联度
0	4	346	0.8
1	3	341	0.7
0	5	343	0.9
0	5	343	0.8
1	4	350	0.9
1	3	346	0.8
2	6	301	0.6

将表 3-13 中同一种侧链结构和温度，但不同交联度排名靠前的新型 PFSA-PEM 结构进行 MD 模拟。新型 PFSA-PEM 在交联度为 60% 和 70% 的密度分别为 1.660g·cm^{-3} 和 1.673g·cm^{-3}。由于在目标函数中是以扩散系数最大为目标，同时被认为是影响 PFSA-PEM 性能的最重要因素。新型 PFEA-PEM 在交联度为 60% 和 70% 时的质子扩散系数分别为 0.430×10^{-5}cm^2·s^{-1} 和 0.524×10^{-5}cm^2·s^{-1}。表 3-14 显示了新型 PFSA-PEM 的 QSPR 模型和 MD 模拟结果。

表 3-14　新型 PFSA-PEM 的 QSPR 模型和 MD 模拟结果

	QSPR 模型	MD 模拟
$D_{H_3O^+}(60\%)$	0.4527×10^{-5}	0.430×10^{-5}
$D_{H_3O^+}(70\%)$	0.5146×10^{-5}	0.524×10^{-5}

与第三节类似的，利用 RDF 进一步表征体系的微观结构。图 3-43 显示了两种不同交联度下新型 PFSA-PEMS 中—SO$_3^-$ 中硫原子和水合氢离子氧原子的 RDF。轮廓基本上彼此重叠，表明温度依赖性可忽略不计。所有体系的 RDF 中的第一个尖峰出现在 3.6～3.8Å，而第二个尖峰出现在 5.5～5.7Å。这些峰分别对应于接触离子对和溶剂分离离子对。这些结果与先前报道的文献相一致。图 3-43（b）显示了两种不同交联度下新型 PFSA-PEMS 中 -SO$_3^-$ 中硫原子和水分子氧原子的 RDF。相应地，这些曲线相互重叠，表明温度依赖性可以忽略不计。这两个峰分别对应于不同离子对的水合壳。因此，这两个峰在 S-O_h 的 RDF 中的位置导致了两个峰在 S-O_w 的 RDF 中的位置。

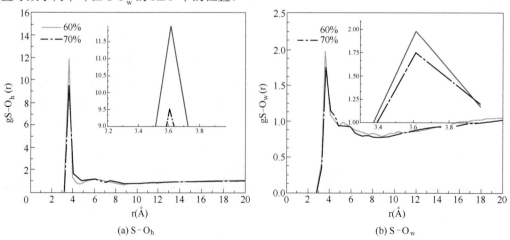

图 3-43　新型 PFSA-PEMs 的 RDF 曲线

本章小结

本章主要介绍了机器学习算法及其在化工产品设计中的应用示例，要点如下。

1. 机器学习可以分为三类：监督学习、无监督学习以及强化学习。

2. 根据标签类型的不同，监督学习可以分为回归问题、分类问题和结构化学习问题。

3. 决策树的关键是如何选择最优划分属性，使分支结点所包含的样本尽可能属于同一类别，即结点的"纯度"越来越高。度量样本集合纯度指标包括：信息熵、增益率、基尼指数等。

4. 核函数是非线性支持向量机中最关键的要素之一，其可隐式地将样本从原始样本空间映射到更高维的特征空间，从而解决原始样本空间中的线性不可分问题。

5. 常用的神经网络包括：前馈网络、记忆网络、图网络等。

6. 误差反向传播算法最具有代表性的、迄今为止最成功的神经网络学习算法。

7. 神经元是构成神经网络的基本单元。

思考题

1. 简述监督式学习与非监督式学习的区别是什么，请各列举 2 项常用算法。

2. 简述如何避免决策树算法出现"过拟合"情况。

3. 简述支持向量机的求解原理。

4. 绘制 BP 网络［输入层（3 维）－隐含层（4 维、1 层）－输出层（2 维）］，并标注关键变量符号（输入值、权重、阈值、输出值、激活函数）与相关公式。

5. 假设两个篮子中均有两种水果，篮 1 包含 40 个苹果和 20 个橙子，篮 2 有上述两种水果各 30 个。现在设想在不看的情况下随机地挑一个篮取一个水果，得到了一个苹果。那么从篮 2 取到苹果的概率是多少？（请用贝叶斯定理解答）

参考文献

[1]　邱锡鹏 . 神经网络与深度学习 [OL]. https://nndl.github.io/.

[2]　周志华 . 机器学习 [M]. 北京：清华大学出版社 , 2016.

[3]　Xiong Z, Wang D, Liu X, et al. Pushing the boundaries of molecular representation for drug discovery with the graph attention mechanism[J]. Journal of Medicinal Chemistry, 2020, 63(16): 8749-8760.

[4]　Li S, Zhou J, Xu T, et al. Structure-aware Interactive Graph Neural Networks for the Prediction of Protein-Ligand Binding Affinity. KDD '21: Proceedings of the 27th ACM SIGKDD Conference on Knowledge Discovery & Data Mining. 2021.

[5]　Gilmer J, Schoenholz S S, Riley P F, et al. Message passing neural networks[M]. In: Schütt K T, Chmiela S, von Lilienfeld O A, Tkatchenko A, Tsuda K, Müller K-R, eds. Machine learning meets quantum physics. Cham: Springer International Publishing, 2020: 199-214.

[6]　Minsky M, Papert S A. Perceptrons: An introduction to computational geometry: MIT press, 2017.

[7]　Pineda F J. Generalization of back-propagation to recurrent neural networks[J]. Physical Review Letters, 1987, 59(19): 2229-2232.

[8]　Hornik K, Stinchcombe M, White H. Multilayer feedforward networks are universal approximators[J]. Neural Networks, 1989, 2(5): 359-366.

[9]　Aarts E, Korst J. Simulated annealing and Boltzmann machines: a stochastic approach to combinatorial optimization and neural computing[M]. John Wiley & Sons, Inc., 1989.

[10] Broomhead D S, Lowe D. Radial basis functions, multi-variable functional interpolation and adaptive networks[M]. United Kingdom: Royal Signals and Radar Establishment Malvern, 1988.

[11] Reichardt C, Welton T. Solvents and solvent effects in organic chemistry[M]. 4th ed. Germany: John Wiley & Sons, 2011.

[12] Struebing H, Ganase Z, Karamertzanis P G, et al. Computer-aided molecular design of solvents for accelerated reaction kinetics[J]. Nature Chemistry, 2013, 5(11): 952-957.

[13] Zhou T. Systematic methods for reaction solvent design and integrated solvent and process design [D]. Magdeburg: Max Planck Institute for Dynamics of Complex Technical Systems, 2016.

[14] Fainberg A H, Winstein S. Correlation of solvolysis rates. III .1 t-Butyl chloride in a wide range of solvent mixtures[2][J]. Journal of the American Chemical Society, 1956, 78(12): 2770-2777.

[15] Winstein S, Fainberg A H. Correlation of solvolysis rates. IV .1 Solvent effects on enthalpy and entropy of activation for solvolysis of t-butyl chloride[2][J]. Journal of the American Chemical Society, 1957, 79(22): 5937-5950.

[16] Campbell D S, Hogg D R. Electrophilic additions to alkenes. Part IV . Kinetics of the reaction of 2,4-dinitrobenzenesulphenyl bromide with cyclohexene in benzene and in chloroform solution[J]. Journal of the Chemical Society B: Physical Organic, 1967, (0): 889-892.

[17] Liu Q , Zhang L, Liu L, et al. Computer-aided reaction solvent design based on transition state theory and COSMO-SAC[J]. Chemical Engineering Science, 2019, 202: 300-317.

[18] Dong Y, Zhu R, Guo Y, et al. A united chemical thermodynamic model: COSMO-UNIFAC[J]. Industrial & Engineering Chemistry Research, 2018, 57(46): 15954-15958.

[19] Hornig M, Klamt A. COSMOfrag: a novel tool for high-throughput ADME property prediction and similarity screening based on quantum chemistry[J]. Journal of Chemical Information and Modeling, 2005, 45(5): 1169-1177.

[20] Mu T, Rarey J, Gmehling J. Group contribution prediction of surface charge density profiles for COSMO-RS(Ol)[J]. AIChE Journal, 2007, 53(12): 3231-3240.

[21] Mu T, Rarey J, Gmehling J. Group contribution prediction of surface charge density distribution of molecules for COSMO-SAC[J]. AIChE Journal, 2009, 55(12): 3298-3300.

[22] te Velde G, Bickelhaupt F M, Baerends E J, et al. Chemistry with ADF[J]. Journal of Computational Chemistry, 2001, 22(9): 931-967.

[23] O'Boyle N M, Banck M, James C A, et al. Open Babel: an open chemical toolbox[J]. Journal of Cheminformatics, 2011, 3(1): 33.

[24] Hsieh C-M, Sandler S I, Lin S-T. Improvements of COSMO-SAC for vapor−liquid and liquid−liquid equilibrium predictions[J]. Fluid Phase Equilibria, 2010, 297(1): 90-97.

[25] Mullins E, Oldland R, Liu Y A, et al. Sigma-profile database for using COSMO-based thermodynamic methods[J]. Industrial & Engineering Chemistry Research, 2006, 45(12): 4389-4415.

[26] Gastegger M, Schwiedrzik L, Bittermann M, et al. wACSF—weighted atom-centered symmetry functions as descriptors in machine learning potentials[J]. The Journal of Chemical Physics, 2018, 148(24): 241709.

[27] Liu Q , Zhang L, Tang K, et al. Machine learning-based atom contribution method for the prediction of surface charge density profiles and solvent design[J]. AIChE Journal, 2021, 67(2): e17110.

[28] Lin S-T, Sandler S I. A priori phase equilibrium prediction from a segment contribution solvation model[J]. Industrial & Engineering Chemistry Research, 2002, 41(5): 899-913.

[29] Chen W-L, Hsieh C-M, Yang L, et al. A critical evaluation on the performance of COSMO-SAC models for vapor−liquid and liquid−liquid equilibrium predictions based on different quantum

chemical calculations[J]. Industrial & Engineering Chemistry Research, 2016, 55(34): 9312-9322.

[30] Oliphant T E. Python for scientific computing[J]. Computing in Science & Engineering, 2007, 9(3): 10-20.

[31] Zhao Y, Chen J, Liu Q, et al. Profiling the structural determinants of aryl benzamide derivatives as negative allosteric modulators of mGluR5 by In silico study[J]. Molecules, 2020, 25(2): 406.

[32] Marrero J, Gani R. Group-contribution based estimation of pure component properties[J]. Fluid Phase Equilibria, 2001, 183-184: 183-208.

[33] Hukkerikar A S, Sarup B, Ten Kate A, et al. Group-contribution+ (GC+) based estimation of properties of pure components: improved property estimation and uncertainty analysis[J]. Fluid Phase Equilibria, 2012, 321: 25-43.

[34] Lassau C, Jungers J. L' influence du solvant sur la réaction chimique. La quaternation des amines tertiaires par l' iodure de méthyle[J]. Bulletin De La Société Chimique De France, 1968, 7: 2678-2685.

[35] Liu Q , Zhang L, Liu L, et al. OptCAMD: An optimization-based framework and tool for molecular and mixture product design[J]. Computers & Chemical Engineering, 2019, 124: 285-301.

[36] Ooi J. Integration of fuzzy analytic hierarchy process into multi-objective computer aided molecular design[J]. Computers & Chemical Engineering, 2018, 109: 191-202.

[37] Shastri Y, Diwekar U. An efficient algorithm for large scale stochastic nonlinear programming problems[J]. Computers & Chemical Engineering, 2006, 30(5): 864-877.

[38] Van K. Properties of polymers: their correlation with chemical structure; their numerical estimation and prediction from additive group contributions[J]. Elsevier, 2009.

[39] Marrero J, Gani R. Group-contribution based estimation of pure component properties[J]. Fluid Phase Equilib, 2001, 183-184: 183-208.

[40] Muller-Plathe F. A simple nonequilibrium molecular dynamics method for calculating the thermal conductivity[J]. Journal of Chemical Physics, 1997, 106(14): 6082-6085

[41] Ikeshoji T, Hafskjold B. Non-equilibrium molecular dynamics calculation of heat conduction in liquid and through liquid-gas interface[J]. Molecular Physics, 1994, 81: 251-261.

[42] Denis J, Evans B. The Nose–Hoover thermostat[J]. Journal of Chemical Physics, 1985, 83(8): 4069-4074.

[43] Sun H J. COMPASS: an ab initio force-field optimized for condensed-phase applications overview with details on alkane and benzene compounds[J]. The Journal of Physical Chemistry B, 1998, 102: 7338-7364.

[44] Chen L, He Y, Tao W. The temperature effect on the diffusion processes of water and proton in the proton exchange membrane using molecular dynamics simulation[J]. Numerical Heat Transfer Part A-Applications, 2014, 65(3): 216-228.

[45] Morris D R, Sun X D. Water-sorption and transport-properties of Nafion-117-H[J]. Journal of Applied Polymer Science, 1993, 50(8): 1445-1452.

[46] Venkatnathan A, Devanathan R, Dupuis M. Atomistic simulations of hydrated Nafion and temperature effects on hydronium ion mobility[J]. Journal Of Physical Chemistry, 2007, 111(25): 7234-7244.

[47] Chen L. Experimental and numerical study on thermal conductivity of proton exchange membrane[J]. Journal of Nanoscience and Nanotechnology, 2015, 15(4): 3087-3091.

[48] Tawarmalani M, Sahinidis N V. A polyhedral branch-and-cut approach to global optimization[J]. Math Program, 2005, 103 (2), 225-249.

3

智能优化算法概述

基本原理

遗传算法 —— 收敛性分析

参数和操作的设计

基本原理

蚁群算法 —— 收敛性分析

参数和操作的设计

智能优化与化工过程综合

基本原理

模拟退火算法 —— 并行与混合算法

禁忌搜索算法

功热交换网络综合

应用示例 —— 单组分体系质热交换网络综合

换热器网络综合

第 **4** 章

智能优化与化工过程综合

4.1 智能优化算法概述

算法是指一个计算过程的具体步骤，可用于计算、数据处理或逻辑推理等。而优化算法，顾名思义就是基于某种思想或规则对一定的目标进行搜索寻优的过程。优化算法是现代科学中的一项重要工具，在自然科学、社会科学、工程设计及现代管理科学中均有着十分重要的实用价值，同时随着计算机的普及与应用，智能优化算法理论在近几十年来得到了十分迅速的发展。从优化机制的角度来说，常见的优化算法主要分为以下几类：经典算法、构造型算法、邻域搜索算法、复杂系统动态演化算法和混合型算法。

① 经典算法，诸如线性规划、非线性规划、整数规划、动态规划等运筹学中的传统求解算法。经典算法一般严格收敛、解析性强，但计算却异常复杂；故更适合于理论推导，而在实际复杂工程问题中实用性稍逊。

② 构造型算法，主要用于生产调度中的排序问题。典型的如约翰逊法，依据加工时间将作业排序分组，而后依据各组顺序将其以一定规则连接在一起；又如帕尔玛法，根据加工时间的斜度顺序指标对作业排序。此外，还有以谓词函数构造线性约束的方法，可用于选定程序路径并生成测试数据。此类算法结构简单、计算快速；但其应用范围较为局限，同时其优化解的质量也往往难以保证。

③ 邻域搜索算法，指根据一定的规则，在当前状态的邻域内搜索新状态并完成对当前状态的更新，如此循环直至收敛或达到终止准则。根据搜索原则的不同，邻域搜索法又可分为局部搜索法及指导性搜索法。

局部搜索法指状态更新过程中仅以局部最优性为指导的搜索方法，如向适应值增加方向持续移动的爬山法。该类算法无需维护搜索树，各节点只记录当前状态及目标方向，且不会前瞻任何与当前状态不直接相邻的状态值；因此局部搜索法结构简单、搜索效率很高，但如其名称一样常常会陷入局部最优解。

指导性搜索法指利用一些启发式的指导规则在整个解空间中进行寻优的方法，如模拟退火算法、分差进化算法、遗传算法、进化规划、进化策略、禁忌搜索、群智能算法等。其中群智能算法中又包含粒子群优化算法、蜂群优化算法、蛙跳算法、细菌觅食算法、人工鱼群算法等。尽管这些算法各有其侧重点与适用范围；但理论上，其搜索范围基本均能覆盖整个解空间，并能在一定程度上兼顾优化质量与优化效率。

④ 复杂系统动态演化算法，源于对科学数据进行模式识别的一种探索，通过构造一个动态演化系统并对其训练，使该系统能自主发现未知的多维数据间的关系（即自组织映射）；相应地，在优化问题中可利用该映射表示决策变量优化目标间的关系，从而优化过程可转化为系统演化过程，而系统的稳定状态即为所对应问题的最优解。典型的系统动态演化算法有神经网络优化算法及混沌搜索等。

⑤ 混合型算法，由不同的算法在算法结构上进行混合而得。其意义在于能够对各种单一算法取长补短，从而得到更好的优化性能。常见的混合型算法通常可兼具两种原算法的优势，如遗传模拟退火算法、遗传粒子群算法等。

上述算法中，如指导性搜索法、动态演化算法及相应的混合算法等以数据为基础，能够根据一定启发式规则或训练过程完成对搜索方向自适应的调整的算法均可称之为智能优化算法。智能优化算法最突出的特点在于它能够以简单的算法结构解决复杂的优化问题，它不仅能够求解非线性、不可微的目标函数，而且对约束条件的线性、可微性甚至连续性也没有过多苛求；对于多极值问题还能有效地克服局部最优解；而仅通过对目标函数及约束条件的简单调整即能适用于多目标优化问题。以上这些求解优势正是实际工程问题中所需要的，因此智能优化算法已经广泛地应用到了很多相关学科并在许多相关领域中成为了研究的热点。另一方面，与传统算法相比，智能算法的主要缺陷在于其数学理论基础相对薄弱，算法中很多参数的选取及操作的设计常常是依靠经验完成的。近年来涌现出的一些算法甚至缺乏严格的收敛性分析，而仅通过仿真实验等数值手段来验证其优化效能。同时智能优化算法也并不是普适万能的，各种算法均有其优缺点及适应的领域，而在整个函数类上的平均表现是基本相同的。因此对智能优化算法的研究可主要着眼于以下两个角度：

① 以算法为导向，重点对其进行理论上的分析，验证其收敛性并给出算法参数选取及算法结构设计的理论依据，由此指出其适用的范围。

② 以问题为导向，根据实际问题的特点设计出具有针对性的算子，在已有的搜索理念基础上对算法进行改进，使其更适用于当前问题。

总之，智能优化算法的发展方向是进一步高效解决非线性、强约束、多极值等问题并保证算法自身强健的鲁棒性，而化工过程往往涉及多尺度、大规模、复杂机理，其数学建模呈现很强的非凸非线性，如何利用智能优化算法高效求解复杂的数学模型，对于解决化学工程实际问题具有重要意义。

4.2 遗传算法

遗传算法（genetic algorithm，GA）是一种模拟生物进化理论中自然选择和遗传机理的高度并行、随机且自适应的优化算法，最早由 Holland 于 1975 年基于进化论的思想提出。GA 将待求解问题表示成"个体（染色体）"，通过选择（selection）、交叉（crossover）、变异（mutation）等操作，模拟自然进化过程，从而进化出适应值最佳的个体，即问题的最优解。鉴于其编码方式和遗传操作简单易实现，GA 成为了当今应用最为广泛的优化算法之一，其主要特点在于隐含并行性、全局解空间的搜索以及优化不受限制性条件（如目标函数的连续性或可微性等）的约束。

4.2.1 遗传算法的基本思想和流程

不同于简单的随机比较搜索，遗传算法通过对个体的评价及个体中基因的作用，有效地利用已有信息来指导搜索，自适应地向着提升适应值的方向进化。GA 中的种群由诸多个体组成，表示问题的解集，而每个个体又是多个基因的集合，其中的基因组合（基因型）决定了其外部表现性状（表现型）。从基因型到表现型的映射即为编码，常用的编码方式有二进制编码或十进制编码等。每一代的种群产生之后，均按照适者生存、优胜劣汰的原则向着最优解的方向演化；其中根据个体适应值的大小来选择个体，并借助于交叉和变异等遗传手段，产生出新的种群，该过程如自然进化一样使种群的适应性逐代提高。最终，末代种群中最优个体经过解码，即可作为问题的近似最优解。

标准遗传算法（standard genetic algorithm，SGA）的计算步骤如下：

① 初始化种群，并计算所有个体的适应值。

② 依据个体适应值进行选择。

③ 依照交叉概率进行交叉操作。

④ 依照变异概率进行变异操作。

⑤ 若满足算法收敛 / 终止准则，则输出搜索结果；否则返回步骤②。

算法流程图如图 4-1 所示。

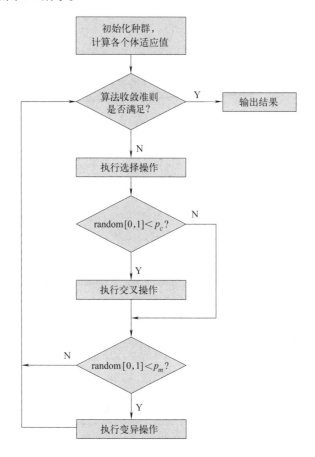

图 4-1　标准遗传算法流程图

上述算法中，个体的适应值与目标值一一对应，是 GA 中对个体进行选择的唯一指标；选择操作中选择概率通常正比于个体的适应值，这表示高适应值个体将以更高的概率出现在下一代中，从而可提高种群的平均适应值。其中变异操作通过随机改变个体中某些基因来产生新个体，从而增加种群多样性，并可避免早熟收敛；而交叉操作在两父代个体间进行基因的交换以产生新的基因型，同时也使父代的优良性能在子代中得到继承。

4.2.2 遗传算法的收敛性分析

在 SGA 中，由于每一代状态的转移仅依赖于选择、交叉和变异操作，而与进化代数无关，因此 SGA 可视为一个有限状态的齐次马尔可夫链。首先对马尔可夫链的定义做简要介绍：

在所有状态构成的解空间 $\Omega=\{s_1, s_2, \cdots\}$ 中，不同时刻的状态变量 $X(k)$ 所组成的随机序列 $\{X(k)\}$ 即称为马尔可夫链。

研究表明遗传算法是一个遍历马尔可夫链，即其极限分布与初值无关，因此初始种群可以任意选取；另一方面也说明在任意时刻从状态 i 转移到状态 j 的概率均不为 0；尽管如此，这却并不能保证 SGA 一定能够收敛到全局最优解。令 $P(k)$ 为第 k 代种群，设 Z_k 为该种群中最优个体的适应值，另设 f^* 为全局最优适应值，则可以证明 SGA 中任意状态 i 的极限分布概率 $\lim_{k\to\infty} p_i^k = p_i^\infty > 0$，因此 $\lim_{k\to\infty} P(Z_k = f^*) \leqslant 1 - p_i^\infty < 1$，这意味着 SGA 不能保证搜索出全局最优解，其原因在于 SGA 中最优解概率性的遗失。要解决此问题可在标准遗传算法的基础上加以改进：每代操作中（如交叉、变异）均保留当前最优解（即保优操作）。保留最优个体的遗传算法能够实现以概率 1 收敛至全局最优解。关于遗传算法的收敛速度，研究表明：给定任意精度 $\varepsilon > 0$，当遗传代数 $k \geqslant k_0 [1+\ln\varepsilon/\ln(1-\delta)]$ 时，算法将满足要求精度；其中 k_0 可认为是由任意初始种群到最优种群的首达代数，δ 则为相应的首达概率，遗传算法的收敛速度即由此二者控制。然而，k_0 和 δ 均是理论上的参数，实际问题中难以给出其具体值；故在使用遗传算法时，只需满足算法终止准则即可，相应的最优个体即为近似最优解。

需要补充的是，尽管理论上极限分布不受初始种群随机性的影响，但在实际操作中，算法的某些操作只能采取近似处理（如进化代数不可能无限大），因而其进化结果仅为近似最优解且存在一定的波动性，通常多次执行后所得的结果更为可靠。

4.2.3 遗传算法参数和操作的设计

根据算法流程，遗传算法中的关键参数和操作主要包含以下几项。

（1）编码

应用遗传算法时所要解决的首要问题便是编码。通过编码，问题的解可被表示成 GA 中能够用于进化的个体，编码合理与否将直接影响到算法的求解性能与效率。二进制编码是遗传算法中最基本的编码方式，通过字符集 {0,1} 将问题的解表示成染色体位串；其他常用的编码方式诸如格雷码、实数编码、符号编码、序列编码、二倍体编码、DNA 编码等也均在相关领域的优化中表现出了较好的效果。一般来说编码方式的选择主要参考以下几个方面：完备性（completeness）、紧致性（compactness）、个体可塑性（flexibility）、封闭性（closure）、多重性（multiplicity）、模块性（modularity）、复杂性（complexity）、可扩展性（scalability）及冗余性（redundancy）。由于化工过程综合问题中待优化的变量可分为两大类：(a) 连续型实数变量，如温差贡献值、换热器面积等；(b) 整型变量（0-1 变量），如超结构结构变量及合并向量中各元素；故采用实数编码与二进制编码相结合的编码方式，进化过程中在各自码位内进行交叉、变异等操作。如大规模换热器网络综合问题中，染色体的位串为：

$$a_1\,a_2\cdots a_i\cdots\mid b_1\,b_2\cdots b_j\cdots\mid c \tag{4-1}$$

其中 a_i 表示各流股的温差贡献值，采用实数编码；b_j 表示合并向量中的元素，采用二进制编码；c 表示分支系数，采用实数编码。

（2）适应值函数

适应值函数用于对个体进行评价，是算法中进化的重要依据。一般来说，适应值函数可根据目标函数简单变换而得。由于各问题的目标函数取值范围及优化方向的差异，适应值函数的选取亦有所不同。对于换热器网络综合中的费用优化问题，适应值被规定在 (0,1) 之间，以其增大的方向进化，其表达式为 $f(x)=\exp(-C(x)/C_0)$，其中 $C(x)$ 为换热器网络的年度总费用，C_0 为与年度总费用数量级相当的一个常数。

（3）算法参数

GA 中的算法参数一般包括种群规模、交叉概率、变异概率等。

种群规模表示每一代中所含个体的数量。当种群规模较小时，算法的计算速度会得到显著提高；但由于无法提供足够的采样点，算法的优化性能变得较差。相应地，当种群规模增大时，算法可有效避免早熟收敛，但无疑会延长计算时间。故种群规模的选取应折中考虑优化性能及效率。

交叉概率表示交叉操作的执行频率。交叉概率越大，个体间信息的交流越频繁，越利于优质基因的传播；然而过大的交叉概率将降低个体的稳定性，不利于高适应值个体的传承。

变异概率表示变异操作的执行频率，用于增进种群的多样性。变异概率过小不利于新基因的产生；变异概率过大则会使 GA 失去进化的意义而变为随机搜索。

GA 中算法参数的选取本身也是一个十分复杂的优化问题，如 Grefenstette 就曾对此作过深入研究，并提出了以 GA 对 GA 自身参数进行优化的二级数值方法。截至目前，理论上尚无严格的定量选取方法，而仅有如上的定性分析结论。实际问题中，通常可根据经验及计算结果综合考虑。针对具体问题给出各自的种群规模，交叉、变异概率；同时在非线性不等式约束解法的分析中将以不同的种群规模具体分析其对计算结果的影响并验证算法的稳定性。对于交叉概率及变异概率的表达，应基于随机数进行判断，如给定交叉概率 p_c，选择随机数 random $\in(0,1)$，若 random $\leqslant p_c$，则执行交叉操作。

（4）遗传算子

尽管遗传算法中存在各种各样的算子，然而其主要归为三类：选择，交叉和变异。

① 选择算子是模仿生物进化过程中"适者生存"的操作。选择操作决定了能够在种群中存活并转至下一代的染色体，通常采用的方法是基于适应值排名按比例进行选择。

② 交叉算子亦被称为重组（recombination），是指在 GA 中根据两个或以上的父代，通过交换染色体片段来构成子代染色体的过程。交叉算子具有两重典型的意义：首先可将搜索空间坍塌至更有希望的区域；其次可提供一条子代继承父代性质的途径。实数编码段采用算数交叉，二进制编码段采用单点交叉。此外可以对交叉中父代的选择方式做一定改进。

③ 变异算子是模仿生物繁殖过程中不可预知的基因突变现象，通过在进化过程中对一个或数个基因产生随机扰动来实现。变异算子的意义在于提供一个跳出局部最优解的机制；否则算法可能会因为基因多样性的不足而导致早熟收敛，这常常是很多 GA 计算终止的原因。二进制编码段采用替换式变异，实数编码段采用扰动式变异。

（5）算法终止准则

虽然 GA 的收敛性理论上已经得到了证明，然而实际应用中，无法按照理论严格选取参数或是无休止地进化下去。因此需要一个终止准则来结束算法的进程。GA 中通常采用的终止准则为规定一个最大进化代数或适应值无提高的最大代数，针对具体问题具体给出。

4.3　蚁群算法

4.3.1　蚁群算法的基本原理

蚁群算法（ant colony algorithm）是一种源于大自然生物界的仿生类算法，其思想充分吸收了蚁群在觅食过程中的行为特性。自然界中蚁群能通过相互协作找到从蚁巢到食物的最短路径，并且能随环境变化（如突然出现障碍物）而变化，很快地重新找到最短路径。大量研究发现，蚂蚁在寻找食物过程中，会在它们经过的地方留下一些称为信息素（pheromone）的化学物质，而且同一蚁群中的蚂蚁能感知到这种物质及其强度，后来的蚂蚁会倾向于朝信息素浓度高的方向移动，而移动留下的信息素又会对原有的信息素进行加强，这样，经过蚂蚁越多的路径信息素越强，而后续的蚂蚁选择该路径的可能性也越大。由于在相同时间段内越短的路径会被越多的蚂蚁访问，所以后续的蚂蚁选择较短路径的可能性也越大，最后所有的蚂蚁都走最短的那条路径。

通过一个简单的实例来说明蚁群算法，如图 4-2 所示。假设 A 是巢穴，E 是食物源，FC 为一障碍物。由于障碍物存在，蚂蚁只能经由 F 或 C 由 A 到达 E，或由 E 到达 A，各点之间的距离如图所示。设每个时间单位有 30 只蚂蚁由 A 到达 B，有 30 只蚂蚁由 E 到达 D 点，蚂蚁过后留下的信息素物质量（以下我们称之为信息）为 1。为方便计算，设该物质停留时间为 1。在初始时刻，由于路径 BF、BC、DF、DC 上均无信息存在，位于 B 和 E 的蚂蚁可以随机选择路径。从统计的角度可以认为它们以相同的概率选择 BF、BC、DF、DC。

经过一个时间单位后，在路径 *BCD* 上的信息量是路径 *BFD* 上信息量的二倍。*t* 时刻，将有 20 只蚂蚁由 *B* 和 *D* 到达 *C*，有 10 只蚂蚁由 *B* 和 *D* 到达 *F*。随着时间的推移，蚂蚁将会以越来越大的概率选择路径 *BC*，最终完全选择路径 *BCD*，从而找到由蚁巢到食物源的最短路径。

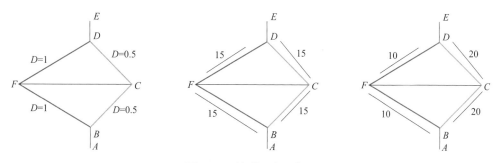

图 4-2　蚁群寻食示意图

由此可见，大量蚂蚁组成的蚁群的集体行为实际上构成了一个正反馈过程：某一路径上走过的蚂蚁越多，则后来者选择该路径的概率就越大。其算法的本质在于：

① 选择机制，信息素越多的路径，被选择的概率越大；

② 更新机制，路径上的信息素会随着经过的蚂蚁而增多，也会随着时间的推移而减少；

③ 协调机制，蚂蚁之间实际上是通过信息素来相互通信、协调工作的。

蚁群算法作为一种解决 NP-hard 组合优化问题的启发式算法，该算法主要的优点是：

① 它是一种本质并行的算法。蚂蚁搜索的过程彼此独立，只通过信息素进行间接通信。由于大规模的并行计算，可以显著减少计算时间。

② 它是一种正反馈算法。一段路径上的信息素越多，就会吸引更多的蚂蚁来到这条路径，从而增加更多的信息素。正反馈的存在，加快了收敛搜索速度。

③ 它易与其他算法结合。它可以与其他启发式算法结合，以改善算法性能。

④ 它具有很强的鲁棒性。只要稍加修改，就可应用于其他问题。

由于蚁群算法具有以上优点，因而得到了广泛的应用。但是蚁群算法仍有不足之处，主要表现在以下方面。

① 容易出现停滞现象。算法出现停滞现象是指：当搜索进行到一定程度的时候，算法找到历史的最优解（这个解不一定是全局的最优解）不再改善，过早收敛。这时候可能有两种情况发生，一是有一条长度明显优于其他路线的路径，蚂蚁被迅速吸引到这条路径上来，留下远多于其他路径的信息素，从而无法再对解空间进一步搜索；二是有几条长度相似的路径，蚂蚁在这几条路径上留下的信息素分配比较均匀，使得蚂蚁对这些路径的选择概率基本相同，算法无法进行进一步搜索，无法找到更好的解。

② 求解连续对象优化问题的能力相对较弱。

③ 蚁群算法没有形成系统的分析方法和数学基础，参数的选择更多地依靠经验。

蚁群算法是模拟蚂蚁觅食行为的群智能优化算法。除了可以模拟蚂蚁觅食行为，针对鸟类觅食行为的模拟则产生了另一种群智能优化算法——粒子群优化算法（particle swarm optimization，PSO）。该算法的基本原理、模型描述特征、实现步骤及流程与蚁群算法类似，即假设每个优化问题的解是搜索空间中的一只鸟，把鸟视为空间中的一个没有重量和体积的理想化"质点"，称为"粒子"或"微粒"，每个粒子都有一个由被优化函数所决定的适应度值，还有一个决定了它们的飞行方向和距离的速度值。然后，粒子通过追随当前的最优粒子在解空间中搜索最优解。本节以蚁群算法为例，重点阐述收敛性分析和算法实现流程，粒子群算法基本思路与之相当，可借鉴蚁群算法分析过程。

4.3.2　蚁群算法的收敛性分析

蚁群算法虽然在诸多领域获得了成功，也提出了多种不同版本的改进算法，然而大部分是经验性的试验研究，就算法理论来说，缺乏必要的理论框架，及相关理论基础和依据，对蚁群算法工作机理的认识还停留在拟生态的角度，缺乏必要的数学模型来进行描述和分析，这在很大程度阻碍了算法的发展。近年来在蚁群算法收敛性理论上取得了一定的成果。

Gutjahr 第一个给出了蚁群算法收敛性数学证明，它提出了一个基于图的 GBAS 算法（graph-based ant system），把组合优化问题映射为一个由解构成元素组成的解构造图，并定义了算法以三元组 $\{\Gamma(t), S(t), f^*(t)\}$ 为状态的马尔可夫模型。其中，t 为算法迭代代数，$\Gamma(t)$ 为解构造图上的信息素分布向量，$S(t)$ 或 St 为当前迭代采样解集合，即算法第 t 轮迭代中由 Y 个蚂蚁所构造的可行解集合，$f^*(t)$ 为到当前迭代为止所找到的最好解的代价函数。并证明了算法将以概率 $1-\varepsilon$ 收敛于最优解，其中 ε 可以通过选择足够大的蚂蚁数量 Y 或足够小的信息素挥发系数 ρ 来获得任意小的值，并给出了某个蚂蚁在有限次迭代中找到最优解的概率的下界。然而 GBAS 算法的收敛性建立在只有一个最优解的前提下，不过作者提到，在多个最优解的情况下也可以证明算法的收敛性，但在数学描述上是非常复杂的。此外 GBAS 算法的收敛速度是很慢的，因为算法只有在找到了比以前更好的解时才更新信息素；其次，对于给定的 ε，不能确定蚂蚁数量 Y 的下界或信息素挥发系数 ρ 的上界，显然该算法的收敛性质只具有理论上的意义。

Stutzle 和 Dorigo 不严格地证明了他们提出的一种最大最小蚂蚁算法（MAX-MIN AS）的收敛性，即当前算法找到的最好解的质量函数收敛于最优解的质量函数。然而这种收敛性是很弱的。

Gutjahr 证明了其提出的两种算法具有类似于模拟退火算法所具有的严格收敛性。这两个算法分别为 GBAS/tdev 算法（时变信息素挥发系数 GBAS 算法），GBAS/tdlb 算法（时变信息素下界 GBAS 算法），作者定义了算法以二元组 $\{\Gamma(t), S_{gh}(t-1)\}$ 为状态的非齐次马尔可夫模型。其中，t 为算法迭代代数，$\Gamma(t)$ 为解构造图上的信息素分布向量，$S_{gh}(t-1)$ 为第 $t-1$ 次迭代结束为止算法找到的最好解。基于此马尔科夫模型，证明了这两个算法中，每次迭代所构造的解将以概率 1 收敛于最优解并给出了保证收敛性的时变信息素挥发系数 ρ 的时变上界。

当前研究提出了一种具备传统蚁群算法基本特征的简单蚁群算法，并给出了变异和最优保存两点改进。在给定近似精度的基础上通过马尔可夫过程分析了该算法以概率 1 收敛于全局最优。同时，通过对衰减度、变异率等参数的定性讨论，得出了参数的取值对算法性能的影响，并从理论上说明，传统蚁群算法通常的选择概率公式是有缺陷的，而具有变异机制的蚁群算法要好于传统蚁群算法。

另外，学者们在蚁群算法的基本思想基础上构造了通用的优化算法——广义蚁群算法，并在压缩映像不动点理论基础上对广义蚁群算法的收敛性进行了分析，给出了广义蚁群算法收敛的充分条件。

4.3.3　蚁群算法参数和操作的设计

在城市中每一个蚂蚁有以下简单特性：

① 在运动过程中，根据路径上的信息素浓度以相应的概率选取下一步路径；

② 规定蚂蚁不再选取自己已经走过的路径作为下一步路径，由禁忌表来控制这一点（$\text{tabu}_k(k=1, 2, \cdots, m)$）；

③ 当完成一次循环后，根据整个路径长度来释放相应浓度的信息素，并更新走过路径上的信息素浓度。

在初始化的时候，m 个蚂蚁被放置在不同的城市上，赋予每条边上的信息素浓度为 $\tau_{ij}(0)$。每个蚂蚁 k 的 tabu_k 集合的第一个元素赋值为它所在的城市。

用 $P_{ij}^k(t)$ 表示在 t 时刻蚂蚁 k 由城市 i 到城市 j 的概率，则

$$P_{ij}^k(t) = \begin{cases} \dfrac{\tau_{ij}^{\alpha}(t)\eta_{ij}^{\beta}(t)}{\sum \tau_{ij}^{\alpha}(t)\eta_{ij}^{\beta}(t)} & j \in \text{allowed}_k \\ 0 & \end{cases} \tag{4-2}$$

式中，α —— 蚂蚁在行进过程中所积累的信息素浓度对它选择路径所起作用的大小；

　　　β —— η_{ij} 的重要程度，可由实验的方法确定参数 α、β 的最优组合；

　　　η_{ij} —— 由城市 i 到 j 的期望程度，可根据某种启发算法而定，一般令 $\eta_{ij} = 1/d_{ij}$，d_{ij} 表示城市 i 与城市 j 之间的距离；

　　　τ_{ij} —— 城市 i 与城市 j 之间的信息素浓度，一般会随着时间的推移而减少，用 $1-\rho$ 表示它的衰减程度；

　allowed_k —— 蚂蚁 k 下一步允许走过的城市的集合，它随着蚂蚁 k 的行进过程而动态改变。

经过 n 个时刻，蚂蚁 k 走完所有城市，完成一次循环。随着时间的推移，以前留下的信息素逐渐消逝，用参数 ρ 表示信息素消逝程度，蚂蚁完成一次循环以后，各路径上的信息量要作以下调整。

准则 1（局部调整准则）：局部调整是指每只蚂蚁在建立一个解的过程中进行，经过 h 个时刻，两个城市之间的局部信息素数量要根据式（4.5）～式（4.7）作调整；

准则 2（全局调整准则）：只有生成了全局最优解的蚂蚁才有机会进行全局调整，全局调整规则根据式（4.3）～式（4.4），可对各条路径进行信息素浓度更新。

$$\tau_{ij}(t+n) = \rho * \tau_{ij}(t) + \Delta\tau_{ij} \tag{4-3}$$

式中，$\Delta\tau_{ij}$ 表示路径上的信息素浓度的变化量。

$$\Delta\tau_{ij}=\sum_{k=1}^{m}\Delta\tau_{ij}^{k} \tag{4-4}$$

$\Delta\tau_{ij}^{k}$ 表示蚂蚁 k 在本次循环中在城市 i 和城市 j 之间留下的信息素浓度，其计算方法根据计算模型而定。一般有三种计算模型。

① 蚁群循环系统

$$\Delta\tau_{ij}^{k}=\begin{cases}\dfrac{Q}{L_{k}} & \text{若第 } k \text{ 只蚂蚁在时刻 } t \text{ 和 } t+1 \text{ 之间经过 } ij \\ 0 & \end{cases} \tag{4-5}$$

其中，Q 为常数，L_{k} 表示蚂蚁 k 在本次循环中所走路径的长度。

② 蚁群量系统

$$\Delta\tau_{ij}^{k}=\begin{cases}\dfrac{Q}{d_{ij}} & \text{若第 } k \text{ 只蚂蚁在时刻 } t \text{ 和 } t+1 \text{ 之间经过 } ij \\ 0 & \end{cases} \tag{4-6}$$

其中，d_{ij} 表示城市 i 与城市 j 之间的距离。

③ 蚁群密度系统

$$\Delta\tau_{ij}^{k}=\begin{cases}Q & \text{若第 } k \text{ 只蚂蚁在时刻 } t \text{ 和 } t+1 \text{ 之间经过 } ij \\ 0 & \end{cases} \tag{4-7}$$

蚁群密度系统与蚁群量系统中，蚂蚁每走一步（t 到 $t+1$）都要更新经过路径上残留的信息素浓度，而非等到所有蚂蚁完成对 n 个城市的访问后。而蚁群循环系统是蚂蚁完成访问后对全局进行更新。因此，前两者利用的是局部信息，而后者利用的是整体信息。因此，如果路径没有被选中，采用整体信息时上面的信息素浓度会逐渐降低，因此会逐渐"忘记"不好的路径。

但是，利用局部信息进行更新，会大大加快算法的收敛速度。因此，在迭代过程中我们可以选择蚁群密度系统模型，进行信息素的局部更新，而利用蚁群循环系统进行信息素的全局调整。

下面我们归纳蚁群算法的主要步骤：

步骤 1 $nc=0$（nc 为迭代步数或搜索次数），每条边上的 $\tau_{ij}(0)=c$（常数），并且 $\Delta\tau_{ij}=0$；放置 m 个蚂蚁到 n 个城市上。

步骤 2   将各蚂蚁的初始出发点置于当前解集 $\text{tabu}_{k}(s)$ 中，对于每个蚂蚁 $k(k=1,\cdots\cdots,m)$，按概率 $P_{ij}^{k}(t)$ 移至下一个城市 j；将城市 j 置于 $\text{tabu}_{k}(s)$ 中。

步骤 3   经过 n 个城市，蚂蚁 k 可走完所有的城市，完成一次循环。计算每个蚂蚁走过的总路径长度 L_{k}，更新找到的最短路径。

步骤 4   更新每条边上的信息素浓度 $\tau_{ij}(t+n)$。

步骤 5   对每一个边，置 $\Delta\tau_{ij}=0$，$nc=nc+1$。

步骤 6   若 nc ＜预定的迭代次数 NCMAX，则转至步骤 2；否则，输出最短路径，终止整个程序。

蚁群算法的流程图如图 4-3 所示。

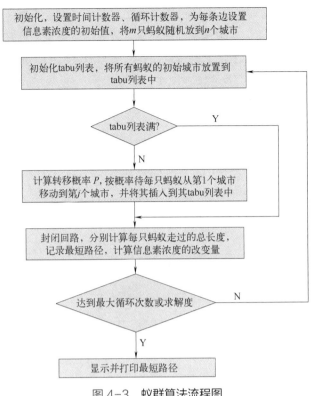

图 4-3　蚁群算法流程图

4.4　模拟退火算法

模拟退火（simulated annealing，SA）算法是一种基于蒙特卡洛（Monte Carlo）方法的随机式优化算法，它将一般的优化问题类比于固体退火过程，其中问题的最优解即对应着能量最低的晶体结构。模拟退火算法的主要意义在于能够通过概率接受函数以一定概率跳出局部最优解，同时伴随着退温过程及抽样稳定性准则可最终搜寻到问题的全局最优解。

4.4.1　模拟退火算法的基本思想和流程

Metropolis 等于 1953 年首次提出了重要性采样法，即 Metropolis 准则。其内容为：在退火温度 t 下，由当前状态 i 产生新状态 j，两者的能量分别为 E_i 和 E_j。若 $E_j < E_i$ 或接受概率 $p_r = \exp\left(-\dfrac{E_j - E_i}{kt}\right)$ 大于区间 $[0, 1)$ 内的随机数，则接受新状态 j；否则仍保持原状态 i 不变，其中 k 为玻尔兹曼（Boltzmann）常数。该采样法的意义在于：在高温下能够以较大概率接受能量高于当前状态的新状态，其中接受能量较高状态的概率随着温度的下降而逐步降低，该性质类似于固体中粒子在退火过程中的热运动，最终当温度趋于 0 时，就只能接受能量低于当前状态的新状态。若反复执行此采样过程，系统能量将逐步降低，最终各状态达到平衡，其概率分布服从 Gibbs 分布，此时系统能量最低。

Kirkpatrick 等在 1983 年将组合优化问题类比于物理退火过程，在求解过程中采用

Metropolis 准则，从而提出模拟退火算法。该算法以某较高初温开始，采用 Metropolis 准则完成解空间内的随机搜索以实现概率性的突跳，随后温度逐步降低并于每个温度下重复执行此过程，最终完成对全局最优解的搜索。标准模拟退火（standard simulated annealing，SSA）算法的计算步骤如下，其流程图如图 4-4 所示。

① 选定退火初温 $t=t_0$，随机产生初始状态 $s_i=s_0$。

② 由当前状态 s_i 产生新状态 s_j。

③ 若 $\min\{1,\exp[-(f(s_j)-f(s_i))/t_k]\} \geqslant \text{random}[0,1]$，则 $s_i=s_j$。

④ 重复步骤②、③，直至满足抽样稳定性准则。

⑤ 更新退火温度 $t_{k+1}=\text{update}(t_k)$。

⑥ 重复步骤②、③，直至满足算法终止准则。

⑦ 搜索结束，输出结果。

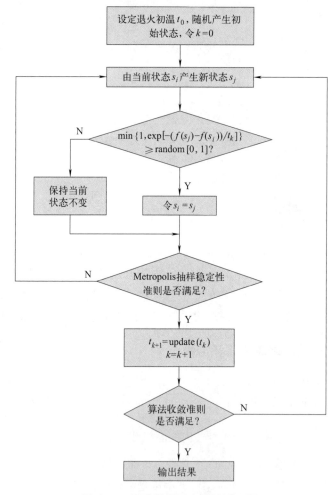

图 4-4　标准模拟退火算法流程图

其中，f 为目标函数。可见，依据状态接收函数及退火温度，模拟退火能够以一定概率接受目标值较差的解，因此模拟退火具有较强的鲁棒性及优秀的全局搜索能力。然而实际操作中，由于 Metropolis 抽样稳定性准则及退温过程不能无限地进行下去，故只能以其渐进行为逼近全局最优解；其中退温越慢、抽样次数越多，所得解的质量越高，但同时也增加了搜索时间。

4.4.2 模拟退火算法的收敛性分析

根据模拟退火算法的搜索流程可知，算法中每个新状态 j 均随机产生于当前状态 i 的邻域 N_i 中，而后根据接受概率判断是否接受；由于该接受概率仅受当前状态和新状态的影响，并以退火温度作为参数进一步控制。因此，模拟退火算法的搜索过程即对应着一个马尔可夫链。根据固定温度下马尔可夫链的平稳分布状态（即抽样稳定性）可进一步将模拟退火分为时齐和非时齐算法两类，其中时齐算法要求在每一退火温度下，均反复执行抽样过程直至马尔可夫链的变化达到平稳分布；而非时齐算法则不要求同一温度下马尔可夫链的平稳分布，但其退火温度却要以一定的速率稳步下降。

对于时齐算法，可根据概率接受法则证明出时齐马尔可夫链不可约且为非周期的，进而可知对应的马尔可夫链的平稳分布是唯一的；再通过马尔可夫链对应状态图的强连通性（状态可达性）、邻域对称性（任意两状态互为邻域或互不为邻域）及邻域状态产生的概率相同即可证明出：当温度趋于 0 时，马尔可夫链能够以概率 1 收敛到最优状态集，而收敛到非最优状态的概率为 0。

而对于非时齐算法，由于在每一温度下并不包含无限长的状态序列，故需通过严格选取退温函数（即控制温度下降的速率）来保证算法的收敛性。当其退温为一个无限长的过程时，非时齐模拟退火算法亦能以概率 1 收敛至问题的全局最优解；此时可根据状态空间中局部极值点集及与其中点相关联的边来证明马尔可夫链的强遍历，进而证明模拟退火的收敛性。

总之，无论是时齐或是非时齐算法，理论上都需通过无限次状态转移来实现以概率 1 收敛至全局最优解；然而在实际问题中显然是不可行的，因此只能尽可能地完成对最优解的逼近。研究表明，对于时齐算法，仅当状态转移次数不少于状态空间规模的平方时，方能有效逼近状态序列的平稳分布。对于换热器网络综合问题，其状态空间在规模上是流股数的指数级，因此逼近平稳分布所需的计算时间亦为问题规模的指数级。另一方面，在非时齐算法中，若选取如下退温函数，

$$t_k = \frac{(1+r)L}{\ln(k+m)}, \quad k = 0, 1, L, \quad k = O\left(\varepsilon^{-\frac{1}{\min(a,b)}}\right)$$

$$a = \frac{1}{(1+r)(\min g_{i,j}(t))^{-(1+r)}}, \quad b = \frac{\min_{i \in \Omega \backslash \Omega_{\mathrm{opt}}} f(i) - f_{\mathrm{opt}}}{(1+r)L}, \quad L = \max_{i \in V} \max_{j \in N_i} \left| f(i) - f(j) \right|$$
(4-8)

则最优集上的均匀分布能够满足任意精度（$\varepsilon > 0$）的要求。显然，该方法同样会导致指数级的计算时间，故可以说模拟退火的全局收敛效率很低。但是，鉴于换热器网络综合问题的 NP-hard 特性，及工程实际中求取相对最优解即可的前提，模拟退火算法的通用性使其仍不失为一种实用有效的选择。考虑到换热器网络综合问题的特点，可采用非时齐模拟退火算法，并对退温函数进行进一步简化，通常选用指数退温即可，详见下一节中温度更新函数的设计。

4.4.3　模拟退火算法参数和操作的设计

从算法流程上看，模拟退火算法中的关键参数和操作主要包含以下几项。

（1）状态产生函数

状态产生函数用于生成候选解，在设计中具体分为两部分：一是候选解产生的方式，二是候选解的概率分布。其设计目标是使候选解的范围尽力覆盖到整个解空间。根据换热器网络的物理意义及约束条件确定出各变量的取值范围，在此范围内以均匀分布的形式在原状态的邻域中随机选出新状态。

（2）状态接受函数

状态接受函数是确保模拟退火算法完成全局搜索的核心策略，通常以接受概率的形式给出，其设计的主要依据如下：

① 同一退火温度下，对降低目标函数值新状态的接受概率要高于对增加目标函数值新状态的接受概率；

② 若新状态令目标函数值增加，则其接受概率应随着退火温度下降而降低；

③ 当退火温度为 0 时，仅接受降低目标值的新状态。

采用模拟退火算法中最常见的 $\min\{1, \exp(-\Delta f/t)\}$ 作为状态接收函数。

（3）初温

令初温为 t_0，则根据状态接受函数可知，初始接受概率 $p_r=\exp(-\Delta f/t_0)$，于是有 $t_0=-\Delta f/\ln p_r$。因此初温的选取主要受初始接受概率和不同状态间目标值的差两方面影响；其中 p_r 越接近于 1，则所需初温越高，这会提升解的突跳性能，但也会增加搜索时间，故需折中考虑两方面影响。如当 $p_r=0.9$ 时，$\ln p_r=-0.1$，即初温应为目标值差的 10 倍左右。对于不同状态间的目标值的差，可任意给出一组初始状态，以其数量级或其中两两状态间目标值之差的最大者来确定，初温将根据具体问题进行选取。

（4）温度更新函数

如前所述，采用非时齐算法，其温度更新函数理论上选用 $t_k=\alpha/\log(k+k_0)$ 即可；然而由于退温次数以对数的形式出现，故退温过程将会变得非常缓慢。因此，为提高搜索速度，可将温度更新函数简化为 $t_k=\beta/(1+k_0)$；并可进一步转变为指数退温的迭代形式，即 $t_{k+1}=\lambda t_k$，$0<\lambda<1$，其中 λ 即可为定值，亦可不断变化。采用指数退温函数，λ 具体值根据实际问题而定。

（5）内循环终止准则

在非时齐模拟退火算法中，由于无需达到各温度下的平稳分布状态，故不存在内循环终止准则的问题。此时，仅需在各温度下产生一个或数个候选解，便可直接交由状态接受函数进行判断。

（6）外循环终止准则

外循环终止准则即是整个算法的终止准则。根据模拟退火算法的收敛性理论，退火温度需趋于 0。但在实际问题中，这样的无限次迭代显然是不现实的；常用的终止准则主要有以下几种：①规定退火终温的阈值；②规定外循环的最大迭代代数；③规定目标值保持不变（不再优化）的最大代数；④检验系统熵是否已经稳定。我们将采用②和③作为外循环终止准则，其具体数值依据实际问题而定。

除以上几点，为保证不遗失当前最优解并提高搜索效率，还将采用标准模拟退火上改进的算法：在算法搜索过程中保留中间最优解，并及时更新。

4.4.4　并行模拟退火算法

由前文讨论可知，标准模拟退火算法的收敛时间性能很差，故在应用时需对其做适当的调整。根据算法流程可知，算法的初始化、抽样及退火操作均具有一定的独立性，因此可以采用并行搜索结构来改进模拟退火算法。具体的实现方案可分为以下三种。

（1）操作并行性

操作并行性是指通过不同的处理器并行地完成算法中各个具体操作任务，如产生新状态、计算新状态接受概率等。然而此种并行结构在算法流程上依旧是串行的，同时对处理器间协调性设计的要求较高，且还会增加大量的通信时间，因此该方案的实用性并不高。

（2）进程并行性

进程并行性是指将算法从流程上划分为数个独立的进程并分别进行处理，而后综合各子进程所得结果再继续执行后续环节。如各处理器分别执行状态产生函数，再综合所得的各状态而产生新的状态，从而可充分发挥各处理器的作用，实现并行策略的优越性；基于此思想，我们可进一步提出一种并行模拟退火算法。该算法采用了类似遗传算法中种群的概念，每个温度下产生一组新状态，而后根据接受概率进行综合选取，其具体流程可见后文的模拟退火遗传混合算法（SAGA），当 SAGA 中移去 GA 的进化操作，则转化为并行SA 算法，并行 SA 算法将采用此种形式。

（3）空间并行性

空间并行性是指将整个搜索空间划分成若干子空间，各子空间分别由不同的处理器执行模拟退火搜索过程，最终综合得到原问题的最优解。划分子空间后缩小了各处理器的搜索空间，从而大幅提高了子问题的搜索效率和可靠性，改善了原问题优化的质量和效率。但当原问题分解不当或不适于分解时，将其分解为子空间而独立优化的做法将难以反映原问题的整体特性；鉴于解空间不易划分的特性，将不采用此方案。

4.4.5　模拟退火遗传混合算法

遗传算法的一个重要限制在于其进化过程中很可能因为优秀基因的遗漏而导致早熟收敛，当问题规模增大时，此限制将愈加突出；另一方面，模拟退火算法正以其出色的全局搜索能力而著称，将二者有机地结合无疑会增进算法的优化效率；而根据结合方式的不同，混合后的算法又可分为 GASA、GSA（仅在选择操作时结合了概率接收函数）、SAGA 等。在 SAGA 算法中，由模拟退火产生并按概率接受的新状态将为 GA 的种群提供更加丰富的基因多样性，如此可有效避免早熟收敛；同时 GA 的交叉、变异操作也将使 SAGA 混合算法的优化性能显著高于单纯的模拟退火。

如上所述，SAGA 中既包含了 Metropolis 接受准则，又包含了选择、交叉和变异等操作，其具体步骤如下：

① 设定退火初温，初始化种群；

② 由 SA 状态产生函数产生新个体；

③ 根据 SA 状态接受函数接受新个体；

④ 依据交叉概率进行 GA 的交叉操作；

⑤ 依据变异概率进行 GA 的变异操作；

⑥ 依据个体适应值的大小进行选择操作；

⑦ 更新退火温度；

⑧ 若满足算法收敛 / 终止准则，则输出搜索结果；否则返回步骤②。

算法流程图如图 4-5 所示。

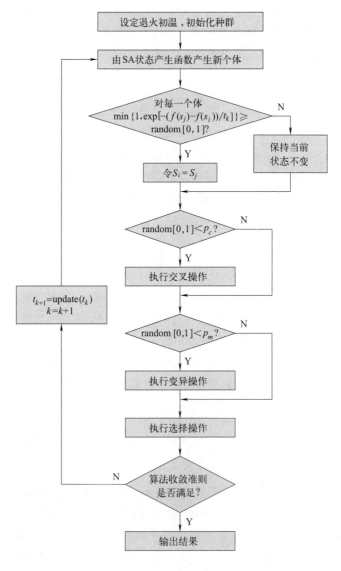

图 4-5　模拟退火遗传混合算法流程图

　　其中，鉴于 SA 均采用非时齐的形式，故以上混合算法中省去了抽样稳定性检测的步骤。每次产生新个体后（包括初始化、SA 生成新状态、GA 的交叉及变异操作）均立即评价出其适应值，执行 GA 操作时均附带保优操作。此外，本流程中将 GA 的选择操作置于交叉和变异之后，而不直接对 SA 所生成的新状态进行选择，否则便会使 SA 的概率接受策略失去其意义。

　　尽管上述所介绍的三种算法在理论上均能实现全局收敛，然而其收敛条件在实际操作中均无法严格满足，因此这三种算法在实际应用中的收敛效率将有明显差异，此处将通过定性分析说明 SAGA 混合算法相比于单一算法的优越性：一旦种群中个体陷入局部极值时，单一 GA 的交叉及选择操作将很难产生出新个体来增加种群多样性；另一方面，缺少 SA 概率性跳出性质的变异操作也会使算法长时间停留于若干旧状态上，进而便出现早熟收敛。因此，SA 的嵌入是对 GA 的一种有效补充，尤其在高温阶段，各状态将具有很高的突跳概率，可有效扩充搜索空间，避免陷入局部极值；同时 SA 的引入也减弱了 GA 对算法参数过分的依赖。而相比于单一的 SA，混合算法实现了并行优化，且 GA 的交叉变异操作又具有很强的趋化性局部搜索能力，因此 SAGA 的收敛效率必然要高于单一算法。

　　为进一步增进算法的搜索能力，文中对 SAGA 用于交叉个体的选择方式做了一定的改进。众所周知，在自然界中近亲繁殖经常会导致一些先天缺陷，不利于种群的繁衍，这是由于父母双方共同携带的隐性致病基因外显所致；另一方面，不同亚种间的杂交经常可能带来一些优异的性状，典型的如农作物的杂交。受此启发，在遗传算法的交叉操作中将人为的选择用于交叉的个体。尽管在遗传算法的进化中，个体的基因无显性隐性之分，但基因过于相近的个体进行交叉无疑会促进早熟收敛；而选取基因型相差较大的个体进行交叉势必会增进种群多样性，其中很可能会带来优秀的基因组合。因此根据基因差异及个体适应值人为地选取用于交叉的个体，其中基因差异大小以用于交叉的一对个体的基因方差和的形式表示，例如染色体位串分别为 $(a_1\ a_2\ \cdots\ a_i\ \cdots)$ 及 $(b_1\ b_2\ \cdots\ b_i\ \cdots)$ 的两个体，其基因差异为：

$$SS_G = \sum_i (a_i - b_i)^2 \tag{4-9}$$

而后依据 SS_G 由大到小的顺序选出用于交叉的父代个体，采用该种方法进行交叉的父代个体占全部进行交叉的父代个体的比例设为 pc_v。

　　再者，依据个体适应值进行排序，从中优先选取适应值较高的个体用于交叉，采用该种方法进行交叉的父代个体占全部进行交叉的父代个体的比例设为 pc_f。

　　除此之外，其余用于交叉的个体按传统方法随机选取，该种父代个体占全部进行交叉的父代个体的比例设为 pc_r。显然有 $pc_v + pc_f + pc_r = 1$，而当 $pc_r = 1$ 时，本操作即退化为传统的依据随机数判断是否交叉的策略。以换热器网络综合问题为例，给出 pc_v、pc_f 与 pc_r 取不同值时的进化曲线（100 代），以此说明本方法的功效，如图 4-6、图 4-7 及图 4-8 所示。

　　可见采用传统交叉策略（图 4-6）的进化最为缓慢，其最优适应值也为三者中最低。如图 4-7 所示，当 $pc_r = 0.5$、$pc_f = 0.5$、$pc_v = 0$ 时，即只包含传统的交叉方式和以基因差异较大的个体进行交叉的方式，其前期的震荡较为剧烈，这是由于此交叉方式导致个体基因型的变

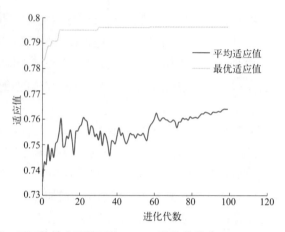

图 4-6　采用传统交叉算子的 SAGA 进化曲线（$pc_r=1$，$pc_f=0$，$pc_v=0$）

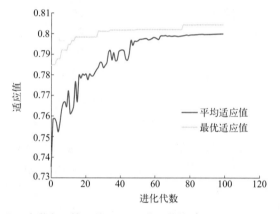

图 4-7　采用改进交叉算子的 SAGA 进化曲线（$pc_r=0.5$，$pc_f=0.5$，$pc_v=0$）

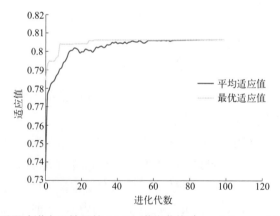

图 4-8　采用改进交叉算子的 SAGA 进化曲线（$pc_r=0.5$，$pc_f=0.3$，$pc_v=0.2$）

化较大，故种群性质不稳定；然而一旦进化出了优秀的个体基因型，便很快会为种群的属性带来提升，从整体来看，其进化性能要显著优于传统交叉方法。当在交叉中再次引入高适应值个体间的交叉（$pc_r=0.5$，$pc_f=0.3$，$pc_v=0.2$）后，如图 4-8 所示，进化速度变得非常之高，这显然是由于高适应值个体间的交叉强化了局部搜索能力，使得优秀基因迅速在种群中扩散开；然而此种交叉并不能占有过高的比例，否则种群又将很快陷入早熟收敛。目前来说，高级遗传算法的理论性研究仍很薄弱，其中很多策略及结论均是通过计算机数值仿真来说明的，严格的数学证明尚难以完成。文中所提出的交叉操作改进方法亦是如此，不同种交叉父代所占的比例仅能通过经验及数值计算的结果给出，在换热器网络综合问题的优化中该组比例系数均取为 $pc_r=0.5$、$pc_f=0.3$、$pc_v=0.2$。

4.5 禁忌搜索算法

4.5.1 禁忌搜索算法的基本思想和流程

禁忌搜索算法（tabu search algorithm）是一种智能优化算法，是对局部邻域搜索的一种扩展，基于对人类记忆过程的模拟，完成全局逐步寻优。这种对于人类记忆模拟的技术就是禁忌技术，所谓禁忌技术就是禁止重复前面的工作，为了回避局部邻域搜索容易陷入局部最优的不足，禁忌技术通过一个禁忌表记录下已经到达的局部最优点或者达到局部最优的一些过程，在下一次搜索中，利用禁忌表中的信息不再或者有选择地搜索这些点或者过程，以此来跳出局部最优点，进而保证它多样化的有效探索以最终实现全局优化。

禁忌搜索算法考虑的最优化问题是 $\min f(x)|x \in X$，为 X 中的每个解都设计一个邻域 $N(x)$。运行禁忌搜索算法，首先就要确定一个初始的可行解 x_1，初始可行解 x_1 可以从一个启发式算法获得或者在可行解集合 X 中随机选择，确定完初始可行解后，定义可行解 x_1 的邻域移动集 $S(x_1)$，然后从邻域移动中挑选出一个能改进当前解 x_1 的移动解 $S \in S(x_1)$，移动后的解为 x_2，再从新解 x_2 开始，重复搜索。如果邻域移动中只接受比当前解好的解，搜索就有可能陷入死循环的危险，如图4-9所示。

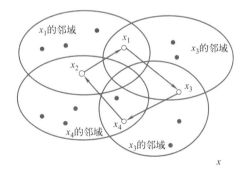

图 4-9 搜索陷入死循环的示意图

为避免陷入循环和局部最优的窘境，在算法求解的过程中就需要构造一个短期循环记忆表——禁忌表（tabu list），禁忌表中存放刚刚进行过 P（P 称为禁忌表长度）个移动，这些移动称为禁忌移动（tabu move）。例如，在解集 X 内确定一个 x_1 之后，则 x_1 将被放入禁忌表中。接下来，在其邻域移动中挑选一个能改进 x_1 的解 x_2，此时 x_2 将被放入禁忌表中，以此类推，x_3、x_4 亦被放入禁忌表中。对于当前的移动，在以后的 T 次循环内是禁止的，以避免回到原先的解，T 次循环以后释放该移动。禁忌表在搜索过程中被循环地修改，禁忌表始终保存着 T 个移动，如图 4-10 （a）、（b）、（c）所示。

禁忌搜索算法的基本流程图如图 4-11 所示，从该图中可以看到，邻域函数、禁忌对象、禁忌表、候选解集、评价函数、特设规则和终止准则是构成禁忌搜索算法的关键。

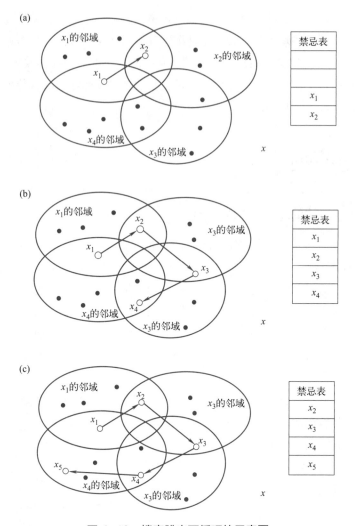

图 4-10   搜索跳出死循环的示意图

4.5.2   禁忌搜索算法的收敛性分析

在以不同终止准则收敛的情况下，讨论禁忌搜索算法两个关键参数——禁忌表长度和邻域候选解个数对算法优化性能的影响，找出最优的参数。并在每种终止收敛准则参数最优时比较三种终止准则优化时哪一种的性能更好。

在以限定最大迭代步数为终止准则情况下，邻域解集个数设为常数 M，终止迭代步数设为 N，记录找到最优解时的迭代步数，并求平均值，以此来考验算法优化性能，即禁忌表长度与对应迭代步数的关系。首先，分析不同禁忌长度对应收敛速度快慢，选定某一禁忌长度，在接下来讨论邻域解集大小时，也选此为禁忌长度。随后设定出迭代次数，记录找到最优解时的迭代步数，并求平均值，即邻域解集个数与达到最优时对应迭代步数的关系。

在保证算法计算量和速度的前提下，应尽量减少迭代次数。当终止时最大迭代次数小于某一设定值时，无法保证每次都优化出最优解，说明迭代步数越大，结果越优。在选定出最大迭代次数时，若每次优化出的解都是正确解，则在此种收敛准则下，可确定出主要

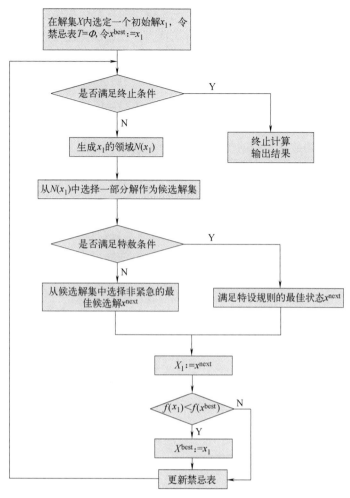

图 4-11　禁忌搜索算法基本流程图

参数禁忌长度、邻域解集个数、最大迭代步数，可认为在此终止准则下此参数的选择是对所要优化问题的最佳情况。

　　第二种终止准则采用的禁忌对象是当前最优解连续若干步保持不变的状况，可以得出以限制最优解禁忌频率为终止准则情况下最优的参数禁忌表长度和邻域候选解个数。

　　在保证算法计算量和速度的前提下，应尽量减少候选解的禁忌频率。当终止时候选解的禁忌频率小于某一设定值时，无法保证每次都优化出最优解，说明候选解的禁忌频率越大，结果越优。在候选解的禁忌频率选择后，若每次优化出的解都是正确解，则在此种收敛准则下，可确定出主要参数禁忌长度、邻域解集个数、候选解的禁忌频率，可认为在此终止准则下此参数的选择是对所需要优化问题的最优情况。

　　在以适配值的偏离幅度为终止准则的情况下，首先采用估界算法估计问题的下界，一旦算法中最佳适配值与下界的偏离值小于某规定幅度时，则终止搜索。算法收敛时其适配值之间的差值必须连续多次小于一个较小的范围，经多次实验仿真，规定出连续次数，找出最优的参数，进而可以得出以限制适配值为终止准则情况下最优的参数禁忌表长度和邻域候选解个数。在保证算法计算量和速度的前提下，应尽量增大适配值的偏离幅度，当终止时适配值的偏离幅度大于某一设定值时，无法保证每次都优化出最优解，说明适配值偏离幅度越小，结果越优，在适配值偏离幅度选择时，若每次优化出的解都是正确解，则在此种收敛准则下，可确定出主要参数禁忌长度、邻域解集个数、适配值的偏离幅度，可认为在此终止准则下此参数的选择是对所需要优化问题的最优情况。

以适配值的偏离幅度为终止准则的情况下，算法终止时迭代步数最小，但不是最快寻到最优解，且相对于以禁忌频率为终止准则的情况找到最优解附近邻域更慢，且没有其平稳。以最大迭代步数为终止准则的情况下，相对于其他两种终止准则算法找到最优解附近邻域最慢，但最后在最优解附近邻域搜索时曲线较平稳，且迭代步数足够长，可以保证算法全解空间精细搜索。

在用禁忌搜索算法的思想进行优化时，选择终止准则不同时，其优化性能也不同，往往认为在以候选解的禁忌频率为终止准则时，其收敛性最好。

4.5.3　禁忌搜索算法参数和操作的设计

禁忌搜索算法的一般框架为：

步骤 1　随机选取初始点 x_{now}，令 $x_{best}=x_{now}$，及选取禁忌表 H。

步骤 2　若满足终止准则，停止计算，输出结果；否则转步骤 3。

步骤 3　在 x_{best} 的邻域 $N(x_{best})$ 中选取满足禁忌要求的 $N'_{x_{best}}$，在候选集 $N'_{x_{best}}$ 中选出一个评价函数值最佳的解 x_{now}，令 $x_{best}=x_{now}$，转步骤 2。

禁忌搜索算法的组成要素包括禁忌表、禁忌对象、候选集的构成、评价函数的构造、特赦规则、记忆频率和终止规则等。

（1）禁忌表、禁忌对象和候选集的构成

禁忌表中的两个主要指标是禁忌对象和禁忌长度。禁忌对象指的是禁忌表中被禁的那些变化的元素。将解的变化分为解的简单变化、解向量分量的变化和目标值变化。第一种的变化比较简单，第二种和第三种变化则隐含着多个解变化可能。因此，解的简单变化比解的分量变化和目标值的变化禁忌范围要小，可能造成计算时间的增加，但它可以给出较大的搜索范围。第二种和第三种的变化禁忌范围要大，虽然减少了计算时间，但可能是禁忌的范围太大以致陷入局部最优解。禁忌长度是指被禁忌对象不允许选取的迭代次数。一般是给禁忌对象 x 一个禁忌长度数值 t，要求 x 在 t 步迭代内被禁止，设 tabu(x)=t，每迭代一步，t 值减 1，直到 tabu(x)=0 时，x 被解禁。于是所有的元素被分为自由元素和被禁忌元素两类。禁忌长度可以是固定和可变长度。理论上，如果禁忌长度足够长，禁忌搜索的寻优过程能够遍历整个解空间，一定能够收敛到全局最优点。但需要大量的计算时间，对大规模问题是不能承受的。因此合理的禁忌长度，是寻优过程的关键之一。有关禁忌长度 t 的选取，有以下几种情况。

① t 为常数，$t=\sqrt{n}$，其中 n 为邻居的个数。此规则容易在算法中实现。

② $t \in [t_{min}, t_{max}]$。此时 t 是可以变化的数，它的变化是根据被禁忌对象的目标函数和邻域的结构。此时 t_{min} 和 t_{max} 是确定的。确定 t_{min} 和 t_{max} 的常用方法是根据问题的规模 T，限定变化区间 $[\alpha\sqrt{T}, \beta\sqrt{T}](0<\alpha<\beta)$，也可以用邻域中邻居的个数 n 确定变化区间

$[\alpha\sqrt{T},\beta\sqrt{T}](0<\alpha<\beta)$。当给定了变化区间，$t$ 的大小主要依据实际问题、试验和设计者的经验决定。

③ t_{min}、t_{max} 的动态选取。用 t_{min}、t_{max} 的变化能达到更好的解。

候选集由邻域中的邻居组成，一般可从领域中随机选取几个或选取几个目标值或评价值最佳的邻居。

（2）评价函数

评价函数是候选集合元素选取的一个评价公式，候选集合的元素通过评价函数值来选取。一般以目标函数值为评价函数是比较容易理解的。目标值是一个非常直观的指标，但有时为了方便、易于理解或目标值比较复杂、耗时较多，会采用其他函数来取代目标函数。但替代的评价函数还应该反映原目标函数的一些特性如：原目标函数对应的最优点还应该是替代函数的最优点。构造替代函数的目标是减少计算的复杂性，具体问题的替代函数构造由问题而定。

（3）特赦规则

在禁忌搜索算法的迭代过程中，会出现候选集中的全部对象都被禁忌，或有一对对象被禁忌，但若解禁则目标值将有非常大下降的情况。在这样的情况下，为了达到全局的最优点，我们会让一些禁忌对象重新可选，这种方法称特赦规则（aspiration criteria）。

以下是三种常用的特赦规则：

① 基于评价值的规则。在整个计算过程中，记忆已出现的最优解 x^{best}，当候选集中出现一个解 x^{now}，其评价值（可能是目标值）满足 $c(x^{best})>c(x^{now})$ 时，虽然从 x^{best} 达到 x^{now} 的变化被禁忌。此时，解禁 x^{now} 使其自由，可以理解为得到一个更好的解。

② 基于最小错误的规则。当候选集中所有的对象都被禁忌时，而①的规则又无法使程序继续下去。为了得到更好的解，从候选集的所有元素中选一个评价值最小的状态解禁。

③ 基于影响力的规则。有些对象的变化对目标值的影响很大，而有的变化对目标值的变化较小，就应该关注影响大的变化。如果一个影响大的变化成为被禁对象，应该使其自由，这样才能得到问题的一个更好解。但不能理解为：对象的变化对目标影响大就一定使得目标（或是评价值）变小，它只是一个影响力指标。应结合禁忌长度和评价函数值使用。如在候选集中目标值都不及当前的最好解，而一个禁忌对象的影响指标很高且很快将被解禁时，可以通过这个状态以期望得到更好的解。

（4）记忆频率

为了加强禁忌搜索的效率，可以记忆一些频率信息，例如一个最好的目标值出现的频率很高，我们可以相信现有参数的算法可能无法再得到最好的解，因为重复的次数过多，可以认为可能出现了多次循环。根据解决问题的需要，可以记忆解集合、有序被禁对象组、目标值集合等出现的频率，一般可根据状态的变化将频率信息分为两类：静态和动态。静态的频率信息就是直接记录某些变化，如解、对换或目标值在计算中出现的次数或出现的次数与总的迭代数的比值等。动态的频率信息主要是从一个解、对换或目标值到另一个解、对换或目标值的变化趋势，如记忆一个解序列的变化，或记一个解序列变化的若干个点等。

由于记录比较复杂，因此，提供的信息量也较大。

（5）终止准则

对于一个算法，终止准则是非常重要的，常用的禁忌算法的终止准则如下。

① 确定终止步数：给定一个最大的迭代次数，无论算法中是否包含其他的终止准则，迭代次数不能超过最大迭代次数。这种规则的优点是易于操作和可控计算时间，但无法保证解的效果。在使用这个规则时，应记忆当前最优解。

② 频率控制原则：当一个解、目标值或元素序列的频率超过一个给定的标准时，如果算法不做改进，就会造成频率的增加，因此终止计算。此规则认为不改进算法，解不会再改进。

③ 目标值变化控制原则：在禁忌搜索中，提倡记忆当前最优解。如果在一个给定步数内，目标值没有改进，算法没有改进，解也不会改进，于是终止计算。

④ 目标值偏离程度原则：对于一些问题可以简单地计算出目标值的下界（目标值为最小），当目标值与下界的偏差小于给定的充分小数时，就终止计算。

4.6   应用示例：化工网络综合

大数据技术的发展使得在复杂而庞大的数据空间中建立分析模型成为了可能。科学家们从仿生学、遗传学以及对自然过程的研究中得到启发，模拟特定的自然现象或过程，建立起具有并行、自组织和自学习等特征的算法。在大数据空间的搜索过程中，可自动获得搜索策略，并自适应地控制和优化搜索过程，从而提升算法效率。

智能优化算法在求解复杂化工过程系统综合问题时具有更高的求解效率，因为该算法是基于一定的调优策略在求解空间中随机地搜索最优化工工艺流程，从而避免了逐一评价所有的流程结构。同时，与确定性的数学规划法相比，智能优化算法能更有效地求解大规模、非凸优化问题。首先，智能优化算法只依赖于对目标函数的评价与比较来确定最优解，不需要获取数学模型的梯度信息，因此该方法对数学模型的形式（如非线性、非凸性、非连续性等）没有要求。其次，智能优化算法允许一定的概率接收劣解，从而使该方法可以跳出局部最优解，并以较高的概率搜索到全局最优解。因此，基于智能优化算法求解复杂大规模化工过程系统综合问题是本章的重点内容。为验证本章所介绍的智能优化算法的有效性及优势，在此进行了三个不同化工过程综合问题的实例研究，针对化工过程的单元操作基本原理，强化动量传递、热量传递和质量传递的理论基础，具体包括侧重于动量传递和热量传递交互的功热交换网络综合，侧重于质量传递和热量传递的单组分体系质热交换网络综合和不同智能优化算法在基于热量传递的换热器网络综合中的比较分析。在每个实例研究中，测试了智能优化算法得到最优结果的概率，证实了该算法在求解大规模化工过程综合问题时具有很高的求解效率。

4.6.1   功热交换网络综合

功热交换网络（work and heat exchanger network，WHEN）综合日益引起学者们的关注，

流股间通过功交换和换热匹配回收过程的功量和热量，减少冷、热、功公用工程用量以及优化功交换设备及换热设备数，必然能够节省大量的操作费用和设备投资费用，从而能够提升企业整体的能源利用率和经济效益。现有的功热交换网络综合主要采用基于超结构的同步综合方法，从全局角度进一步探索功、热两个子网络的整体最优化，通过建立混合整数规划模型，实现包含流股冷热性质不确定的热集成和预先指定高低压流股的功集成的功热总网络结构最优设计。针对同步优化模型复杂、求解困难等问题，往往采用一系列热力学策略和随机性算法组合方式简化模型及强化求解过程，具体求解方法包括模型顺序实现、减少原模型问题中决策变量数量的第三层优化和两层元启发式优化方法，其中组合层采用模拟退火算法，连续问题采用粒子群算法。

数学模型按顺序实现，如图 4-12 所示。该算法的目的是，给定一组决定一个且只有一个功热交换网络结构的决策变量配置 $(d, y, y_{ut}, p, m, Q, T_{adj}, P)$，计算年度总费用。图 4-12 中，决策变量 m 不包括在输入配置中，因为它是使用第三级优化在内部确定的。这种策略适用于当前的方法，因为在混合整数非线性规划（mixed integer nonlinear programming，MINLP）中有一个子问题，其决策变量不与目标函数以外的方程相互作用。换句话说，来自功交换网络成本计算部分的决策变量 (m) 的值仅与目标函数相互作用。考虑到这一点，第三级优化可以定义为一种策略，它通过在一个孤立的优化问题中分别确定决策变量以减少来自 MINLP 的一些决策变量。因此，随着关于变量 m 的 $1×S×N_s$ 的自由度从原始 MINLP 问题中释放出来，优化搜索空间使其减小。

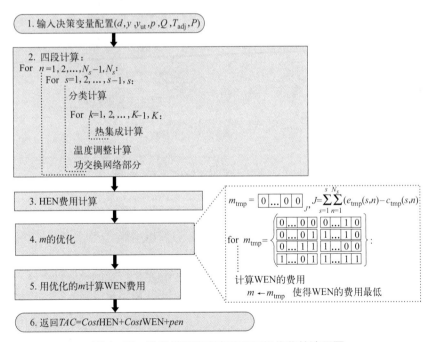

图 4-12　数学模型顺序实现和三级优化的流程图

因此，算法开始接收缩减后的输入决策变量 $(d, y, y_{ut}, p, Q, T_{adj}, P)$ 的值，然后在 $n \in [1, N_s]$，$s \in [1, s]$，$k \in [1, K]$ 循环中执行四段计算。在更多的外部循环结束后，执行换热器网络（heat exchange/network，HEN）成本部分的计算。然后，变量 m 的值通过三级优化确定。如图 4-12 所示，采用的方法是穷举搜索，即对每个 (s, n) 测试每个 $m(s, n)$ 的二元配置，使 $c_{tmp}(s, n)$ 或 $e_{tmp}(s, n)$ 都等于 1。换句话说，这个测试是对每个 (s, n) 执行的，这样就存在一个压力操作设备。这个穷举搜索的第一步是声明一个辅助二元向量 $m_{tmp}(j)$，使对任一 $s \in [1, s]$ 和 $n \in [1, N_s]$ 其大小 (J) 等于的 $e_{tmp}(s, n)$ 和 $c_{tmp}(s, n)$ 的差。这个新的变量 m_{tmp} 的意义与原来的 m 相同，它决定压力操作设备是（等于 1）否（等于 0）耦合到功集成轴。下一步是打开一个 j 的循环，计算 m_{tmp} 的所有 2^j 二元排列的功交换网络成本。然后，m 接收到功交换网络成本最小的 m_{tmp} 的二元排列。一旦这个组合问题很小（2^j 可能性），这个穷尽搜索优化在计算上不受时间限制，并保证压力操作耦合配置的全局最优性。最终，在给定优化值 m 的情况下，计算功交换网络成本和目标函数年度总费用。

为了解决决策变量减少后剩余的 MINLP 问题，建立一个两级元启发式优化方法。在外部层面，二元决策变量（d、y、y_{ut} 和 p）用模拟退火算法的公式处理，以优化 WHEN 拓扑。在内部层面，连续决策变量（Q，T_{adj}，P）通过粒子群算法进行相应的操作，以优化 WHEN 机组的负荷。图 4-13 给出该优化方法的简化算法流程图。

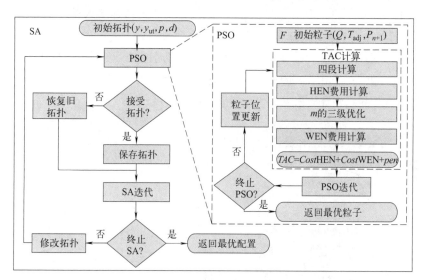

图 4-13 两级元启发式优化算法流程图

在该算法的第一步中，初始时拓扑被设置为简单拓扑。因此，拓扑的压缩和膨胀（p）发生在功交换网络（N_s-1）最后阶段，加热和冷却由公用工程（$y=0$ 和 $y_{ut}=1$）最后阶段的温度调节（N_s）完成，其中流股热性质（d）是那些需要冷却或压缩的热流股以及需要加热或膨胀的冷流股。给定一个拓扑结构，对 PSO 中的 F 粒子进行初始化。每个粒子存储一个 Q，一个 T_{adj} 和一个 P 矩阵，其值随机生成在一个下界和一个上界之间，与拓扑相对应。

下一步，对集群中的每个粒子进行年度总费用计算（图 4-13）。年度总费用计算完成后，粒子群算法被迭代，如果未达到 PSO 终止准则（$k_{PSO} < K_{PSO}$），则更新粒子的位置。更新每个粒子（i）的 Q、T_{adj} 和 P 值的计算式如下：

$$v_{Q,k_{PSO}+1}^{(i)} = y \cdot \left[\omega_{k_{PSO}} \cdot v_{Q,k_{PSO}}^{(i)} + c_1 \cdot r_1 \cdot (Q_{p_{best},k_{PSO}}^{(i)} - Q_{k_{PSO}}^{(i)}) + c_2 \cdot r_2 \cdot (Q_{g_{best},k_{PSO}}^{(i)} - Q_{k_{PSO}}^{(i)}) \right] \quad (4\text{-}10)$$

$$v_{T_{adj},k_{PSO}+1}^{(i)} = y_{ut} \cdot \left[\omega_{k_{PSO}} \cdot v_{T_{adj},k_{PSO}}^{(i)} + c_1 \cdot r_1 \cdot (T_{adj p_{best},k_{PSO}}^{(i)} - T_{adj k_{PSO}}^{(i)}) + c_2 \cdot r_2 \cdot (T_{adj g_{best},k_{PSO}}^{(i)} - T_{adj k_{PSO}}^{(i)}) \right] \quad (4\text{-}11)$$

$$v_{P,k_{\text{PSO}}+1}^{(i)} = P_{n-1} \cdot \left[\omega_{k_{\text{PSO}}} \cdot v_{P,k_{\text{PSO}}}^{(i)} + c_1 \cdot r_1 \cdot (P_{p_{\text{best}},k_{\text{PSO}}}^{(i)} - P_{k_{\text{PSO}}}^{(i)}) + c_2 \cdot r_2 \cdot (P_{g_{\text{best}},k_{\text{PSO}}}^{(i)} - P_{k_{\text{PSO}}}^{(i)}) \right] \tag{4-12}$$

$$Q_{k_{\text{PSO}}+1}^{(i)} = Q_{k_{\text{PSO}}}^{(i)} + v_{Q,k_{\text{PSO}}+1}^{(i)} \tag{4-13}$$

$$T_{\text{adj}k_{\text{PSO}}+1}^{(i)} = T_{\text{adj}k_{\text{PSO}}}^{(i)} + v_{T_{\text{adj}},k_{\text{PSO}}+1}^{(i)} \tag{4-14}$$

$$P_{k_{\text{PSO}}+1}^{(i)} = P_{k_{\text{PSO}}}^{(i)} + v_{P,k_{\text{PSO}}+1}^{(i)} \tag{4-15}$$

最终惯性重量，该惯性阻尼计算如下：

$$\omega_{k_{\text{PSO}}+1} = \omega_{\max} - k_{\text{PSO}} \frac{\omega_{\max} - \omega_{\min}}{K_{\text{PSO}}} \tag{4-16}$$

当达到粒子群优化算法的终止准则（$k_{\text{PSO}}=K_{\text{PSO}}$）时，粒子群优化算法结束，选择最佳粒子（最低年度总费用）继续采用模拟退火算法优化。该粒子的拓扑可能会被接受，也可能不会被接受，这取决于以下接受标准：

$$P_{oA} = e^{-\frac{\Delta TAC}{T_{\text{SA}}}} \tag{4-17}$$

变量 P_{oA} 是接受一个新的拓扑时相应 SA 的概率，即 Boltzmann 概率计算。ΔTAC 是当前构型 TAC 和旧拓扑构型 TAC 之差，T_{SA} 是退火温度，从 $T_{\text{SA,max}}$ 开始。如果新拓扑被接受，它将被存储为旧拓扑。如果不是，则当前拓扑接收以前作为旧拓扑存储的值。然后，该算法执行 SA 的一步操作，即将 1 增加到 k_{SA} 的值。当 k_{SA} 等于 K_{SA} 时，它返回到 0，T_{SA} 按从 0 到 1 的参数 α 因子衰减。然后，如果 T_{SA} 大于参数 $T_{\text{SA,min}}$，则没达到 SA 的终止准则，那么该算法修改拓扑以返回 PSO 块。这种修改是随机添加或删除一个热交换器（y），加热器和冷却器（y_{ut}），压力操作设备（p）和 / 或改变流股冷热性质（d）。热交换器只能添加在热分类的热流股和热分类的冷流股之间，并且在该水平级中存在至少一个热交换器的流股不能改变其冷热性质。另一方面，如果 T_{SA} 小于 $T_{\text{SA,min}}$，则达到 SA 终止准则，算法返回存储的最佳配置。表 4-1 是工艺流股和公用工程的数据，表 4-2 是经济资本成本参数。

表 4-1 工艺流股和公用工程数据

流股	T_{in}/K	T_{out}/K	C_p/(kW/K)	h/[kW/(m²·K)]	p_{in}/MPa	p_{out}/MPa
s1	650	370	3	0.1	0.1	0.5
s2	410	650	2	0.1	0.5	0.1
HU	680	680	—	1.0	—	—
CU	300	300	—	1.0	—	—

表 4-2 经济资本成本参数

设备	a	b	c
换热器	106017.23	618.68	0.1689
压缩机	0	47840.41	0.62
涡轮机	0	2420.32	0.81
电动机/发电机	0	988.49	0.62

优化模型参数如下。

超结构：$K=2$；$N_{\text{s}}=3$。

SA: K_{SA}=15; $T_{SA,max}$=10, 000 美元/年; $T_{SA,min}$=5 美元/年; α=0.8。

PSO: F=50; K_{PSO}=200; $c1$=1; $c2$=1; ω_{max}=0.75; ω_{min}=0.5。

处罚参数: P_{lin}^{light}=10^5; P_{ang}^{light}=10^4; P_{lin}^{severe}=2.0^6; P_{ang}^{severe}=2.0^4。

图 4-14 为采用本方法获得的最优网络结构, 表 4-3 是相应网络中设备投资和操作成本。年度总费用为每年 773805.01 美元, 比现有文献中的结果每年 834, 204.00 美元减少 7.2%。

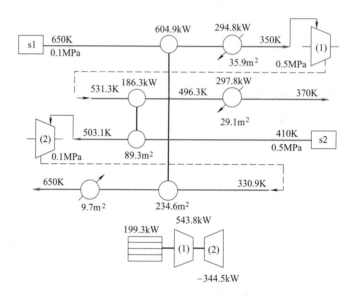

图 4-14　本方法得到的最优 WHEN

表 4-3　各设备单元的资本和操作成本

设备	设备成本/($·a⁻¹)	操作成本/($·a⁻¹)
HE(s1, n1, s2, n2, k0)	49, 629.78	—
HE(s1, n2, s2, n1, k0)	30, 319.43	—
CU(s1, n1)	23, 538.96	29, 505.90
CU(s1, n2)	22, 691.50	29, 740.00
HU(s2, n2)	20, 279.65	11, 204.07
SSC(s1, n1)	418, 705.65	—
SST(s2, n2)	42, 800.01	—
HM	4, 740.46	90, 649.60
Total	612, 705.44	161, 099.57

可以看到, 采用本方法的 s1 压缩入口温度为 350K, 低于文献中的 386.6K。考虑到压缩前回收的热量更少 (604.9kW 相比于 417.5kW 和 372.8kW 的总和), 这一变化是由于使用了 294.8kW 的冷公用工程。较低的压缩入口温度有助于压缩任务的节能, 从 603.6kW 降至 543.8kW。由于现方法的入口温度和压缩功都较低, 因此压缩后 s1 需要消耗的热量更少 (484.1kW 与 653.3kW 相比)。此外, 由于通过压缩方式向流股中添加的能量更少, 调整最终温度所需的冷公用工程也更少 (总冷公用工程消耗为 592.6kW, 而不是 653.3kW)。此外, 现在的 WHEN 在经济上更倾向于在膨胀前加热流股 s2, 而不是进行中间加热的两

段膨胀。通过比较，这一点很明显，发电量从 336.9kW 增加到 344.5kW，涡轮机的资金成本从每年 55298.09 美元下降到每年 42800.10 美元。表 4-4 给出了功热交换网络之间的费用比较。

表 4-4 功热交换网络的费用比较

项目	文献工作	本文工作
年度总费用/($·a⁻¹)	834204.00	773805.01
热回收量/kW	790.3	791.2
功回收量/kW	336.9	344.5
热公用工程/kW	26.7	33.2
冷公用工程/kW	653.3	592.6
耗电量/kW	266.6	199.3
产电量/kW	0	0
换热器个数	4	5
压力设备个数	3	2

从这一对比中可以得出结论，这两个功热交换网络表现出相似的热回收、功回收、热公用工程消耗、传热设备的数量和压力操作设备的数量。

4.6.2 单组分体系质热交换网络综合

针对一个通过吸收来降低造纸厂尾气中 H_2S 浓度的过程。该过程包含两种富流股 R_1 和 R_2；一种不产生操作费用的过程贫流股 S_1（白液）和一种外部贫流股 S_2（质量分数为 15% 的甲基二乙醇胺溶液）。综合目的是在考虑温度对传质过程影响的前提下，设计一个年度总费用最小的质量-热量联合交换网络。

对于一个含有 N_r 条富流股和 N_l 条贫流股的联合交换网络综合问题，假设每条富流股和每条旁路贫流股均能生成 1 条换热流股，而每条传质贫流股均能产生最多 2 条换热流股，则所研究问题的 NLP 模型中将引入 N_r+7N_l 个优化变量。给定这些变量的优化范围，如下所示。

参与传质的贫流股流量： $L_j' \in [0, L_j]$ ；

旁路贫流股流量： $L_j'' \in [0, L_j]$ ；

贫流股传质负荷： $W_j \in [0, \sum_{i \in N_r} W_i]$ ；

传质温度： $T_j^* \in [T_j^{lo}, T_j^{up}]$ ；

流股温差贡献值： $\Delta TC_u \in [0.3 \times \Delta TC_u^{ori}, 1.3 \times \Delta TC_u^{ori}]$ ，其中 u 表示任一条潜在换热流股， u 的最大值是 N_r+3N_l ， ΔTC_u^{ori} 表示流股 u 的温差贡献值初值。

将这些变量的初值和所建模型与遗传模拟退火算法相结合，最终可获得年度总费用最小的单组分体系质量-热量联合交换网络。在该过程中，对于不满足模型约束的解进行一定程度的惩罚。网络综合框图如图 4-15 所示。

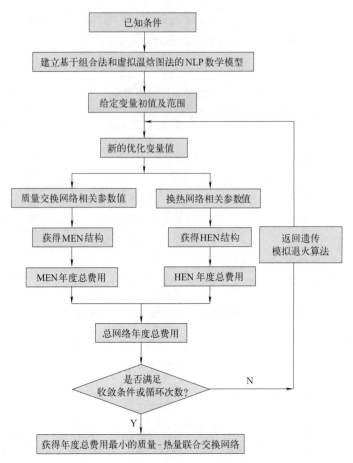

图 4-15　联合交换网络综合流程图

在所研究的浓度和温度范围内，传质相平衡参数 m_j 与温度的关系如下式所示，算例中涉及的费用数据见表 4-5，贫、富流股的流量和浓度数据见表 4-6，流股温度的变化情况和相关换热数据见表 4-7。

$$S_1: m_1 = (5.86807 \times 10^{-8}) \times 10^{0.01024 \times T_1^*}$$

$$S_2: m_2 = (9.386 \times 10^{-10}) \times 10^{0.0215 \times T_1^*}$$

表 4-5　费用数据

项目	数值
操作时间	$8600\text{h} \cdot \text{a}^{-1}$
塔设备费用	$4552\$ \cdot \text{tray}^{-1} \cdot \text{a}^{-1}$
塔板效率	20%
换热器费用	$30000+750A^{0.81}$
年度化因子	0.2
外部贫流股	$0.001\$ \cdot \text{kg}^{-1}$
热公用工程(HU)	$120\$ \cdot \text{kW}^{-1} \cdot \text{a}^{-1}$
冷公用工程(CU)	$30\$ \cdot \text{kW}^{-1} \cdot \text{a}^{-1}$

表4-6 贫、富流股流量与浓度数据

R_i	$G_i/(kg \cdot s^{-1})$	$y_{in}/(kg \cdot kg^{-1})$	$y_{out}/(kg \cdot kg^{-1})$	S_j	$L_{up}/(kg \cdot s^{-1})$	$x_{in}/(kg \cdot kg^{-1})$	$x_{out}/(kg \cdot kg^{-1})$
R_1	104	8.83×10^{-4}	5.00×10^{-6}	S_1	40	0.07557	$\leqslant 0.115$
R_2	442	7.00×10^{-4}	5.00×10^{-6}	S_2	∞	0.001	$\leqslant 0.01$

表4-7 流股热力学数据

流股	T_{in}/K	T_{out}/K	T_{lo}/K	T_{up}/K	$c_p/(kJ \cdot kg^{-1} \cdot K^{-1})$
R_1	298	298	288	313	1.00
R_2	298	298	288	313	1.00
S_1	368	368	279	368	2.50
S_2	310	—	280	330	2.40
HU	453	452	—	—	—
CU	278	283	—	—	—

除此之外，该算例中引入了 4 条外部换热流股，相关热力学数据见表4-8，其中流股的热容流率统一用 Fc_p 表示。值得注意的是，为了与文献保持一致，不考虑外部贫流股 S2 的终端出口温度，只需保证它在给定的可行范围内即可。

表4-8 外部流股热力学数据

流股	$Fc_p/(kW \cdot K^{-1})$	T_{in}/K	T_{out}/K	$h/(kW \cdot m^{-2} \cdot K^{-1})$
H_1	10.0	448	318	0.2
H_2	40.0	398	338	0.2
C_1	20.0	293	428	0.2
C_2	15.0	313	385	0.2

目前，几乎所有的文献都将过程贫流股的出口浓度上限对应于其在质量交换网络（mass exchange network，MEN）中的出口浓度，而并非最终的排放浓度。为了与文献中的结果作比较，本节也采用上述的方法对这种工况进行了综合。两种设计工况描述如下。

工况 1：不考虑旁路流股，所有贫流股在 MEN 出口处的浓度均不能高于表 4-6 所列的浓度上限值。

工况 2：引入旁路流股，贫流股在 MEN 的出口处无浓度限制，但其最终的排放浓度不能高于表 4-6 所列的浓度上限值，排放前需要与旁路混合，以保证排放浓度符合设计要求。

采用本节所提到的方法综合网络之前，需首先确定问题中所涉及温差贡献值优化变量的数量，即潜在换热流股数。该算例对过程贫流股 S_1 的出口温度有要求，但对外部贫流股 S_2 的出口温度无要求。基于贫流股传质温度在 MEN 中保持不变的假设，则 S_1 最多可生成两条换热流股，S_2 只能生成 1 条。另外，如果工况 2 中贫流股的进出口温度不同，则旁路流股也需要换热。在这个算例中，S_1 的进出口温度相同，S_2 的出口温度无特殊要求，所以可以设定 S_1 和 S_2 的旁路流股均无需换热。如此可知该算例中工况 1 和工况 2 有同样的潜在流股：两条源于 S_1，其中 1 条是由入口温度降温到传质温度的热流股，另 1 条是由传质温度升温到出口温度的冷流股；1 条源于 S_2，冷热性质不确定；以及 4 条外部冷热物流。则工况 1 和工况 2 都最多涉及 7 条换热流股，将这些流股按顺序编号列于表 4-9，优化过程中流股的温差贡献值也按这个顺序分配。

表4-9 潜在换热流股

序号	源	热/冷流股	序号	源	热/冷流股
1	S_1	热	5	H_2(外部流股)	热
2	S_1	冷	6	C_1(外部流股)	冷
3	S_2	未知	7	C_1(外部流股)	冷
4	H_1(外部流股)	热			

采用 NLP 数学模型对两种设计工况进行描述，并采用遗传模拟退火算法搜索获得总费用最小的联合交换网络结果。图 4-16 和图 4-17 分别是工况 1 和工况 2 的最优联合交换网络结构图，图中的上半部分均是子 MEN，下半部分均是子 HEN。流股的匹配情况、（分支）流股的质量流量或热容流率，以及流股进出操作单元的浓度或温度都已表示在图中。可以发现，除 4 条固定的外部换热流股（H_1、H_2、C_1、C_2）外，另有 1 条热流股（H_3）在图 4-16 中产生，1 条热流股（H_3）和 1 条冷流股（C_3）在图 4-17 中产生。

在图 4-16 所示的最优结果中，贫流股 S_1 的最优传质温度等于其给定的进出口温度，所以 S_1 无需换热；而 S_2 的最优传质温度是 281K，需从 310K 降温到 280.8K，则 S_2 形成 1 条热流股，即 HEN 网络中的热流股 H_3。最终，图 4-16 中的子 MEN 和子 HEN 均通过划分 2 个网络间隔，并分别引入 4 个传质单元和 7 个换热单元（包括 1 个加热器和 2 个冷却器），完成过程的传质任务以及换热需求。

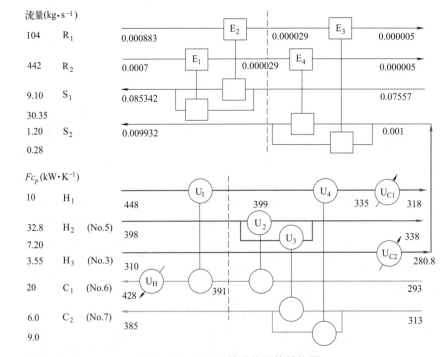

图 4-16 工况 1 的最优网络结构图

图 4-17 中网络只需贫流股 S_1 和 2 个传质单元就可以完成传质任务，但存在旁路。如图，总流量为 $10.1\text{kg} \cdot \text{s}^{-1}$ 的 S_1 在换热之前分流成两股物流，其中流量为 $1.53\text{kg} \cdot \text{s}^{-1}$ 的分支 S_1' 先形成由 368K 降低到 286.8K 的热流股 H_3，然后经由冷却器后进入 MEN 进行质

量交换，该流股在完成传质操作后需恢复至入口温度 368K，此时形成冷流股 C_3，C_3 与外部热流股 H_1 换热达到 368K，并在排放或进入下一过程单元前与另一支路——旁路 S_1''（8.58kg·s^{-1}）混合达到 S_1 的浓度上限，如此完成 S_1 流股的全部传质和换热操作。在所得网络结构中，H_3、C_3 与 4 条外部换热流股形成的子 HEN 包含 3 个网络间隔，共引入 8 个换热单元，其中包括 1 个冷却器和 1 个加热器。图 4-16 和图 4-17 中操作单元所需的设备塔板数或换热面积列于表 4-10。

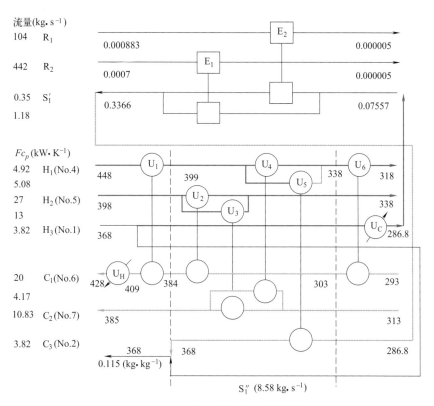

图 4-17 工况 2 的最优网络结构图

表 4-10 图 4-16 和图 4-17 中设备的塔板数或换热面积（m²）

	E_1	E_2	E_3	E_4	U_1	U_2	U_3	U_4	U_5	U_6	U_H	U_{C1}	U_{C2}
图 4-16	5	5	8	8	281.1	980.8	235.9	366.3	—	—	81.1	36.4	96.9
图 4-17	8	8	—	—	191.8	716.9	425.2	154.5	76.1	68.7	116.3	92.1	—

将本节所得最优解与文献做对比，如表 4-11 所示，其中第一行是通过枚举多组传质温度值获得的费用最优结果；第二行是通过事先确定流股冷热性质优化获得的结果，当冷热性质无法事先判断时（如表 4-9 中的 3 号流股），需要按其为热流股和冷流股分别计算，最后取两种情况下较优的那个最优解为最终结果。与工况 1 相同，两个文献在 MEN 出口处均对过程贫流股 S1 设有浓度限制。对比表中结果可知，本节在工况 1 工况下所得结果从传质温度、贫流股用量和费用等方面上看，与文献结果均很接近，可以看作是近似相同的解。但与文献相比，工况 1 在使用过程贫流股 S_1 的基础上还使用了外部贫流股 S_2，所得总费用低 2.1%。这主要原因是本节在应用夹点法综合子 MEN 时，未将贫流股出口浓度上限

（0.1150）作为定值，而是一个变量，这有效地扩大了解空间，使获得的解更优，说明即使有浓度约束，本节的方法能仍有效地综合到较优解。

表4-11 本节所得最优结果与文献的比较

工况	$T^*_{S_1}$/K	$T^*_{S_2}$/K	L_{S_1}/(kg·s⁻¹)	$x^{out}_{S_1}$/(kg·kg⁻¹)	L_{S_2}/(kg·s⁻¹)	$x^{out}_{S_2}$/(kg·kg⁻¹)	$f^M_C+f^M_O$/(10³\$·a⁻¹)	$f^H_C+f^H_O$/(10³\$·a⁻¹)	f_{TAC}/(10³\$·a⁻¹)
文献	286	—	L'_{S_1}=10.1	0.1150	—	—	54.6	295.4	350.0
文献	368	280	L'_{S_1}=40	0.0853	L'_{S_2}=1.71	0.0091	157.8	179.0	336.8
工况1	368	280.8	L'_{S_1}=39.45	0.0853	L'_{S_2}=1.48	0.0099	164.2	178.3	342.5
工况2	286.8	—	L'_{S_1}=1.53 L''_{S_1}=8.58	0.1150	—	—	72.8	196.9	269.7

工况2不考虑S_1在质量交换网络出口处的浓度，但控制排放浓度。其在S_1流量为1.53kg·s⁻¹时，总网络年度总费用最小，为269.7×10³\$·a⁻¹，比文献结果分别低22.9%和19.9%，比工况1低21.2%。此时S_1的出口浓度为0.3366，大于0.115的限制。但由于S_1的进出口温度相同，所以S_1在排放前直接与8.58kg·s⁻¹的旁路流股混合至浓度达到0.115即可，则S_1总的用量是10.11kg·s⁻¹。

文献和工况2都只用S_1就完成了传质任务，且总用量一样，可是参与传质的流量不同：文献用了10.1kg·s⁻¹，工况2只用了1.53kg·s⁻¹，所以工况2完成相同传质任务所需的传质塔板数较多，体现为质量交换网络费用相对较大。但由于文献中10.1kg·s⁻¹的S_1全部都要两次经过HEN，换热负荷大；而工况2有8.58kg·s⁻¹的旁路无温度变化，无需换热，HEN热负荷量较小，换热器网络费用大幅度降低，总费用比文献中的小。另外，工况2的MEN共有16块理论板，不使用外部贫流股S_2，即只产生MEN设备费用72.8×10³\$·a⁻¹，不产生操作费用。与文献和工况1相比，工况2MEN总费用都低50%以上，所以尽管它的HEN费用稍高，但由于幅度不大，工况2的总网络费用仍然最小。由此表明在同步综合MEN和HEN时，考虑旁路流股能更好权衡两子网络的费用，使获得的解更优。

4.6.3 换热器网络综合

本小节将对不同随机算法在换热器网络综合中的应用进行举例说明，包括蚁群算法、模拟退火遗传混合算法和禁忌搜索算法。

（1）蚁群算法在换热器网络综合中的应用

将蚁群算法应用于换热器网络优化中，每股热流体的热量分成相等能量份额的能量集合，用这些能量集合代表蚁群。当换热器网络中没有换热器时，所有的热流体能量都流向冷公用工程，此时综合费用为最大值。然后通过蚁群算法将每股热流体的热量通过换热器与冷流体进行换热。设C为包含换热器网络超结构中所有位置换热器的集合，以$A_{i,j,k}$表示信息量，此信息量的含义是第i股热流体在k级上与第j股冷流体所匹配的换热器面积。热量分配给各换热器的过程中，换热器面积得到相应调整，所有热流体的能量全部分配后就算完成一轮优化。优化循环进行过程中，趋向于使综合费用值减少的换热器面积逐渐增加，最终形成一个最优的换热器网络结构使得年度总费用最低。

用禁忌表 Tabu_e 记录能量分配过的换热器单元，$P^e_{i,j,k}$ 表示第 i 股热流体上的能量 e 在 k 级上流向第 j 股冷流体的转移概率，即：

$$P^e_{i,j,k} = \begin{cases} \dfrac{\left[A_{i,j,k}(t)\right]^\alpha \left[\Delta F_{i,j,k}\right]^\beta}{\sum_{i\in N_H, j\in N_C, k\in N_K}\left[A_{i,j,k}(t)\right]^\alpha \left[\Delta F_{i,j,k}\right]^\beta}, & e\in \text{Allowed} \\ 0, & e\notin \text{Allowed} \end{cases} \tag{4-18}$$

式中：$\text{Allowed}_e = \{C\text{-Tabu}_e\}$ 为能量 e 下一步能够经过的换热器单元；$A_{i,j,k}(t)$ 为第 t 次循环时该换热器的信息量；α 为信息启发式因子；β 为期望启发式因子；$\Delta F_{i,j,k}$ 为启发函数，为能量 e 分配给第 i 股热流体在 k 级上与第 j 股冷流体所匹配换热器前后的综合费用之差，$\Delta F_{i,j,k}$ 越大则 $P^e_{i,j,k}$ 越大，表示能量 e 由第 i 股热流体在 k 级上流向第 j 股冷流体的期望程度。

每份能量分配后必须调整相应换热器上的信息量，信息量计算式为

$$A_{i,j,k}(t+1) = (1-\rho)\cdot A_{i,j,k}(t) + \Delta A_{i,j,k}(t) \tag{4-19}$$

式中，ρ 为信息素挥发系数，则 $1-\rho$ 为信息素残留因子，为了防止信息的无限积累使 $\rho\in[0,1)$；$\Delta A_{i,j,k}(t)$ 为第 t 次优化中换热器上累积的面积，限制每个换热器的面积不能超过可行的最大值。

蚁群算法优化换热器网络的具体步骤如下：

① 参数初始化，令循环次数 $t=0$，设置最大循环次数为 t_{max}；每个换热器初始面积 $A_{i,j,k}(0)=0$，$\Delta A_{i,j,k}(t)=0$；设置每份能量值 e_0，计算初始时刻的综合费用值 F_0；

② 循环次数 $t=t+1$；

③ 能量根据状态转移概率 $P^e_{i,j,k}$ 选择换热器进行换热，将该换热器移到禁忌表 Tabu_e 中；

④ 根据式（4.19）更新每个换热器的换热面积；

⑤ 若满足收敛条件，即循环次数 $t\geqslant t_{max}$，则结束程序并输出最终计算结果；否则清空禁忌表转到第②步。

本实例中，换热器网络由 8 股热流体和 7 股冷流体组成，流股初始参数见表 4-12。设备费用计算式为 $8000+500A^{0.7}$（美元·a^{-1}），其中，A 为换热器面积；冷、热公用工程费用系数分别为 80 美元·$kW^{-1}\cdot a^{-1}$ 和 10 美元·$kW^{-1}\cdot a^{-1}$。

表 4-12 流股初始参数数据表

流股	T_{in}/K	T_{out}/K	Fc_p /(kW·K^{-1})	h /(kW·m^{-2}·K^{-1})	流股	T_{in}/K	T_{out}/K	Fc_p /(kW·K^{-1})	h /(kW·m^{-2}·K^{-1})
H1	180	75	30	2	C2	100	220	60	1
H2	280	120	60	1	C3	40	190	35	2
H3	180	75	30	2	C4	50	190	30	2
H4	140	40	30	1	C5	50	250	60	2
H5	220	120	50	1	C6	90	190	50	1
H6	180	55	35	2	C7	160	250	60	3
H7	200	60	30	0.4	热公用工程	325	325	—	1
H8	120	40	100	0.5	冷公用工程	25	40	—	2
C1	40	230	20	1					

根据蚁群算法优化换热器网络：初始化各参数，取 $\alpha=0.5$，$\beta=0.1$，$\rho=0.3$，$e_0=0.1$kW，初始时刻综合费用 $F_0=4076264$ 美元·a^{-1}，循环次数 $t_{max}=1200$，采用 Fortran 语言编制优化程序并进行计算，最终获得的结构如图 4-18 所示，图中所标数字为进、出口温度（单位

为℃），最终优化的年度总费用为1548088$·a⁻¹，所得结果与其他文献的比较见表4-13。从结果可看出，采用蚁群算法优化得到的换热器网络结构设备投资费用比文献2和文献3采用确定性算法的结果分别减少了34238$·a⁻¹和47373$·a⁻¹，从而使得最终年度总费用优于其他文献。

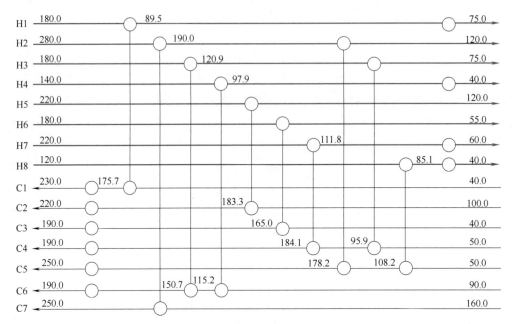

图4-18　换热器网络优化结构

表4-13　结果对比表

项目	总设备个数	设备费用/($·a⁻¹)	公用工程费用/($·a⁻¹)	总费用/($·a⁻¹)
文献1	—	—	—	1,599,229
文献2	22	651,292	938,715	1,590,008
文献3	19	664,427	905,223	1,569,650
本文工作	20	617,054	931,034	1,548,088

（2）模拟退火遗传混合算法在换热器网络综合中的应用

当所有子网络均依照上述方法完成综合后，其结果将被代回原网络替换掉相应部分，而其他未经合并的焓间隔的网络结构保持不变；于是可得到整个多流股换热器网络及其年度总费用。将采用模拟退火遗传算法以总网络的年度总费用最小为目标，对各决策变量（温差贡献值、合并向量、分支系数等）进行优化。模拟退火遗传算法的构造及操作设计详见第4.1、4.3节，算法部分参数及终止准则的取值见表4-14。

表4-14　模拟退火遗传混合算法参数表

参数	种群规模	交叉概率	变异概率	最大无进化代数	最大代数
值	30	0.3	0.3	20	200

模拟退火算法部分采用$\min\{1,\exp(-\Delta f/t)\}$作为状态接收函数，$t_{k+1}=\lambda t_k$作为温度更新函数；其中退火初温及温度更新系数$\lambda$视具体问题而定。

该方法的具体计算流程如下：

① 由经验规则初始化温差贡献值 ΔT_c^i。

② 根据温差贡献值绘制虚拟温熵图，并根据垂直匹配规则及多流股换热器匹配法综合得到换热器网络结构。

③ 初始化合并向量。

④ 根据合并向量完成焓间隔的合并，从而得到各子网络。

⑤ 综合各子网络结构，得到各子网络费用。具体又分为两种方法：

（a）采用改进的超结构综合子网络，需对其中各决策变量（如 $th_{i,j,k}$，$fh_{i,j,k}$，$z_{i,j,k}$ 等）进行优化。

（b）采用启发式规则综合子网络，仅需优化分支系数 C_b。

⑥ 将各子网络的优化结果汇总至原网络，得到整个换热器网络的年度总费用。

⑦ 优化合并向量，重复步骤④～⑦直至达到算法收敛或终止条件。

⑧ 优化温差贡献值，重复步骤②～⑧直至达到算法收敛或终止条件。

⑨ 完成综合，输出结果。

鉴于子网络的两种综合方法（分级超结构方法和启发式策略方法），分别给出了相应的计算流程图，如图 4-19（a）、（b）。后续的算例分析中，将采用两种方法对换热器网络进行综合，并对其结果做以比较。

该算例包含 10 条热流股，10 条冷流股及热、冷公用工程流股各一条，相关数据见表 4-15。

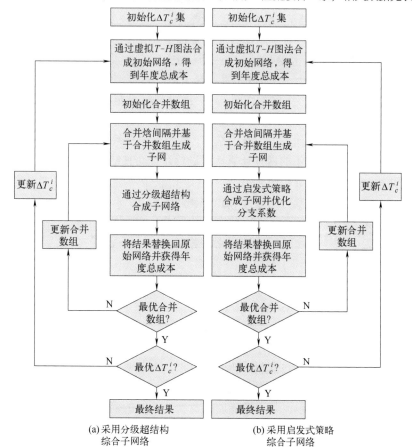

(a) 采用分级超结构综合子网络

(b) 采用启发式策略综合子网络

图 4-19　大规模换热器网络综合方法流程图

表 4-15　流股数据表

流股	T_{in}/K	T_{out}/K	Fc_p/(kW·K^{-1})	h/(kW·m^{-2}·K^{-1})
H1	453.2	348.2	30	2.0
H2	553.2	393.2	15	0.6
H3	453.2	348.2	30	0.3
H4	413.2	318.2	30	2.0
H5	493.2	393.2	25	0.08
H6	453.2	328.2	10	0.02
H7	443.2	318.2	30	2.0
H8	453.2	323.2	30	1.5
H9	553.2	363.2	15	1.0
H10	453.2	333.2	30	2.0
C1	313.2	503.2	20	1.5
C2	393.2	533.2	35	2.0
C3	313.2	463.2	35	1.5
C4	323.2	463.2	30	2.0
C5	323.2	523.2	20	2.0
C6	313.2	423.2	10	0.06
C7	313.2	423.2	20	0.4
C8	393.2	483.2	35	1.5
C9	313.2	403.2	35	1.0
C10	333.2	393.2	15	0.7
热公用工程	598.2	598.2	—	1.0
冷公用工程	298.2	313.2	—	2.0
费用数据	C_{HU}=70\$·kW^{-1}·a^{-1}(蒸汽), C_{CU}=10\$·kW^{-1}·a^{-1}(冷却水)			

　　为与文献的结果对比，本算例中所有参数及模型均与文献保持一致。所有换热器（含公用工程加热器及冷却器）的费用计算公式为：C_{EX}=8000+800$A^{0.8}$ \$·a^{-1}，最小传热温差取为 10K。根据前文规则，由于流股 C2 具有最大的热容流率，因此选取 C2 为参考流股。根据文献中总费用的参考值（1,827,772\$·a^{-1}）或由随机给定的数组决策变量而得到总费用值，可以确定适应度差值 Δf（年度总费用）约为 10^6 的数量级，因此退火初温 t_0 取为 $1×10^7$；同时考虑到预设进化代数为 200 代左右，故温度更新系数 λ 取为 0.974。

　　本节分别采用图 4-19 所示的两种计算流程进行计算，其结果与文献中结果列于表 4-16 中，其网络结构分别见图 4-20 和图 4-21。

表 4-16　结果对比表

项目	总面积 /m^2	设备个数	设备费用 /(M\$·a^{-1})	Q_{HU} /MW	Q_{CU} /MW	操作费用 /(M\$·a^{-1})	总费用 /(M\$·a^{-1})
文献	3229	29(14#)	1.148	9.016	4.867	0.680	1.828
本文工作（超结构方法）	3267	27(11#)	1.114	8.931	5.681	0.682	1.796
本文工作（启发式规则）	3142	27(10#)	1.081	9.174	5.924	0.701	1.782

　　注：# 表示多流股换热器个数。

　　相比于文献采用传统虚拟温焓图法所得的结果，本节两种综合方法所得的换热器网络年度总费用均得到了一定程度的降低。其中基于超结构方法所综合出的换热器网络具有更低的能量（公用工程）消耗，而其总换热面积及换热匹配的耦合度则相对较大。这是由于在超结构中引入了多流股换热器及相应的匹配矩阵，加之超结构优化过程的不可控性，当仅以年度总费用最小为优化目标时，结构的复杂程度很容易被忽视。相比之下，启发式策略中通过匹配规则的制定，可使网络结构的优化方向更加直观可控。总的来说，两种方法所得结果的换热器数目均比文献更少，其结构也更加简洁。该结果证明了本方法所提的基于熵间隔合并策略及启发式规则在结构优化上的优良性能。

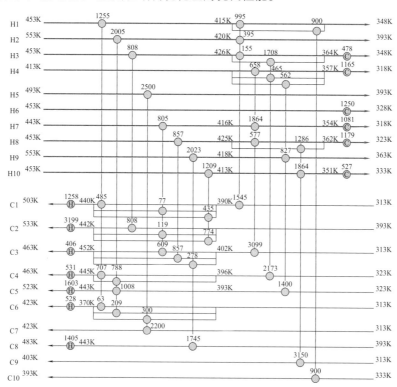

图 4-20　采用分级超结构得到的最优多流股换热器网络结构

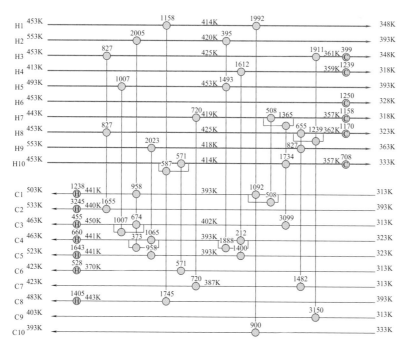

图 4-21　采用启发式策略得到的最优多流股换热器网络结构

另一方面，本例中基于分级超结构的方法计算耗时 547s，基于启发式策略的方法计算耗时 77s，均显著低于文献中的 2786s。该文献中所采用的为 2.8GHz CPU 的计算机，其配置与本节中所采用的计算机相差不大，而计算时间却远远高于本文，这证明了本节方法的高效性。

众所周知，在换热器网络综合中，过多的换热器不仅使设计更复杂而且会显著增加设备费用，因而较优的结果通常都具有一个简洁紧凑的结构。对于普通的虚拟温焓图法，换热器网络结构主要依赖于焓间隔的划分，并进一步地取决于传热温差贡献值；通过传热温差贡献值的优化使得流股的虚拟温度可以恰到好处地匹配，进而减少焓间隔数目而达到简化结构的目的。然而仅靠传热温差贡献值的调节难以有效地缩减焓间隔数目，尤其对于大规模问题，此缺陷会愈加明显。通过引入合并向量来强制合并焓间隔可使其数目锐减；即便是对于一组普通的温差贡献值也可以得到一个较为紧凑的结构。因此本方法对传热温差贡献值的优化需求大大降低，优化算法所需的计算时间也会随之降低。其中，基于启发式策略方法的计算时间又要明显低于基于超结构方法的计算时间。显然，这是由于超结构优化中含有大量变量；反观启发式策略，其中仅含分支系数一个决策变量，而网络的结构由启发式规则顺序而定，故可极大地减少计算量。此外，启发式匹配规则中采用了改进的多流股换热器匹配策略，使多流股换热器可直接匹配而得，避免了先匹配双流股换热器再合并成多流股换热器的过程中无效多余的计算过程。可见，当面对更大规模的问题时，尽管依照焓间隔划分了子网络，然而子网络仍然可能含有过多的流股，从而使基于超结构的子网络综合方法难以高效求解。因此基于超结构的综合方法仅作为一种积极的尝试；对于较大规模的换热器网络综合问题，采用启发式策略的方法将更加适宜。

（3）禁忌搜索算法在换热器网络综合中的应用

本实例将应用前述的禁忌搜索算法进行换热器网络流程结构固定时参数的优化，以此来验证前述的方法在换热器网络优化综合应用中的实用性和有效性。

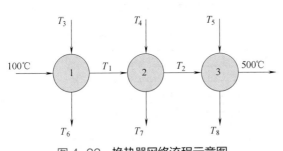

图 4-22 换热器网络流程示意图

实例描述如下：某石化工厂欲利用本厂废热，回收剩余热量，降低能耗，以提高用能效率，现采用 3 个换热器将某物流温度由 100℃加热到 500℃，其流程如图 4-22 所示，各变量已经标注在该图中。所要求的是各温度应如何选取才能使换热器系列的总换热面积 A 为最小？

已知条件如下：

① 所有物流其热容流率 W_{cpl}=10⁵kJ·(s·℃)⁻¹，其中 W 是流体流量 kg·s⁻¹，c_p 是流体比热容 kJ·(kg·℃)⁻¹，l 为流体序号（l=1, 2, …）。

② 3 个换热器的总传热系数分别为 k_1=120W·(m²·K)⁻¹，k_2=80W·(m²·K)⁻¹，k_3=40W·(m²·K)⁻¹。

③ 为简化起见，换热器采用逆流换热，其温差 Δt_m 采用算术平均值。

④ T_3=300℃，T_4=400℃，T_5=500℃。

通过分析，建立数学模型如下：

$$\min A = \sum_{i=1}^{3} A_i = \frac{10^5 \times (T_1 - 100)}{120 \times (300 - T_1)} + \frac{10^5 \times (T_2 - T_1)}{80 \times (400 - T_2)} + \frac{10^5 \times (500 - T_2)}{40 \times 100}$$

由于本问题涉及的流股和换热器比较少，所以约束条件也较少，具体来说就是以下两个边界约束条件：

$$100 \leqslant T_1 \leqslant 300, \ T_1 \leqslant T_2 \leqslant 400$$

本实例采用前述的禁忌搜索算法进行求解。在禁忌搜索算法中，首先按照约束条件随意给出一个初始解作为当前解，然后在当前解的邻域中搜索若干个解，取其中的最好解作为新的当前解。为了避免陷入局部最优解，在搜索最优解的过程中允许一定的下山操作（使解的质量变差）。另外，为了避免对已经搜索过的局部最优解的重复，禁忌搜索算法使用禁忌表记录已经搜索到的局部最优解的历史信息，这可在一定程度上使搜索过程避开局部极值点，从而开辟新的搜索区域。

在这个换热器网络优化问题中，物理模型中共由 4 个流股、3 个换热器组成，数学模型是非线性的，共有 2 个需要优化的变量。

在用禁忌搜索算法程序解算的过程中，取最大迭代次数 $N=4000$，取邻域集的大小为 $K=400$，取禁忌长度 $b=20$，取自适应因子 $s=50$，取 $r=0.001$，循环步长为 600。初值取为 $x^0=(T_1, T_2)^{\mathrm{T}}=(150, 250)^{\mathrm{T}}$，自适应系数 C 取不同值时的计算结果见表 4-17。从表中可以看出，计算结果很相近，能很快达到最优值（只需用秒来统计计算时间）。

与其他优化方法求得的结果进行了比较，见表 4-18，其中禁忌搜索算法所取的值是 $C=$Random 时的结果。

表 4-17 用禁忌搜索算法计算的结果

迭代次数	C 的取值	T_1/℃	T_2/℃	$f(x^\beta)$
3399	Random	182.017262	295.600828	7049.249272
3234	0.05	182.023224	295.600000	7049.249277
3142	0.10	18.027222	295.600556	7049.249283
3176	0.15	182.017721	295.602426	7049.249273
3258	0.20	182.017500	295.610000	7049.249291
3354	0.30	182.028643	295.602143	7049.249284
3074	0.40	182.020000	295.605952	7049.249277
3092	0.50	182.012500	295.609375	7049.249296
3041	0.60	182.007600	295.600000	7049.249282
3114	0.70	182.057510	295.605000	7049.249420
477	0.80	182.017280	295.597156	7049.249276
239	0.90	182.027184	295.597730	7049.249288
14	1.00	182.000000	295.600000	7049.249302

表 4-18 不同方法结果对比表

算法	T_1/℃	T_2/℃	$f(x^\beta)$
单纯形法	181	296	7049.4191
模拟退火算法	182.9802	295.5493	7049.25
禁忌搜索算法	182.017262	295.600828	7049.249272

从比较的结果来看，用禁忌搜索算法求解保证了最终的结果是最优解，并且精确度更高，所用的计算时间较短，运算效率和效果都很好。

 ## 本章小结

本章介绍了几种智能优化算法，包括遗传算法、蚁群算法、模拟退火算法和禁忌搜索算法，并结合复杂化工过程综合中的优化问题给出了其算法参数及操作设计的具体选取策略。文中详细分析了遗传算法、蚁群算法、模拟退火算法和禁忌搜索算法的优化性能和搜索效率，基于各自的优缺点介绍了模拟退火遗传混合算法，并针对化工过程综合优化问题的特点对其计算流程做出了适当调整，即在算法每步中均执行保优操作且略去了抽样稳定性检测的步骤。此外本章基于物种间杂交理论改进了智能优化算法中的交叉操作，在随机交叉的基础之上选取出一定比例的基因差异较大者、适应值最高者分别进行交叉。最后，本章研究了三个不同化工过程综合的实例，其结果证明了智能优化算法对解决复杂化工过程综合问题的有效性。

 ## 思考题

1. 阐述智能优化算法的基本概念：遗传算法，蚁群算法，模拟退火算法，禁忌搜索算法。
2. 详述遗传算法、模拟退火算法与模拟退火遗传混合算法的计算流程和关键参数，并比较分析三者的异同点。
3. 蚁群算法的本质是什么？分析说明该算法的优缺点。
4. 解释蚁群算法中信息素的一种更新方法。
5. 描述模拟退火算法中的接收准则，并说明如何选取适当的初始温度。
6. 禁忌搜索算法的框架是什么？该算法的关键组成部分有哪些？
7. 与确定性的数学规划方法相比，智能优化算法在解决复杂化工过程综合问题时具有哪些优势？
8. 针对蚁群算法、模拟退火算法及禁忌搜索算法求解换热器网络综合问题，比较分析它们各自数学模型构建、编码方式、算法参数设置的特点。
9. 实例编程计算。

原料调拨运输的优化决策是化工生产过程中重要的基础保障，如何高效、合理地优化配送路径，可以缩短原料调运供应的时间，提高原料保障时效，进而产生显著的经济效益。现假设某化工厂要往全国 31 个地区供给原料，需要选择所要配送的路径，路径的限制是每个地区只能供应一次，而且最后要回到该化工厂。对路径选择的要求是：所选路径的路程为所有路径之中的最小值。

请分别采用遗传算法、蚁群算法、模拟退火算法、禁忌搜索算法对该问题进行优化。

全国 31 个地区的坐标为：(1304, 2312) (3639, 1315) (4177, 2244) (3712, 1399) (3488, 1535) (3326, 1556) (3238, 1229) (4196, 1004) (4312, 790) (4386, 570) (3007, 1970) (2562, 1756) (2788, 1491) (2381, 1676) (1332, 695) (3715, 1678) (3918, 2179) (4061, 2370) (3780, 2212) (3676, 2578) (4029, 2838) (4263, 2931) (3429, 1908) (3507, 2367) (3394, 2643) (3439, 3201) (2935, 3240) (3140, 3550) (2545, 2357) (2778, 2826) (2370, 2975)。

参考文献

[1]　唐焕文，秦学志.实用最优化方法 [M].3 版.大连：大连理工大学出版社，2004.

[2]　王凌.智能优化算法及其应用 [M].北京：清华大学出版社，施普林格出版社（Springer），2001.

[3]　李继龙.大规模柔性换热器网络综合的研究 [D].大连：大连理工大学，2014.

[4]　Grefenstette J J.Optimization of control parameters for genetic algorithms [C].Systems, Man and Cybernetics, IEEE Transactions on, 1986, 16（1）：122-128.

[5]　杨波.基于蚁群算法的无线传感器网络路由算法研究 [D].西安：西安电子科技大学，2008.

[6]　程志刚.连续蚁群优化算法的研究及其化工应用 [D].杭州：浙江大学，2005.

[7]　Gutj W J.Graph-based ant system and its convergence[J].Future Generation Computer Systems, 2000, 16（8）：873-888.

[8]　Stutzle T, Dorigo M.A short convergence proof for a class of ant colony optimization algorithms [C].IEEE Transactions on Evolutionary Computation, 2002, 6（4）：358-365.

[9]　Kirkpatrick S, Gelatt C D, Vecchi M P.Optimization by simulated annealing [J].Science, 1983, 220（4598）：671-680.

[10]　Hasan Ö H.Subset selection in multiple linear regression models: a hybrid of genetic and simulated annealing algorithms [J].Applied Mathematics and Computation, 2013, 219（23）：11018-11028.

[11]　岳晓辉.基于禁忌搜索算法的蛋白质结构预测的研究 [D].大连：大连理工大学，2005.

[12]　李瑞.基于禁忌搜索算法的电煤多式联运成本优化研究 [D].保定：华北电力大学，2014.

[13]　Pavão L V, Costa C B B, Ravagnani M A S S.A new framework for work and heat exchange network synthesis and optimization [J].Energy Conversion and Management, 2019, 183：617–632.

[14]　Santos L F, Costa C B B, Caballero J A, et al.Synthesis and optimization of work and heat exchange networks using an MINLP model with a reduced number of decision variables [J].Applied Energy, 2020, 262, 114441.

[15]　庄钰.基于拓展超结构的功热交换网络同步综合研究 [D].大连：大连理工大学，2019.

[16]　Isafiade A J, Fraser D M.Interval based MINLP superstructure synthesis of combined heat and mass exchanger networks [J].Chemical Engineering Research and Design, 2009, 87（11）：1536-1542.

[17]　刘琳琳.多组分体系质量 - 热量联合交换网络综合研究 [D].大连：大连理工大学，2013.

[18]　曹德铭.考虑不确定因素影响的间歇化工过程最优化研究 [D].天津：天津大学，2002.

[19]　万义群，崔国民.蚁群算法在换热网络优化中的应用 [J].能源研究与信息，2013，29（4）：234-238.

[20]　Bjork K M, Pettersson F.Solving large-scale retrofit heat exchanger network synthesis problems with mathematical optimization methods [J].Chemical Engineering and Processing, 2005, 44（8）：869-876.

[21]　胡向柏，崔国民，涂惟民，等.换热网络填充函数法的全局优化 [J].化学工程，2011，39（1）：28-31.

[22]　张勤，崔国民，关欣.基于蒙特卡洛遗传法的换热网络优化问题 [J].石油机械，2007，35（5）：19-22.

[23]　Xiao W, Dong H G, Li X Q, et al.Synthesis of large-scale multistream heat exchanger networks based on stream pseudo temperature[J].Chinese Journal of Chemical Engineering, 2006, 14（5）：574-583.

[24]　苏文杰.换热网络优化规则及求解策略研究 [D].大连：大连理工大学，2006.

[25]　李士勇，李研，林茂永.智能优化算法与涌现计算 [M].北京：清华大学出版社，2019.

[26]　都健，刘琳琳.化工过程分析与综合 [M].2 版.北京：化学工业出版社，2021：223.

4

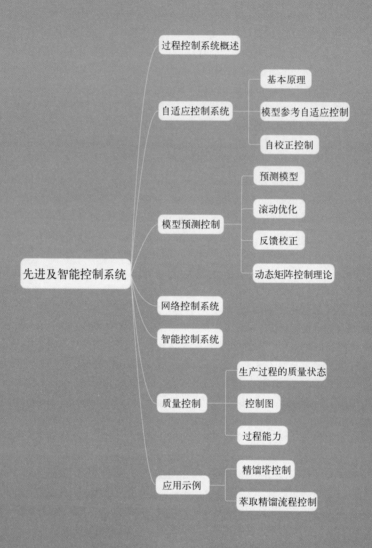

第 5 章

先进及智能控制系统

5.1　过程控制系统概述

现代工业过程自动化来自于生产方式的变更，例如生产规模的扩大、生产过程的强化、产品质量的严格要求等。过程控制系统的设计和应用是保证低消耗、高效益、安全生产的一种重要手段。

本小节将简要介绍过程控制系统的由来，明晰系统结构与框架，总结系统特点与常见性能指标，并比较反馈控制与前馈控制策略的异同，然后指出过程控制系统的任务与要求。该内容是控制系统的基本概念，将为后续小节奠定基础。

5.1.1　过程控制系统的由来

过程控制系统是在人工控制的基础上产生和发展起来的。本节以图 5-1 所示的温度控制问题为例，来说明过程控制系统的由来和结构。

为维持下游过程安全稳定生产，工艺上希望流股出口温度 T_o 能维持在所希望的温度。温度 T_o 是需要控制的工艺变量，称为被控变量；T_{sp} 为被控变量的控制目标，称为设定值。当流股入口温度 T_i 和公用工程用量（如蒸汽）q_{HU} 波动时，流股出口温度 T_o 随之改变。现假

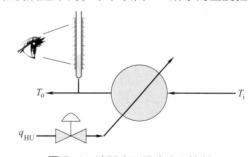

图 5-1　流股出口温度人工控制

定通过公用工程用量 q_{HU} 控制流股出口温度 T_o 的恒定，则称公用工程用量 q_{HU} 为操纵变量。流股入口温度 T_i 受到上游工艺过程的影响，可能造成被控变量产生了不期望波动，因此称温度 T_i 为扰动。

若由操作工人来完成这一温度控制任务，所要做的工作如下：

① 用眼睛观察温度计实际温度的指示值，并通过神经系统告诉大脑；

② 通过大脑对眼睛观测到的实际温度值与其给定值进行比较，根据偏差的大小和方向，并结合实践操作经验发出命令；

③ 根据大脑发出的控制命令，通过手去改变公用工程用量阀门开度，以此调节流股出

口温度；

④ 反复执行上述操作，直到将温度控制到其给定值。

上述操作工人通过眼睛观察、大脑反应、手部动作相互配合完成流股出口温度的控制过程，这是一个典型的人工控制过程，操作工人与所控制的流股构成了一个人工控制系统。

随着现今生产模式的不断革新，人工控制难以满足现代工业对控制精度、应答时间及其准确度的要求，特别是化工过程生产装置间关联性强，潜在的控制回路数量庞大，难以通过人工控制实现控制目标。对比而言，采用仪器仪表或自动化装置代替操作工人的眼睛、大脑和手来"自动地"完成控制任务，不仅能大大减轻人工的劳动强度，且可基本满足控制需求，进而提高生产效率。

仍以流股出口温度控制问题为例，在图 5-2 中可采用温度变送器 WZ 代替操作工人的

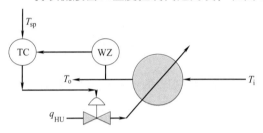

图 5-2　流股出口温度自动控制

眼睛，来检测温度的高低并将其转化为标准的电信号进行传输；采用温度控制器 TC 代替操作工人的大脑，通过接收温度变送器的电信号，并与给定值进行比较。控制器根据偏差的正负、大小及变法等前沿情况，发出控制信号进行传输；根据控制器的控制信号，采用执行器代替操作工人的手，实现对

公用工程用量阀门的调节（增大或减小阀门开度以调节公用工程用量），最终使流股出口温度值接近或等于给定值。由此构成一个典型的温度自动控制系统，其中温度变送器、控制器和阀门分别具有眼睛、大脑和手的功能。

5.1.2　过程控制系统特点

在过程控制领域中，被控对象是一个广义的概念。可能指一个具体的设备，也可能指在特定操作条件下的一个过程或多个过程组成的复杂过程系统。过程工业的控制系统是十分复杂的大系统，尤其是针对化工过程，存在不确定性、时变性以及非线性等因素，达到控制目标的难度大。同时，生产环境的多变要求系统具备实时性、整体性和可操作性。以换热器网络的控制为例，在实际工业环境中，常规控制器由于对噪声不敏感以及计算负担小等原因，更容易被过程控制工程师们接受和使用。然而常规控制器通常难以充分考虑实时的动态行为，而且各流股间强烈的关联性势必造成潜在的控制困难，尤其是当温度变化范围较大时，这类控制器将无法维持良好的控制性能并增加相应的控制成本，而先进控制器通过设定目标给出在线优化的控制动作。

过程控制系统具有以下两大类特点。

（1）被控对象的复杂性

① 过程控制应用范围广，其被控对象存在多样性，对应的被控变量涉及温度、压力和成分等。

② 被控对象的机理较为复杂，而且大部分被控对象非线性特性比较严重，无法通过简单的分段线性化方法进行处理，且为多变量过程。因此采用机理建模非常困难，可根据过程输入、输出数据用系统辨识方法进行黑箱建模。对于部分机理明确的过程可用混合建模

法确定系统模型结构和参数。

③ 过程工业中的被控对象往往具有严重的滞后性，造成控制作用落后于被控变量的变化，使得控制系统的性能变差，严重时将导致系统不稳定。

④ 大部分过程系统均存在多变量特性，表现为被控变量、操纵变量与状态变量之间呈现出复杂交互关系，此时无法简单地按照单一控制回路来处理。

（2）控制方案的多样性

过程工业的复杂性和被控对象的多样性决定了控制方案的多样性。随着计算机科学技术的发展，为满足不断严苛的生产要求，逐渐涌现了单回路控制、前馈控制、反馈控制、分程控制和先进控制等方法。根据过程生产特点选择控制方案，合理设计过程控制系统是达到控制目标的关键。

5.1.3 过程控制系统结构

以上所列举的流股出口温度控制系统属于简单控制系统，与其他任何的控制系统相同，均由以下基本单元组成：

① 被控对象，指被控制的生产设备、装置或生产过程，通常描述为输入输出的动态关系。

② 控制器，将检测元件及变送器送来的被控变量测量值与给定值进行比较，得出偏差信号 $e(t)$，根据给定的控制律输出控制信号 $u(t)$，对被控对象进行调节。

③ 执行器，接收控制器送来的控制信号以驱动操纵变量，达到预期控制目标。常用的是控制阀，即根据信号自动改变控制阀的开度，克服扰动对被控变量的影响。

④ 测量变送器，用于测量被控变量，常见为温度变送器、流量变送器等。

图 5-2 所示的流股出口温度控制系统可表示为方框图，如图 5-3 所示，可直观地表示单元间连接关系。方框图中每一条线代表系统中的一个信号，线上的箭头表示信号传递的方向。每个方块代表系统的一个单元，表示了其输入对输出的影响。图 5-3 所示结构图清晰地描述了一个过程控制系统的基本单元构成。然而，工程人员们仅通过上述结构图无法实施过程控制，首要原因在于没有准确的被控对象数学模型。对一个过程控制系统进行分析和优化设计时，首先要分析被控对象的稳态和动态特性，基于此建立被控对象的数学模型。因此，几乎所有控制方法均离不开数学模型。特别是先进控制中典型的基于模型的控制策略，不仅要对生产过程的动态过程进行控制，还要辅助稳态过程的优化，这些工作都以生产过程的稳态和动态数学模型为基础。

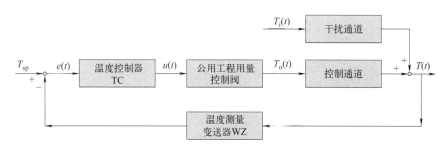

图 5-3　流股出口温度控制系统方框图

一般来说，建立过程控制系统所需数学模型有两种基本方法。

（1）机理法建模

尽管工业生产类型众多，但均由流体流动、换热、精馏、反应等有限个类型的单元操作构成。因而可将整个过程分解为多个典型的操作单元，每个单元涉及物料类型不同，质和量都有所区别，但生产操作均发生在具有共同特点的设备中，遵守共同的生产操作原则。以此从共性的角度，对每个单元的生产操作进行定性和定量分析，研究其外部干扰和变量有变动时，单元的生产操作随时间的变化情况。

采用机理法建模，首先要学习被控对象的机理知识，充分了解被控对象内在运行机理、物料和能量守恒等物理和化学规律。然后用确切的数学表达式进行描述，并借助计算机处理可能遇到的较为复杂的数学问题。此外，为了便于数学问题的求解常常在误差允许的范围内忽略次要因素，做出一些合理性假设，用简化的数学模型表示实际的物理、化学过程。

① 传递函数

对线性定常（或称为线性时不变）微分方程进行拉普拉斯变换，可以得到被控对象在复变量 s 域的数学模型，称其为传递函数，可描述系统输出和输入的关系，便于计算和分析。如考虑单输入单输出线性定常系统，其微分方程描述如下：

$$\frac{\mathrm{d}^n y(t)}{\mathrm{d}t^n} + a_1 \frac{\mathrm{d}^{n-1} y(t)}{\mathrm{d}t^{n-1}} + \cdots + a_{n-1} \frac{\mathrm{d}y(t)}{\mathrm{d}t} + a_n y(t)$$
$$= b_1 \frac{\mathrm{d}^{n-1} u(t)}{\mathrm{d}t^{n-1}} + \cdots + b_{n-1} \frac{\mathrm{d}u(t)}{\mathrm{d}t} + b_n u(t) \tag{5-1}$$

其中，y 和 u 分别是被控对象的输出和输入变量，系数 a 和 b 都是常数。对上述公式进行拉普拉斯变换，在初始条件为零时，得到被控对象的传递函数为：

$$G(s) = \frac{Y(s)}{U(s)} = \frac{b_1 s^{n-1} + \cdots + b_{n-1} s + b_n}{s^n + a_1 s^{n-1} + \cdots + a_{n-1} s + a_n} \tag{5-2}$$

对多输入多输出系统，以图 5-4 中换热器网络为例进行说明。为定量地描述给定换热器网络中操纵变量与被控变量间关系，构建如下传递函数：

$$\boldsymbol{Y}(s) = \boldsymbol{G}(s) \cdot \boldsymbol{U}(s) \tag{5-3}$$

其中，$\boldsymbol{Y}(s)$ 为拉普拉斯变换后的被控变量，即流股出口温度；$\boldsymbol{U}(s)$ 为拉普拉斯变换后的操纵变量，即旁路开度；$\boldsymbol{G}(s)$ 为传递函数，构成传递函数矩阵，取其稳态部分，描述如下：

$$\boldsymbol{G} = \begin{bmatrix} gg_{11} & K & gg_{1m} \\ M & O & M \\ gg_{r1} & K & gg_{rm} \end{bmatrix} \tag{5-4}$$

其中，gg_{rm} 为传递函数矩阵的元素，也表示了相应的稳态增益。矩阵行为被控变量，列为操纵变量。

通过传递函数对图 5-3 过程控制系统结构图进一步深入描述，如图 5-5 所示。

图 5-5 中，按照过程控制系统所需各变量的传递顺序，依次将各部件的结构图连接起来，将系统输入变量放置于左端，输出变量放置于右端，由此构成传递函数描述的系统结构图。通过上述结构图，工程技术人员可以很容易地应用系统。

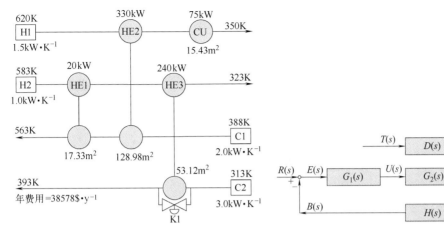

图 5-4　换热器网络　　　　　　图 5-5　传递函数描述过程控制系统结构图

② 状态空间方程

由上述分析可知，传递函数是由一个或一组高阶微分方程拉普拉斯变换而推导得到的，表示了被控对象输入和输出间的关联。在现代控制理论中，主要的研究对象是多输入输出的多变量系统，可使用状态空间方程进行被控对象的内部特征描述。对比传递函数，状态空间方程可在时域内对被控对象进行分析研究，而且能同时给出全部独立变量的响应。

状态变量是指能够完全描述被控对象运动状态且数量最少的一组变量。如果给定了 $t=t_0$ 时刻这组变量的值和 $t \geq t_0$ 时的输入信号，那么被控对象在 $t \geq t_0$ 任何瞬时的行为就完全确定了。根据因果关系，被控对象现在的状态是过去历史情况的终结，未来的状态仅与现在的状态和新的输入变量有关。从而使得状态空间方程可依据系统优化目标求得最优控制律。

图 5-6 为被控对象的状态空间结构，$u_r(t)$ 为操纵变量，由控制器指导而调节被控变量；$x_n(t)$ 为被控对象的状态变量；$y_r(t)$ 为被控变量。

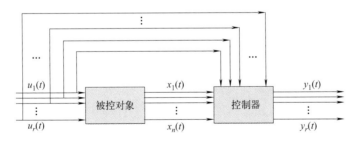

图 5-6　被控对象的状态空间结构

根据被控对象的动力学特性，可通过 n 个一阶微分方程组描述状态变量、操纵变量和被控变量间关系：

$$\begin{cases} \dot{x}_i = f_i(x_1, x_2, ..., x_n; u_1, u_2, ..., u_m; t), & i = 1, 2, ..., n \\ y_j = g_j(x_1, x_2, ..., x_n; u_1, u_2, ..., u_m; t), & j = 1, 2, ..., r \end{cases} \tag{5-5}$$

其中，状态变量也可用如下公式描述：

$$\dot{X} = \left(\frac{dx_1}{dt}, \frac{dx_2}{dt}, ..., \frac{dx_n}{dt} \right)^T \tag{5-6}$$

为表达式更加整洁，引入向量和矩阵的描述形式：$X=(x_1,x_2,\cdots,x_n)^T$，$U=(u_1,u_2,\cdots,u_m)^T$ 和 $Y=(y_1,y_2,\cdots,y_r)^T$。它们分别是 n 维状态向量，m 维操纵变量和 r 维被控变量。整理后得到矩阵方程组：

$$\begin{cases} \dot{X} = \mathbf{A}X + \mathbf{B}U \\ Y = \mathbf{C}X + \mathbf{D}U \end{cases} \tag{5-7}$$

其中，$\mathbf{A}$ 为系统矩阵（$n×n$），$\mathbf{B}$ 为控制矩阵（$n×m$），$\mathbf{C}$ 为输出矩阵（$r×n$），$\mathbf{D}$ 为传递矩阵（$r×m$）。上述传递函数和状态空间方程都可用于过程控制系统的设计和应用。两者可通过计算机程序进行转化，实现对被控对象从频域到时域的描述。如已知单输入单输出系统的传递函数如下：

$$G(s) = \frac{2s^2 + 18s + 40}{s^3 + 6s^2 + 11s + 6} \tag{5-8}$$

可得到一组状态空间方程表示，如下所示：

$$\mathbf{A} = \begin{bmatrix} -6 & -11 & -6 \\ 1 & 0 & 0 \\ 0 & 1 & 0 \end{bmatrix}, \quad \mathbf{B} = \begin{bmatrix} 1 \\ 0 \\ 0 \end{bmatrix}, \quad \mathbf{C} = \begin{bmatrix} 2 & 8 & 40 \end{bmatrix}, \quad \mathbf{D} = 0 \tag{5-9}$$

（2）系统辨识

机理法建模在机理简单清楚、数据准确情况下，可以获得精度较高的模型。但当被控对象的机理知识不明确，或是机理模型中某些参数无法确定时，机理法建模效率不高。与机理法建模正好相反，系统辨识法通过人为地对机理尚不清楚或机理过于复杂的被控对象施加某种测试信号，利用其输入输出数据中隐含的被控对象动态特性，确定模型结构和参数。可以看出，系统辨识是将被控对象看作一个黑箱，无需深入了解过程机理，只需借助于成熟的数学方法和计算机技术，从外部特性上描述其输入/输出间复杂动态性质。

从系统辨识问题提出至今，已出现多种不同的方法。对于线性系统来说，可根据模型形式，将系统辨识方法分为两类：非参数模型辨识方法和参数模型辨识方法。前者获得的模型是非参数模型，无需确定系统模型的具体结构，采用响应曲线来描述，很好地适用于复杂过程系统；后者需要假设模型结果，设定模型与对象间误差最小化为目标函数来优化模型参数，常见的方法有最小二乘法、梯度校正法和极大似然法。

系统辨识的意义是依据系统的输出、输入信号，在规定的规则下，估计模型的未知参数，其基本原理如图 5-7 所示。为得到对象参数 θ 的估计值 $\hat{\theta}$，采用逐步逼近的策略：在 k 时刻，根据（$k-1$）时刻的参数估计值 $\hat{\theta}(k-1)$ 与当前及历史输入/输出数据 $\varphi(k)$，推导得到当前时刻的系统输

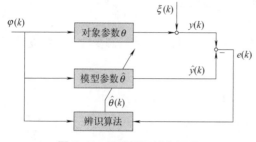

图 5-7　系统辨识基本原理

出预测值：

$$\hat{y}(k) = \boldsymbol{\varphi}^{\mathrm{T}}(k)\hat{\boldsymbol{\theta}}(k-1) \tag{5-10}$$

以及预测的误差描述为：

$$e(k) = y(k) - \hat{y}(k) \tag{5-11}$$

这样，预测的误差 $e(k)$ 反馈到辨识算法的输入端。在给定的规则下，推导得到 k 时刻的模型参数估计值 $\hat{\boldsymbol{\theta}}(k)$，以此更新模型参数。往复迭代下去，并停止于给定规则中函数取值最小值。在该规则下，模型输出最好地逼近系统的输出值，于是便获得了所需的模型参数估计值。

系统辨识的步骤如图 5-8 所示：①确定辨识的目的以及模型的精度和辨识方法等；②利用机理知识，例如是时变还是时不变特性，以此初步确定模型结构；③施加特定的输入信号，测量其输出的响应信息，收集并处理输入和输出数据；④辨识模型结构，建立验前模型结构；⑤采用输入、输出数据进行模型参数的辨识，即确定模型的估计参数；⑥验证得到最终模型。

MATLAB 的模型预测控制工具箱提供了系统辨识函数，主要包括通过多变量线性回归方法计算脉冲响应模型和阶跃响应模型等，基于多变量最小二乘法的脉冲响应模型辨识函

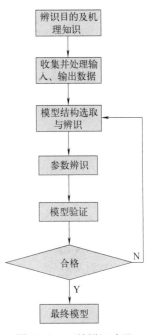

图 5-8 **系统辨识步骤**

数的调用格式为：[theta，yres] = mlr（xreg，yreg，ninput，plotopt，wtheta，wdeltheta）。已知单输入单输出系统的传递函数如下，对其进行基于多变量最小二乘法的脉冲响应模型辨识。

$$G(s) = \frac{s+4}{s^2 + 3s + 6}$$

采用上面 MATLAB 程序完成系统辨识，得到系统实际输出和模型的预测输出以及预测误差曲线如图 5-9 所示。

5.1.4　过程控制系统的性能指标

被控变量处于相对稳定的状态称为静态或稳态，而动态过程或暂态过程是指被控变量处于调节状态的过程。一个过程控制系统需要克服干扰，使系统的被控变量稳定、准确并快速地接近或等于给定值。因此，通常从稳态和动态两个方面提出各种单项控制指标。

（1）稳态性能指标

① 在衡量控制系统性能之前，对系统最基本的要求就是稳定，否则不稳定的系统无法正常工作。当系统参数、变量发生改变时，例如扰动作用或是更改被控变量的给定值，被控变量将偏离原稳态值。此时，若被控变量由于控制器的作用达到新的稳态值或是回到原稳态值，称该系统是稳定的；若被控变量发散或是无法回到稳态，称该系统不稳定。例如，

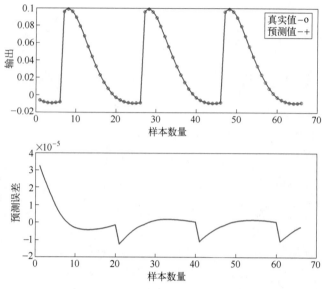

图 5-9   系统实际输出和模型的预测输出以及预测误差曲线

反应器控制系统不稳定，无法维持其温度在给定值附近，造成反应器温度过高，发生爆炸。对于简单的线性系统，稳定性与被控变量的给定值、扰动均无关联，仅与系统自身结构和参数有关。

② 当控制系统进入稳态后，被控变量的给定值与其实际测量值之差记为稳态误差，用该指标来衡量系统的稳态性能。在实际生产过程中，该指标的大小也反映了控制准确度，通常使得稳态误差维持在工艺规定的范围内即可。

（2）动态性能指标

在实际生产过程中存在环境的变化、设备的不稳定等诸多影响因素，控制系统无法长期维持于某一稳态，必然存在系统从一个稳态到另一个稳态的过渡过程。因此，需采用动态性能指标来衡量这个过渡过程的品质。在系统稳定的前提下，其动态性能指标通常是以初始条件为零、系统对单位阶跃输入信号的响应特性来衡量的。如图 5-10 所示，为某控制系统在某扰动下的被控变量阶跃响应曲线。该曲线的形态代表了该控制系统的动态性能，通常用下列指标进行描述。

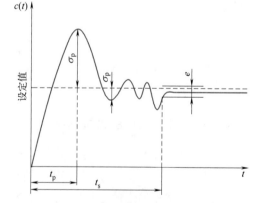

图 5-10   过程控制系统阶跃响应曲线

① 最大超调量 σ_p

曲线最大峰值超过稳态值的部分，即为最大超调量 σ_p。最大超调量与稳态值之比的百分数，称为最大百分比超调量：

$$\sigma_p = \frac{c(t_p) - c(\infty)}{c(\infty)} \times 100\% \tag{5-12}$$

其中，t_p 为峰值时间，表示曲线达到第一个峰值所需要的时间。最大百分比超调量反映了系统的平稳性，超调量越小，系统过渡过程越平稳。

② 衰减比

衰减比为两个相邻同向波峰值的比值。该指标衡量振荡过程衰减程度，用于确定系统稳定性，衰减比越大，系统越趋于稳定。

③ 调节时间 t_s

响应曲线从系统受到干扰开始一直到进入并保持在允许的误差带内（一般取 ±2% 或是 ±5%）所需的最短时间。该指标反映系统响应的快速性。

④ 稳态误差 e

稳态误差是指过渡过程结束后，被控变量所处的新稳态值与给定值之间的差值。该指标用于衡量过程控制系统稳态准确性。

在评价过程控制系统性能时，上述指标值往往存在着矛盾，必须根据实际生产工艺需求综合考虑所有性能指标，才能满足控制需求。

5.1.5　过程控制策略

从控制系统设计角度出发，无论是针对单变量还是多变量问题，均可将控制策略分为前馈控制与反馈控制两大类。下面以储罐液位控制问题为例，来具体阐述这两类控制策略。

如图 5-11 所示，工艺上希望储罐内液位 h 维持在给定值 h_{sp}。那么液位 h 为被控变量；h_{sp} 为被控变量的给定值；假设调节出水量 Q_o 能维持液位，其阀门开度为操纵变量；假设进水量 Q_i 为扰动。

（1）前馈控制

前馈控制通过把握过程主要影响因素维持被控变量在其给定值，即在扰动影响被控变量前就将其补偿掉。如图 5-12 所示，为实施储罐液位的前馈控制，首先分析进水量的变化，然后分析进水量与液位间的关联，最后决策如何操作出水量阀门来补偿进水量变化对液位的影响。尽管控制目标是通过操作出水量阀门以使液位维持在给定值，但前馈控制器输出的控制信号 $u(t)$ 取决于进水量、液位测量值与液位给定值。该控制系统框图如图 5-13 所示。

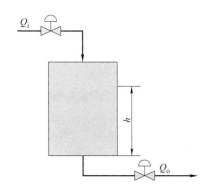

图 5-11　储罐液位控制问题示意图

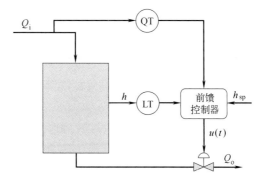

图 5-12　储罐液位前馈控制方案

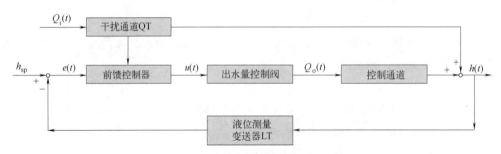

图 5-13 储罐液位前馈控制系统框图

前馈控制这类策略能够避免操纵变量作用于被控变量较大的滞后，直接从引起被控变量变化的源头解决控制问题，克服主要扰动的影响作用显著，在一些对特定扰动非常敏感的过程中得到广泛应用。然而，在实际生产过程中存在诸多扰动，仅分析主要扰动对被控变量的影响规律，一旦次要扰动进入系统，前馈控制器将无法合理补偿该影响，最终导致被控变量偏离其给定值。前馈控制器的控制律取决于被控对象的特性，尤其是与主要扰动变量间动态作用关系，因此该控制律比较复杂且难以推导。当被控对象特性发生改变时，难以确定合适的补偿幅度。另外，需要先确定主要扰动，需要增加扰动检测装置，增加控制方案使用成本。

（2）反馈控制

反馈控制是指将系统的输出信息返送到输入端，与输入信息进行比较，并利用二者的偏差进行控制的过程。如图 5-14 所示，假设进水量发生变化前控制系统处于稳态，且液位与其给定值间无偏差。此时如果进水量改变，经过一定延迟后，液位值随之波动，数值反映到测量变送器进入反馈控制器。控制器识别到测量值与给定值间的偏差，给出控制信号到出水量控制阀来补偿进水量造成的影响。该控制系统框图如图 5-15 所示。

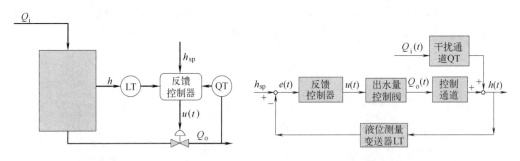

图 5-14 储罐液位反馈控制方案   图 5-15 储罐液位反馈控制系统框图

对比于之前的前馈控制，反馈控制机制的优势在于能补偿任意扰动，而且原理简单明了。该控制器是按偏差来进行调节的，不论是何种扰动引起的被控变量变化，控制器均能给出相应的控制信号。

然而，反馈控制器有其固有缺陷：偏差形成需要时间，相应的控制信号传递不及时，控制作用也是滞后的。而且信号传递途经闭环中所有环节，存在内在的不稳定因素。为避免这种情况发生，研究者们通常将反馈补偿加到前馈控制方案中，形成前馈反馈控制方案。其中前馈控制用于补偿主要扰动，反馈控制通过修正前馈控制给定值，补偿其他所有扰动，甚至包括前馈补偿不足或过补偿的部分。

5.1.6 过程控制系统的要求和任务

作为工业自动化控制的一个最重要分支，过程控制主要是针对温度和压力等工艺变量和过程参数的控制问题。过程控制覆盖了许多工业部门，例如石油、化工、环保等，在国民经济中占有极其重要的地位。

在 5.1.3 小节中提及过程控制系统性能指标，这些指标均来自工业生产对过程控制的要求，综合考虑工艺、生产等因素后，可归纳为三项基本要求：经济性、稳定性、安全性。以节约能源、降低原料消耗、提高企业经济效益为目的设计过程控制方案，根据生产过程操作条件的变化，不增加额外设备和不修改工艺流程，使得整个控制系统运行在最佳状态；结合前述性能指标，过程控制系统必须是稳定的，稳态误差在规定的范围内，过渡过程的超调量应尽可能小且调节时间尽可能短；在整个生产过程中，综合考虑参数越限报警、事故报警等设计过程控制方案，最大限度确保人身和设备的安全。下面以换热器网络为例，来说明控制系统设计与实现的主要步骤。

（1）确定控制目标，选择被控变量

对于给定的中小规模换热器网络，被控变量可直接确定为流股出口温度。但对大规模换热器网络，无论对其进行综合优化还是控制均是异常复杂的任务。另外，换热器网络的高度能量集成导致各流股间耦合关联强，直接造成各变量间存在强耦合关系。因此，需要根据分解策略对该大规模问题进行分解，分解后逐一选择各子网络中流股出口温度作为该子网络的被控变量。

对于其他化工过程，首先需要确定选择某被控变量后，是否能够确保装置操作的安全稳定，然后明确被控变量与控制目标间存在的直接关联，可通过调节被控变量实现控制需求。例如图 5-13 和图 5-15 中液位控制系统，如果液位超限将造成安全问题，因此确定控制目标，进而选择液位作为被控变量。

（2）扰动分析

为设计简单高效的控制系统，对扰动作用于被控变量的影响规律进行静态与动态特性分析是非常必要的，通常需要建立其与关联变量间的动态数学模型以便进行定量和定性分析。在实际生产过程中，部分扰动无法提前预知，部分扰动、随机波动等情况均给过程控制问题造成巨大挑战。多年来研究者们通过对不确定性问题进行总结，开展柔性、鲁棒性控制策略的研究，以求实现稳定、安全的系统。

（3）确定潜在的操纵变量

大部分潜在的操纵变量是工艺规定的，一般不选择可能对生产造成负面影响的变量进行调节。以上述换热器网络为例，尽管其潜在的控制回路间相互作用复杂，但其可选择的操纵变量较为单一。为保证上游操作单元的安全生产，换热器网络流股的入口温度或流量无法作为操纵变量，即选择换热器上的旁路开度和公用工程用量控制阀开度。对于其他过程，例如图5-13和图5-15中液位控制系统，出口量和进口量控制阀开度均可作为操纵变量，在二者中进行选择开展后续的控制方案设计，直接关系着控制系统性能。

（4）明确操纵变量与被控变量的配对

这属于交叉学科的研究内容，最早是在现代控制理论中提及可控和配对的重要性，而后在化工过程系统工程领域也受到广泛关注。以上述换热器网络为例，换热器网络流股、换热设备间存在强烈的关联性，导致难以实现优越的控制品质和降低控制复杂性。图5-16形象地表示所有潜在的控制回路及其相互作用。图中蓝色实线所示为旁路开度 u 与流股出口温度 y 构成一个控制回路。该被控变量的调节过程承受外界的扰动，还承受其他控制回路所带来的温度波动，甚至不稳定性等。同时该温度调节也将给其他控制回路带来影响，以此形成各控制回路间的相互作用。

在此背景下，为保证换热器网络具备可控性，即如何避免这些潜在的控制困难就变得至关重要。控制配对（control pairing）/控制回路（control loop）的性能不佳是其可控性不理想的根本原因。因此，优化设计由控制回路构成的控制结构（control structure）至关重要，同时也涵盖了由操纵变量配对（manipulated variable pairing）构成的控制结构。

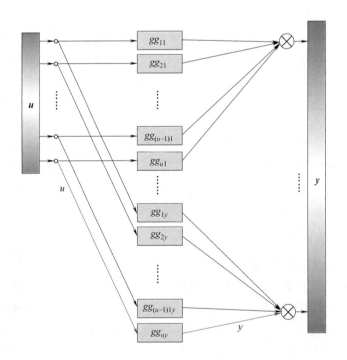

图 5-16   换热器网络控制回路的相互作用示意图

（5）选择控制策略

对某一给定的变量配对，可供选择的控制策略通常有多个。通常采用商品化的 PID

控制策略即可达到控制需求。从 20 世纪 40 年代开始至今，采用 PID 控制律的反馈控制回路已成为过程控制的核心内容。即使在大量采用 DCS 控制的现代自动化装置中，仍有 80%～90% 的控制回路采用的是 PID 控制策略，可见其在常规过程控制中有明显的优势。随着生产规模的不断扩大以及对产品质量和产率要求的提高，常规 PID 控制技术已不能满足生产要求，需要更智能的先进控制技术。

在此背景下，先进控制策略用以处理那些采用常规控制效果不好，甚至无法控制的复杂过程。通过实施先进控制策略改善过程控制系统的性能，减少工艺变量的波动，使得系统更接近其控制目标，从而在满足生产约束边界条件下实现过程优化操作，最终保证过程运行的稳定性和安全性，提高产品收率并保证产品质量的均匀性。

以上述换热器网络为例，常规控制器仅能离线地调节流股出口温度，难以充分考虑实时的动态行为，而且各流股间强烈的关联性势必造成潜在的控制困难，尤其是当温度变化范围较大时，这类控制器将无法维持良好的控制性能并增加相应的控制成本。由于基于模型的先进控制器具有良好的控制效果和鲁棒性等优点，因此多用于复杂化工过程以保证其产品质量和生产安全。因此采用模型预测控制器能够有效调节换热器网络的流股出口温度，并实现与动态柔性换热器网络综合间"稳态＋动态"的迭代。该控制器通过重复求解动态优化模型从而确定在线的控制动作，并能够有效地处理含有约束的换热器网络控制问题，例如旁路开度变化范围以及旁路开度饱和等。然而其在线优化的方式导致求解难度大、模型复杂。为此分解换热器网络各流股出口温度的调节任务，采用离散模型预测控制分别实现各温度调节，再辅以前期的控制结构设计方法，最大程度地为换热器网络带来充足的被控操作空间以及相对独立的控制回路，以求得良好的控制性能并保证计算效率。

假设换热器网络共有 $i+j$ 个流股，即至少存在 $i+j$ 个控制回路，构建各自的控制系统，维持各流股出口温度在其给定值。如图 5-17 所示为由离散模型预测控制器组成的闭环反馈控制系统。一个旁路与各流股出口温度间均可能存在控制配对，由此构成潜在的控制回路。每个控制回路均设置控制器，图中使用 MPC 进行标记，且其参数整定间互不干涉。而且每个控制回路均可能存在活性配对，分别对其中两个旁路设置控制器并将两者保持一定的线性关系，实现两者共同调节某流股的出口温度。所述的操纵变量与被控变量的关系由传递函数矩阵进行描述，同理可得换热器网络的状态变量与各被控变量的关系。当某个流股出口温度与给定值间产生偏差，将其反馈到某个离散模型预测控制器中以预测操纵变量值，通过相应的传递函数得到校正后的被控变量动态响应。

以上只是简单地描述了过程控制系统从设计到实现的全过程。对于全流程的先进控制而言，其控制系统设计还依托于工艺流程本身。通常以分层方式实现，先进控制嵌在过程综合与优化中，如图 5-18 所示。先进控制与常规控制各司其职，但彼此间有千丝万缕的联系。先进控制给常规控制系统提供一组协调生产的被控变量最佳给定值，克服了单一常规控制下顾此失彼的本质缺陷。过程在安全可靠的条件下操作，并满足各种操作条件及设备的约束，先进控制的内嵌使得目标产品产量最大，操作费用最小，最大限度地提高装置的经济效益。

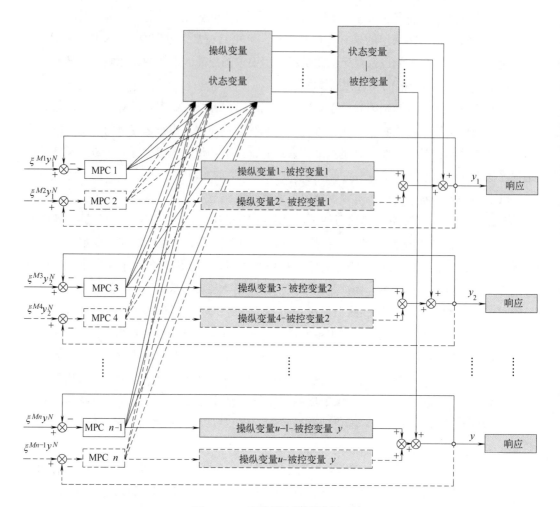

图 5-17　离散模型预测控制系统

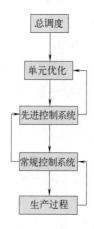

图 5-18　考虑先进控制的生产过程综合与优化控制示意图

5.2 自适应控制系统

5.2.1 自适应控制概述

在日常生活中，"自适应"这个词并不陌生，指改变自己的习惯以适应新环境的一种行为特征，通常带有很强烈的人为主观色彩，例如在新的学习环境中，大脑输出复杂自我调节指令，操作手、脚做出动作，从而逐渐适应新的学习节奏。

而在工业生产过程中存在各种各样的工艺流程和装置，其内在关联的复杂机理、多变的操作环境也各不相同，需要对它们进行关键变量的调节和控制，以便使得系统的运行状态和轨迹符合既定需求，满足既定的性能指标。根据 5.1.3 小节中过程控制系统建模方法，可将此时面临的控制问题分为两大类：已知被控对象的运动方程和无法完全掌握被控对象的动态特性。对于前者情况，根据被控对象的运动特征，推导一系列微分方程，建立传递函数或状态空间方程，选择经典控制理论设计控制器，满足超调量等性能指标；或采用最优控制理论，使得设定的目标函数达到最佳值，例如达到稳态时间最短、输出方差最小等。对于后者，在被控对象动态特性无法事先预知且运行过程中可能发生未知变化的情况下，无法简单应用经典控制理论或最优控制理论直接设计出过程控制方案。这种不确定性存在于大部分实际工程问题中，分为以下几种情况。

① 难以建立被控对象的精确数学模型。生产装置及工艺流程的复杂性使得难以事先确定其精细又复杂的特性，被控对象总是伴随着非线性、时变性和随机性。同时受到试验装置、测量仪表等方面的制约，完全依靠机理分析、推导而建立精确的数学模型几乎是不可能的。例如图 5-16 所示换热器网络，推导其传递函数需要先建立微分方程组，而其变量间复杂耦合关联以及多输入输出特性，导致方程组需要做大量的线性化处理，这不可避免地为控制系统的建立带来极大困难。

② 当工况改变后，动态参数乃至于模型结构仍经常发生变化，系统数学模型与实际系统间总是存在差别，所得到的模型都是近似的。例如，化学反应速率随催化剂活性的衰减而变慢，原建立的模型无法直接应用，且变化规律通常难以掌握。

③ 被控对象受到环境条件的影响。外部环境对过程的影响是不可避免的，同时扰动通常是随机出现且不可测量，此时难以预知被控对象随时间或操作环境的变化规律。通常将该变化分为两大类：突发性扰动和随机扰动。例如，化学反应过程中参数随反应环境温度的变化而改变，这种温度变化可能是周围某设备突然升高的运行温度，也可能是某零部件故障带来的随机温度波动。

对于受到上述不确定性因素影响的被控对象，使其过程控制系统具备"自适应"特征是一个极具挑战的任务。在此背景下，自适应控制策略孕育而生。自适应控制器能够改变自己的特性来适应被控对象的变化，能够承受其研究对象的不确定性，甚至在对象机理知识知之甚少的情况下，能够自动地在最优状态下运行。因此，自适应控制是现代控制的重要组成部分，对于复杂化工过程有较好的普适性。

与常规反馈控制系统相比，自适应控制系统是在其运行过程中不断提取模型信息，增加了自适应控制环节或参数辨识器，从而使得模型逐步完善。既然模型在系统运行过程中得到不断改进，那么基于这种模型综合出来的控制作用也将随之得到不断改进。因此，其具备一定的"自适应"特征。例如，由于被控对象的初始信息比较模糊，其控制系统在运行初期可能呈现不理想状态，但经过一段时间的在线辨识和控制，系统逐渐适应，最终将自身调整到一个满意的工作状态。

自 20 世纪 50 年代末，由美国麻省理工学院提出第一个自适应控制系统以来，先后出现过多种自适应控制系统。从实用角度可分为模型参考自适应控制和自校正控制两类。

（1）模型参考自适应控制

模型参考自适应控制系统结构如图 5-19 所示。其是从模型参考控制问题引申出来的。在模型参考控制问题中，已知被控对象的机理特性及其既定性能要求，建立参考模型，用来描述期望的闭环系统输入、输出性能。

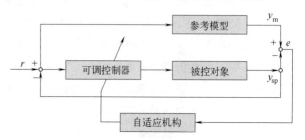

图 5-19　模型参考自适应控制系统结构图

那么寻求一种反馈控制律，使得被控对象闭环系统的性能与参考模型的性能完全相同，即可实现模型参考控制。但面临被控对象存在不确定性的情况，例如参数未知，模型参考控制无法实施。为解决这个问题，采用确定性等价方法，通过参数估计值代替控制律中的未知参数，由此引出模型参考自适应控制。

模型参考自适应控制的基本原理为：根据被控对象的模型结构和既定性能需求，设计参考模型，将可调控制器的参考输入 r 加到参考模型输入端，使其输出 y_m 描述可调系统对参考输入 r 的期望响应；然后为比较规定的性能指标和可调控制器实测的性能指标，将参考模型输出 y_m 与被控对象输出 y_{sp} 直接相减，得到广义误差信号 e；最后自适应机构根据既定准则，通过广义误差信号来修改可调控制器参数，即得到一个自适应控制律，使广义误差的某个泛函指标达到最小；当可调控制器特性渐近逼近于参考模型特性，广义误差 e 趋于极小或下降为零，调节过程结束。此时，在参考模型始终具有期望的闭环性能前提下，系统保持被控对象的响应特性与参考模型的动态性能一致。

模型参考自适应控制问题的核心是确定自适应控制律。依据理论基础不同，产生了不同的控制律，其设计方法主要有：

① 局部参数最优化方法。用局部参数最优化理论设计模型参考自适应控制系统是最早的一类方法，常见的有梯度法、共轭梯度法等。但运用该方法需满足两个条件，被控对象模型与参考模型间的参数差值较小；被控对象是慢时变系统。但是，即使满足上述两个条件，也无法保证控制系统总是稳定的。

② 李雅普诺夫（lyapunov）稳定性理论。为了克服采用局部参数最优化方法的缺陷，基于李雅普诺夫稳定性理论求解稳定性问题，以此推导自适应控制律，保证控制系统具有全局渐进稳定性以及优越的动态性能。

③ 波波夫（popov）超稳定性理论。考虑难以选取李雅普诺夫函数，通过波波夫超稳定性理论来改善这种情况。

（2）自校正控制

自校正控制也称为自优化控制
或模型辨识自适应控制。自校正控
制系统的典型结构如图 5-20 所示。

自校正控制系统的设计目标是：
对被控对象进行在线辨识，依据过
程参数估计值和既定的性能指标，

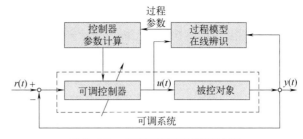

图 5-20　自校正控制系统结构图

在线地给出可调控制器的控制参数，采用此控制参数产生的控制作用对被控对象进行调节，
并经过多次的模型辨识和调参使系统的性能指标趋于最优。简单来说，自校正控制是通过
采集过程输入、输出信息，实现过程模型在线辨识和参数估计，遵循既定的控制律计算控
制器参数。因此，自校正控制器是在线参数估计和控制参数在线优化两部分的有机结合。
下面以锅炉热控中无模型自适应控制器的应用为例，介绍面向实际工业生产过程的自适应
控制技术推广。

锅炉是工业生产、北方居民生活的关键设施，其产生热的质和量决定了下游工业过程
的生产能效、周边居民的生活质量。一方面，锅炉存在极复杂的温度场，在运行过程中内
部各处温度均不相同；另一方面，锅炉内部存在燃烧进程，使得同一处温度随时间而变化。
影响锅炉运行效率的因素有环境温度、燃料的量和加料速度、流化床压力等。其中燃料的
量和环境温度是锅炉热控的关键因素。而燃料的量与锅炉燃烧有直接关联，锅炉燃烧与其
所送达目的地的热量有关，例如居民房屋室内温度，因此为了保证目标热焓的稳定性，必
须保证室外温度变化量与锅炉供出热量差值相对稳定。供暖网络大小和管线距离的不同，
会导致供、回水温度的测量时差不同，采用传统 PID 控制无法完成精准控制，经常出现系
统失控问题。

锅炉不仅要有足够的温度以保证燃料燃烧进行，还要有一定的温度梯度，以辅助底部
流化床床料的流动和均匀化。同时，锅炉温度要十分稳定，以保证输送热能的质量。锅炉
的被控变量包括温度、压力、燃料等，被控对象包括电控阀门、风机、电机等。这些变量
彼此间存在强耦合关系的，例如燃料进料量和速度直接影响流化床流化以及燃烧效率；鼓
风机风量和压力决定了燃烧效率，但又影响了锅炉内部温度梯度和热控系统的稳定性；对
于单一不相关变量，在连续运转的锅炉中，不同布风区域应保持不同温度给定值。该复杂
控制系统具体表现以下方面：

① 工艺参数、操作变量的时变性。锅炉的主要变量均随时间发生波动，例如在对温度
极其敏感的料道区，前区温度的滞后以及电控阀门的开度变化和燃料管道压力的变化之间
存在时间差，使得控制变量在超出一定调节范围时，PID 控制系统可能面临失控。

② 温度负荷变化大。下游工业和居民所需热量的频繁变化，加燃料时的温度冲击，还
有因燃料量波动或管道压力变化而产生的焓值变化给温度控制回路带来剧烈扰动，这些因
素均使得锅炉内温度负荷波动很大。

③ 多回路的关联控制。燃料料道与锅炉中所需被控温度点各不相同，为精确控制锅炉
内部布风结构，阶梯地布置锅炉内部被控温度点，导致这些温度控制回路相互关联。而且
锅炉运行过程中各区域之间同样存在强耦合关联，采用单输入单输出控制器很难获得有效

控制效果。

④ 强非线性。从数学模型描述角度出发，燃料加装过程带来的波动、送风量和风压的变化、控制器执行机构本身的延时和非线性变化的累积，导致系统呈现出强非线性。尤其体现在参数的非线性变化，PID 控制一旦面临参数变化在非线性区域，系统可能失控。

由于上述被控对象特性，使用单回路 PID 控制器对具体参数进行分区控制的效果不够理想，而且各控制器间没有关联，没有考虑各变量间强耦合关系。同时，对于温度控制这种大事件延迟的系统来说，一旦前区温度、鼓风压力、燃料量等变量发生变化时，料道控制器对料道温度的控制将无能为力，这直接导致锅炉燃烧效率下降，送往下游工业或居民的热量利用率不高，甚至造成锅炉安全问题，带来巨大的经济损失。

为解决以上问题，采用无模型自适应控制技术来代替传统的 PID 控制。该控制器采用既定的刷新权值算法，缩小变量与其给定值间偏差，保证过程在稳态时偏差接近零。锅炉的温度检测区域分为：

① 锅炉内部为燃料燃烧的地方，是向下游工业或居民输送热的来源。这里是锅炉热控的监测重点，需设置多个温度检测点。

② 锅炉内部流化床是燃料均匀化场所，要求其温度有一定梯度，同时其直接为燃烧提供原料，需稳定温度来保证锅炉燃烧效率。

③ 锅炉出口温度直接关联供热情况，需设置多个温度检测点，同时增加环境温度检测点，例如室外温度检测点、居民房间内温度检测点等。

原采用 PID 控制器进行锅炉热控制，对上述温度区域进行拆分形成单回路控制。单独看每一个回路均是一个容易实现的单变量控制问题。然而每个单回路控制系统必须在手动状态下进行启动，在扰动波动大时很难保持自动控制及其系统性能。而且锅炉热控制系统对干扰很敏感，特别是当参数变化大时，系统经常振荡。在无模型自适应控制系统中，按照多变量控制的准则进行改进，具体如下：

① 通过无模型自适应控制器对锅炉内部温度进行调节。根据燃烧温度以及燃料料道压力情况，调整鼓风机送风量，保证锅炉内温度稳定在其给定值的范围内。

② 通过温度、鼓风压力的联合控制实现锅炉内部流化床中温度梯度。当锅炉温度低时，适当增加燃料量从而强制升高温度值，而燃料量受到提斗频率、料层厚度检测传感器的限制。同时调节温度将造成锅炉内压力变动，需要适当调整烟道阀门的开度。另一方面，通过无模型自适应控制系统将参数变化情况传递至锅炉出口温度控制系统，通过既定的参数设置对出口温度给定值进行预判性调整。

③ 通过无模型自适应控制器调节锅炉出口温度，遵循既定算法，避免采用传统 PID 控制时时滞造成的温度波动。

5.2.2　模型参考自适应控制

根据以上小节的分析，模型参考自适应是解决自适应控制问题的主要方法之一。其可分为直接算法和间接算法，与自校正控制相同，两类算法区别在于：在直接控制系统中存在一个显式的理想特性参考模型，用控制误差来修改调节器参数；间接控制系统需要对被控对象进行在线辨识，用隐式方法制定自适应律，用辨识误差来修改调节器参数。

梯度法是典型的局部参数寻优方法，当被控对象的特性受到外界环境或是其他干扰因素影响时，自适应机构对可调参数进行调整，补偿其所受影响。美国麻省理工学院（MIT）的 Whitaker 等人于 1958 年首次提出模型参考自适应控制，该项研究即基于梯度法实现。

（1）MIT 自适应律

假设广义误差 e 为参考模型输出和系统实际输出之差，θ 为被控对象未知或慢时变参数，控制目标定义为调整控制器参数，使得 $e(\infty)=0$。那么引入性能指标函数：

$$J = J(\theta) = \frac{1}{2}e^2 \tag{5-13}$$

其中，$J(\theta)$ 为 J 关于 θ 的函数。为取 J 最小值，沿 J 的负梯度方向变更参数，得到含有灵敏度导数 $\partial e/\partial \theta$ 的参数调整律：

$$\dot{\theta} = \frac{\mathrm{d}\theta}{\mathrm{d}t} = -\gamma\frac{\partial J}{\partial \theta} = -\gamma e\frac{\partial e}{\partial \theta} \tag{5-14}$$

其中，$\partial e/\partial \theta$ 为控制系统灵敏度导数，γ 为调整率。

（2）基于 MIT 自适应律的可调增益模型参考自适应控制

MIT 自适应律适用于单个可调参数的情况，也适用于多个可调参数的情况，即 θ 可为标量，也可为向量。那么单个可调参数的可调增益模型参考自适应控制的被控对象可描述为：

$$k_p G(s) \tag{5-15}$$

其中，k_p 为未知或慢时变增益，$G(s)$ 为给定的传递函数，稳定且相位最小。那么引入可调增益 k_m，参考模型描述为：

$$k_m G(s) \tag{5-16}$$

依据上述被控对象与参考模型结构相匹配原则设计基于 MIT 自适应律的可调增益模型参考自适应控制，如图 5-21 所示。

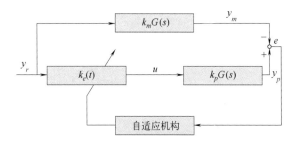

图 5-21　基于 MIT 自适应律的可调增益模型参考自适应控制

那么广义误差描述为：

$$e(t) = y_m(t) - y_p(t) \tag{5-17}$$

其中，y_m 为参考模型的输出，y_p 为可调系统的输出，上述公式整理为：

$$e(t) = k_m G(p) y_r(t) - k_c(t) k_p G(p) y_r(t) \tag{5-18}$$

那么计算灵敏度导数，推导得到可调增益自适应律描述为：

$$\dot{k}_c(t) = \gamma e(t) y_m(t) \tag{5-19}$$

其中，自适应增益$\gamma = \gamma' k_p / k_m$，那么控制律描述为：

$$u(t) = k_c(t) y_r(t) \tag{5-20}$$

确定稳定被控对象，选择参考模型，取自适应增益$\gamma = 0.1$，参考输入y_r为方波信号，其幅值分别为 0.6、1.2 和 3.2，得到的可调增益模型参考自适应控制效果（仿真结果）如图 5-22 所示。当参考输入信号幅值取 0.6 时，闭环系统输出响应特别慢，存在大范围滞后现象。当幅值取 1.2 时，输出响应性能良好，收敛快速且保持稳定性。当幅值取 3.2 时，控制系统呈现不稳定，无法收敛。对比分析可知，可调增益模型参考自适应控制系统的收敛速度和稳定性与参考信号幅值密切相关。即便参考输入信号取常值信号，分析从小到大的

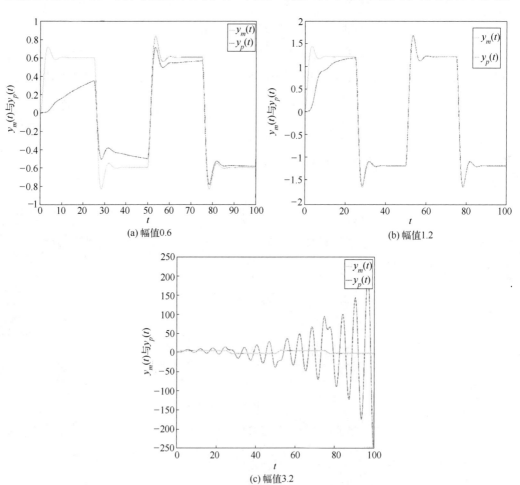

图 5-22　可调增益模型参考自适应控制效果（仿真结果）

自适应增益，也存在类似现象。分析灵敏度导数，若参考输入信号幅值或自适应增益取值过大，将导致可调增益变化率 $\dot{k}_c(t)$ 过大，进而导致闭环控制系统发散不收敛。总结可知，参考输入信号幅值或自适应增益取值过大均导致控制系统不稳定。

5.2.3　自校正控制

自校正控制不同于模型参考自适应控制，其基本思想是将参数估计递推算法与不同类型的控制算法结合起来，形成一个能自动校正控制器参数的实时计算机控制系统。它的本质是利用实时辨识技术自动校正系统特性的适应控制系统。通常应用于含未知常参数或慢时变参数的控制系统，根据观测数据在线估计模型参数的变化，从而实时校正控制，或是直接在线辨识最优控制器参数，最终获得期望的控制目标。

最小方差自校正控制是以隐式模型估计值为基础开发，是一个典型的隐式自校正控制方法。其控制参数直接由过程参数估计值进行修改，所以隐式自校正采用的是预测控制原理，并要求控制系统的延迟信息为已知条件。其基本思想是由于被控对象存在纯延时 d，即当前的控制动作作用要滞后 d 个采样周期才能实现对输出变量的调节。输出方差最小的需求迫使提前 d 步对输出作出预测，根据预测值来设计所需的控制律。通过这种不断的预测和控制，保证稳态输出方差最小。

根据其基本思想总结得到其基本原理结构图，如图 5-23 所示。自校正过程是根据输入 $\{u(k)\}$ 和输出 $\{y(k)\}$ 序列数据，对过程参数进行在线递推估计，得到 k 时刻过程参数估计值 $\hat{\theta}(k)$。用最小方差控

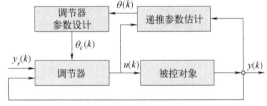

图 5-23　自校正控制原理图

制律计算控制器参数的新值 $\theta_c(k)$，并根据该新值修改控制器参数，再用相应控制作用 $u(k)$ 对过程进行控制，直到控制器对过程的控制达到最小方差控制时，自校正调节过程结束。

由上述基本原理可知，实现自校正调节必须解决以下两个问题。

① 对被控对象及性能在线递推参数估计是在闭环条件下进行，考虑离散时间问题，输入 $u(k)$ 通过调节器与输出 $y(k)$ 关联，因此存在闭环可辨识条件，应先分析闭环系统。

如图 5-24 所示为最小方差自校正控制系统结构，可知最小方差控制的实质就是利用控制器的极点（$F(z^{-1})$ 的零点）抵消被控对象的零点（$B(z^{-1})$ 的零点）。当 $B(z^{-1})$ 不稳定时，虽然输出 $y(k)$ 有界，但输入 $u(k)$ 将指数增长并达到饱和，最终导致控制系统不稳定。因此，闭环系统可辨识条件首先要求控制系统闭环是稳定的，只有稳定输出序列 $\{y(k)\}$ 才有可能是平稳随机过程。同时，要求调节器 $G(z^{-1})$ 或 $F(z^{-1})$ 的阶次大于或等于被控对象的阶次。

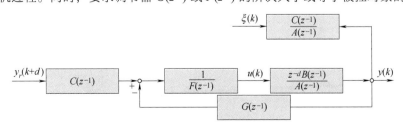

图 5-24　最小方差自校正控制系统结构

② 设计最小方差控制律，以便利用过程参数估计值对调节器的参数进行修改，使最小方差达到最优性能指标。

使性能指标（预测误差的方差）$E\left\{\dot{y}^2(k+d|k)\right\}$ 为最小的 d 步最优预测输出 $y^*(k+d|k)$，必须满足方程：

$$C(z^{-1})y^*(k+d|k) = G(z^{-1})y(k) + F(z^{-1})u(k) \tag{5-21}$$

那么最优预测误差的方差描述为：

$$E\left\{\dot{y}^*(k+d|k)^2\right\} = \left(1 + \sum_{i=1}^{d-1} e_i^2\right)\sigma^2 \tag{5-22}$$

此时，控制目标使实际输出 $y(k+d)$ 跟踪期望输出 $y_r(k+d)$，从而满足性能指标 $E\left\{\left[y(k+d) - y_r(k+d)\right]^2\right\}$ 最小，那么最小方差控制律描述为：

$$F(z^{-1})u(k) = C(z^{-1})y_r(k+d) - G(z^{-1})y(k) \tag{5-23}$$

确定被控对象，取期望输出 $y_r(k)$ 是幅值为 10 的方波信号，令白噪声 $\xi(k)$ 的方差为 $\sigma^2=0.1$，采用最小方差自校正控制算法的控制效果如图 5-25 所示。可知，随着时间的推移，控制系统实际输出越来越逼近给定值，并最终与给定值重合。

与自校正控制相似，当被控对象的参数未知时，最小方差自校正控制也可分为最小方差间接自校正控制和最小方差直接自校正控制。前者通过递推增广最小二乘法在线实时估计被控对象参数，后者通过递推算法直接估计最小方差控制器参数。前者算法简单易懂但计算量较大，后者算法计算量较小但估计参数的物理意义不明确。基于两种算法的控制效果分别如图 5-26 和图 5-27 所示。其中，图 5-26（b）中 a_1、a_2、b_0、b_1、c_1 均为对象参数。

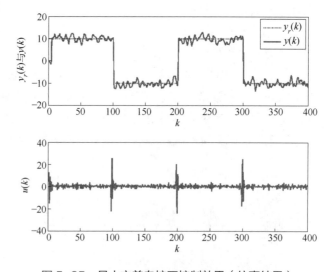

图 5-25　最小方差自校正控制效果（仿真结果）

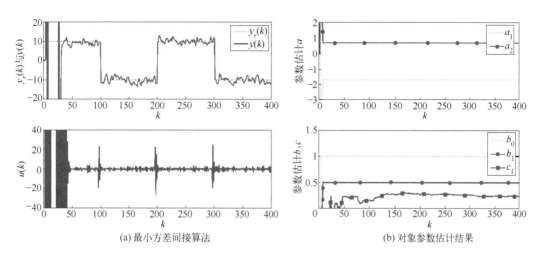

(a) 最小方差间接算法　　　　　　(b) 对象参数估计结果

图 5-26　最小方差间接自校正控制效果（仿真结果）

对于最小方差间接自校正控制，由于参数估计初期所获得的估计参数不准确，可能偏离实际参数真值较远，使多项式 $B(z^{-1})$ 不稳定，最终导致仿真初期系统发散。主要可采用两种方法解决：若已有少量输入、输出数据，可先通过批处理算法进行参数估计，得到与实际参数值接近的估计参数值；若无输入、输出数据，在实施控制时，将 $B(z^{-1})$ 的参数估计值限制在稳定范围内。

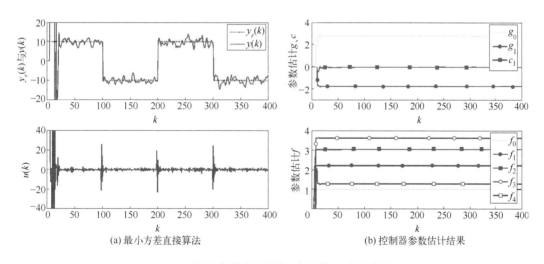

(a) 最小方差直接算法　　　　　　(b) 控制器参数估计结果

图 5-27　最小方差直接自校正控制效果（仿真结果）

对于最小方差直接自校正控制，要求直接估计控制器参数，需要建立一个新的估计模型。其中由于被控对象参数未知，最优预测输出也未知，那么通过其估计值代替原离散值，并使用递推算法在线实时估计控制器参数。但在控制算法实施过程中，如果部分控制器参数趋于 0，将出现除 0 等不可行情况，那么必须对部分控制器参数设置下限。

5.3 模型预测控制

5.3.1 模型预测控制概述

PID 控制器因其概念简单、设计容易、调试方便、运行快速、对模型精度要求不高等诸多优点，在实际工业生产过程中应用最为广泛。但随着复杂控制问题逐渐浮现，基于经典控制理论的 PID 控制器难以深入应用。因此，在自动控制领域形成了以状态空间法为核心内容的现代控制理论，并逐渐实现更高层次设计控制系统的手段。但因为严重依赖于被控对象的精确数学模型且所建立控制器结构过于复杂、成本高等因素，导致这一理论在实际应用时效果不尽如人意。

随后，人们加强了生产过程的建模、辨识、自适应控制等的研究。鉴于最小方差自校正控制存在的缺点，研究者们在其基础上提出广义最小方差控制方法，改善了控制性能，实现对非最小相位系统进行控制，对控制作用有一定的约束。但在实际工业生产应用过程中，面对适当的加权多项式，解决非最小相位系统和复杂工业对象的智能控制问题，还需要研究更先进的控制方法。

在追求更高控制质量和经济效益的发展阶段，完美的控制理论与控制实践之间还存在着巨大的鸿沟：

① 复杂工业过程模型无法精准表达，限制了现代控制理论的实际应用；

② 工业对象的结构、参数等具有极大的不确定性，基于理想模型的最优控制方法在实际应用过程中无法达到最佳，甚至导致控制品质严重下降；

③ 现代控制理论的诸多算法过于复杂，利用工业计算机难以实现。

20 世纪 70 年代开始，研究者们打破经典控制理论和现代控制理论等传统控制思想的束缚，根据实际工业生产过程特点，研究对模型要求低、在线计算方便、控制效果好的控制算法。在此背景下，模型预测控制应运而生。该方法不是单一理论的产物，而是源于工业实践，在吸收其他学科思想和方法的基础上，于工业实践中发展和完善的一类计算机控制算法。1978 年首次应用了启发式模型预测控制，此后各种预测控制方法异彩纷呈，研究者们根据不同应用领域提出了各具特色的方法，预测控制成为控制领域的关注热点。

模型预测控制方法具有三大特点：多样性、时变性以及鲁棒性，体现了模型预测控制更符合复杂工业生产过程存在不确定性、时变性等实际情况。

① 预测模型的多样性。从原理上说只要具有预测功能的被控对象模型，无论采用何种方式描述，均可作为预测模型。其着重于模型功能而非结构形式，以此改变现代控制理论对模型结构较严格的要求。

② 滚动优化的时变性。模型预测控制中优化目标未固定全局最优目标，而是采用滚动式的有限时域优化策略。在每个离散时刻对未来时刻内存在的时变不确定性进行目标函数的局部优化，不断更新下一时刻根据当前控制输入后的响应。滚动优化不是一次性离线运算，虽然每一离散时刻仅能得到全局次优解，但却能使模型失配、时变与干扰等引起的不确定性得到及时补偿，始终将新优化目标函数与系统现实状态相吻合，保证优化的实际效果。

③ 在线校正的鲁棒性。控制系统的动态估计问题分割为预测模型的输出预测和基于偏差的预测校正两个部分。模型预测控制仅对对象动态特性进行粗略描述，而实际工业生产过程通常存在非线性、时变性等因素，无法做到与实际被控对象完全吻合，即控制输出与实际输出间必然存在偏差。而利用这种偏差进行在线校正，使系统构成具有负反馈环节的系统，提高控制的鲁棒性。

模型预测控制最早出现并发展于炼油领域，例如迄今应用最为广泛的动态矩阵控制理论就源自炼油领域。炼油等化工过程均为多变量过程系统，多个变量耦合关系复杂且彼此协调操作才能获得优化解。当面向最大经济效益目标时，操作变量的取值范围均可能处于取值范围的边界上，过程响应速度慢且存在滞后，但这恰恰给出充足的在线优化操作变量时间。因此，模型预测控制很自然地在化工领域中得到了广泛的应用。近年来，模型预测控制顺利地应用到空气分离过程中。

除了过程工业中广泛的应用外，模型预测控制也应用于运动控制系统。与石油化工生产过程的模型预测控制相比，运动控制过程的模型较为简单，模型失配的情况较为少见，但要求系统响应快速，例如模型预测控制应用于电力系统中用来解决可能出现的突发情况。

5.3.2　模型预测控制基本原理

模型预测控制研究发展迅猛，各种算法形式各有不同，但均建立在以下三个基本要素上：预测模型、滚动优化、反馈校正，如图 5-28 所示为模型预测控制系统的原理框图。这也是模型预测控制的三要素，是其区别于其他智能控制方法的基本特征，同时也是模型预测控制在实际工业生产过程中取得广泛认可的技术关键。

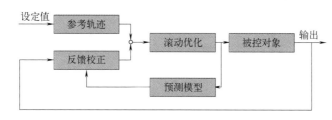

图 5-28　模型预测控制系统原理框图

（1）预测模型

模型预测控制着眼于模型的功能而非模型结构。只要模型可通过历史输入输出和未来输入数据信息做出未来输出预测行为，就可作为预测模型。因此，不仅状态方程、传递函数这类传统模型可作为预测模型，脉冲响应和阶跃响应模型、非线性模型、模糊辨识模型以及神经网络模型也均可作为预测模型。由此看来，预测控制打破传统控制中对模型结构的严格要求，更着重于数据，根据功能需求按最方便的途径建立模型。模型预测具有展示过程系统未来动态行为的功能，可像系统仿真那样，任意给出未来的控制策略，观察被控对象在不同控制策略下的输出变化，如图 5-29 所示，从而为比较这些控制策略的优劣奠定了基础。

（2）滚动优化

模型预测控制是一种优化控制算法，通过达到某一性能指标最优来确定未来的控制作用。然而模型预测控制中的优化与传统优化控制存在明显不同。传统优化控制一般是指全局优化，而模型预测控制中的优化是一种有限时间段内的滚动优化。那么在模型预测控制中优化不是一次离线就完成了，而是在不同离散时刻、时间段内反复在线进行的。通过某一性能指标的最优来确定未来的控制作用，例如要求控制成本最小、要求输出跟踪某一期望轨迹的偏差最小等。在每一个采样时刻，优化性能指标仅涉及从该时刻起未来有限的时段，直到下一个采样时刻，这一优化时段同时向前推移，如图5-30所示。那么模型预测控制在每一离散时刻有一个对应该时刻的优化性能指标，不同时刻对应的优化性能指标形式相同。对于实际工业生产过程，模型失配、时变、干扰等引起的不确定性是不可避免的，模型预测控制先采用有限时段优化，然后利用滚动优化得到全局最优解，及时弥补这些因素造成的影响，同时新的优化建立在实际过程的基础上。

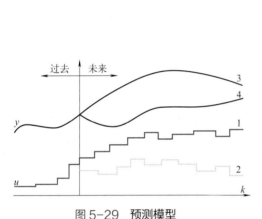

图 5-29　预测模型
（1—控制策略Ⅰ；2—控制策略Ⅱ；3—对应于控制策略Ⅰ的输出；4—对应于控制策略Ⅱ的输出）

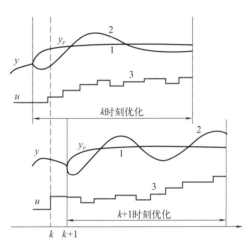

图 5-30　滚动优化
（1—参考轨迹y_r；2—最优预测输出y；3—最优控制作用u）

（3）反馈校正

模型预测控制是一种闭环控制算法。在进行滚动优化时，应将优化基点与实际过程系统保持一致。然而，预测模型只能粗略地描述被控对象的动态特性，实际过程系统中存在非线性、时变、模型失配等因素，导致预测输出无法与实际输出完全一致。此时引入滚动优化，附加预测手段补充预测模型的不足，从而得到适当的反馈策略。模型预测算法通过优化确定一系列未来的控制作用后，为防止模型失配或环境干扰引起控制对理想状态的偏离，并不是把这些控制作用逐一全部实施，而是在每个控制周期通过优化性能指标确定一组未来的控制作用。到下一采样时刻，则首先检测被控对象的实际输出，并通过这一实时信息修正预测模型，循环往复最终实现控制需求，如图5-31所示。

以模型预测控制器对单输入单输出系统的一次优化控制过程为例，模型预测控制原理如图5-32所示。假设被控对象在当前时刻达到稳态，此时改变输出给定值，控制目标是要求输出变量快且准确地达到新给定值。由于当前时刻给定值的变化而产生输出偏差。假设u对y作用方向为正，控制器会迅速计算出控制作用需要调节多少才能使得输出达到新给定值。同时因为"快且准确"的控制需求，算法将在控制时域内确定一组连续的控制序列，从而实现输出跟踪到新给定值，且减少预测时域内输出预测值与给定值间偏差。

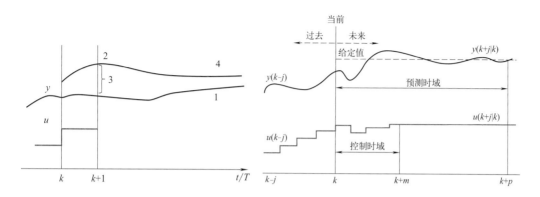

图 5-31　反馈校正
（1—k时刻的预测输出；2—$k+1$时刻的实际输出；3—预测误差；4—$k+1$时刻校正后的预测输出）

图 5-32　模型预测控制原理示意图

综上所述，模型预测控制作为计算机算法，综合利用历史和模型信息，对目标函数进行滚动优化，根据实际测量的被控对象输出修正或补偿预测模型。因此，模型预测控制策略更加适用于复杂工业过程。

下面以模型预测控制理论中过程工业应用最为广泛的动态矩阵控制为例，讨论其预测模型、反馈校正以及滚动优化等基本要素。

5.3.3　动态矩阵控制理论

动态矩阵控制是一种基于计算机控制的技术。其为一种增量算法，并基于系统的阶跃响应，适用于稳定的线性系统，系统动态特性中具有的纯滞后或非最小相位特性均不影响该算法的直接应用。由于该算法直接以被控对象的阶跃响应离散系数为模型，从而有效避免对传递函数或状态空间方程模型参数进行辨识。此外由于多步预估技术，以预估输出与给定值偏差最小为二次性能指标，有效地解决时延过程问题。

（1）预测模型

从被控对象的阶跃响应 $a(t)$ 出发，按照采样周期 T 给出解决响应曲线各采样点的值 $a_i=a(iT)$，$i=1,2,\cdots$。对于渐近稳定的对象，阶跃响应在某一时刻 $t_N=NT$ 后将趋于平稳，$a_i(i>N)$ 与 a_N 的误差和量化误差及测量误差出现相同的数量级。因此 a_N 近似等于对象阶跃响应的稳态值，从而对象动态特性可通过近似有限集合 $\{a_1,a_2,\cdots,a_N\}$ 加以表示。这个集合的参数构成了动态矩阵控制模型参数，由此构成的数据向量 $\boldsymbol{a}=[a_1,a_2,\cdots,a_N]^{\mathrm{T}}$ 称为模型向量，N 称为建模时域。如图 5-33 所示为单位阶跃响应曲线。尽管阶跃响应是一种非参数模型，但当面向线性系统且该系统具有比例和叠加性质时，通过这组模型参数 $\{a_i\}$ 已足以预测系统在未来时刻的输出值。

在 $t=KT$ 时刻，无控制作用 $\Delta u(k)$ 时，系统在未来 N 个时刻的预测输出可描述为：

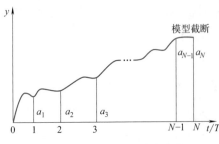

图 5-33　单位阶跃响应曲线

$$y_{N0}(k) = [y_0(k+1|k), y_0(k+2|k),\ldots, y_0(k+N|k)]^{\mathrm{T}} \tag{5-24}$$

在控制增量 $\Delta u(k)$ 作用后系统的输出通过下式预测：

$$y_{N1}(k) = y_{N0}(k) + a\Delta u(k) \tag{5-25}$$

其中，$y_{N1}(k)$ 表示在 $t=KT$ 时刻预测的有控制增量 $\Delta u(k)$ 作用时未来 N 个时刻的系统输出，描述：

$y_{N1}(k) = [y_1(k+1|k), y_1(k+2|k),\ldots, y_1(k+N|k)]^{\mathrm{T}}$。$\boldsymbol{a}=[a_1,\ a_2,\ \cdots,\ a_N]^{\mathrm{T}}$ 为阶跃响应模型向量，其元素为描述系统动态特性的 N 个阶跃响应系数。$k+i|k$ 表示在 $t=KT$ 时刻对 $t=(K+i)T$ 时刻的预测。

在 M 个控制增量 $\Delta u(k)$，$\Delta u(k+1)$，$\cdots$，$\Delta u(k+M-1)$ 的作用下，在 $t=KT$ 时刻预测系统未来 P 时刻的输出描述为：

$$y_{PM}(k) = y_{P0}(k) + A \cdot \Delta u_M(k) \tag{5-26}$$

其中，$y_{P0}(k)$ 为 $t=KT$ 时刻无控制增量时，未来 P 时刻的预测输出，描述为 $y_{P0}(k)=[y_0(k+1|k), y_0(k+2|k),\cdots, y_0(k+N|k)]^{\mathrm{T}}$。$y_{PM}(k)$ 为 $t=KT$ 时刻在 M 个控制增量 $\Delta u(k)$，$\cdots$，$\Delta u(k+M-1)$ 的作用下，未来 P 时刻的预测输出，描述为 $y_{PM}(k)=[y_M(k+1|k), y_M(k+2|k),\cdots, y_M(k+P|k)]^{\mathrm{T}}$。$\Delta u_M(k)$ 为从当前时刻起 M 个时刻的控制增量，描述为 $\Delta u_M(k)=[\Delta u(k), \Delta u(k+1),\cdots, \Delta u(k+M-1)]^{\mathrm{T}}$。$\mathbf{A}$ 为动态矩阵控制的动态矩阵，其元素为描述系统动态特性的阶跃响应系数，描述为：

$$\mathbf{A} = \begin{bmatrix} a_1 & 0 & \cdots & 0 \\ a_2 & a_1 & \cdots & 0 \\ \vdots & \vdots & \ddots & \vdots \\ a_P & a_{P-1} & \cdots & a_{P-M+1} \end{bmatrix} \tag{5-27}$$

上述预测过程如图 5-34 所示。

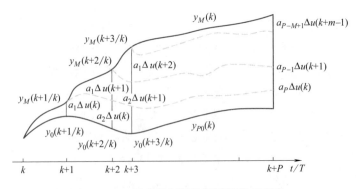

图 5-34　输入控制增量预测输出示意图

（2）**滚动优化**

动态矩阵控制是用以优化确定控制策略的算法。通过优化指标，确定不同采样时刻的未来 M 个控制增量，迫使未来 P 个输出的预测值尽可能接近期望值 w。在采样时刻 $t=KT$ 的优化性能指标描述为：

$$\min J(k) = \sum_{i=1}^{P} q_i [w(k+i) - y_M(k+i \mid k)]^2 + \sum_{j=1}^{M} r_j \Delta u^2(k+j-1) \tag{5-28}$$

那么该算法的控制增量是通过使上述最优化准则的值最小来确定的，通过选择该时刻起 M 个时刻的控制增量 $\Delta u(k)$，$\cdots$，$\Delta u(k+M-1)$，使系统在未来 P 个时刻的输出值 $y_M(k+1|k)$，$\cdots$，$y_M(k+P|k)$ 尽可能接近其期望值 $w(k+1)$，$\cdots$，$w(k+P)$。性能指标中的第二项是对控制增量的约束，即不允许控制增量的变量过于剧烈。其中，q_i、r_j 为权系数。P 和 M 分别为优化时域长度和控制时域长度。

若令 $\boldsymbol{w}_p(k)=[w(k+1),\cdots,w(k+P)]^{\mathrm{T}}$，$\boldsymbol{Q}=\mathrm{diag}(q_1,\cdots,q_P)$，$\boldsymbol{R}=\mathrm{diag}(r_1,\cdots,r_M)$，整理得到优化性能指标：

$$\min J(k) = \left\| w_P(k) - y_{PM}(k) \right\|_Q^2 + \left\| \Delta u_M(k) \right\|_R^2 \tag{5-29}$$

其中，$w(k+P)$ 称为期望输出序列值，在模型预测控制这类算法中，要求闭环响应沿着一条指定的、平滑的曲线到达新的稳定值，以此提高系统的鲁棒性。$\boldsymbol{Q}$ 和 $\boldsymbol{R}$ 分别为误差权矩阵和控制权矩阵。

在不考虑输入输出约束的情况下，在 $t=KT$ 时刻，$w_p(k)$、$y_{P0}(k)$ 均为已知，使得优化性能指标最小的 $\Delta u_M(k)$ 可通过极值必要条件求得，即用 $\boldsymbol{Y}$ 的最优预测值代替，并令 $\partial J/\partial \Delta U = 0$，求解得到：

$$\Delta u_M(k) = (A^{\mathrm{T}}QA + R)^{-1} A^{\mathrm{T}} Q(w_P(k) - y_{P0}(k)) \tag{5-30}$$

上述公式为 $t=KT$ 时刻求解得到的最优控制增量序列。如图 5-35 所示为动态矩阵控制的优化策略，可知公式（5-30）与实际检测值无关，是动态矩阵控制算法的开环控制形式。由于模型误差、弱非线性特性等影响，开环控制无法紧密跟随期望值，若等到经过 m 个时刻后，再重复公式（5-30），必然造成较大的偏差，也无法抑制系统受到的扰动，故采用闭环控制算法，即仅将计算出来的 m 个控制增量的第一个值付诸实施。

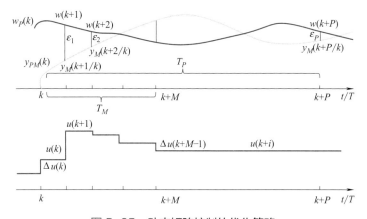

图 5-35　动态矩阵控制的优化策略

可见，模型预测控制策略是在实施了 $\Delta u(k)$ 之后，采集 $k+1$ 时刻的输出数据，进行新的预测、校正、优化，从而避免在等待 m 拍控制输入完毕期间，由于干扰等影响造成的失控。

在不同时刻，优化性能指标是不同的，但其相对形式却是一致的，均具有类似于公式（5-28）的形式，所以滚动优化是指优化时域随时间不断地向前推移。因此滚动优化不是一次离线进行的，而是反复在线进行的，其优化目标也是随时间推移的，即在每一时刻均提出一个立足于该时刻的局部优化目标，而不是采用不变的全局优化目标。

（3）反馈校正

由于模型误差、弱非线性及其他在实际过程中存在的不确定因素，按预测模型公式（5-26）得到的开环最优控制规律式（5-30）不一定能使得系统输出紧密跟随期望值，同时也无法顾忌被控对象受到的扰动。为纠正模型预测与实际输出存在不一致，必须及时利用过程的误差信息对输出预测值进行修正，不应等待 M 个控制增量均实施后再作校正。那么，在 $t=KT$ 时刻首先实施 $\Delta u_M(k)$ 中的第一个控制作用：

$$\Delta u(k) = c^T \Delta u_M(k) \tag{5-31}$$

存在关系 $u(k) = u(k-1) + \Delta u(k)$，且代入公式（5-30），整理得到：

$$\Delta u(k) = c^T (A^T Q A + R)^{-1} A^T Q [w_P(k) - y_{P0}(k)] \tag{5-32}$$

其中，$c^T=(1\ 0\ K\ 0)$，$d^T=c^T(A^T Q A+R)^{-1}A^T Q$。

由于 $\Delta u(k)$ 已作用于被控对象，对其未来输出的预测叠加 $\Delta u(k)$ 产生的影响。到下一个采样时刻 $t=(k+1)^T$，不应继续实施最优解 $\Delta u_M(k)$ 中的第二个分量 $\Delta u_2(k+1)$，而是检测实际输出 $y(k+1)$，并与按模型预测算得的该时刻输出，即 $y_{N1}(k)$ 中的第一个分量 $y_1(k+1|k)$ 进行比较，构成预测误差：

$$e(k+1) = y(k+1) - y_1(k+1|k) \tag{5-33}$$

该误差反映了模型中未包含的各种不确定因素，例如模型失配、扰动等对输出的影响，用此误差加权后修正对未来其他时刻的预测。由于对误差的产生缺乏因果性描述，误差预测仅能采用时间序列的方法，通过误差 $e(k+1)$ 进行加权来修正未来输出的预测：

$$y_{cor}(k+1) = y_{N1}(k) + h \cdot e(k+1) \tag{5-34}$$

其中，$y_{cor}(k+1)$ 为 $t=(k+1)T$ 时刻经过误差校正后所预测的系统在 $t=(k+i)T$ 时刻的输出。h 为误差校正向量。在 $t=(k+1)T$ 时刻，时间基点发生变化，预测的未来时间点移动为 $t=(k+2)T, \cdots, t=(k+N+1)T$。$y_{cor}(k+1)$ 的元素仍需通过移位才能成为 $t=(k+1)T$ 时刻的初始预测值。由于模型的截断，$y_0(k+1+N|k+1)$ 可由 $y_{cor}(k+1+N|k+1)$ 近似表示，描述为：

$$y_{N0}(k+1) = S \cdot y_{cor}(k+1) \tag{5-35}$$

其中，$\boldsymbol{S} = \begin{bmatrix} 0 & 1 & \cdots & 0 \\ 0 & 0 & \cdots & 0 \\ \vdots & \vdots & \ddots & \vdots \\ 0 & 0 & \cdots & 1 \\ 0 & 0 & \cdots & 1 \end{bmatrix}$ 为移位矩阵。

如上所述，在 $t=(k+1)T$ 时刻，进行新的预测优化，整个控制在推移中滚动进行。如图 5-36 所示，为误差校正及移位初设值示意图。

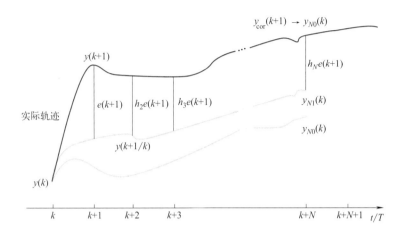

图 5-36 误差校正及移位初设值示意图

整个动态矩阵控制算法由预测、调节、校正三部分组成，如图 5-37 算法结构所示。图中粗箭头表示向量流，细箭头表示纯量流。在每一个采样时刻，未来 P 个时刻的期望输出 $w_P(k)$ 与预测输出 $y_{P0}(k)$ 构成偏差向量参照公式（5-32）与动态控制向量 d^{T} 进行点乘。得到该时刻的控制增量 $\Delta u(k)$。一方面通过数字累加运算求出控制增量 $u(k)$ 作用于被控对象，另一方面与阶跃响应向量 a 相乘，由此计算得到控制作用后预测输出 $y_{N1}(k)$。直到下一个采样时刻，首先测量实际输出 $y(k+1)$，与原预测值 $y(k+1)$ 相比较，计算得到预测误差 $e(k+1)$。其与校正向量 h 相乘后，按照公式（5-34）校正预测输出值。随着时间的推移，校正后的预测输出 $y_{\mathrm{cor}}(k+1)$ 移位。图中 z^{-1} 表示时移算子，把新的时刻重新定义为 k 时刻，则预测初值 $y_{N0}(k)$ 的前 P 个分量将与期望值一起输出，参与新时刻控制增量的计算。如此循环，整个过程反复在线进行。

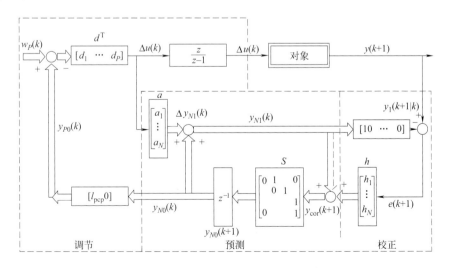

图 5-37 动态矩阵控制算法结构示意图

可见，预测模型的功能在于预测未来的输出值，控制器决定了系统输出的动态特性，校正器仅当预测误差存在时才发挥作用。而上述三部分构成了动态矩阵控制算法，不管是否存在模型误差，总能将输出调节到期望值。

确定两输入两输出系统及其初始的动态特性，推导其动态矩阵控制的预测模型，选择控制步长为3，预测步长为100，则对应的闭环系统动态响应如图5-38所示。

可知，随着时间的推移，控制系统实际输出越来越逼近给定值，并最终与给定值重合，同时发现其具备较强的鲁棒性，控制器预测性能的引入也能克服纯滞后对控制性能的影响。综上所述，总结该算法特点：①将预测变量和控制变量的约束条件涵盖在控制算法，从满足约束条件的角度求解全局最优预测值；②将预测变量与控制变量的权系数矩阵作为设计参数，在设计过程中通过仿真来调节鲁棒性好的参数值；③直接将 Δu 作为控制量，涵盖了数字积分环节，即使面对模型失配，也可保证无静差控制。

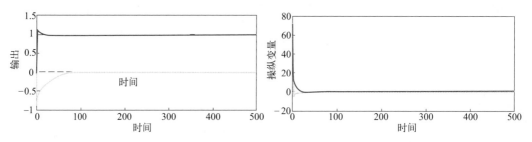

图 5-38　两输入两输出系统模型预测控制系统的闭环响应

此外，随着计算机科学技术的发展以及工业生产过程日趋复杂，工程师们对过程系统优化操作与控制的需求不断提高，例如考虑多目标等，其对应的控制问题总结为一个有约束多目标的大规模优化问题。对于模型预测控制，其约束包括性能指标、过程变量等不同层级需求：

① 硬约束（hard constraints）。这一类约束是由于执行机构、测量机构等出于安全考虑或是某特定要求，否则不能实现或物理不允许。

② 软约束（soft constraints）。这一类约束是为保证工艺要求，迫使变量跟踪设定值，同时允许变量在一定范围内波动，或者不要求变量跟踪设定值但要求不超过某一特定变化范围。

过程控制常用的控制目标是满足约束条件，并尽可能地降低控制成本。当约束条件之间存在矛盾时，可适当放宽对输出的控制需求，对控制变量施行硬约束，对其他输出变量施行软约束：

$$\Delta u_{i,\min}(k) \leqslant \Delta u_i(k+p) \leqslant \Delta u_{i,\max}(k) \tag{5-36}$$

$$u_{i,\min}(k) \leqslant u_i(k+p) \leqslant u_{i,\max}(k) \tag{5-37}$$

$$y_{j,\min}(k) \leqslant y_j(k+p|k) \leqslant y_{j,\max}(k) \tag{5-38}$$

其中，下标min和max分别表示变量的下限和上限。通过上述公式构建多变量系统受约束动态矩阵控制算法。

当面向柔性过程系统与模型预测控制集成研究时，上述约束条件设置规则可进一步放宽，对变量均可施行软约束，从而搜索全局最优解。下面以换热器网络为例介绍动态柔性综合与先进控制（模型预测控制）集成。

扰动进入换热器网络使其流股出口温度产生偏差。此时，引入动态柔性换热器网络综合和先进控制器的目的是：①使换热器网络能够容纳多扰动；②针对给定的换热器网络，调节其流股出口温度并保证其控制性能在所需范围内。即动态柔性综合使得流股出口温度松弛为温度变化范围，以权衡换热器网络的经济性和动态柔性；而控制器保证其流股出口温度快速响应并最终稳定在相应的设定值。

显然，可通过控制动作变化量对动态柔性换热器网络综合和先进控制进行关联。而优化该变化量的关键在于流股出口温度的变化范围。下面分别从单一的动态柔性换热器网络综合以及集成两方面出发，探讨该温度变化范围对动态柔性换热器网络综合和控制间有机结合的重要性。对于前者，添加额外的换热器、公用工程设备等使换热器网络能够容纳多扰动，但年度总费用大幅度增加。为此松弛流股出口温度，把握温度变化范围，从改造已有设备为落脚点，权衡换热器网络的经济性与动态柔性。对于集成，较大的温度变化范围为容纳多扰动能力提供了优化空间，从而动态柔性换热器网络的年度总费用较低，但因潜在的温度偏差导致其在响应初期呈现剧烈的控制动作；较小的温度变化范围提供了相对保守的解，从而动态柔性换热器网络的年度总费用较高，但因温度偏差较小导致其在响应初期呈现较为平缓的控制动作。总之，为解决传统集成方法未耦合两部分的僵局，必须围绕流股出口温度变化范围，对控制动作变化量进行优化，从提升换热器网络容纳多扰动能力和温度调节两方面入手，以求经济性、动态柔性和控制性能的统筹兼顾。

上述两个子问题均包含动态因素，所以同时对两者进行精确求解的难度较大，这也是常规集成方法中未考虑换热器网络容纳扰动能力的主要原因。解决问题的关键是将连续的时间分割成若干个离散时刻，通过滚动优化策略进行换热器网络结构综合，大幅度地降低了动态柔性换热器网络综合子问题的规模。同时引入控制器至换热器网络结构综合中，实现"稳态＋动态"迭代求解，有效地降低了集成问题规模。综上所述，解决问题的本质是将先进控制器嵌入到依赖于离散时刻的换热器网络结构综合中。同时通过优化的控制动作变化量、流股出口温度的变化范围，耦合了动态柔性综合与控制，高效地实现了换热器网络经济性、容纳多扰动能力和控制性能间的权衡。

5.4　网络控制系统

随着计算机网络技术、移动通信技术和智能传感技术的发展，计算机网络已迅速发展成为世界范围内广大软件用户的交互接口，软件技术也阔步走向网络化，通过现代高速网络为客户提供各种网络服务。智能控制的发展也离不开这个大趋势，计算机网络通信技术的发展为智能控制用户界面向网络靠拢提供了技术基础，网络控制系统（networked control systems，NCS）就应运而生，在近年来获得突破性发展，得到日益广泛的应用。

5.4.1 网络控制系统的一般原理与结构

进入 21 世纪以来，自动化与工业控制技术需要更深层次的通信技术与网络技术。一方面，现代工厂的智能传感器、控制器、执行器分布在不同的空间，其通信需要数据通信网络来实现，这是网络环境下典型的控制系统。另一方面，通信网络的管理与控制也要求更多地采用控制理论与策略。集中式控制系统和集散式控制系统都有一些共同的缺点，即随着现场设备的增加，系统布线十分复杂，成本大大提高，抗干扰性较差，灵活性不够，扩展不方便等。为了从根本上解决这些问题，必须采用分布式控制系统来取代独立控制系统。分布式控制系统就是将控制功能下放到现场节点，不需要一个中央控制单元进行集中控制和操作，通过智能现场设备来完成控制和通信任务。分布式控制系统可以分为现场总线控制系统和网络控制系统，前者可以看作是后者的初级阶段。

网络控制系统又称为网络化的控制系统，即在网络环境下实现的控制系统，是指在某个区域内一些现场检测、控制及操作设备和通信线路的集合，以提供设备之间的数据传输，使该区域内不同地点的设备和用户实现资源共享和协调操作。广义的网络控制系统包括狭义的在内，而且还包括通过企业信息网络以及 Internet 实现对工厂车间、生产线甚至现场设备的监视与控制等。

这里的"网络化"一方面体现在控制网络的引入使现场设备控制进一步趋向分布化、扁平化和网络化，其拓扑结构参照计算机局域网，包含星形、总线形和环形等几种形式。另一方面，现场控制与上层管理相联系，将孤立的自动化孤岛连接起来形成网络结构。其中，由于企业资源计划在维持和增强企业竞争力方面的重要作用，已成为工厂自动化系统中不可缺少的组成部分，能提供灵活的制造解决方案，使系统能够对消费者的需求做出快速反应。

网络控制系统一般有两种理解：①网络的控制（control of network）；②通过网络传输信息的控制（control through network）。这两种系统都离不开控制和网络，但侧重点不同。前者是指对网络路由、网络数据流量等的调度与控制，是对网络自身的控制，可以通过运筹学和控制理论来实现；后者是指控制系统的各节点（传感器、控制器和执行器等）之间的数据不是传统的点对点式的，而是通过网络来传输的，是一种分布式控制系统，可通过建立其数学模型用控制理论的方法进行研究。

网络控制中，并非以网络作为控制机理，而是以网络为控制媒介，用户对受控对象的控制、监控、调度和管理，必须借助网络及其相关浏览器、服务器，如图 5-39 所示。无论客户端在什么地方，只要能够上网（有线或无线上网）就可以对现场设备（包括受控制对象）进行控制和监控。网络控制，其控制机理包括经典 PID 控制、各种先进控制（如自适应控制、最优控制、鲁棒控制、随机控制等）和智能控制（如模糊控制、神经控制、学习控制、专家控制，进化控制等）以及它们的集成。

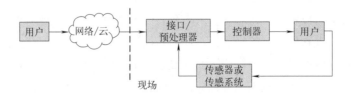

图 5-39　网络控制系统的原理示意图

客户通过浏览器与网络连接。客户的请求通过网络与现场（服务端）连接，局域网（企业网）通过路由器和交换机（还有防火墙）接入网络，服务端的现场计算机（即上位机）通过局域网与服务器及数据库服务器实现互联。网络服务器响应客户请求，向客户端下载客户端控件。路由器还把客户端的各种连接请求映射到局域网内不同服务器上，实现局域网服务器与客户端的连接。网络控制的客户端，以网络浏览器为载体而运行，向现场服务器发出控制指令，接收现场受控过程信息和视频数据流，并加以显示。

5.4.2　网络控制系统的特点与影响因素

传统的计算机控制系统中，通常假设信号传输环境是理性的，信号在传输过程中不受外界影响，或者其影响可以忽略不计。网络控制系统的性质很大程度上依赖于网络结构及相关参数的选择，这里包括传输率、接入协议（MAC）、数据包长度、数据量化参数等。将计算机网络系统应用于控制系统中代替传统的点对点式的连线，具有简单、快捷、连线减少、可靠性提高、容易实现信息共享、易于维护和扩展、降低费用等优点。正因为如此，近几年来以现场总线为代表的网络控制系统得到了前所未有的快速发展和广泛应用。

与传统计算机控制系统相比，网络控制系统具有如下特点：

① 允许对事件进行实时响应的时间驱动通信，且要求有高实时性与良好的时间确定性。

② 要求有很高的可用性，存在电磁干扰和地电位差情况下能正常工作。

③ 要求有很高的数据完整性。

④ 控制网络的信息交换频繁，且多为短帧信息传输。

⑤ 具有良好的容错能力、可靠性，且安全性较高。

⑥ 控制网络的通信协议简单、实用、工作效率高。

⑦ 控制网络构建模块化、结构分散化。

⑧ 节点设备智能化、控制分散化、功能自治性。

⑨ 与信息网络通信效率高，方便实现与信息网络的无缝集成。

此外，由于网络控制存在的一些固有问题，网络控制系统也存在一些相关的需求研究与要解决的问题。

在网络控制系统中，网络环境的影响通常是无法忽略的，其主要影响因素如下。

（1）信道带宽限制

任何通信网络单位时间内所能够传输的信息量都是有限的，例如，基于 IEEE 802.11a、IEEE 802.lib 和 IEEE 802.llg 协议的无线网络带宽指标分别为 11Mbps、54Mbps 和 22Mbps。在许多应用系统中，带宽的限制对整个网络控制系统的运行有很大的影响，例如，用于安全需求的无人驾驶系统、传感器网络、水下控制系统以及多传感 - 多驱动系统等，对该类系统，如何在有限带宽的限制下，设计出有效的控制策略，保证整个系统的动态性能，是一个需要重点解决的问题。

（2）采样延迟

通过网络传送一个连续时间信号，首先需要对信号进行采样，经过编码处理后通过网络传送到接收端，接收端再对其进行解码。不同于传统的数字控制系统，网络控制系统中信号的采样频率通常是非周期的且是时变的。因此，如果采样是周期性的，当传感器到控制器端网络处于忙状态时，势必会导致在传感器端存储大量待发信息。此时，需要根据网络的现行状态及时调整采样频率，以缓解网络传输压力，保证网络环境的良好状态。在网络控制系统中，除了控制器计算带来的延迟外，信号通过网络传输也会导致时间延迟。整个闭环系统中，信号从传感器到驱动器经历的时间延迟通常包括：因网络拥塞数据在被传送出去之前的等待时间、数据的打包延迟、网络传输延迟等。

（3）数据丢包

在基于 TCP 协议的网络中，未到达接收端的数据往往会被多次重复发送。而对于网络控制系统，由于系统数据的实时性要求比较高，因此，旧数据的重复发送对网络控制系统并不适用。在实际的网络控制系统中，当新的采样数据或控制数据到达，未发出的旧信号将被删除。另外，由于网络拥塞或数据的破坏等原因，都可能导致到达终点的数据与传送端传送的数据不吻合。这些现象都被视为网络数据的丢失，即数据丢包。

（4）单包传输与多包传输

网络中数据的传输存在两种情况，即单包传输与多包传输。单包传输需要先将数据打在一个数据包里，然后进行传输。而多包传输允许传感器数据或控制数据被分在不同的数据包内传输。传统的采样系统通常假设对象输出与控制输入同时进行传送，而该假设不适合多包传输类型的网络控制系统。对于多包传输网络，从传感器发送的数据包到达控制器端的时间是不同的，可在控制器端设置缓冲器，此时，控制器开始计算时刻为最后一个分数据包到达的时刻。然而，由于数据丢包现象的存在，一组传感信息可能仅有一部分到达控制器端，其他数据包已丢失。

5.4.3 集散控制系统

集散控制系统（distributed control system，DCS）是 20 世纪 70 年代中期开始发展起来的一种过程控制系统，它是以微处理器为基础的集中分散型（分布式）控制系统，是控制、计算机、通信、半导体大规模集成、图像显示和网络等相关技术不断集成的产物。集散控制系统能够对生产过程进行集中管理和分散控制，并向着集成管理的方向发展。集散控制系统已获得迅速发展，正在发展成为过程工业自动控制的主流，并在石化、化工、冶金、电力、纺织、造纸、食品、机械、制药和建材等行业得到普遍应用。

作为示例，下面介绍一个热力发电厂集散控制系统，该过程自动控制的内容应包括：

① 自动检测和测量反映生产过程进行情况的各种物理量、化学量以及生产设备的工作状态参数，以监视生产过程的进行情况和趋势。

② 顺序控制，即预先拟定的程序和条件，自动地对设备进行一系列操作，例如对辅机的自动控制。

③ 在发生事故时，自动采取保护措施，以防止事故进一步扩大或保护生产设备使之不受严重破坏，如汽轮机的超速保护、锅炉的超压保护等。

④ 自动控制、自动维持生产过程在规定的工况下进行，又称为自动调节。

热力发电设备的自动控制任务是相当复杂的，除了对主机（锅炉—汽轮发电机组）进行自动控制以外，还有许多辅助设备也要进行自动控制，如除氧器、凝气器、减温减压器、加热器、磨煤机等处理设备，由于采用的工艺设备不同，如直流锅炉和气包锅炉，它们的控制方法也相应有所区别。另外，由于采用不同的控制仪表（如 DDZ- 型、组装表 TF 和 MZ-、微处理机等），可组成不同的控制系统，也可使系统的结构更加复杂化。

火力发电机组是一个典型的多变量被控对象，由于电厂被控对象的高度复杂性、时变性、非线性，因此，在这个领域中广泛地采用集散控制系统是必然的。

图 5-40 为一个电厂的多级计算机控制系统。这个系统分为四级：厂级是管理级，采用大型计算机，根据电网的负荷要求及全厂各机组的运行状况，协调各机组运行，使全厂处于最佳运行状态；单元机组级，根据厂级计算机命令，对本单元机组各控制系统实现协调控制，保证机组处于最佳运行状态；功能控制级，包括机组各局部控制系统或辅机控制系统，主要采用微处理器或常规控制仪表控制，它们既能独立完成控制功能，又能接受单元机组级的监控信号；执行级为各被控对象的控制系统。典型的 DCS 系统如表 5-1 所示。

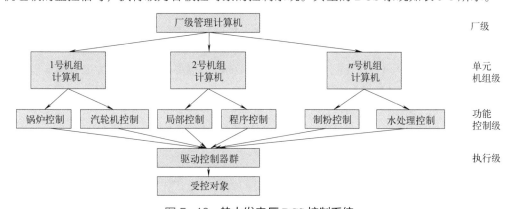

图 5-40　热力发电厂 DCS 控制系统

表 5-1　典型的 DCS 系统

生产厂家		型号	生产厂家		型号
国内	浙江中控	JX-100，JX-300，JX-500	国外	美国 Honeywell 公司	TDC 系列
	北京和利时	HS-1000，MACS，FOCS		美国 Foxbol 公司	I/A 系列
	上海新华	XDPS-100，XDPS-400		日本横河公司	CENTUM
	天津中环	DCS-2001		美国贝利公司	Infi-90

5.5　智能控制系统

智能控制系统是指用于驱动智能机器以实现其目标而无须操作人员干预的系统。这类系统必须具有智能调度和执行等能力。近 20 年来，随着人工智能和机器人技术的快速发展，对智能控制的研究出现一股新的热潮，而且获得持续发展；各种智能决策系统、专家控制系统、学习控制系统、模糊控制、神经控制、进化控制、网络控制、主动视觉控制、智能规划和故障诊断系统等已被应用于包含化工在内的各类工业过程控制系统、智能机器人系统和智能化生产（制造）系统。

5.5.1　智能控制系统的特点与评价准则

智能控制系统通常具有以下特点：

① 智能控制系统可以指基于专家知识及数字模型的混合控制过程，也可以指模仿自然和生物行为的计算智能算法。此类控制系统往往针对含有复杂性、不完全性、模糊性或不确定性的过程，结合专家知识进行推理，并以启发式策略和智能算法来完成计算求解。

② 智能控制的核心在高层控制，即组织级。高层控制的任务在于对实际环境或过程进行组织，即决策和规划，实现广义问题求解。为了实现这些任务，需要采用符号信息处理、启发式程序设计、仿生计算、知识表示以及自动推理和决策等相关技术。这些问题的求解过程与人脑的思维过程或生物的智能行为具有一定相似性，即具有不同程度的"智能"。当然，低层控制级也是智能控制系统必不可少的组成部分。

③ 智能控制系统的设计重点不在常规控制器上，而在智能机模型或计算智能算法上。智能控制的实现，一方面要依靠控制硬件、软件和人工智能的结合，实现控制系统的智能化；另一方面要实现自动控制科学与计算机科学、信息科学、系统科学以及人工智能的结合，为自动控制提供新思想、新方法和新技术。

④ 智能控制是一门边缘交叉学科。智能控制的发展需要各相关学科的配合与支援，同时也要求智能控制工程师是名知识工程师（knowledge engineer），自动控制必须与人工智能相结合，才能有更大的发展。

如同传统控制一样，为了衡量智能控制的性能，必须制定智能控制的评价准则。这些评价准则应包括：

① 控制技术指标的先进性，如控制系统的稳定性和控制响应的实时性，包括上升时间、超调范围和静态误差等。

② 设计方法的科学性，如设计方法的普遍适用性和简易程度等；设计和实现的有效性，如前期时间的长短和实现的难易程度等。

③ 控制方法的难度与易理解性，如使用者所需要的数学背景和水平等。

④ 控制技术和系统的市场经济效益问题。

5.5.2　智能控制系统的分类

智能控制是一个新兴的研究领域。智能控制学科仍处于青年时期，无论在理论上或实践上它都还不够成熟完善，需要进一步探索与开发。智能控制尚无统一的分类方法，目前主要按其作用原理进行分类，可分为下列几种系统：

① 递阶智能控制（hierarchically intelligent control）是在研究早期学习控制系统的基础上，并从工程控制论的角度总结人工智能与自适应、自学习和自组织控制的关系之后而逐渐形成的，也是智能控制的最早理论之一。递阶智能控制还与系统学及管理学有密切关系。研究者已经提出多种递阶控制理论，即基于知识/解析混合多层智能控制理论、"精度随智能提高而降低"的递阶控制理论以及四层递阶控制理论（含任务规划、行为决策、行为规划和操作控制四层）等。这几种理论在递阶结构上是有联系的，其中以萨里迪斯的递阶控制理论最具影响。

② 专家控制系统（expert control system，ECS）是另一种比较重要的智能控制系统，它是把专家系统技术和方法与传统控制机制，尤其是工程控制论的反馈机制有机结合而建立的。专家控制系统已广泛应用于故障诊断、工业设计和过程控制，为解决工业控制难题提供一种新的方法，是实现工业过程控制的重要技术。专家控制系统一般由知识库、推理机、控制规则集和控制算法等组成。专家系统与智能控制的关系是十分密切的，它们有着明显的共同点，所研究的问题一般都具有不确定性，都是以模仿人类智能为基础的。工程控制论（还有生物控制论）与专家系统的结合，形成了专家控制系统。

③ 模糊控制系统（fuzzy control system）是一类应用模糊集合理论的控制系统。模糊控制的有效性可从两个方面来考虑，一方面，模糊控制提供一种实现基于知识（基于规则）的甚至语言描述的控制规律新机理；另一方面，模糊控制也提供了一种改进非线性控制器的替代方法，这些非线性控制器一般用于控制含有不确定性和难以用传统非线性控制理论处理的装置。模糊控制器由模糊化、规则库、模糊推理和模糊判决 4 个功能模块组成。模糊控制已获得十分广泛的应用。虽然专家控制系统与模糊控制系统有区别，然而，至少有一点是共同的，即两者都要建立人的经验和决策行为模型。

④ 神经控制系统是基于人工神经网络的控制（ANN-based control），简称神经控制（neural control），是在 20 世纪末期出现的智能控制的一个新研究方向。由于 20 世纪 80 年代后期人工神经网络研究的复苏和发展，90 年代起对神经控制的研究也十分活跃，特别是近年来深度学习得到了长足的发展。这方面的研究进展主要体现在神经网络自适应控制和模糊神经网络控制及其在机器人控制中的应用上。神经控制是很有希望的研究方向。这不但是由于神经网络技术和计算机技术的发展为神经控制提供了技术基础，而且还由于神经网络具有一些适合控制的特性和能力，如并行处理能力、非线性处理能力、通过训练获得学习能力以及自适应能力等。因此，神经控制特别适用于复杂系统、大系统、多变量系统和非线性系统的控制。

⑤ 仿生控制系统是生物群体，生存过程普遍遵循的达尔文"物竞天择、适者生存"的进化准则。群体中的个体根据对环境的适应能力不同而被大自然所选择或淘汰。生物通过个体间的选择、交叉、变异来适应大自然环境。把进化计算，特别是遗传算法机制和传统的反馈机制用于控制过程，则可实现一种新的控制——进化控制。自然免疫系统是一个复杂的自适应系统，能够有效地运用各种免疫机制防御外部病原体的入侵。通过进化学习，免疫系统对外部病原体和自身细胞进行辨识。把免疫控制和计算方法用于控制系统，即可构成免疫控制系统。从某种意义上说，智能控制就是仿生和拟人控制，模仿人和生物的控制结构、行为和功能所进行的控制。神经控制、进化控制、免疫控制等都是仿生控制，而递阶控制、专家控制、学习控制、仿人控制等则属于拟人控制。

5.5.3 复合智能控制系统

单一控制器往往无法满足一些复杂、未知或动态系统的控制要求，因此需要开发某些复合的控制方法来满足现实问题提出的控制要求。复合或混合控制并非新的思想，在出现和应用智能控制之前，就存在各种复合控制，如最优控制与 PID 控制组成的复合控制、自适应控制与开关控制组成的复合控制等。

　　智能控制的控制对象与控制目标往往与传统控制大不相同。智能控制就是因力图解决传统控制无法解决的问题而出现的。复合智能控制只有在出现和应用智能控制之后才成为可能。所谓复合智能控制指的是智能控制手段（方法）与经典控制和／或现代控制手段的集成，还指不同智能控制手段的集成。由此可见，复合智能控制包含十分广泛的领域。例如，智能控制＋开关控制、智能控制＋经典 PID 反馈控制、智能控制＋现代控制、一种智能控制＋另一种智能控制等。就"一种智能控制＋另一种智能控制"而言，就有很多集成方案，如模糊神经控制、神经专家控制、进化神经控制、神经学习控制、递阶专家控制和免疫神经控制等。仿人控制综合了递阶控制、专家控制和基于模型控制的特点，也可把它看作一种复合控制。仅模糊控制与其他智能控制（简称模糊智能复合控制）构成的复合控制就包括模糊神经控制、模糊专家控制、模糊进化控制和模糊学习控制等。

　　举例来说，神经专家控制（或称为神经网络专家控制）系统，就是充分利用神经网络和专家系统各自的长处和避免各自的短处而建立起来的一种复合智能控制。专家系统和专家控制系统往往采用生成式规则表示专家知识和经验，比较局限；如果采用神经网络作为专家系统一种新的知识表示和知识推理的方法，就出现神经网络专家控制系统。神经网络专家控制系统与传统专家控制系统相比，两者的结构和功能都是一致的，都有知识库、推理机、解释器等，只是其控制策略和控制方式完全不同。基于符号的专家系统知识表示是显式的，而基于神经网络的专家系统符号表示是隐式的。这种复合专家控制系统的知识库是分布在大量神经元及其连接系数上的；神经网络通过训练进行学习的功能也为专家系统的知识获取提供了更强的能力和更大的方便，其知识获取方法不仅简便，而且十分有效。

5.6　质量控制

　　产品的质量是随着产品的产生而存在。工程师们对产品质量的需求通过质量控制来实现。质量控制是企业在产品及工程质量控制、管理领域应用非常广泛的工程技术。从问题提出至今，已经经历了 100 多年。

　　19 世纪中期，美国的标准化生产模式引起了欧洲各工业国家的广泛关注。工程师们逐渐认识到产品质量特征不是简单取一数值，由此引出公差界限问题，反映了工程师们追求质量水平和经济性最佳组合的一种全新观念。

　　随后，工程师们面向经济，合理、科学地多方面持续改进产品质量。结合数理统计原理，提出控制图，对产品制造过程质量进行控制，预防不合格产品的产生，为企业带来巨大收益，其生产过程的统计控制模式如图 5-41 所示。

　　质量控制理论和方法发展至今，形成了全面质量管理的核心思想，要求全过程、全生命周期的质量控制，应全面综合应用专业技术和管理方法。同时，为使质量控制标准化和规范化，国家标准化组织发布 ISO 9000 质量管理体系系统标准，形成了全面质量管理的标准化管理模式，为企业的质量管理体系建立和实施提供了依据。

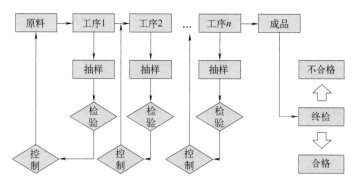

图 5-41　生产过程的统计控制模式示意图

　　质量控制贯穿于产品形成的全过程，对产品形成全过程的所有环节和阶段中有关质量的技术和活动均进行控制。监视产品形成全过程并排除在产品质量产生、形成过程中所有阶段出现的导致失效的原因或问题，使之达到质量要求，以取得经济效益。质量形成过程表示为质量环，如图 5-42 所示，随着科技和生产力的发展而不断改进和完善。

　　产品在全生命周期内的各个阶段均需进行特定的质量控制。实施全面质量管理需综合考虑多方面因素，整体运用系统工程原理和方法，统筹人、机、料、法、环等要素，以此取得质量控制活动的整体最优，这也是智能制造的重要任务之一。对于石油化工企业，产品质量受到多种复杂因素影响，难以建立过程系统准确的模型。因此结合过程系统工程原理和方法、大数据技术，从生产工艺优化、能质网络设计和质量控制等方面入手。按过程系统优化和产品质量双重控制目标进行数据挖掘，建立启发式规则和模型，综合考量产品质量、生产效益、节约能源，如图 5-43 所示为涵盖生产工艺优化和能质网络设计的质量控制。随着人们对产品质量需求越来越高，质量控制问题求解方向从原经济性目标转为"零缺陷"过程设计，降低成本并缩短操作周期，把产品质量推向一个新的高度。在此背景下，质量控制为智能制造奠定了基础。

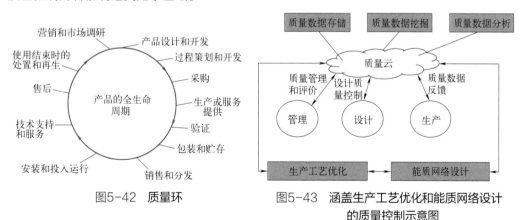

图5-42　质量环

图5-43　涵盖生产工艺优化和能质网络设计的质量控制示意图

　　在理论研究和应用方面，"质量控制"也是一个永恒的话题，从工业生产过程产品质量控制到医药质量控制，均留下质量改进工具、质量控制技术的影子。

　　曲传刚提出建设工程项目质量控制新方法。从某煤制天然气项目在决策、设计、施工和运行 4 个阶段产生的质量问题出发，分析质量问题产生的原因。通过借鉴企业质量控制体系质量控制内容，讨论项目质量控制的措施，分析项目质量控制的效果，为煤化工建设工程项目质量管理提供参考。

卜树坡提出在全生命周期过程中采用 BP 神经网络技术对 P 控制图进行模式识别。首先采用蒙特卡洛法对 BP 神经网络进行建模，然后对实际生产数据生成的 P 控制图进行模式识别，最后对造成不良产品率上升阶跃和上升趋势两种模式的原因进行了分析，并以电能表液晶黑屏故障为例说明了控制图模式识别的反馈作用。

尹承锟等提出 20CrMnTi 钢轴套深层渗碳质量控制方法。对 20CrMnTi 钢轴套进行真空低压脉冲渗碳，采取缩短渗碳时间，改变乙炔流量，增加扩散时间，降低淬火温度及增加保温时间的优化工艺，达到了渗碳有效硬化层深度 2.8mm，表面碳化物呈弥散分布，显微组织马氏体及残留奥氏体 1 级，心部铁素体 2 级要求。

陈晓颙等提出蛇胆药材及其成方制剂质量控制方法。以乙腈 - 甲醇及 10mmol·L^{-1} 乙酸铵为流动相体系进行梯度洗脱，以十八烷基硅烷键合硅胶为填充剂，采用液相色谱质谱联用技术对蛇胆及其他动物胆中胆汁酸成分进行定性鉴别及定量分析，通过胆汁酸的成分分析结果对蛇胆药材及其成方制剂中蛇胆的检查及含量测定方法进行优化，建立合适的质量控制方法。

5.6.1　质量波动

在工业生产过程中，决定产品的质量有六大因素：材料、设备、工艺、操作者、测量和环境。这些因素影响了每一件产品或每一批产品生产过程，产品质量的特性参数值存在差异。因此，产品质量不可能完全相同，必然存在差异或波动，即质量变异的固有本性——波动性。下面从两类产生的原因进一步分析质量波动。

（1）偶然性原因

偶然性原因也称为正常波动原因，通常为系统不可避免，其对质量波动起着细微的作用。偶然性波动出现存在随机性，其出现时间、方式、波动幅值和方向均难以预测，且不易识别和消除。例如，刀具的正常磨损导致的质量波动为典型的偶然性波动。

偶然性波动原因引起的质量起伏波动总体遵循一定的统计规律，例如，当加工足够多的螺栓，在加工之后将长度数据记录，并将数据从小到大分组排布，可总结出质量特性值分布的规律性。

（2）系统性原因

系统性原因也称为异常波动原因，通常为系统可避免。该异常波动存在将对产品质量产生较大的影响，往往引起质量的变化突然异常大，或变化幅度虽然不大但具有一定规律性。该波动易于被识别且可通过采取适当的措施予以消除。在实际生产过程中存在异常波动，即表示该过程已处于失控状态。例如，使用不合格的原材料导致的质量波动为典型的系统性波动。

5.6.2　生产过程的质量状态

在生产中仅存在偶然性波动，此时过程处于统计受控状态。生产过程的质量控制主要目的是保证过程始终处于受控状态，从而稳定持续地生产合格产品。从数理统计角度出发，处于统计受控状态的生产过程，其产品质量数据服从同一种统计分布，即正态分布，其质量特性值由平均值 μ 和标准差 σ 决定。因此，可通过分析与控制 μ 和 σ 实现对生产过程质量状态的判断和控制。然而，在实际生产过程中，很难获得总体的平均值和标准差，通常是通过对生产过程进行随机抽样，统计计算所收集的数据得到样本统计量，从而估计总体的 μ 和 σ，该参数变化情况与质量标准规范进行比较，做出生产过程状态的诊断。

自然地，生产过程状态分为控制状态和失控状态。与失控状态定义相对应，控制状态是指生产过程仅受到偶然性因素影响，且不随时间变化或生产过程中不存在系统性因素影响。

如图 5-44 所示为生产过程处于控制状态的示意图，横坐标表示生产实践，纵坐标表示需控制的质量特性值，μ_0 和 σ_0 表示生产过程处于标况时的平均值和标准差。当正常波动出现，图中代表质量特性值的数据点随时间的推移，随机、均匀地分布在控制限内，且未超过控制限的数据点。

如图 5-45 所示为生产过程处于失控状态的示意图。其受到异常波动的影响，μ 和 σ 不符合质量规范，质量特性值的某些数据点超过控制限，数据点的分布存在异常趋势，导致质量特性值的平均值不再是 μ_0 而是偏移到 μ_1。此时，生产过程处于失控状态，需针对原因采取措施将 μ_1 调整恢复到 μ_0 的分布中心位置上来。

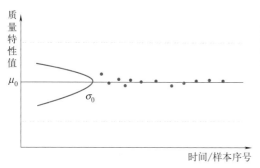

图 5-44　生产过程处于控制状态示意图

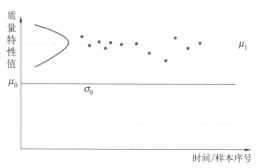

图 5-45　生产过程处于失控状态示意图

如图 5-46 所示为平均值 μ 随时间推移逐渐变大的失控状态示意图。例如，刀具的不正常磨损使加工零件的外径尺寸变得越来越大。这种情况说明生产过程存在异常波动，造成失控后应及时调查原因并消除异因。

生产制造过程是产品质量形成的关键环节，在确保设计质量的前提下，产品的质量在很大程度上依赖于生产过程的质量。过程质量是指影响产品质量的因素对于满足产品制造质量的优劣程度。过程质量的好坏从两个方面来衡量：过程质量是否稳定；稳定的过程能力是否满足技术需求。其中，前者通过控制图进行监控和分析，后者决定于过程能力指数定量分析和直方图定性分析。下面分别从控制图和过程能力方面展开介绍。

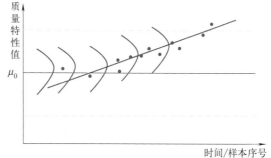

图 5-46　随平均值 μ 变化的生产过程失控状态

5.6.3　控制图

统计过程控制是应用数理统计知识对生产过程的各个阶段进行监控，对出现的异常进行预警，从而达到控制与改进质量的目的。首先对生产过程进行分析评价，根据反馈信息及时发现异常波动出现的征兆，并采取措施消除其影响，使过程维持在仅受正常波动影响的受控状态，以此达到控制质量的目的。因过程质量波动具有统计规律，当过程受控时，过程质量特性值通常服从稳定的随机分布，而过程失控时分布状态发生改变。统计过程控制正是利用过程质量波动的统计规律性对过程进行分析控制。控制图理论是统计过程控制保证全过程质量的最常用技术。运用控制图判断生产过程是否处于统计控制状态，判断过程是否存在异常。

控制图表征过程当前状态的样本序列信息，将这些信息与考虑了过程固有变异后所建立的控制限进行对比。因此，其也是研究质量特性数据随时间变化的统计规律的动态方法。区别于其他质量改进工具，控制图可直接了解过去、分析现状并预测未来的质量状况。

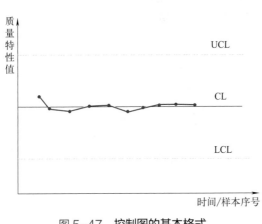

图 5-47　控制图的基本格式

根据概率统计原理，做出两条控制界限和一条中心线，然后把按时间顺序抽样所得的质量特性值以点子的形式依次描在图上，从点子的动态分布情况来分析生产过程的质量及其趋势图形。如图 5-47 所示为控制图的基本格式，横坐标是按时间顺序排列的子组号，纵坐标是质量特性值。两条控制界限用虚线表示，分别为上控制界限 UCL 和下控制界限 LCL。实线为中心线 CL。

控制图的作用如下：

① 及时发现生产过程中的异常现象和缓慢变异情况，预防不合格产品的发生，从而降低生产费用，提高生产效率。

② 有效地分析判断生产过程质量的稳定性，降低检验、测试费用。例如，购买方通过供货方在制造过程中的有效控制图记录等证据，免除进货检验，同时仍能在较高程度上保证进货质量。

③ 可查明设备和工艺手段的实际精度，以便做出正确的技术决定，为真正地指定生产目标和规格界限，特别是配合零部件的最优化确立了可靠的基础，同时也为改变未能符合经济性的规格标准提供了依据。

④ 使生产成本和质量成为可预测的参数，并能以较快的速度和可靠性测量出系统误差的影响程度，从而使同一生产批次内产品之间的质量差别减至最小，提高产品的质量和经济效益。

控制图的统计原理如下。

（1）3σ 原理

假设质量特性值服从正态分布，如图 5-48 所示。说明其过程中仅存在正常波动，那么测量得到产品质量特性值有 99.73% 的可能落在 $\mu\pm3\sigma$ 的范围内。如果有质量特性值落在 $\mu\pm3\sigma$ 范围外，那么生产过程出现异常波动，判断质量特性值的分布出现偏离。上述即为休哈特提出控制图时所依据的 3σ 原理。

（2）两类错误

① 第一类错误

采用控制图来控制生产过程的基本原理之一即为小概率原理，一旦小概率事件发生，就认为生产过程异常。尽管实际生产过程中小概率事件发生概率很小，但也是会发生的。按照控制图的 3σ 原理，有 99.73% 的质量特性值落在控制限之内，同时 0.27% 的质量特性值落在控制限外。依据小概率原理，发现 0.27% 情况即认定过程为失控。此时，将正常的过程判断为异常，从而做出错误的判断。那么这种由于数据点超出控制限，即认定生产过程为异常或失控的错误，称为第一类错误。第一类错误的发生概率 α，通常取为 0.0027。例如，根据正态分布原理，如图 5-49 所示，$\alpha/2=0.00135$，这种错误判断将导致不必要的停产，浪费时间和成本来查找本不存在的产品质量异常波动原因。

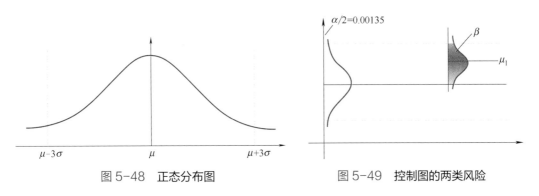

图 5-48　正态分布图　　　　图 5-49　控制图的两类风险

② 第二类错误

同理，在生产过程中已经出现异常，但质量特性值仍落在控制限内，如图 5-49 所示。质量特性值的平均值已经从 μ_0 偏移到 μ_1，生产过程已经处于异常状态，但仍有部分质量特性值处于控制限内，如图中阴影部分所示。此时，一旦抽检到阴影部分的质量特性值，将会以为生产过程处于正常状态，从而导致误判。那么由于数据点处于控制限以内，而把异常生产过程判定为正常或受控的错误，即为控制图的第二类错误，其概率记为 β。这种错误将导致无法及时采取措施消除生产过程中已存在的异常因素，导致大量不合格产品，造成经济损失。β 为落在控制限以内的概率，即错误判断的概率；$1-\beta$ 为质量特性值落在控制限以外的概率，即将生产过程判定为异常的概率，也是此时能够做出正确判断的概率。

影响两类错误的因素有：控制界限的大小和样本量 n 的大小。

根据控制图原理，完全避免两类错误是不可能的，但两类错误发生的风险依赖于控制界限的大小。如果扩大控制界限可减少第一类错误发生，例如将控制界限范围从 $\mu\pm3\sigma$ 扩大到 $\mu\pm5\sigma$，那么 $P(|X-\mu|\leqslant5\sigma)=99.9999\%$ 和 $P(|X-\mu|>5\sigma)=0.0001\%$，此时 $\alpha=$

0.0001%。如果缩小控制界限，则减少第二类错误发生的风险，同时增加第一类错误发生的风险。当样本量确定时，α 越小则 β 越大。因此，通常以两类错误造成总经济损失为目标函数，确定合理的控制界限。另外，当控制界限确定后，样本量增大，β 减小，能够做出正确判断的概率增加。

依据样本数据形成的样本点子在控制图上的位置，以及其变化趋势可对控制图进行分析，从而判断生产过程是否处于失控状态。

当生产过程仅受正常波动影响，没有异常波动，该生产过程处于统计控制状态。其表现在控制图上，就是所有的数据点均在控制界限之内，同时随机均匀排列。由此总结得到控制图的两类判异准则：点子出界就判异；控制界限内点子排列不随机就判异。

5.6.4   过程能力

对于任何生产过程，产品质量不可能完全一致，质量特性值总是分散地存在着。若过程能力越高，对应产品质量特性值的分散性越小；过程能力越低，产品质量特性值的分散性越大。在正态分布图中，标准差 σ 反映了参数的分散程度，同时也反映了生产合格产品的能力；σ 越小，质量特性参数的分布越集中。由此引出过程能力的概念及其分析的重要意义。

过程能力是指处于稳定状态下的过程实际加工能力。稳定生产状态下的过程应具备条件：原材料或上一过程的半成品按照标准要求供应；过程按作业标准实施，应在影响过程质量的各主要因素无异常的条件下进行；过程完成后，产品检测按标准要求进行。

过程能力的测定一般是在连续成批生产状态下进行。当确保过程稳定的条件下，可用过程产品质量特性值的变异或波动来表示过程能力。在仅有偶然因素影响的稳定生产状态下，质量特性值近似地服从正态分布。为了量化过程能力，可用 3σ 原理来确定其分布范围：当分布范围取 $\mu \pm 3\sigma$ 时，产品质量合格的概率达 99.73%。故以 $\pm 3\sigma$ 即 6σ 为标准来衡量过程能力，以求足够的精度和良好的经济性。此时，用 6σ 的波动范围定量地描述过程能力。

影响过程能力的因素主要分为以下五类：设备、工艺、材料、操作者和环境。过程能力是上述几个方面因素的综合反映。这些因素对不同过程乃至不同企业及其对质量的影响程度有着明显的差别，其中起主要作用的因素称为主导性因素。例如，对于化工企业，一般设备、装置、工艺流程是主导性因素。随着企业的技术改造和管理的改善，主导性因素也随之变化。对过程能力进行合理分析，确定影响过程能力的主导性因素，采取措施，提高过程质量，保证产品质量达到要求。

过程能力的测量和分析是保证产品质量的基础性工作，只有理解当前过程能力，才能控制生产过程的符合性质量。当过程能力不满足产品设计需求，那么质量控制也无从谈起。正确合理地进行过程能力分析是探明原因的有效手段，也是提高过程能力的必经之路。通过分析，确定影响过程能力的主导性因素，从而有针对性地通过改进工艺和设备、提高操作水平、改善环境条件等方式来提高过程能力。同时也为质量改进指明了方向。过程能力是过程加工的实际质量状态，是产品质量的客观依据。其为设计人员和工艺人员提供了关键的过程能力数据，可为产品设计提供参考。

6σ 大，表示数据的离散程度大，过程能力差；6σ 小，表示数据相对集中与期望值附近，过程能力好。σ 是关键参数，减小 σ 使质量特性值的分散性减小，就需要提高加工精度，从而提高过程能力。如图 5-50 所示，三条曲线代表了三个不同的生产过程状态，$\sigma_1 < \sigma_2 < \sigma_3$。当过程能力本身达不到产品设计需求，一定会产出不合格的产品。当过程能力远远超出产品质量的设计要求时，尽管产品更加"精益求精"，但相应的生产成本将得到大幅度增加。

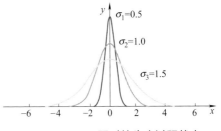

图 5-50 σ 不同时的生产过程状态

过程能力通过 6σ 来衡量，但仅表示过程本身的加工能力，不能反映这一能力满足过程要求的程度。因此引出过程能力指数，用以描述过程能力满足产品技术标准的程度，从而进一步定量分析过程能力。

其中，技术标准指生产过程中产品必须达到的质量要求，通常用标准、公差、允许范围等衡量，用符号 T 表示。质量标准与过程能力的比值，称为过程能力指数，记为 C_p。作为技术要求满足程度的指标，过程能力指数越大，说明过程能力越能满足技术要求，甚至有一定的能力储备。但是不能认定过程能力指数越大，加工精度就越高，或者说技术要求越低。

过程能力指数的计算是在过程稳定的前提下，用过程能力与技术要求相比较，分析过程能力满足技术要求的程度，描述为：

$$C_P = \frac{T}{B} = \frac{T}{6\sigma} \tag{5-39}$$

其中，$T = T_U - T_L$。

假定此时为正态分布，正态总体的期望值 μ 为分布中心，而公差上下限的中间值 $M = (T_U + T_L)/2$ 称为公差中心。

当分布中心与公差中心重合且质量特性值为双侧公差时，即 $\mu = M$ 时，如图 5-51 所示，其过程能力指数描述为：

$$C_P = \frac{T_U - T_L}{6\sigma} \approx \frac{T_U - T_L}{6s} \tag{5-40}$$

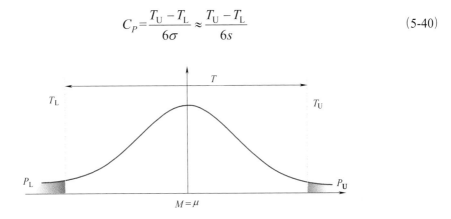

图 5-51 分布中心与公差中心重合

当分布中心和标准中心不重合时，如图 5-52 所示，即质量特性分布中心 μ 和标准中心 M 不重合时，虽然分布标准差 σ 未变，但却出现过程能力不足的现象。其中 $\varepsilon = |M - \mu|$，ε 为分布中心对标准中心 M 的绝对偏移量。把 ε 对 $T/2$ 的比值称为相对偏移量或偏移系数，记为 K。可知，当 μ 位于标准中心时，$|M - \mu| = 0$，$K = 0$，此时为分布中心与标准中心重合的理想状态；当位于标准上限或下限时，即 $\mu = T_U$ 或 $\mu = T_L$，此时 $K = 1$；当 μ 位于标准界限之外时，即 $\varepsilon > T/2$，此时 $K > 1$。所以 K 值越小越好，$K = 0$ 是理想状态。

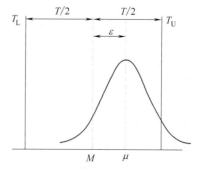

图 5-52   分布中心和标准中心不重合

因为分布中心和标准中心不重合，所以实际有效的标准范围就不能完全利用。如果偏移量为 ε，此时分布中心右侧和左侧的过程能力指数分别为：

$$C_{P上} = \frac{T/2 - \varepsilon}{3\sigma} \tag{5-41}$$

$$C_{P下} = \frac{T/2 + \varepsilon}{3\sigma} \tag{5-42}$$

左侧过程能力的增加值补偿不了右侧过程能力的损失，所以在有偏移值时，只能以两者中较小值来计算过程能力指数，此时为修正过程能力指数，记为 C_{PK}，描述为：

$$C_{PK} = \frac{T/2 - \varepsilon}{3\sigma} = \frac{T}{6\sigma}\left(1 - \frac{2\varepsilon}{T}\right) \tag{5-43}$$

其中，$K = 2\varepsilon/T$，整理得到 $C_{PK} = C_P(1 - K)$。当 $K = 0$，$C_{PK} = C_P$，偏移量为 0 时，修正过程能力指数就是一般的过程能力指数；当 $K \geqslant 1$ 时，$C_{PK} = 0$，此时 C_P 实际上也为 0。求得过程能力指数后，可对过程能力是否充分做出分析和判断。

5.7   应用示例：精馏塔和萃取精馏控制

5.7.1   精馏塔控制

精馏是化工、石油化工、炼油生产过程中应用极为广泛的传质传热过程。精馏的目的是利用混合液中各组分具有不同挥发度，将各组分分离并达到规定的纯度要求。精馏过程是一个复杂的传质传热过程。表现为：过程变量多，被控变量多，可操纵的变量也多；过程动态和机理复杂，例如，非线性、时变、关联；控制方案多样，例如，同一被控变量可以采用不同的控制方案，控制方案的适应面广等。

精馏塔的控制目标：在保证产品质量合格的前提下，使回收率最高、能耗最低，或使总收益最大、总成本最小。精馏过程是在一定约束条件下进行的。精馏塔控制目标可从质量指标、产品产量、能量消耗和约束条件等方面考虑。

（1）质量指标

精馏塔的质量指标指塔顶或 / 和塔底产品的纯度。通常，满足一端的产品质量，即塔顶塔底产品之一达到规定纯度，而另一端产品的纯度维持在规定范围内。也可以是塔顶和塔底的产品均满足一定的纯度要求。二元精馏的混合物中只有两种组分，因此，质量指标是指塔顶产品中轻组分和塔底产品中重组分的纯度（含量）都要满足产品质量要求。多元精馏的混合物中有多种组分，因此质量指标是指关键组分的纯度满足要求。这里，关键组分包括对产品质量影响较大的由塔顶蒸出的轻关键组分和由塔底蒸出的重关键组分。产品纯度并非越纯越好，原因是纯度越高，对控制系统的偏离度要求越高，操作成本的提高与产品的价格并不成比例增加；纯度要求应与使用要求适应。

（2）产品产量

在满足产品质量指标的前提下，产品的产量也是重要的控制指标。产品收率定义为产品产量与进料中该产品组分的量之比。即

$$R_i = \frac{P}{FZ_i} \qquad (5\text{-}44)$$

式中，P 是产品的产量，kmol/h；F 是进料量，kmol/h；Z_i 是进料中该 i 组分的摩尔分率。

生产效益除产品纯度与产品收率间关系外，还须考虑能量消耗因素。产品产量越多，所需能量也越大。产品产量与物料平衡有关。即应满足下列物料平衡关系。

$$F=D+B \qquad (5\text{-}45)$$

$$F_{Z_F}=D_{Z_D}+B_{Z_B} \qquad (5\text{-}46)$$

式中，F 是进料量，D 是塔顶馏出液量，B 是塔底釜液采出量；Z_F、Z_D、Z_B 是进料塔顶和塔底馏出液中轻组分含量。

（3）能量平衡和经济性指标

精馏过程是能耗大户。其中再沸器需要加热量，冷凝器需要消耗冷却量，此外，精馏塔、附属设备和管线等也有热量损耗。精馏塔中上升蒸汽量越多，轻组分越容易从塔顶蒸出，但消耗能量也越大，单位进料量能耗增加到一定数值后，如果继续增加塔内上升蒸汽量，因物料平衡约束，产品中轻组分收率不再增长。因此，要在保证精馏产品质量、产品产量的同时，考虑降低能量消耗，使能量平衡，实现较好经济性。

在一定的产品纯度条件下，增加再沸器加热量可提高产品回收率。但加热量增加到一定量后，再增加其热量，并不能显著提高回收率。因此，使产品刚好达到其质量指标是最合适的操作。产品纯度高于规定值不仅增加能耗，而且不一定能提高产品产量。产品纯度低于规定值则产品不合格，产品产量同样下降。因此精馏塔处于"卡边"操作，才能使经济性指标最大。

（4）约束条件

精馏过程是复杂传质传热过程。为满足稳定和安全操作要求，对精馏塔操作参数有一定约束条件：

① 气相速度限。精馏塔上升蒸汽速度的最大限值。当上升蒸汽速度过高时，造成雾沫夹带，塔板上的液体不能向下流，出现液泛现象。破坏正常的气液平衡关系，使精馏塔不能正常进行组分的分离；

② 最小气相速度限。精馏塔上升蒸汽速度的最小限值。当上升蒸汽速度过低时，上升蒸汽不能托起上层的液相，造成漏液，使板效率下降，精馏操作不能正常进行。

③ 操作压力限。每个精馏塔都存在着一个最大操作压力限制。精馏塔的操作压力过大，影响塔内的气液平衡，超过这个压力，塔的安全操作就没有保障。

④ 临界温度限。根据能量平衡关系，再沸器两侧的温度差低于临界温度限时，再沸器的传热系数急剧下降，传热量下降，严重时不能保证精馏塔的正常传热需要。因此，再沸器有临界温度限的约束。冷凝器冷却能力与塔压和塔顶蒸出产品组分有关。同样，冷却量也有限值，才能保证合适的回流温度，使精馏塔能够正常操作。因此，冷凝器也有临界温度限的约束。

（5）精馏塔的基本控制方案

精馏塔控制目标是两端的产品质量。直接检测产品成分并进行控制的方法因成分分析仪表价格昂贵、维护保养复杂、采样周期较长、反应缓慢、滞后大、可靠性差等原因较少采用。绝大多数精馏塔的控制仍采用间接质量指标控制，主要包含温度、压力。

① 采用温度作为间接质量指标

对于二元精馏塔，当塔压恒定时，温度与成分之间有一一对应关系，因此，常用温度作为被控变量。对多元精馏塔，由于石油化工过程中精馏产品大多数是碳氢化合物的同系物，在一定塔压下，温度与成分之间仍有较好对应关系，误差较小。因此，绝大多数精馏塔仍采用温度作为间接质量指标。采用温度作为间接质量指标的前提是塔压恒定。因此，下述控制方案都认为塔压已经采用了定值控制系统。

精馏段温度控制以精馏段产品的质量为控制目标，根据温度检测点的位置不同，有表5-2所示的控制方案。操纵变量可选择回流量 LR 或塔顶采出量 D。也可将塔釜采出量 B 作为操纵变量，但应用较少。图 5-53 是精馏塔温度分布曲线。采用精馏段温度控制的场合如下：

a. 对塔顶产品成分的要求比对塔底产品成分的要求严格；

b. 全部为气相进料；

c. 塔底或提馏段温度不能很好反映组分的变化，即组分变化时，提馏段塔板温度变化不显著，或进料含比塔底产品更重的影响温度和成分关系的重杂质。

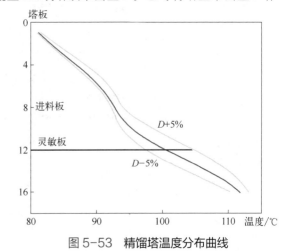

图 5-53　精馏塔温度分布曲线

表 5-2 精馏段温度控制方案的特性比较

控制方案	塔顶温度控制	精馏段灵敏板温度控制	中温(加料板稍上或稍下塔板，或加料板温度)控制
特点	①直接反映产品质量，但邻近塔顶处塔板之间的温度差很小。②产品中的杂质影响产品的沸点，造成对温度的扰动	①能够快速反映产品成分的变化。②灵敏板与上下塔板之间有最大浓度梯度，具有快速过渡动态响应和较大增益。③因塔板效率不易准确估计，灵敏板位置确定较困难	①可以兼顾塔顶和塔底成分，及时发现操作线的变化。②不能及时反映塔顶或塔底产品成分
应用场合	很少采用，常用于石油产品按沸点的初级切割馏分处理	应用最广	不能用于分离要求较高、进料浓度变化较大的应用场合

提馏段的温度控制：提馏段温度控制以提馏段产品的质量为控制目标，根据温度检测点位置也可分为塔底温度、灵敏板温度和中温控制等。操纵变量可选择再沸器加热蒸汽量或塔底采出量，也可将塔顶采出量 D 作为操纵变量，但应用较少。控制策略与精馏段温度控制类似。采用提馏段温度控制的场合如下：

a. 对塔底产品成分的要求比对塔顶产品成分的要求严格；

b. 全部为液相进料；

c. 塔顶或精馏段温度不能很好反映组分的变化，即组分变化时，精馏段塔板温度变化不显著，或进料中含比塔顶产品更轻的影响温度和成分关系的轻杂质；

d. 采用回流控制时，回流量较大，它的微小变化对产品成分影响不显著，而较大变化又会影响精馏塔平稳操作。

② 采用压力补偿的温度作为间接质量指标

塔压恒定是采用精馏塔温度控制的前提。当塔压变化或精密精馏等控制要求较高时，微小压力变化将影响温度和成分之间的关系。因此，需对温度进行压力的补偿。常用的补偿方法有温差控制、双温差控制和补偿计算控制。表 5-3 是采用压力补偿的温度作为间接质量指标控制方案的比较。

表 5-3 采用压力补偿的温度作为间接质量指标控制方案的比较

控制方案	特点	应用场合
温差控制	①以保持塔顶(或塔底)产品纯度不变为前提，塔压变化对两个塔板上的温度有几乎相同的变化，因此温度差可保持不变。但要合理设置温差设定值。②选择塔顶(或稍下)或塔底(或稍上)温度作为基准温度(温度和成分保持基本不变)。另一点温度选择灵敏板温度	分离要求较高的精馏过程。例如：苯-甲苯-二甲苯、乙烯-乙烷、丙烯-丙烷等精密精馏
双温差控制	①进料对精馏段温差的影响和对提馏段温差的影响相同，因此可用双温差控制来补偿因进料流量变化造成的对温差的影响。②要合理设置双温差的设定值	进料流量变化较大，引起塔内成分变化和塔内压降变化的应用场合
压力补偿的温度控制	$$T_{SP} = T_S + \frac{dT}{dp}(p - p_0) + \frac{d^2T}{dp^2}(p - p_0)^2$$ 上式为补偿公式。T_S 是产品所需成分在塔压为 p_0 时对应的温度设定值；p 是塔压测量值；p_0 是设计的塔压值；T_{SP} 是在实际塔压 p 条件下的温度设定值应用。注意点：塔压信号需进行滤波；温度检测点位置应合适；补偿系数应合适	适用于需要进行塔压补偿的各类精馏过程

精馏塔有多个被控变量和多个操纵变量，合理选择它们的配对，有利于减小系统的关联，并使精馏塔的操作平稳。

欣斯基（Shinsky）经研究提出了精馏塔控制中变量配对的三条准则：

- 当仅需要控制塔的一端产品时，应选用物料平衡方式控制该端产品的质量。
- 塔两端产品流量较小者，应作为操纵变量去控制塔的产品质量。
- 当塔两端产品均需按质量指标控制时，一般对含纯产品较少、杂质较多的一端采用物料平衡方式控制其质量；对含纯产品较多、杂质较少的一端采用能量平衡方式控制其质量。

按操纵变量分类，精馏塔的控制可分为两种：当选用塔顶产品馏出物流量 D 或塔底采出量 B 作为操纵变量控制产品质量时，称为物料平衡控制方式；当选用塔顶回流量 LR 或再沸器加热蒸汽量 V_s 作为操纵变量时，称为能量平衡控制。按被控变量分类，精馏塔的控制可分为：精馏段指标控制、提馏段指标控制、塔压控制。以精馏段指标控制为例，被控变量包含：精馏段灵敏板温度、加热蒸汽量、回流罐液位、塔釜液位。

除了基本的反馈控制外，前馈控制、串级控制、均匀控制、分程控制等复杂控制方法也广泛地应用于精馏塔控制中。此外，近年来也有研发人员使用模型预测控制、复合式智能控制等方法实现复杂精馏塔的控制。

（6）精馏塔的能量控制

精馏过程中，为了实现分离，塔底物料需要汽化，塔顶物料要冷凝带走热量，因此，精馏过程要消耗大量能量。通常，石油化工过程是工业生产过程中的能耗大户，而精馏过程能耗占典型石油化工过程能耗的 40%，因此，精馏塔的节能成为重要研究课题。一般的节能途径有下列五种，也可相互交叉组合。

① 采用精确控制。当控制系统的偏离度减小时，被控过程产品的质量提高，产量增加，能耗下降，成本减小。因此，应提高控制系统的控制精度，降低控制系统的偏离度。例如，塔顶产品纯度要求 95%，在物料平衡的约束条件下，当偏离度为 0.5% 时，可将设定值设置在约 96%，如果偏离度为 1%，则要将设定值提高到约 97%，从而增加了原料消耗和能量消耗。

② 反映能耗指标直接作为被控变量。例如，加热炉燃烧控制系统中，提高燃烧效率可有效降低能耗。精馏塔的原料采用加热炉预加热，这时，控制过剩空气率，使燃料完全燃烧就能提高燃烧效率，降低能耗。

③ 操作优化。将能耗作为操作优化目标函数的组成部分，通过操作优化，降低能耗。

④ 对工艺流程和设备进行改造，设置有关控制系统，达到平稳操作。例如，设置换热网络，利用余热，减少载热体量；设置合理控制系统，采用热泵系统等。

⑤ 综合过程变量的相互关系，采用新的操作方式，实施新的控制策略。例如，采用浮动塔压控制，使塔压不保持恒定，当塔压降低时，采用一些有效控制方法，有利于提高分离度，降低能耗。

针对精馏塔不同的设备，以下介绍四类重要的节能控制方案。

① 再沸器加热油的节能控制：再沸器为精馏塔操作提供热量，并维持精馏塔的热量平衡。在石油化工生产过程中，一些精馏塔再沸器的载热体是加热炉加热循环使用的加热油。

再沸器加热油的节能控制是根据精馏塔的操作需要，通过调整加热炉的燃料量，达到节能的目的。

② 精馏塔浮动塔压控制：一般精馏塔控制都设置塔压定值控制。从控制精馏塔产品质量看，塔压恒定，才能用温度作为间接质量指标进行控制，塔压稳定也有利于精馏塔的平稳操作。但从汽液平衡关系看，塔压越低，两组分间的相对挥发度越大，因此，降低塔压有利于分离，有利于节能。由于塔压受环境条件影响，尤其在采用风冷或水冷的冷凝器时，气温高的夏季能达到的最低塔压要高于气温低的冬季能达到的最低塔压。为保持塔压恒定，就会在温度低时浪费精馏塔所具有的分离潜能。因此，当气温低时，如果能够降低塔压，就能使冷凝器保持在最大热负荷下操作，提高相对挥发度。即得到相同纯度的分离效果所需的能量减少。浮动塔压控制系统要解决四个问题：塔压变化要缓慢，以保证精馏塔能够平稳操作；塔压浮动后，如果精馏塔质量指标采用间接质量指标的温度，则需进行压力补偿，以适应塔压的浮动；塔压浮动后应使再沸器加热量随之变化，这样才能达到节能目的；塔压浮动后，引入了阀位控制器，存在积分饱和问题。

③ 热泵控制：精馏塔操作中，塔底再沸器要加热，塔顶冷凝器要移除热量。两者都要消耗能量。解决这一矛盾的一种方法是采用热泵控制系统。热泵控制系统将塔顶蒸汽作为本塔塔底的热源。但因塔顶蒸汽冷凝温度低于塔底液体沸腾温度，为此，需增加一台透平压缩机，用于将塔顶蒸汽压缩，提高其冷凝温度。

压缩机所需的理论压缩功与压缩比等有关，如下式描述：

$$N = m\frac{1}{n-1}\frac{R\theta_{\mathrm{D}}}{M\eta}\left[\left(\frac{p_{\mathrm{E}}}{p_{\mathrm{D}}}\right)^{\frac{n-1}{n}} - 1\right] \qquad (5\text{-}47)$$

式中，m 为质量流量；M 为摩尔质量；n 为多变指数；N 为所需理论压缩功；p_{D} 和 p_{E} 为压缩机入口和出口（塔顶）压力；R 为气体常数；θ_{D} 为塔顶温度；η 为多变效率。根据式（5-47），压缩比越小，压缩机所需的功越小。从工艺看，满足压缩比小的条件是塔压降小，被分离物的温度差小。

④ 多塔系统的能量综合利用：多个精馏塔串联操作时，上一塔塔顶蒸汽作为下一塔再沸器加热源，使能量得到综合利用。使用时应解决下列问题：首先，上一塔的塔顶气相蒸汽温度应远大于下一塔塔底温度，以保证有足够热量提供给下一个塔作为热源；其次，两塔之间存在关联，应采用有效的解耦措施。下一小节将介绍萃取精馏多塔系统的控制策略。

5.7.2　萃取精馏流程控制

在实际化工工业生产过程中经常遇到共沸体系，比如：生产头孢类药物过程中会产生甲醇-乙腈-苯共沸体系，丙烯水合法生产异丙醇时会产生异丙醚-异丙醇-水共沸体系等，如果得不到有效的处理必然会引起环境污染和资源浪费。目前为止，精馏是工业中应用最为广泛也是最成熟的分离手段，但是，普通精馏难以实现共沸混合物的有效分离。萃取精馏通过引入一种能够消除体系中共沸现象并且不形成新共沸物的萃取剂来实现共沸物的有效分离，是一种常见的共沸物分离手段。相比于单个精馏塔控制结构的构建，萃取精馏流程存在更多的操作变量和被控变量以及多样的萃取剂种类，这导致了其控制结构构建会更加复杂。上一小节针对单个简单精馏塔控制结构的构建进行了简述，本小节介绍萃取精馏过程分离二元共沸物控制结构的构建，主要从重沸点萃取剂水分离丙酮-甲醇二元共沸的传统萃取精馏分离方案、中间沸点萃取剂三乙胺分离甲醇-甲苯二元共沸的传统萃取精馏分离方案和单塔侧线萃取精馏分离方案控制结构的构建进行简述。

（1）重沸点萃取剂萃取精馏

执行萃取精馏的第一步是确定能够消除体系的共沸现象并且不形成新共沸物的萃取剂。按照萃取剂沸点与待分离共沸体系各组分沸点的差异，萃取剂可以分为轻沸点萃取剂、中间沸点萃取剂和重沸点萃取剂。轻沸点萃取剂的沸点低于待分离共沸体系各组分的沸点，中间沸点萃取剂的沸点介于待分离共沸体系各组分的沸点之间，重沸点萃取剂的沸点高于待分离共沸体系各组分的沸点。图 5-54 为重沸点萃取剂水分离丙酮-甲醇二元共沸物的萃取精馏流程及相应的控制结构。该萃取精馏流程由一个萃取精馏塔（extractive distillation column，EDC）和一个溶剂回收塔（solvent recovery column，SRC）组成。

原料丙酮-甲醇混合物与萃取剂水从不同的塔板进入萃取精馏塔，在萃取剂水的作用下，丙酮与甲醇之间的共沸现象消除，丙酮产品在萃取精馏塔塔顶得到，甲醇和萃取剂水在萃取精馏塔塔底得到，然后进入溶剂回收塔执行分离。由于萃取剂水的沸点高于甲醇的沸点，因此，甲醇产品在溶剂回收塔塔顶得到，萃取剂在溶剂回收塔塔底得到，经过冷却之后与一股萃取剂补充流股混合之后循环回萃取精馏塔中。该萃取精馏流程控制结构的详细控制回路如下所示：

① 原料丙酮-甲醇混合物的流量被阀门开度控制。

② 萃取精馏塔和溶剂回收塔的操作压力由相应的冷凝器冷负荷（冷却水流率）控制。

③ 萃取精馏塔和溶剂回收塔的回流罐液位由相应的塔顶采出流率控制。

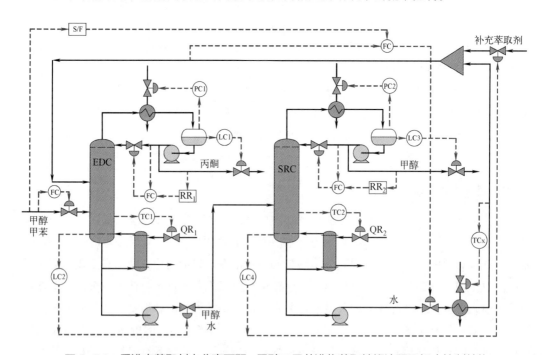

图 5-54　重沸点萃取剂水分离丙酮-甲醇二元共沸物萃取精馏流程及相应控制结构

④ 萃取精馏塔的塔釜液位由被塔底采出流率控制。

⑤ 溶剂回收塔的塔釜液位由补充萃取剂流股流率控制。

⑥ 萃取精馏塔和溶剂回收塔的回流比保持常数，同时，设定萃取剂流量与原料流量的比值为常数。

⑦ 萃取精馏塔和溶剂回收塔的灵敏板温度由相应的再沸器热负荷（蒸汽流率）控制。

⑧ 循环萃取剂温度由冷却器冷负荷（冷却水流率）控制。

（2）中间沸点萃取剂萃取精馏

上一小节针对重沸点萃取剂水分离甲醇 - 丙酮二元共沸物萃取精馏流程控制结构的构建进行了简述，本小节针对中间沸点萃取剂三乙胺分离甲醇 - 甲苯二元共沸物萃取精馏流程控制结构的构建进行简述。图 5-55 为中间沸点萃取剂三乙胺分离甲醇 - 甲苯二元共沸物的萃取精馏流程及相应的控制结构。与上述重沸点萃取剂水分离丙酮 - 甲醇二元共沸物萃取精馏流程相同，该萃取精馏流程由一个萃取精馏塔和一个溶剂回收塔组成。

原料甲醇 - 甲苯混合物与萃取剂三乙胺从不同的塔板进入萃取精馏塔，在萃取剂三乙胺的作用下，甲醇与甲苯之间的共沸现象消除，甲醇产品在萃取精馏塔塔顶得到，甲苯和萃取剂三乙胺在萃取精馏塔塔底得到，然后进入溶剂回收塔进行分离。由于萃取剂三乙胺的沸点低于甲苯的沸点，因此，甲苯产品在溶剂回收塔塔底得到，萃取剂三乙胺在溶剂回收塔塔顶得到，经过冷却之后与一股萃取剂补充流股混合循环返回萃取精馏塔中。该萃取精馏流程控制结构的详细控制回路如下所示：

① 原料甲醇 - 甲苯混合物的流量被阀门开度控制。

② 萃取精馏塔和溶剂回收塔的操作压力由相应的冷凝器冷负荷（冷却水流率）控制。

③ 萃取精馏塔的回流罐液位由塔顶采出流率控制。

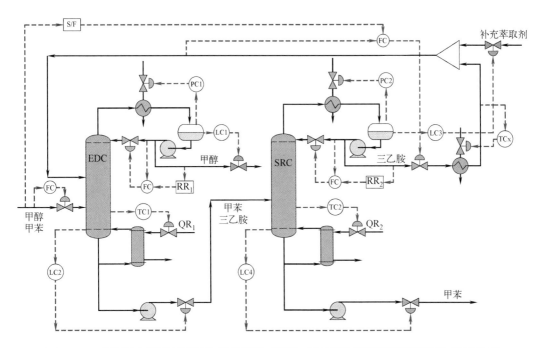

图 5-55　中间沸点萃取剂三乙胺分离甲醇 - 甲苯二元共沸物萃取精馏流程及相应控制结构

④ 溶剂回收塔的回流罐液位由补充萃取剂流股流率控制。

⑤ 萃取精馏塔和溶剂回收塔的塔釜液位由相应的塔底采出流率控制。

⑥ 萃取精馏塔和溶剂回收塔的回流比被设为常数，同时，设定萃取剂流量与原料流量的比值为常数。

⑦ 萃取精馏塔和溶剂回收塔的灵敏板温度由相应的再沸器热负荷（蒸汽流率）控制。

⑧ 循环萃取剂温度由冷却器冷负荷（冷却水流率）控制。

重沸点萃取剂萃取精馏分离方案控制结构与中间沸点萃取剂萃取精馏分离方案控制结构的区别在于溶剂回收塔回流罐液位和塔釜液位控制回路的设定。对于重沸点萃取剂萃取精馏分离方案控制结构，溶剂回收塔回流罐液位和塔釜液位分别由溶剂回收塔塔顶采出流率和萃取剂补充流股流率控制；对于中间沸点萃取剂萃取精馏分离方案控制结构，溶剂回收塔回流罐液位和塔釜液位分别由萃取剂补充流股流率控制和溶剂回收塔塔底采出流率控制。应该说明的是，本小节涉及的中间沸点萃取剂萃取精馏分离方案为直接萃取精馏分离方案，在实际工业生产中还存在间接萃取精馏分离方案。

(3) 中间沸点萃取剂单塔侧线萃取精馏

前两个小节针对传统的双塔萃取精馏流程控制结构的构建进行了简述，本小节针对中间沸点萃取剂三乙胺分离甲醇 - 甲苯二元共沸物单塔侧线萃取精馏流程控制结构的构建进行简述。图 5-56 为中间沸点萃取剂三乙胺分离甲醇 - 甲苯二元共沸物的单塔侧线萃取精馏流程及相应的控制结构。该萃取精馏流程为一个带有侧线液体采出的侧线萃取精馏塔（side-stream extractive distillation，SSED）。

原料甲醇 - 甲苯混合物与萃取剂三乙胺从不同的塔板进入侧线萃取精馏塔，在萃取剂三乙胺的作用下，甲醇与甲苯之间的共沸现象消除，甲醇产品在侧线萃取精馏塔塔顶得到，甲苯产品在侧线萃取精馏塔塔底得到，萃取剂三乙胺通过侧线液体流股采出，经过冷却之后与一股萃取剂补充流股混合并循环返回侧线萃取精馏塔中。应该说明的是侧线液体流股中的萃取剂不需要像双塔萃取精馏过程一样被规定为高纯度。该萃取精馏流程控制结构的详细控制回路如下所示：

① 原料甲醇 - 甲苯混合物的流量被阀门开度控制。

② 侧线萃取精馏塔的操作压力由冷凝器冷却负荷（冷却水流率）控制。

③ 侧线萃取精馏塔的回流罐液位由塔顶采出流率控制。

④ 侧线萃取精馏塔的塔釜液位由塔底采出流率控制。

⑤ 侧线萃取精馏塔的回流比保持常数，同时，设定萃取剂流量与原料流量的比值为常数。

⑥ 萃取剂补充流股流量与原料流量的比值保持常数。

⑦ 塔底流股中甲苯产品的纯度通过再沸器热负荷与进料流量的比值控制。相比于温度控制器，组分控制器控制效果更好，但是存在滞后时间长和价格昂贵的劣势。相比于单纯通过再沸器热负荷控制塔底流股中甲苯产品的纯度，再沸器热负荷与进料流量组成的比例控制器的引入能够降低面对扰动时动态响应曲线的最大瞬时偏差。

⑧ 循环萃取剂温度由冷却器冷却负荷（冷却水流率）控制。

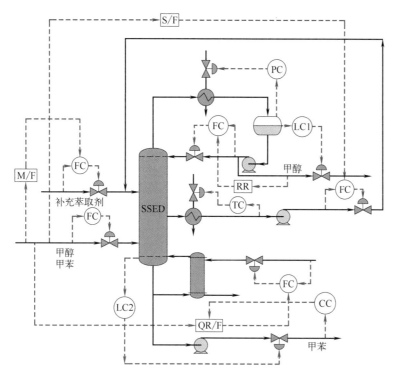

图 5-56　中间沸点萃取剂三乙胺分离甲醇 - 甲苯二元共沸物单塔侧线萃取
精馏流程及相应控制结构

 本章小结

　　本章围绕化工生产智能化中起重要作用的控制问题，介绍了不同的控制系统和一些化工应用
示例。首先，介绍了过程控制系统的由来、特点、结构、性能指标、控制策略、要求和任务等基
本控制概念。其次，在传统反馈控制的基础上，介绍了自适应控制系统、模型预测控制系统等先
进控制系统的概念和基本理论，并较详细地介绍了化工生产中的质量和过程控制。之后，结合智
能制造中的网络化和智能化的特点，介绍了网络控制系统和智能控制系统。最后，以化工生产中
重要的精馏问题为应用示例，讨论了单个精馏塔以及多塔复杂精馏流程的不同控制方案。

 思考题

1. 过程控制系统主要由哪些环节组成？各环节各起什么作用？
2. 以图 5-4 所示的换热器网络为例，讨论前馈控制与反馈控制策略的区别与联系。
3. 简述自校正控制系统的设计目标。
4. 已知稳定被控对象

$$k_p G(s) = \frac{k_p}{s^2 + a_1 s + a_0} \qquad (a_1 = a_0 = 1)$$

并选择参考模型

$$k_m G(s) = \frac{k_m}{s^2 + a_1 s + a_0} \quad (a_1 = a_0 = k_m = 1)$$

其中，k_p位置，仿真时取k_p=1。自适应增益γ=0.1，参考输入y_r为方波信号，其幅值r分别取为0.8、1.6、3.6。采用基于MIT自适应律的可调增益的模型参考自适应控制策略，观察并分析其仿真结果。

5. 以图 5-11 储罐液位控制问题为例，简述模型预测控制的三个基本要素。

6. 已知某一单输入单输出被控对象的传递函数为

$$G(s) = \frac{2e^{-10s}}{10s + 1}$$

控制周期为1min，试针对该系统采用动态矩阵控制编制仿真算法，并在无模型失配情况下，采用不同的控制参数进行仿真实验。

7. 已知某零件加工标准为 (148±2)mm，对 100 个样本计算出均值为 147.5mm，标准差为0.48mm，求过程能力指数。

8. 相比于传统的反馈控制系统，智能控制系统有哪些特点？以哪些评价准则衡量智能控制系统的控制性能？

9. 对于某一精馏塔，要求控制精馏段灵敏板温度 T_R、回流罐液位 L_D、精馏塔底液位 L_B，而可操作变量为回流量 L、塔顶产品采出量 D、塔底产品采出量 B、塔底再沸器加热量 Q_H。该精馏塔的主动扰动为进料量与进料浓度，其中 F 为可测但不可控扰动，x_F 为不可测不可控扰动。稳态运行时，回流比 L/D 为 3.2。试为该设备设计一个多回路控制系统，并尽可能减少各回路间的关联。

 参考文献

[1] 庞中华，崔红 . 系统辨识与自适应控制 MATLAB 仿真 [M]. 北京：北京航空航天大学出版社，2009.

[2] 戴连奎，张建明，谢磊，等 . 过程控制工程 [M]. 北京：化学工业出版社，2012.

[3] 陈剑雪，张颖，罗晓，等 . 先进过程控制技术 [M]. 北京：清华大学出版社，2014.

[4] 刘金琨 . 智能控制 [M]. 北京：清华大学出版社，2020.

[5] 吉旭，周利 . 化学工业智能制造：互联化工 [M]. 北京：化学工业出版社，2020.

[6] 韩福荣 . 现代质量管理学 [M]. 北京：机械工业出版社，2019.

[7] 张小海，龙盛荣 . 质量控制 [M]. 北京：机械工业出版社，2019.

[8] 罗健旭 . 过程控制工程 [M]. 北京：化学工业出版社，2015.

[9] 蔡自兴 . 智能控制原理与应用 [M]. 北京：清华大学出版，2019.

[10] Rawlings J B, Mayne D Q.Model predictive control: theory and design[M].Santa Barbara: Nob Hill Publishing，2009.

[11] 宋琼，张辉，孙凯，等 . 多微源独立微网中虚拟同步发电机的改进型转动惯量自适应控制 [J]. 中国电机工程学报，2017，37（2）：412-423.

[12] 杨天皓，李健，贾瑶，等 . 虚拟未建模动态补偿驱动的双率自适应控制 [J]. 自动化学报，2018，44（2）：299-310.

[13] 刘玉发，刘勇华，苏春翌，等 . 一类具有未知幂次的高阶不确定非线性系统的自适应控制 [J]. 自动化学报，2021，47：1-10.

[14] 侯世英, 余海威, 李琦, 等. 微电网孤岛运行混合储能自适应控制策略 [J]. 电力系统自动化, 2017, 41 (17): 15-21.

[15] 牛宏, 陶金梅, 张亚军. 一种新的数据驱动的非线性自适应切换控制方法 [J]. 自动化学报, 2020, 46 (11): 123-130.

[16] 古训, 郑亚利, 陈雨青. 四旋翼飞行器自适应滑模控制设计 [J]. 控制工程, 2020, 27 (1): 2-5.

[17] 王献策, 陈雄, 柴金宝, 等. 基于舵机位置环的自适应模糊滑模复合控制 [J]. 计算机仿真, 2020, 37 (8): 35-40.

[18] 黄帅, 王昕, 王振雷. 一类非线性多变量系统的多模型自适应控制 [J]. 控制理论与应用, 2020, 37 (4): 829-835.

[19] 孙舶皓, 汤涌, 叶林, 等. 基于分层分布式模型预测控制的多时空尺度协调风电集群综合频率控制策略 [J]. 中国电机工程学报, 2019, 39 (1): 155-167.

[20] 马乐乐, 刘向杰. 变参考轨迹下的鲁棒迭代学习模型预测控制 [J]. 自动化学报, 2019, 45 (10): 15-20.

[21] 师佳, 江青茵, 曹志凯, 等. 基于2维性能参考模型的2维模型预测迭代学习控制策略 [J]. 自动化学报, 2013, 5: 565-573.

[22] 杨泰春, 陶建峰, 覃程锦, 等. 采用支持向量机的非对称阀控液压缸模型预测控制 [J]. 西安交通大学学报, 2020, 54 (1): 93-100.

[23] 关宏伟, 叶凌箭, 沈非凡, 等. 基于经济模型预测控制的金氰化浸出过程动态实时优化 [J]. 化工学报, 2020, 71 (3): 1122-1130.

[24] 康岳群, 徐祖华, 赵均, 等. 分布曲线对象的无偏模型预测控制算法 [J]. 化工学报, 2016, 67 (3): 5-8.

[25] 潘红光, 高磊, 米文毓. 基于改进宏观交通流模型的MPC算法设计 [J]. 系统仿真学报, 2021, 8: 1875-1881.

[26] 李德健, 刘浩然, 刘彬, 等. 基于改进回声状态网络的游离氧化钙预测控制 [J]. 化工学报, 2019, 70 (12): 4749-4759.

[27] 曲传网. 煤制天然气建设工程项目质量控制研究 [J]. 煤炭技术, 2020, 10: 189-192.

[28] 卜树坡, 陈丽, 赵展. 基于全生命周期的电能表质量控制图模式识别研究 [J]. 电测与仪表, 2019, 56 (18): 7-9.

[29] 尹承锟, 何龙祥, 刘俊祥, 等. 20CrMnTi 钢轴套深层渗碳质量控制关键技术 [J]. 金属热处理, 2019, 12: 215-218.

[30] 陈晓颢, 张洁, 范叶琴, 等. 蛇胆药材及其成方制剂质量控制方法研究 [J]. 中国药学杂志, 2019, 17: 1380-1386.

[31] Modla G.Energy saving methods for the separation of a minimum boiling point azeotrope using an intermediate entrainer[J].Energy, 2013, 50: 103-109.

[32] Luyben W L, Chien I L.Design and control of distillation systems for separating azeotropes[M]. Hoboken: John Wiley & Sons, 2010: 760-774.

[33] Wang C, Zhuang Y, Liu L, et al.Control of energy-efficient extractive distillation configurations for separating the methanol/toluene azeotrope with intermediate-boiling entrainer[J].Chemical Engineering Progress, 2020, 149: 107862.

[34] Wang C, Zhuang Y, Dong Y, et al.Design and control analysis of the side-stream extractive distillation column with low concentration intermediate-boiling entrainer[J].Chemical Engineering Science, 2022, 247: 116915.

[35] Luyben W L.Distillation design and control using aspen simulation.2nd ed.Hoboken: John Wiley & Sons, 2013: 260-284.

[36] 顾偲雯. 柔性换热器网络综合与先进控制集成研究 [D]. 大连: 大连理工大学, 2019.

5

药物和精细化学品的智能制造
├─ 药物和精细化学品的分子设计原理
│ ├─ 计算机辅助分子设计
│ └─ 计算机辅助药物设计
├─ 配方产品的智能设计
│ ├─ 配方的最优化设计原理
│ ├─ 计算机辅助配方设计
│ └─ 人工神经网络的应用
├─ 工艺过程智能优化和设计
│ ├─ 高通量自动化筛选技术
│ └─ 微通道反应技术
├─ 工业4.0背景下药物智能制造
│ ├─ 在线分析与过程控制
│ ├─ 物料追踪与状态监测
│ ├─ 信息管理与系统集成
│ └─ 在线优化与智慧工厂
└─ 应用示例
   ├─ 基于连续流技术的智能平台
   ├─ 机器人自动化多样合成平台
   └─ 机器学习自动化有机合成

第 **6** 章

药物和精细化学品的智能制造

6.1 药物和精细化学品的分子设计原理

精细化学品是指具有特定的应用功能、技术密集、商品性强、产品附加值较高的化工产品，包括医药、农药、染料、日用化学品、信息用化学品、食品和饲料添加剂、催化剂和各种助剂以及功能高分子材料等。与通用化学品不同，精细化学品的市场从属性使得精细化工企业要不断寻找市场需要的新产品，提高开发新品种的能力。众所周知，化合物的性质往往与其结构密切相关，因此，以产品性质为中心，从用户需求出发，基于构效关系对药物和精细化学品进行分子设计是制药和精细化工发展的重要环节。

6.1.1 计算机辅助分子设计

国际理论化学和应用化学联合会（International Union of Pure and Applied Chemistry，IUPAC）对分子设计的界定为：运用多种技术手段，探索并发现具备潜在应用所需特定性质的新型化学实体。在早期阶段，分子设计依赖于专家的设计经验，即凭借研究者的经验和相关理论，构思出具有特定功能性能的化合物，这被称为经验型分子设计。然而，这一方法存在多种制约因素，其影响因素繁多、效率低下、精准度欠佳、耗时耗力且筛选周期较长，难以满足精细化工产业发展的需求。

随着计算机科学技术的不断进步，人们开始倾向于利用计算机辅助的方法进行发现、设计和优化具有特定结构和性质的化合物，这便是计算机辅助分子设计（computer-aided molecular design，CAMD）所涉及的研究领域。根据 IUPAC 的定义，计算机辅助分子设计包含三个主要部分：化合物发现、设计和结构优化。首先，化合物发现阶段利用计算机辅助技术，探索自然界中的动植物以及矿物资源，以寻找具有特定功能性能的化合物。其次，化合物设计阶段则通过计算机辅助技术，精确设计出具备所需功能性能的化合物结构。最后，化合物结构优化阶段利用计算机辅助技术对已有具备特定功能性能的化合物结构进行取代基团及位置的适当调整，以进一步提高化合物的性能。这一过程为研究人员提供了强大的工具和方法，使他们能够更高效地发现、设计和优化化合物，从而加速新材料的开发和应用。

计算机辅助分子设计的方法主要包括以下三种。

① 基于数据：利用数据库系统，获取相应的化合物功能、性质和化学结构等数据。这种方法侧重于利用已有的实验数据和文献资料，通过数据挖掘和统计分析来揭示化合物之间的关联性和规律性。

② 基于逻辑：根据功能性质与结构之间的关系及规则，利用化合物的化学结构预测其可能的功能、性质。这种方法侧重于建立功能性质与化学结构之间的定量或定性关联模型，通过逻辑推理来预测化合物的性质。

③ 基于原理：利用量化计算方法，根据化合物的化学结构，计算化学结构对应的相关物化参数，并根据参数推测可能的功能。这种方法侧重于利用量子化学、分子力学等理论模型，通过计算化学结构的能量、电荷分布等参数来推断化合物的性质。

一般情况下，人们关注的化合物功能/性质取决于化合物的应用领域，因此针对不同应用领域的需求，预测策略和方法会有所不同。例如，在医药或农药领域，重点关注分子的化学结构与靶标信息的匹配，以预测其生物活性；而在材料领域，除了主成分性质外，还需考虑配方化合物的性质及其相互作用，以预测材料的性能。

计算机辅助分子设计的工作流程如图6-1所示。首先，利用数据库系统查询凭经验和灵感设计出的化合物是否已存在（即基于数据的方法）。若数据库中已收录了对应的化合物，则需要根据预测模型、经验和灵感修改化合物结构；若该化合物尚未被收录到数据库中，则需要利用结构与性质之间的关系及规则，预测该化合物的性质。若预测结果符合设计要求，则进入合成阶段；若不符合要求，则设计者需根据预测模型、经验和灵感优化化合物结构，并利用基于数据的方法判断该化合物是否被数据库收录；同时利用基于逻辑或原理的方法预测该化合物性质，并判断是否符合设计要求。重复上述过程，直至获得符合要求的预测结果，然后进入合成阶段。

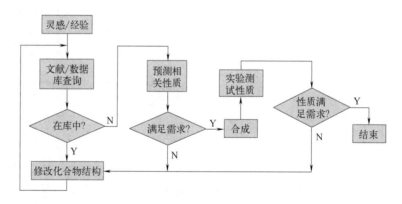

图 6-1　计算机辅助分子设计的工作流程

自1946年计算机问世以来，化学数据管理系统已逐渐成为化学家们不可或缺的数据查询和文献检索工具。早在20世纪50年代，美国国家标准化办公室数据处理部门的工作人员就在《科学》杂志发表了题为"用数字化计算机查找化学记录"的研究，介绍了化学数据和化合物结构在计算机处理方面的方法和策略，以及当时已建立的 SEAC［NBS（national bureau of standards）electronic automatic computer，NBS 电子自动计算机］系统。随着计算机系统的不断更新，相应的化学数据管理系统一级数据库结构也不断更新升级。

从最初的单机版化学数据库系统逐步发展为"客户端/服务器"架构，现在已演变为基于网络的系统。基于网络的系统具有数据及其管理系统的维护及时且方便的优势。目前，在化学及相关领域，常用的商业化合物数据库系统包括：美国化学文摘社的 SciFinder、BIOVIA 公司的化合物毒性数据库系统、化合物代谢数据库系统、可用化学品目录数据库系统，以及爱斯唯尔的 Reaxys 化学数据库系统等。

20 世纪 40 年代，人们开始提出化合物的生物活性与其化学结构相关的概念。如今，化合物性质预测的方法主要分为以下三大类。

① 基于分子描述符的方程式预测：这种方法将分子描述符作为自变量，将性质作为因变量，建立相关的方程式来预测化合物的性质。通过计算多种分子描述符，并分析这些描述符与性质之间的相关性，可以建立有效的预测模型。虽然软件开发的工作量相对较小，但需要依赖计算分子描述符的软件。

② 基于实验规律的专家型预测：这种方法依靠已报道的实验结果总结出的结构与性质关系规律。通过收集实验数据，比较被预测化合物结构与规则的相符度，从而预测化合物的性质。尽管有效利用了实验结果，但其缺点在于实验规则数量有限。

③ 基于分子结构信息与性质对应关系的预测：这种方法通过收集已报道的实验结果，分析化学结构与性质之间的关系，并建立相应的关系模型用于预测化合物性质。尽管这种方法有效利用了实验结果及其隐含的规律，但软件开发工作量较大。

分子描述符涵盖了十大类，包括拓扑类、几何类、电子类、物化类、指纹类、官能团类、特性类、电荷类、半经验类和热力学类。在计算机辅助分子设计中，常用的预测软件包括 PASS、Sybyl、CoMFA、CoMSIA、DEREK、MultiCASE、CISOC、TOPKAT 和 Discovery Studio 等。这些软件针对不同的应用场景，提供了不同的预测功能。与经验型分子设计相比，计算机辅助分子设计有效提高了设计的效率和精准度，降低了实验的盲目性和不合格化合物的数量，减少了实验废弃物的处理工作量，在药物和精细化学品的创新设计中发挥着重要作用。

6.1.2　计算机辅助药物设计

药物是一类特殊的精细化学品，用于预防、治疗和诊断人类疾病。然而，传统的新药研发过程常伴有研发周期长、经费投入大、临床成功率低等挑战。随着分子生物学和 X 射线晶体学的发展，大量与疾病相关的生物大分子的三维结构被确定；同时，计算科学的迅速崛起也促进了数据挖掘、机器学习等技术的快速发展。在这两方面的推动下，计算机辅助药物设计（computer-aided drug design，CADD）应运而生，并渗透到新药研发的各个环节。CADD 可以显著提高药物研发的成功率，降低研发成本，缩短研发周期，因此被视为目前创新药物研究的核心技术之一。通过利用 CADD 技术，研究人员能够更有效地筛选化合物库，快速发现潜在的药物候选化合物，并预测其生物活性、毒性和药代动力学等性质。这种方法不仅减少了实验室试错的成本和时间，还加速了新药物的上市进程。因此，CADD 在药物研发领域的应用前景广阔，对于解决现有的疾病和挑战具有重要意义。

根据筛选原理的不同，计算机辅助药物设计方法可分为两类：基于受体的药物设计

6

（receptor-based drug design）和基于配体的药物设计（ligand-based drug design），其流程如图 6-2 所示。

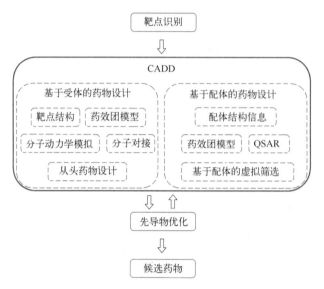

图 6-2　计算机辅助药物设计的分类和基本流程

基于受体的药物设计是在已知靶点结构信息的前提下，以靶点的结构和性质为基础，寻找能与靶点特异性结合的配体分子。这种方法也被称为直接药物设计。它的核心要求是对于目标受体（也称为靶点）的三维空间构型有清晰的理解。基于这一理解，通过计算机自动构造出新的配体分子的三维结构，以满足受体结合位点的形状和性质要求。其理论基础在于受体结合位点与配体之间的互补性。目标受体的三维结构可通过 X- 射线衍射法或蛋白质同源建模得到，而最简便的方式则是从互联网上的蛋白质结构数据库（protein data bank，PDB）中检索。主要的设计方法包括分子对接（docking）和从头药物设计（de novo drug design），这些方法用于模拟研究目标蛋白与小分子的相互作用模式，是计算机辅助药物设计的关键。

分子对接是一种用于预测小分子配体与受体大分子之间相互匹配、相互识别以及相互作用的方法。其理论基础源于受体学说，其中包括了两个主要理论：占领学说和诱导契合学说。首先是占领学说，该理论认为药物产生药效首先需要与靶标分子充分接近，然后在必要的部位相互匹配。这种匹配体现在药物与受体之间的互补性，包括立体互补、电性互补和疏水性互补。在分子对接中，这种互补性关系的确定十分关键，因为它直接影响着配体与受体的结合能力和选择性。其次是诱导契合学说，该理论认为大分子和小分子之间通过适当的构象调整，可以形成一个稳定的复合物构象。这意味着在分子对接的过程中，配体和受体可能会经历构象的变化，以最大程度地提高它们之间的结合能力。分子对接的过程涉及确定复合物中两个分子的相对位置、取向和特定的构象。为了实现这一目标，有许多软件工具可供选择，包括 Dock、AutoDock 和 Surflex-Dock 等。这些软件提供了多种算法和技术，能够模拟配体与受体之间的相互作用，并帮助预测分子的结合方式和结合能力，从而为药物设计提供了重要的支持。

从头药物设计是一种基于受体结构的全新药物设计方法。它通过利用计算机在化合物的整个化学空间寻找与靶点形状和性质互补的活性分子，根据受体活性位点的形状和性质要求，设计出全新的配体结构。通常情况下，这种设计是基于靶受体的三维结构进行的。相较于简单地在三维结构数据库中搜寻已有的配体，从头药物设计策略能够设计出全新的化合物结构，更适合适应靶蛋白活性位点的要求。这种方法的优势在于能够生成更具有针对性和特异性的配体，有望为药物研发提供更多的创新性和新颖性。

基于配体的药物设计（ligand-based drug design，LBDD）是在缺乏靶点信息的情况下进行的一种药物设计方法。它基于已知活性的药物分子，利用计算机软件构建可靠的药效基团模型或定量构效关系模型（quantitative structure-activity relationship，QSAR），来预测新化合物的活性，并筛选出具有较好活性的先导化合物分子。在这种方法中，研究人员首先收集已知活性的药物分子，并对它们的结构进行分析和比较。然后，利用这些已知活性分子的结构信息，建立药效基团模型或 QSAR 模型。这些模型可以描述药物分子结构与其活性之间的定量关系，从而帮助预测新化合物的活性。在设计新化合物时，研究人员可以利用这些模型来评估候选化合物的活性，并选择具有潜在活性的化合物进行进一步研究或实验验证。LBDD 方法的优势在于它不需要靶点结构信息，因此适用于那些靶点信息不明确或难以获取的情况。通过建立药效基团模型或 QSAR 模型，LBDD 可以为药物研发提供快速、高效的筛选和预测工具，有助于加速新药物的发现和开发过程。

药效团是一组药效特征元素的集合，这些元素保持了化合物活性所需的结构特征。它们可以反映化合物在三维结构上的共同原子、基团或化学功能结构及其空间取向，这些特征往往决定了配体的活性。通过分析已知与受体结合的配体的共同药效特征，可以利用药效团来筛选药物。

QSAR 是一种基于配体和靶点的三维结构的定量关系模型。它通过考虑分子内能变化和分子间相互作用的能量变化，将已知的一系列药理理化性质和三维结构参数拟合出定量关系。然后，利用这个模型可以预测药物的活性。自从 Corwin Hansch 建立了 QSAR，通过统计和机器学习技术，成功地分析了包含成千上万种不同分子结构的超大型数据集。这项技术已经成功筛选出了大量的临床药物，如诺氟沙星、氯沙坦、佐米曲普坦等，为合理药物设计奠定了坚实基础。

6.1.3　人工智能在药物设计中的应用

人工智能（artificial intelligence，AI）的概念起源于 1930 年，艾伦·图灵提出了通用图灵机的概念。而在 1956 年的达特茅斯会议上，约翰·麦卡锡正式提出了人工智能的概念。作为一个跨学科领域，人工智能整合了计算机科学、数学、心理学和语言学等多个学科的知识。

在药物设计领域，药物化学家们越来越多地开始应用人工智能方法来评估和预测化学与生物效应之间的关系，这主要基于定量构效关系（Hansch）模型。在 20 世纪 90 年代，神经网络、支持向量机和随机森林等方法已经开始应用于抗癌药物筛选、蛋白序列设计和药物设计等方面。随着 21 世纪的到来，人工智能在先导化合物优化、活性和毒性预测等领域取得了显著的成功。随着人工智能在药物研发领域的快速发展，制药公司开始与人工智能公司展开合作，以推动该领域的发展。这种合作有助于加速药物研发过程，降低研发成本，并提高新药物的研发成功率。通过结合制药行业的专业知识和人工智能技术的先进方法，这些合作关系有望为药物设计领域带来更多的创新和突破，为疾病治疗提供更有效的药物解决方案。

在药物筛选中，应用人工智能技术能够有效地模拟药理学中常见的非线性关系，尤其是在解决涉及大量数据和复杂问题时具有重要的应用价值。近年来，随着人工智能领域开源库的不断发展，如 Scikit-learn、TensorFlow 和 PyTorch 等，使得人们能够更加方便地编写 AI 程序，从而在药物研发中应用人工智能技术。在药物研发领域，开源库如 DeepChem、AMPL 和 cando.py 等进一步优化了 AI 技术流程，结合了药物研发的需求。这些开源库在上述基础库的基础上，提供了针对药物研发的专业化功能和算法，使得 AI 技术更加灵活易用。通过这些开源库，研究人员可以更有效地利用人工智能技术来加速药物研发的进程，为药学和人工智能交叉领域的发展提供了有力的支持。

人工智能在药物设计中的应用涉及学习和解释与药物相关的大数据，以发现新药物的算法。这种方法更加综合和自动地结合了机器学习的发展。与传统方法相比，基于机器学习的药物设计方法不依赖于基础原理和理论进步，而是更加注重从庞大的生物医学大数据中提取新知识。

机器学习一词最初由 Arthur Samuel 于 1959 年创造，其目的在于构建能够通过经验而自动改进的计算机程序。自 20 世纪 80 年代起，机器学习的理论和模型取得了快速的发展，其中包括人工神经网络、随机森林、支持向量机和决策树等方法。人工神经网络是一种具有较强非线性拟合能力的机器学习模型。它主要由多层相互连接的神经元组成，这些神经元构成了所谓的隐含层。每个神经元可以接收来自其他神经元的输入数据，并通过一种函数计算得到一个输出值，该输出值可以传递给其他神经元。神经元之间连接的强度由称为"权重"的参数表示，通过调整权重，神经网络可以近似拟合任何复杂的函数关系。神经网络的训练过程通常包括向前传播和反向传播两个阶段。在向前传播阶段，输入数据经过网络的各层传递，最终产生输出。而在反向传播阶段，通过比较网络的输出与真实标签之间的差异，利用梯度下降等优化算法来调整网络中的权重，以使网络的输出逐渐接近真实标签。

机器学习经过几十年的发展，技术和方法都有了很大的提高，新算法不断涌现，成为辅助科学研究的重要工具。在目前的药物研发中，使用最广泛的机器学习方法大致可以分为五类。

① 监督学习：监督学习是指利用有标签的数据集来训练模型，使模型能够学习输入与输出之间的映射关系。在药物研发中，监督学习常用于预测分子活性、毒性和药效等。此外，还有半监督学习和非监督学习两种变体，用于处理标签不完整或不存在的情况。

② 主动学习：主动学习是一种交互式的学习方式，模型可以主动选择并询问最有益的样本来进行标注，以提高模型的性能。在药物研发中，主动学习可用于优化实验设计，减少实验成本并加速新药物的发现。

③ 强化学习：强化学习是一种通过与环境进行交互，通过试错来学习最优策略的方法。在药物研发中，强化学习可以用于优化药物分子的设计过程，使其达到预期的生物活性和

药理性能。

④ 迁移学习：迁移学习是指利用已经学习到的知识来帮助解决新领域的问题。在药物研发中，迁移学习可以将从一个领域学习到的知识迁移到另一个相关领域，提高模型的泛化能力和效果。

⑤ 多任务学习：多任务学习是指同时学习多个相关任务的方法，通过共享模型参数来提高模型的性能和泛化能力。在药物研发中，多任务学习可以同时预测多种药物性质，提高模型的效率和准确性。

在药物设计中，具体实现算法包括用于预测活性的回归算法，用于分类的随机森林、朴素贝叶斯和聚类算法，以及用于图像识别和结构创建的人工神经网络和深度学习等。相较于传统学习方法，深度学习可以自动从输入数据中学习特征，通过多层特征提取将简单特征转换为复杂特征。目前，比较流行的深度学习算法主要包括以下几种。

① 卷积神经网络（convolutional neural networks，CNN）：CNN 适用于处理具有网格结构的数据，如图像数据。它通过卷积层、池化层和全连接层等组件，可以有效地捕捉图像中的空间结构特征，并用于图像分类、目标检测等任务。

② 循环神经网络（recurrent neural networks，RNN）：RNN 适用于处理序列数据，如文本数据或时间序列数据。它通过循环结构来处理序列中的信息，具有记忆功能，适用于语言建模、文本生成等任务。

③ 图神经网络（graph neural networks，GNN）：GNN 适用于处理图数据，如分子结构数据。它可以有效地捕捉图中节点和边的关系，并用于图分类、图生成等任务。

④ 深度自动编码器神经网络（deep autoencoder neural networks）：深度自动编码器是一种用于学习数据的紧凑表示的无监督学习模型。它可以将输入数据编码成低维表示，并通过解码器将其重构回原始数据，适用于特征学习和数据降维等任务。

⑤ 生成对抗网络（generative adversarial networks，GAN）：GAN 由生成器和判别器两部分组成，通过对抗训练的方式学习生成数据的分布。它可以用于生成具有逼真度的图像、文本等数据，也可以用于数据增强和生成对抗样本等任务。

这些深度学习算法在生物活性预测、全新药物设计与合成以及生物图像分析等领域展现出巨大的优势，为药物设计和药物研发提供了更加强大和灵活的工具。

药物研发过程主要包括以下几个阶段。①潜在药物靶标发现与验证：在这个阶段，研究人员通过生物信息学、基因组学、蛋白质组学等技术，探索可能的药物靶标，并验证它们是否与特定疾病相关。②苗头化合物发现：在这个阶段，研究人员通过化学合成、高通量筛选等方法，寻找具有潜在药效的化合物，并评估其活性、选择性和毒性等性质。③先导化合物结构优化：在这个阶段，研究人员通过结构修饰、合成优化等方法，对苗头化合物进行改进，以提高其药物活性、药代动力学性质和安全性。④候选化合物确认：在这个阶段，研究人员通过体内和体外实验验证候选化合物的药效、毒性、代谢动力学等性质，选择最有潜力的化合物进入临床前研究阶段。⑤临床前与临床研究：在这个阶段，研究人员通过动物模型和临床实验评估候选化合物的安全性、有效性和药代动力学特性，为新药的临床应用奠定基础。

机器学习在药物设计中的应用是一个顺序过程，包括以下几个步骤。①研究问题的提出：确定需要解决的具体问题，例如药物活性预测、毒性预测、分子结构优化等。②机器学习方法结构设计：选择适当的机器学习算法和模型结构，如回归模型、分类模型、神经网络等，以解决特定的药物设计问题。③数据准备：收集、整理和预处理与研究问题相关的数据，包括化合物描述符、活性数据、毒性数据等。④模型训练与评估：利用准备好的数据训练机器学习模型，并使用交叉验证、ROC 曲线、混淆矩阵等方法对模型进行评估和优化，确保模型的准确性和泛化能力。⑤结果理解和解释：分析和解释模型的预测结果，探索药物设计中的关键因素和潜在机制，为进一步的研究和实验提供指导。通过以上步骤，机器学习可以帮助加速药物研发过程，提高药物设计的效率和成功率，为新药的发现和开发提供重要支持。

基于配体的药物设计方法包括相似性搜索、化合物分类和回归活性预测三大技术。应用于配体虚拟筛选的机器学习方法以分类器为主。具有代表性的模型主要有：朴素贝叶斯、k 最近邻居、支持向量机、随机森林和人工神经网络等。朴素贝叶斯模型适用于虚拟筛选分类和获取特异性结合于靶点的分子骨架。k 最近邻居模型对于预测多靶点结合活性等多任务学习具有明显优势。支持向量机则可用于化合物分类和合成可及性或水溶性等化合物属性值预测。随机森林可以改善定量构效关系数据预测，也可用于对接打分函数以及预测蛋白质 - 配体结合亲和力研究。人工神经网络常应用于潜在药物靶标识别、化合物分类、定量构效关系以及蛋白质 - 配体结合亲和力等研究。

基于受体的药物设计过程确实十分复杂，涉及多个关键步骤，其中机器学习方法已被广泛应用。以下是其中几个关键步骤以及相关的机器学习方法，靶点结构预测：这一步骤涉及预测蛋白质的结构信息，包括二级结构、理化性质和翻译后修饰等。机器学习已用于预测蛋白质的二级结构，主要使用基于分类器和深度学习网络的算法，例如 ASAP、refineD 和 MUFOLD-SS 等软件包。活性位点与相互作用识别：该步骤涉及识别蛋白质上的活性位点以及配体与受体之间的相互作用。机器学习方法可以基于卷积神经网络等技术来预测结合位点或识别结构位点。相关软件包包括基于 3D 卷积神经网络的 DeepSite 和基于随机森林算法的 P2Rank。对接打分函数和结合亲和力计算：在这一步骤中，机器学习被用于预测分子与靶标之间的结合亲和力或评估分子的结合能力。这包括使用结构分类、回归模型和深度学习算法等。相关软件包包括 OnionNet、gnina、KDEEP、DeepAffinity、DeepConv-DTI 和 GraphDTA 等。化合物的反向找靶：此步骤涉及识别与已知配体相互作用的新的蛋白质靶标。深度学习网络在这方面也有应用。

近年来，随着深度学习技术的迅速发展，基于深度学习的药物分子设计理论为传统的基于配体的药物设计开辟了全新的道路。在 2018 年，Bombarelli 等人提出了一种基于变分自动编码器（variational autoencoder）的分子生成模型，如图 6-3 所示。该模型以分子 SMILES 序列作为输入和输出信息，并采用循环神经网络（recurrent neural network，RNN）结构来实现分子的编码和解码功能。通过对大量分子的 SMILES 序列进行训练，该分子生成网络能够映射到一个连续的化合物分子结构空间。在对该空间进行采样并解码后，即可获得分子的 SMILES 字符串，也就是分子的结构。为了设计生成所需的化学分子，作者将一个预测器与自动编码器相耦合，并进行优化训练。这个预测器是一个含有两个隐藏层的全连接神经网络，其输入是编码器生成的矢量表示，输出为分子的活性目标变量。经过自动编码器和预测器的耦合训练，可以实现目标化合物的自动设计和筛选过程。研究结果显示，基于 RNN 网络的分子生成模型能够采样得到与训练集活性样本具有相近化学空间分布的全新活性分子。

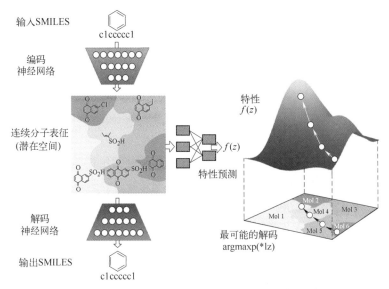

图 6-3　基于变分自动编码器的分子生成模型框架

6.2　配方产品的智能设计

精细化学品已成为工农业生产、国防、科学技术和日常生活中不可或缺的物质组成部分，其生产主要依赖两种技术，即精细化学品的合成与分离技术以及复配技术。在工业发达国家，化学合成产品数量与精细化学品商品数量之比约为 1:20，而我国目前的比例仅为 1:1.5，这个巨大的差距说明我国的精细化学品不仅在品种和数量上存在不足，而且在质量和性能方面也有所欠缺。其中一个主要原因是我国复配增效技术的落后。因此，大力开展精细化学品复配技术的研究已成为我国精细化工发展中必不可少的一环，加强这方面的应用基础研究和技术研究已迫在眉睫。

精细化学品复配技术旨在满足应用对象的多种需求或适应各种专门用途的特殊要求。针对单一化合物难以解决这些要求和需要，复配技术应运而生。它是研究精细化学品配方理论和制剂成型理论与技术的一门综合性应用技术，一般人们将其称为"1+1＞2"的技术。

为了满足各种特定用途的需要，许多用化学合成得到的产品，常常必须加入多种其他原料进行复配和剂型加工。由于应用对象的特殊性，很难采用单一的化合物来满足要求，因此配方研究成为至关重要的因素。为了实现专用化学品的特殊功能，便于使用以及考虑贮存的稳定性等方面的考量，根据产品的性质，通常需要将专用化学品制成适当的剂型。所谓剂型是指将精细化学品加工制成的物理形态或分散形式，也是复配技术的重要研究内容。剂型加工一般可以分为以下四种类型。

① 固态剂型：块剂、片剂、粉末剂、颗粒剂、微胶囊、膜片剂、棒状剂等。

② 半固态剂型：膏剂和胶状剂型等。

③ 液态剂型：溶液、悬浮剂、乳胶、胶体状等。

④ 气体剂型：气雾剂、熏蒸剂、烟熏剂等。

随着计算机应用的日益普及，近几十年里，精细化学品配方信息的建立不再依赖于手工作坊式的配方拟定、混料、性能测试、功能评价等一系列繁琐、耗时且容易出错的过程。相反，这些工作现在通过计算机进行收集、记录、归类分析。在设计配方之前，可以使用计算机对比其异同，对各种组分及其用量进行初步筛选和设定。在公司内部或者技术合作者之间，也可以通过计算机或网络进行配方资料的交换和共享，以避免无效的重复，提高配方开发效率。

精细化学品配方通常包含数十种组成成分，各个组分的用量以及它们之间的相互影响更加突出。因此，对配方试验结果的研究更需要采取多因子、多水平并且考查多种交互作用的数据处理方法。通过运用逐步回归和/或模式识别等方法，可以按照其对目标函数的影响程度对因子进行甄别，明确主要因子，并剔除不重要的因子，从而简化试验指标与因素水平之间的数量关系式（模型式），使之更加准确而实用。

6.2.1 配方的最优化设计原理

（1）配方最优化设计方法

配方最优化设计方法多种多样，常见的包括单因素优选法、多因素优选法、正交试验设计、线性规划以及改进的单纯形法等。

单因素优选法是最为基础且简单的方法之一，也是其他优化方法的基础。它特别适用于鉴定新材料或是在生产中原材料发生变化时仅需进行少量试验的情况。通过图表直观比较数据，可以迅速做出判断，数据处理简便，见效快。在实际应用中，应根据各因素对目标函数影响的敏感程度，逐步进行优选。常用的单因素优选法包括适用于求极值问题的黄金分割法（即0.618法）、分数法（裴波那契法）、爬山法、抛物线法以及适于选取合格点问题的对分法等。

多因素轮流优选法的核心思想是每次取一个因素，按照0.618法进行优选逐个考虑各因素的影响。从第二轮开始，只进行一个试验，以便进行比较。这种方法需要较多的试验次数，但能够全面考虑各因素对配方的影响，从而找到最优的组合。

在大多数配方研究中，需要同时考虑多个变量因子对性能的影响规律，即多因素配方试验设计问题。借助于统计数学的数理统计方法，可以克服传统试验设计法中试验点分布不合理、试验次数多、不能反映因子间的交互作用等缺点。这类方法包括正交试验法、回归试验设计、中心复合试验设计、均匀试验设计、改进的单纯形法等。

① 正交试验法：正交试验设计是一种安排和分析多因子试验的数学方法，它是通过一套精心设计的，具有正交性、均衡分散和整齐可比特点的数表来安排各个试验点，每一个试验点都有很强的代表性。其特点是对各因素选取数目相同的几个水平值，按均匀搭配的原则，同时安排一批试验，然后对试验结果进行统计处理，分析出最优的水平搭配方案。

分析的方法有简单的直观分析法和能够进行可靠性判断的方差分析法。在配方设计中，正交试验法应用最为广泛。

② 回归试验设计：回归设计包括回归正交设计（适宜于一次模型式）和回归旋转设计（适宜于两次以上的模型式）两类，能在性能预测和寻找最优配方的过程中排除误差干扰。进行回归试验设计时，首先必须根据实践经验和初步设想确定每个因素的变化范围，然后进行适当的线性变换，按相应的数表来安排试验。此外，还必须在中心点进行一些重复试验，以便进行回归方程拟合程度的 F 检验。

③ 中心复合试验设计：此方法的基本思想是在二水平正交试验设计的基础上增添一部分与中心点等距离的星点和若干中心点进行试验。如果要采用回归法分析和处理试验数据，其试验点个数应等于或大于回归方程中系数的个数。

④ 均匀试验设计：相对于正交试验设计法，均匀设计法不考虑数据的整齐可比性只考虑试验点在试验范围内充分"均衡分散"，因此，均匀设计法的试验点在试验范围内分布得更均匀，且必须严格按照相应的均匀表来安排试验。

⑤ 改进的单纯形法：线性规划的实质是线性最优化问题。当目标函数为诸变量的已知线性式，且在各个因子满足其某些线性约束条件（等式或不等式）时，求解目标函数的极值。它是最优化方法中的基础方法之一。改进的单纯形法可解一般线性规划问题，其优点是运算量较单纯形法小，适用面广，且便于用计算机计算。

现代配方优化设计又提出了专家系统及模型辅助决策系统自组织原理等概念，并且将神经网络技术、Internet/Intranet 等技术应用到多种精细化学品配方的设计与优化之中。

（2）配方最优化设计的原理及过程

计算机辅助配方最优化设计原理是应用数理统计理论进行实验方案的设计，从而使配方实验从原来对实验结果的被动处理转变为通过实验方案的科学设计而进行数据的主动处理，达到可用计算机处理实验数据，根据回归分析建立变量与指标之间数学关系的效果，采用最优化方法在配方体系中寻找最优解，从优化中得出最佳配方。进行配方优化设计的一般步骤如图 6-4 所示。

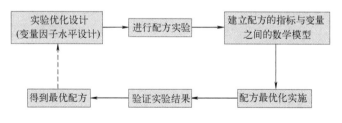

图 6-4 配方优化设计的一般步骤

最优配方设计的关键是最优化方法的选择，它直接影响到最优配方的优劣。这些以数理统计和最优化方法为基础的计算机辅助配方设计与优化方法具有如下特点：实验次数少、数据处理快、可求得最优的配方、节省经费。同时，该法在一定范围内可预测各变量因子不同水平下的配方特性，得出满足不同要求的配方。因此，计算机辅助配方设计具有重要的技术和经济意义。

6.2.2　计算机辅助配方设计

（1）计算机辅助配方设计的发展

1958 年，美国就实现了用电子计算机模拟配方，开创了计算机在涂料工业中应用的先河。随着 20 世纪 60 年代后期计算机软硬件技术的飞速发展，计算机应用日益广泛。目前，计算机已广泛应用于涂料色漆配方设计、黏合剂的配方优化、化合物合成方法的探索、涂料施工方法的设计，以及科研和生产管理等诸多领域，并且对设计过程中情报检索、误差分析、原材料组分、产品性能和用途等方面大幅度优化。此外，利用计算机对实验数据进行处理与分析的辅助配方研究也有报道。

我国在 20 世纪 70 年代末期开始将计算机应用于配方设计。例如，用计算机进行醇酸树脂漆的组分计算。90 年代，开始用计算机计算色漆配方、计算机辅助黏合剂配方设计与优化，以及利用计算机进行实验数据的数学模型化处理。回归分析建立产品性能与原料配方（组成及用量）的相互关系，通过聚类及模式识别排列影响因素的主次等，抓住主要影响因素来设计和调整配方。

21 世纪是高度信息化的时代，以 CD-ROM 为存储介质的大容量原材料数据库的出现为各种复配型化学品配方优化设计提供了强有力的工具。ISO 9000 认证体系的推广与实施对精细化学品的工业配方设计提出了许多严峻的问题，其中的许多问题与统计方法的应用有关。应用计算机及专用辅助设计软件系统进行配方设计和分析，是一门把数理统计的分析方法与各种精细化学品配方理论和配制工艺学技术结合在一起的复合学科。因此，精细化学品的复配生产应该建立采用计算机优化配方设计的概念，充分利用计算机辅助设计技术，最终实现配方设计的人工智能化与网络化。

（2）试验数据的处理、建模与优化

MATLAB 是矩阵实验室（Matrix Laboratory）的简称，是美国 Math Works 公司开发的商业数学软件。主要用于算法开发、数据可视化、数据分析以及数值计算。MATLAB 主要包括两大部分：MATLAB 和 Simulink。它面向科学计算、可视化以及交互式程序设计的高科技计算环境，将数值分析、矩阵计算、科学数据可视化以及非线性动态系统的建模和仿真等功能集成在一个易于使用的视窗环境中，为科学研究、工程设计以及需要进行有效数值计算的众多科学领域提供了全面的解决方案，并摆脱了传统非交互式程序设计语言（如 C，Fortran）的编辑模式。

MATLAB 能够进行矩阵运算、绘制函数和数据、实现算法、创建用户界面、连接其他编程语言的程序等。它的应用范围包括信号和图像处理、通信、控制系统设计、测试和测量、财务建模和分析以及计算生物学等众多应用领域，附加的工具箱（单独提供的专用 MATL.AB 函数集）扩展了 MATLAB 环境，以解决这些应用领域内特定类型的问题。在精细化学品开发和配方设计过程中，我们可以很方便地利用它进行试验数据的处理、建模与优化，其中经常要用到的工具箱包括 MATLAB 主工具箱、图像处理工具箱、线性矩阵不等式工具箱、模型预测控制工具箱、优化工具箱、统计工具箱等，实现平面与立体绘图、复杂函数的三维绘图，等高线绘制、数据拟合等试验数据的处理、建模与优化功能。

（3）计算机在配方设计中的应用

计算机在配方设计中的应用，主要体现在三个方面。

① 计算机辅助配方试验设计

利用正交试验设计、均匀设计或者其他系统设计原理对实验方案进行系统科学的设计，包括确定各因子的变化范围和水平等次组合。接着，对试验结果进行分析，包括直观分析、方差分析以及数学模型化处理，以提高实验结果的快速性和准确性。

② 计算机辅助配方计算

对于精细化学品配方中各组分的用量，可以利用自动计算的方法。例如，可以利用密度值进行原料的体积和重量之间的相互换算，以及计算产品的体积份额构成。这样做可以核定各种原料的消耗量和各组分的配比，从而提高配方计算的准确性。这种方法能够帮助实现快速、精确地设计配方的目标。

③ 计算机辅助配方优化

配方最优化是配方研究的核心目标之一。它利用数理统计的原理，通过计算机进行回归分析，以找出试验结果（目标函数）与一个或多个因素之间的关系。常用的计算机辅助配方优化方法包括逐步回归分析、多项式回归分析、模式识别等，这些方法能就各个因素对目标函数的影响程度进行排序和筛选，从而精简数学模型并使其更具实用性。然后，利用产品性能与原料成本的数学关系，寻找最适宜的组成配方，以制备出具有最优性价比的产品。

Mattei 等人提出了一种基于乳液的化工产品设计的系统方法。该方法采用基于模型的产品合成或设计，并通过模型实验进一步对产品进行改进和验证。如表 6-1 所示，该方法采用分级方法，从确定乳化产品需求开始，然后逐步添加不同类别的化学品来建立配方。利用结构化数据库、专用特性预测模型和评估标准，获得满足预期需求（目标特性）的配方列表。通过一个防晒霜设计的概念性案例研究，说明了这种新方法的应用。

表6-1　基于乳液的化工产品设计的系统方法

步骤	输入	执行操作	输出
步骤1	产品信息	了解需求，根据约束条件转换为目标属性以进行匹配	有边界的主要需求、次需求和目标属性列表
步骤2	主要需求清单	寻找适合作为活性成分的化学物质，选择最有利的	候选活性成分
步骤3	候选活性成分	寻找适合作为分散相溶剂的化学物质，选择最有利的	候选分散相溶剂
步骤4	候选活性成分和分散相溶剂	寻找适合作为连续相溶剂的化学物质，选择最有利的	候选连续相溶剂
步骤5	候选活性成分分散和连续相溶剂	寻找适合作为乳化剂的化学品，选择最有利的	候选乳化剂
步骤6	二次需求清单、候选分散相和连续相溶剂	寻找适合作为添加剂的化学品，选择最有利的	候选添加剂
步骤7	对目标属性、所有配料的约束列表	查找所选成分的总体组成	待实验验证的产品

6

6.2.3   人工神经网络在药物配方设计中的应用

在药物配方的开发过程中，涉及到各种多因素和多水平的复杂优化问题。举例来说，在确定药物片剂配方时，需要考虑不同性质与不同用量的各种原辅料的配比，以及压力、温度、水分等多个方面的影响。这些因素与制剂的安全性、有效性以及使用便利性等密切相关。过去，人们通常依赖专家进行这方面的工作，但这种方法存在许多经验性和主观性因素，很难对多元优化问题做出科学、可信且易于学习与掌握的解决方案。因此，需要一种强大的工具帮助人们从复杂的工艺参数和材料属性中提取关键信息。人工神经网络（artificial neural network，ANN）是一种非常有前景且更灵活的建模技术，可以像生物神经网络一样，以高并行性和分布式模式解决真正复杂的问题。基于人工神经网络挖掘和分析的数据具有替代数百次试错实验的能力。自 20 世纪 90 年代以来，ANN 已被药剂学研究人员用于数据分析，并逐渐成为制药科学的一种研究方法。

（1）药物体外释放行为的预测

药物的释放 / 溶出行为是药剂开发的核心，并且是药学研究者关注的重点。通常，大多数药物配方释放模型都是建立在费克第二定律基础上的。然而，由于传统方法中所有数据都被视为同等权重，这些方法有一定的局限性。同时，药物配方和工艺变量之间存在复杂的关系，很难用计算简单的经验模型来描述药物的释放现象，包括活性药物成分（API）和赋形剂的水平，药物和赋形剂之间可能的相互作用。此外，许多加工操作也会影响药物释放曲线。例如，促性腺激素类药物醋酸亮丙瑞林缓释微球的 API 亮丙瑞林（阳离子肽）可能在中性或弱酸性条件下与药用辅料聚乳酸 - 羟基乙酸共聚物（PLGA）的带负电荷的游离羧基相互作用，这可能会对其释放行为和储存稳定性产生很大影响。

一方面，选择具有不同组成的合适配方来获得所需的释放 / 溶出行为是开发药物产品的一种非常费力的方法。基于大量的试验和研究人员的经验，一种常见的方法是进行一系列的物理化学方法来获得更好的效果。另一方面，尤其是对于缓释制剂，如纳米粒、微球、脂质体等，需要在体外模拟体温条件下的长期释放特性，在各个时期进行各种必要测试时十分不便。虽然在实验室中经常采用体外加速释放试验来获得缓释制剂的释放行为，但由于所用方法不同，往往会产生不同的释放曲线。此外，恶劣的条件（高温、低 pH 值等）可能导致一些不良的结果，例如，特性碎片难以区分或丢失，释放机制在不同的释放阶段发生变化等。

因此，借助人工智能手段辅助预测快速有效的药物释放曲线的工具是非常可行的，开发一个能够预测药物释放的神经网络模型将大大减少配方前阶段的工作量。如图 6-5 所示，在药物释放模型中，神经网络的输入神经元是制剂的特性，例如药物含量、pH 值或配方组成等，而输出神经元代表制剂的溶出性能。相似系数 f_2 通常用于评价药物溶出度曲线的相似性。Nagy 等人采用近红外光谱和拉曼光谱对四种三层人工神经网络模型和传统的偏最小二乘法（PLS）回归模型进行比较，预测无水咖啡因缓释片的溶出度。将片剂主成分分析得到的光谱数据进行降维预处理作为神经网络的输入神经元，并使用桨法测量了溶出度。结果表明，人工神经网络表达预测的均方根误差低于 PLS，神经网络模型的近红外光谱映射得到最高的平均相似系数，最符合实验观察到的溶解曲线。因此，与其他方法相比，人工神经网络能够揭示配方特征与体外行为之间的复杂关系。

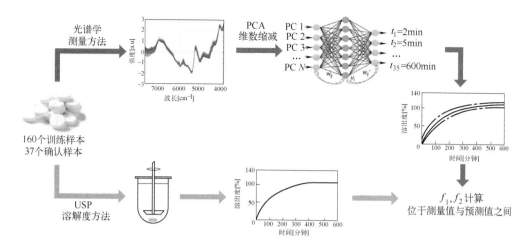

图6-5 药物溶出度预测的人工神经网络建模工作流程

Obeid 等人建立了一种神经网络模型，显示了关键工艺变量对药物溶出曲线的影响。最佳神经网络模型为采用 BP 算法的多层感知机（multilayer perceptron，MLP）架构，其输入神经元为填充密度和表面积体积比，输出神经元为 0.5h、1h、2h、4h 和 8h 后镇静催眠药地西泮的累积溶解量。两种配方的 ANN 预测值与实际观察值之间的 f_2 分别为 70.24 和 76.44。这些结果表明，人工神经网络可以较为准确地预测 3D 打印地西泮片剂的溶出度。Brahima 等人使用 MLP 架构对聚（NIPA-co-AAC）水凝胶的核黄素释放行为进行建模，并使用 LM 算法调整权重，如图6-6 所示。以时间、pH 值和温度三个因素为输入变量。其中，70% 的数据（549 个发布点）被随机挑选用于训练网络，其余 30% 的数据（235 个发布点）用于测试。结果表明，与均方误差响应面方法相比，神经网络更适合于核黄素水凝胶的释放预测，并且对核黄素水凝胶的释放行为具有较强的通用性。

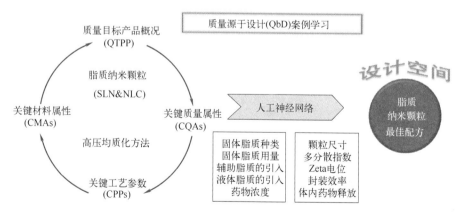

图6-6 人工神经网络预测 IPN 水凝胶药物释放行为

因此，利用人工神经网络根据关键配方因素、工艺参数和原料药性质确定药物释放行为是可行的。在某种程度上，人工神经网络表现出了比其他网络更好的预测能力。此外，人工神经网络不仅可以准确地预测制剂的释放性能，而且在实验和生产过程中还可作为产品质量控制的数据分析工具。

（2）配方的选择与优化

当涉及到配方开发时，涉及大量的可变因素，这使得选择和设计不同性质原料药的配方变得相当困难，需要进行耗时的试错试验和复杂的统计分析。如果关键材料特性（CMA）发生变化，配方可能需要相应调整，这是一项超负荷和繁重的任务。Amasya 等人利用人工神经网络优化 5- 氟尿嘧啶（5-FU）脂质纳米粒的配方。如图 6-7 所示，以脂质纳米粒的 CMA（甘油三酯的种类、固体脂质的量、共脂质的存在、液体脂质的存在和药物浓度）作为输入变量，5-FU 脂质纳米粒的表征数据为输出变量。人工神经网络筛选出的配方具有理想的药理属性、药效和皮肤渗透效率，从而获得了高质量的药物制剂，节省时间和成本。

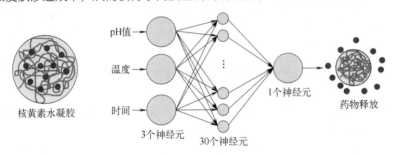

图 6-7　人工神经网络优化 5-FU 脂质纳米粒配方工作流程

一些基于计算机的实验设计（design of experiment，DoE）方法因其简单易行而被提出用于药物配方优化。人工神经网络具有可靠地发现各种因素之间关系的能力，可以用神经网络图覆盖所有输入和输出之间的关系。在 DoE 实验中，每个因变量需要单独的模型，而人工神经网络能够对影响配方关键性能的材料和工艺因素（输入层参数）的贡献进行排序。因此，许多人工神经网络模型可以用于配方和制备工艺的基础研究，展现出强大的优越性。

Rodríguez-Dorado 等人将油包水乳状液和海藻酸钠溶液共同挤出制备海藻酸核壳微粒。如图 6-8 所示，为了选择最优的运行条件，他们将 MLP 架构与遗传算法相结合，引入了藻酸盐、$CaCl_2$ 浓度、流速、振动频率等 5 个工艺参数作为输入变量。同时，随机选取 39 份数据用于训练，4 份用于测试错误。MLP 优化的核壳型微球配方成功地获得了粒径分布窄、颗粒内油分布均匀的微球，并具有最高的机械阻力来维持微球的稳定性。结果表明，神经网络可通过减少前期实验，帮助药剂师们理解和优化复杂的制造过程。通常情况下，当自变量和因变量之间的关系是直接且维度较低时，响应面方法和人工神经网络都可以提供有价值的结果。然而，与其他方法相比，ANN 具有更完善的特性，这是因为在未知模式复杂的情况下，ANN 可以灵活地调整神经元的数量来提高可用性。

（3）体内外相关性的建立

建立体内外相关性（in vitro-in vivo correlation，IVIVC）的主要目的是通过将药物在体外的溶出行为（通常是溶出速率或程度）与体内的药代动力学过程相关联，从而预测药物的血药浓度 - 时间分布。这种关联在表征产品性能的同时减轻各个阶段的工作量，为药物开发（如减少动物实验）、生产变更（如生物等效性的替代）和监督管理（如溶出度的质量标准制定）提供指导和支持。许多 IVIVC 模型采用线性回归方法，但应用于 IVIVC 的神经网络在数据分析方面比一些经典的回归方法有更多的优势。因此，人工神经网络可以被用来建立 IVIVC。

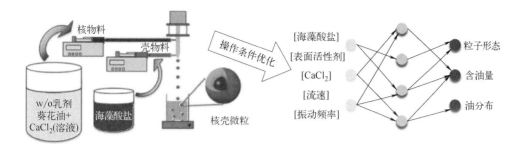

图 6-8　人工神经网络的核壳微粒配方优化过程

G.Fatouros 等人引入模糊神经网络模型，以建立普罗布考自乳化药物传递系统的 IVIVC（AFM-IVIVC）模型。体外实验以脂解模型为基础，在 37℃、pH 值 6.5 条件下搅拌进行。血药浓度随时间采集，并绘制血药浓度 - 时间曲线，AFM-IVIVC 预测的平均血药浓度与体内观察数据较为接近。这些初步结果表明，人工神经网络具有测定 IVIVC 的能力，并提供了预测体内药物行为的潜力。同时，人工神经网络也可用于药代动力学研究，例如，基于动物数据，利用人工神经网络估计人体内的某些参数（如表观分布体积和总排泄量）是可行的。岩田等人选择药物的化学结构和大鼠体内清除率数据作为输入神经元的两个变量，成功地开发了一种新的基于人工神经网络的人体药物清除率预测方法。

例如，利用人工神经网络根据动物数据估计人体内某些参数（如表观分布体积和总排泄量）是可行的。神经网络显示了有效的预测性能以及获得复杂关系和药代动力学参数的潜力。可想而知，人工神经网络可以促进体内外相关性的应用和发展。

尽管 PLS 回归分析表明了最简单的行为，但 IVIVC 不仅限于线性关系。由 ANN 构建的 IVIVC 显示出有效的预测复杂关系的能力和获得药代动力学参数的潜力。可以想象，人工神经网络可以推动体外 - 体内相关性的应用和进步。

6.3　工艺过程智能优化和设计

6.3.1　高通量自动化筛选技术

高通量筛选（high throughput screening，HTS）技术是 20 世纪 80 年代出现的新型筛选方法。它依赖于计算能力强大的软件，用于设计、操作和分析生成数据集，通过自动化操作系统执行实验过程，利用敏感快速的检测仪器采集实验数据，并对数以千计的样品检验数据进行分析处理。这一技术体系依赖于得到的相应数据库来支持整体运转。

高通量筛选最初是伴随组合化学的发展而产生的一种药物筛选方式。组合化学是将化学合成、计算机辅助分子设计、组合理论及机械手结合在一起的学科，能够在短时间内将不同的构建模块巧妙地反复组合连接，产生大批分子多样性群体，形成化合物库。然后，利用组合原理，通过巧妙的手段对库成分进行快速筛选优化，以获得可能具有目标性能的化合物结构。随着信息自动化水平的提高，组合化学与 HTS 技术结合的开发方法逐渐渗透到药物、有机、材料、分析等诸多领域，极大地提高了研发与合成效率。

HTS 技术在各种研究环境中都可以应用。在化学工艺开发领域，高通量自动化筛选能够最大化地实现单位时间内数据的获取，为基础化工操作（如反应、萃取、发酵、结晶）的设计和优化提供大量信息，显著提高了行业生产能力。特别是在制药领域，HTS 技术应用了基因科学、蛋白质科学、分子药理学以及微电子技术等多学科交叉的理论和技术。它以与疾病相关的受体作为靶点，对天然和合成化合物进行活性检测，并在此基础上进行筛选，极大地提高了对目标分子、活性物质以及药物的筛选速度。这种技术具有微量、快速、灵敏和准确等优势。

（1）HTS 技术在化工过程中的应用

在高度适应性的软件和自动化硬件基础上建立化学工艺开发能够实现多种自动化工作流程。这些软件和自动化硬件能够对粉末和液体进行各种操作，并从仪器集中获取由此操作产生的分析数据。这项技术最初源自 Symyx Technologies，如今 Unchained Labs、Chemspeed 和 Mettler-Toledo 公司的技术也处于领先地位。这种技术已经发展出一套自动化平台，最初主要用于发现新型荧光粉和新型聚合催化剂，而如今也适用于催化剂和结晶过程的自动筛选，以及在制药领域中应用于化学研究的过程。

同时，化学工业也涌现出平行微反应器系统等新技术，例如 Caterpillar 微结构混合反应器，应用于反应工程，同时探索各种反应参数。然而，这些技术在整个化学工业中的普及速度较慢，因为在小型容器中传热和传质的速度很快，难辨别反应的可扩展性。微反应器系统具有在极端条件下（如高温和高压）获取数据的潜力，在这些条件下，使用传统的反应器装置通常很难（甚至不可能）获得此类数据。此外，该领域还见证了特定在线分析监测技术的发展，例如将微传感器与自动反馈控制集成，或将核磁共振（NMR）、拉曼或傅里叶变换红外光谱（FTIR）探针结合到微反应器系统中，与通常利用并行实验策略的 HTS 技术相反，大多数使用连续流微反应器技术的方法都涉及到反应优化的顺序实验。这些微反应器系统中大多数采用连续流动操作，可用于多种反应的筛选，但批量执行仍存在一定挑战。

软件系统的进步使得快速、灵活的实验设计与数据捕获成为可能，而硬件设备的发展则保证了高通量筛选（HTS）系统的稳健性与普适性。现有的 HTS 技术能够对固体粉末和液体进行定量分析，同时还能够进行后续高效液相色谱（HPLC）分析所需的相关采样。此外，它还可以对从微升到毫升规模的有序排列样品瓶进行变温分析，使得化工过程中的各种单元操作能够以并行、自动化的方式进行。大连理工大学全自动高通量合成平台，应用不同功能集成的自动化工具来支持各种工作流程，集成式高通量反应系统，满足氢化、氧化、光催化等需要特殊环境的化学反应，结合可移动协作式机器人，完成待测样品的精准移动和摆放，实现无人、安全、可回溯的工艺开发及优化，具体参见图 6-9。

随着 HTS 技术在化学过程开发领域内知名度的不断提高，越来越多的工业和学术系统内的研究人员开始接受此技术，并认识到这些技术主要可用于研究与规模无关的因素，以及阐明广泛实验空间的发展趋势。

（2）HTS 技术在高分子聚合物化学中的应用

将高通量方法引入到聚合物材料的研究中是本世纪初的新趋势，这种方法最初在制药

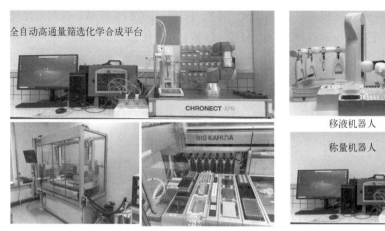
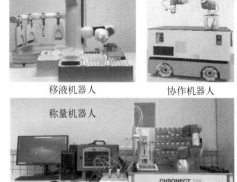

图6-9 大连理工大学全自动高通量合成平台

和催化领域得到了广泛应用。由于对新型高分子材料的需求不断增长，研究者们需要开发新的合成方法并引入新的技术。举例来说，平行合成设备可用于处理高黏度聚合物熔体和溶液，而筛分技术则用于测定聚合物的分子量和分子量分布。只有采用这些新技术，研究人员才能应对复杂的聚合物体系，并在合理的时间内建立起聚合物库。结合高通量筛选技术，聚合物库成为了定量评价结构与性能关系的重要工具。这些工具能够帮助研究人员深入了解所研究的问题，并在寻找最佳工艺条件以及优化产品性能方面节省时间并减少实验工作量。

Murphy 等人利用高通量筛选技术，首次采用快速筛选方法发现了一种新型铪催化体系，可用于烯烃聚合。他们发现，其中某些催化剂与陶氏化学公司已工业化的茂金属催化性能剂相当，甚至更优。利用平行微反应器，他们在几个小时内完成了初级筛选，从中获得了 10 个有希望的癸烯 -1 聚合催化剂，并进行了线型低密度聚乙烯的二级筛选研究。这一研究结果充分展示了 HTS 方法的威力和潜力，可快速进行烯烃聚合催化体系的筛选和优化。

陶氏化学公司利用高通量筛选技术发现了两种催化剂，分别对乙烯和长链 α- 烯烃具有不同的单体选择性。这种"链穿梭聚合"能够在单一反应器中利用二乙基锌作为链转移剂实现。所采用的连续制备过程具有多个优点：其性能优于无规共聚物或两种均聚物的混合物，并且相比现有的共聚物生产分批过程更为高效、经济和环保。通过以烯烃为原料，在高催化效率和连续过程的基础上获得嵌段共聚物，这是一项突破性进展，为新型热塑性弹性体的创制提供了新途径，并有望获得新型聚合物产品。

Schubert 课题组利用 Chemspeed Technologies 的自动化平台进行了一系列平行实验，探究了溶剂、温度、试剂等因素对可逆加成断裂终止过程和阴离子聚合的影响。此外，Webster 等人则采用了一个简单的批处理聚合系统，通过开环聚合合成了功能化的硅氧烷和硅氧烷 - 聚己内酯嵌段共聚物，并进行了常规和可控自由基聚合。在聚合物质量分析方面，高通量筛选（HTS）自动化技术也得到了广泛应用，例如使用自动连续在线监测在自动取样和随后的样品制备中对聚合反应进行分析，适用于各种在线分析技术。然而，尽管这个多功能平台可用于以间歇、半间歇或连续方式执行反应，但闭环自优化机制限制了更具战

6

略性的实验设计，例如 DoE 试验设计。除此之外，其他的 HTS 分析技术也被开发用于优化聚合物化学工艺设计，有效加快了新产品上市速度，尽管其中大多数仅限于特定聚合物化学的范围。

（3）HTS 技术在化学制药工艺开发中的应用

在制药行业中，高通量筛选（HTS）平行实验在各个方面都发挥着核心作用，从新分子的发现及其纯化到开发稳定的工艺制造路线都取得了稳步进展。尽管 HTS 技术的应用已经常规化，并且在生物试验和药物发现领域已建立起较为完善的筛选系统，但由于优化各种化学物质和单元操作（例如后处理和分离）所需的独特技术和快速适应性，使得 HTS 技术在制药工艺开发中进展较慢。

在过去的 20 年里，制药公司对自动化的投资催生了一整套工作流程和工具，不仅可以发现、优化和模拟复杂的化学反应，还可为结晶中间体的后处理和分离提供深入的数据集。自动化筛选的优势体现在许多方面。首先，相较于传统的迭代实验模式，当该技术在设计好的平行阵列中操作时，可轻松测定实验吞吐量和运行周期，有效提高了筛选效率；其次，自动化筛选实验通常在较小规模下进行，对于危险材料的处理基本不需要人为干预，通过减少人员暴露直接提高了反应的安全性；同时，与在手动模式下生成相同的数据集相比，以并行、自动化的方式进行集中式数据库可自动捕获高质量、内部一致的数据集，限制人为错误并减小反应间或阵列间的数据误差。自动化、可重复的实验设计与集中式数据捕获相结合，提供了高保真数据集，为深入的过程理解和计算建模练习奠定了坚实的基础。图6-10 描述了制药工艺开发中各种自动化工作流程。这些工作流程可以高效地生成，对于开发和定义稳定、可扩展的化学制造过程至关重要。它们涵盖了从确定试剂和催化剂的理想组合，优化操作条件以最大限度地提高给定化学反应的产率，到了解在可接受的质量水平下以可预见的方式分离所需产品的方法。作为一个整体，这些工作流程涵盖了典型化学过程可能遇到的大多数单元操作，并在生成基础知识方面发挥着关键作用，帮助快速选择化学工艺路线，并清晰了解工艺限制和可接受的操作条件。

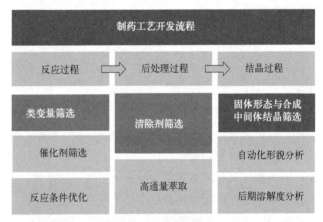

图6-10　用于制药工艺流程开发的自动化工作流程

① 溶解度测定

热力学溶解度数据在有机工艺开发中扮演着关键角色，对于诸多决策步骤产生影响。在合成过程中，从反应到提取再到结晶，每个步骤都可以从相关溶剂体系中相关化合物（如原料、产品、试剂、杂质）的溶解度信息中获益。许多高通量筛选（HTS）方法可用于测量物质在有机溶剂和水中的热力学溶解度，这些方法大致分为两类：过量固体法和过量溶剂法。

一般来说，过量固体法更有利于工艺开发，因为它能更准确地测量热力学溶解度。实现该法的一个关键产品是商用的 Symyx 溶解度工作包，其工作流程如图 6-11 所示。在制药工艺开发的后期阶段，开发稳定、可控的结晶对于分离活性药物成分（API）或合成中间体至关重要。为了设计受控结晶过程，必须在给定溶剂系统中绘制目标化合物的溶解度图。Cohen 等人描述了一个后期溶解度（LPS）工作流程，该工作流程使用类似的自动化技术绘制溶解度，并通过上述过量固体法进行溶解度筛选。可见，这种精心设计的工作流程已集成于制药工艺开发中，并显著影响众多反应和分离的探索和优化，以及工艺路线的最终决定。

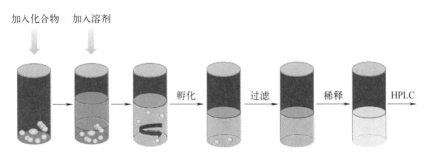

图 6-11　Symyx 自动化溶解度实验平台的工作流程

② 化学反应的开发和优化

在合成有机化学领域，HTS 技术的主要应用是在学术和工业环境中快速识别催化剂和新的反应模式。相比之下，制药行业化学工艺开发中的典型 HTS 研究是尽可能将最大的分子复杂性传递给特定的新化学实体。利用阵列实验来观察离散变量的影响，例如金属盐、催化剂、配体、溶剂和添加剂，以 HTS 技术得出最佳均相条件以实现所需的转化。普林斯顿大学 McNal 等人提出的"加速的意外发现"概念，其中具有潜在反应活性的底物池与无机光氧化还原催化剂阵列交叉，而后使用气相色谱 - 质谱（GC-MS）联用高通量分析所得反应，对不同催化剂的催化性能进行评估，如图 6-12 所示。应用这种方法，他们探索出了一种全新的光氧化还原策略，以实现环状仲胺的 α- 芳基化。

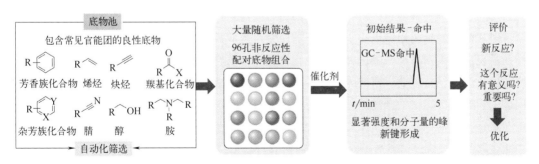

图 6-12　通过加速的意外发现反应进行良性底物和催化剂的高通量组合和评价

同样地，Robbins 等人利用多维 HTS 技术发现新的催化反应。对具有 15 个金属中心和 23 个常见的膦、胺配体以及 17 种不同底物的催化剂阵列进行了筛选和质谱分析，以寻找高相对分子质量的转化产物。这种多维方法筛选了超过 50000 个反应，可以在几天内完成。

应用此方法，发现了铜催化的炔烃加氢胺化和镍催化的加氢芳基化两个新反应。

更常用的方法是筛选介导或催化所需的化学转化或键形成事件类变量。这通常是由文献或经验直觉得出的，利用自动化以更全面、并行的方式探索化学反应空间，而不是迭代的单因素方法。

默克公司的研究人员进行了关于纳摩尔级高通量化学合成复杂分子的工作，该工作展示了一种小型化的催化剂筛选方法。该方法在 1536 孔板中进行，每孔使用 0.02mg 底物，能够在纳摩尔尺度对类变量（如碱基、催化剂和亲核试剂）以及针对一些连续变量（如亲核试剂、碱基和催化剂负载的当量）进行 DoE 优化。通过使用流动注射液相色谱 - 质谱（LC-MS），他们在 2.5 小时内完成对 1536 个样品的分析测定，成功突破了具有挑战性的钯催化 C-N 交叉偶联反应。尽管在此规模上，该方法仅适用于二甲亚砜中高度可溶性反应组分的筛选，但也表明了该筛选平台在复杂、均相催化转化中快速优化类变量和连续变量的能力。

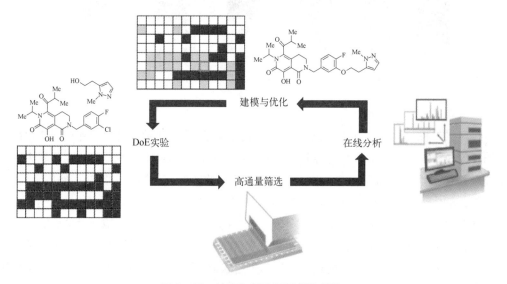

图 6-13   纳摩尔级高通量催化筛选

③ 后处理和分离

对于药物的制造和精细化学品工艺的研究，反应后处理是至关重要的环节。这个阶段涉及从反应结束到目标产物的提取和纯化过程。尽管它在合成过程的末端，但它对于成功合成所需产品至关重要。研究人员必须仔细考虑反应后处理和产品纯化的操作，包括对中间体的活性、产物和副产物的性质以及稳定性进行合理的预测，以便设计和研究最经济的工艺流程，从而确保得到高质量的产品。常见的反应后处理操作包括淬灭、萃取、过滤、去除金属和金属离子、活性炭处理、浓缩和离子交换等。在这些操作中，萃取分离尤为重要。为了选择最佳的萃取剂，研究人员通常使用高通量筛选（HTS）技术对不同的工艺流程进行筛选，这被认为是最直接和最有效的方法之一。例如，通过结合 HTS 技术和组合实验，可以对不同的螯合剂进行筛选，以从工艺流程中去除金属钯，从而最大限度地增加候选试剂的数量。此外，Lewen 等人提出了一种半自动 HTS 筛选工作流程，用于有机工艺流中的脱色、去除杂质和残留金属等操作。通过将萃取剂引入一系列典型的工艺流，然后进行过滤分离，并使用高效液相色谱（HPLC）分析滤液以确定回收率，研究人员可以确定性能最佳的萃取剂。

Selekman 等人报道了一种灵活的方法，利用实验设计（DoE）、实验室自动化和平行实验来快速优化液 - 液萃取系统。他们开发的新型 HTS 萃取（HTEx）平台不仅能够最大程度地去除不需要的反应流组分，还能有效提高工艺的绿色度、提升工艺质量、缩短循环时间并增强操作性，具有强大的开发潜力。如图 6-14 所示，HTEx 允许并行执行大量提取分离操作，以确定最佳条件，并考虑操作的各种限制。这种通用方法包括两个关键步骤。首先，类似于反应开发和优化，通过评估萃取效率和操作相关因素（如沉淀时间、乳化风险、相分离质量、碎片层出现等），来确定最佳的离散变量（如溶剂、萃取剂、碱、酸等）。其次，根据连续变量（如油水比、pH 值、体积、温度、时间）对萃取过程进行优化。HTEx 方法的这两个步骤可以迭代执行，最终实现流程的优化。

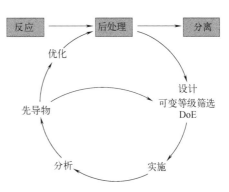

图 6-14 高通量萃取分离（HTEx）方法示意图

（4）HTS 技术在生物制药过程开发中的应用

随着生物制药行业的迅速发展和竞争的加剧，生物制药研发面临的主要挑战之一是如何缩短药品开发周期、开发高效、稳健和高质量的生产工艺，并降低生产成本，从而提高生物药品的可及性和可负担性。目前，大多数企业主要利用高通量筛选（HTS）技术、平台工艺以及一次性生产技术等方法来加速产品开发。其中，高通量技术能够同时进行多组实验，运用实验设计（DoE），从而缩短工艺开发时间并获得更好的实验效果。近年来，高通量微型生物反应器在生物制药行业得到了广泛应用，可用于细胞株筛选、培养基与工艺开发以及工艺表征等各个阶段。在早期工艺开发阶段，高通量微型生物反应器系统可利用 DoE 实验进行高通量工艺研究，从而缩短工艺开发周期并降低人力物力成本，加快晚期临床阶段的工艺优化与工艺表征，推动生物药物的快速发展。

传统细胞培养工艺开发一般在摇瓶及台式生物反应器上进行，对多个候选克隆进行筛选评估，同时对培养基及培养条件，如 pH 值、温度、溶氧、接种密度及补料策略等进行优化。上游工艺开发时间平均长达 9～12 个月，周期长且成本高。为了解决传统细胞培养工艺开发的不足、加速产品研发，市场上研发出了多种高通量微型生物反应器系统。目前商业化的高通量微型生物反应器产品主要有 Bioprocessors 公司的 SimCell 卡式微型反应器系统、Eppendorf 公司的 DASGIP 平行生物反应器系统以及 Sartorius 公司的 Ambr 系统等。这些微型反应器不仅体积小、通量高、可实时采集和控制过程中的工艺参数，且几何学设计与传统反应器接近，具备良好的平行性与放大性，可同时开展大量平行实验，可大大缩短工艺开发周期。例如，郭玉蕾等人报道利用高通量微型生物反应器完成早期工艺开发仅需 3～6 个月。

同时，商用化学品的微生物合成可借助高通量筛选（HTS）自动化技术进行优化，通过合理的设计或定向进化策略来改善工艺路线，尤其是基于比色和荧光平板筛选的分析方法，以及基于生物传感器的方法。Radzun 等人综述了一种用于优化微藻生产的 HTS 方法，通过统计实验设计，并运用自动化培养基制备设备，深入研究主要营养物质对细胞生长的影响。他们将精心设计的 DOE 阵列与统计分析相结合，以阐明单一因素的影响以及各种营养物质（如 N、P、Ca、Mg、Fe、Mn）之间的成对相互作用。这种巧妙的 DOE 试验设计有助于减少因使用完全交叉的组合库而导致的过多且通常不切实际的传统实验数量。

6.3.2 微通道反应技术

（1）微通道反应技术概述

化学工业作为我国国民经济的支柱产业，在近百年的发展历程中，生产装置通常采用大型化的方式进行建设。这一发展思路一方面推动了化学工业的迅速发展，创造了巨大的经济效益，另一方面也带来了装备投资巨大、环境污染严重、能耗高、安全隐患大等一系列亟待解决的难题。面对这些严峻挑战，可以借鉴微型化在精密制造、电子信息、生物技术和新材料等领域取得的成功经验。上世纪 90 年代，微化工技术的概念应运而生，旨在通过将化工装备微（小）型化来实现化工过程的安全、高效和绿色化。这一全新的发展理念为化学工程学科的基础研究提供了全新的方向，同时也为化工产业发展提供了新的模式。微化工技术已成为化工学科的前沿方向之一，也是化工产业发展的制高点之一。

微化工技术以微结构元件为核心，在微米或毫米受限空间内进行化工反应和分离过程的技术。它通过减小体系的分散尺度来强化物质混合与传递，提高过程的可控性和效率，以"数量放大"为基本准则，进行微设备的集成和放大，将实验室成果快速应用于工业过程，实现大规模生产。微化工设备最显著的特征是具有较小的三维尺寸，典型的微化工设备的元件内部体积在 1 毫升到几毫升，由微结构元件可组成微混合器、微换热器、微分离器、微反应器、微检测器等。多个微型化工设备或微化工设备与常规设备组成的化工系统称为微化工系统。由于特征尺寸在微米到亚毫米量级，在微设备内的流动过程主要受黏性力和界（表）面力控制，因此具有多相流动有序可控、比表面积大、传递距离短、混合速度快、传递性能好、反应条件均一、反应过程安全性高等特点。由于普遍采用微通道、微管道等连续流反应装置，微反应过程可以严格控制反应时间，并且十分适合反应与反应或者反应与分离过程的耦合与集成。另外，由于采用平行数目放大的方法和装备尺寸明显减小，可将研究成果快速低成本转化为生产力。微型设备在实际工业运行中还具有快速开停车、过程响应快以及可实现柔性生产和分布移动式生产等优点，尤其适用于小批量、多品种、技术密集的药物和精细化学品的放大生产。

自 20 世纪 90 年代以来，微化工技术在化工领域的应用呈现出两大趋势。一方面，作为化工过程强化的关键手段，广泛应用于化工分离和反应过程中。另一方面，成为新化学合成的重要方法，尤其适用于高温高压条件、剧毒和强腐蚀反应物参与的反应，以及易爆原料和易爆中间体的反应等。微化工技术得到了学术界和产业界的广泛认可，其基础研究和工业应用均取得了长足的进步。已有研究充分展示了微化工技术是化学品绿色、安全和智能制造的关键技术之一。

（2）微通道反应技术基本原理和特点

微化工技术是指微米或亚微米进行化学反应和化工分离过程的技术，其中微设备是微化工技术的核心。微化工设备最显著的特征是具有较小的三维尺寸，典型的微反应器内部体积在 1 毫升到几毫升，雷诺数较低，流型以层流为主，反应物之间的混合主要是依靠分子扩散，特征混合时间（t_m）与特征扩散距离（L）的平方成正比，与扩散系数（D）成反比，如式（6-1）所示。该方程清楚地描述了特征尺寸和混合时间之间的关系，尺寸越小，混合时间越短，可以实现反应物快速混合。

$$t_m \propto \frac{L^2}{D} \tag{6-1}$$

式中　t_m——特征混合时间；

L——特征扩散距离；

D——扩散系数。

根据换热速率方程［式（6-2）］可知，反应器换热速度（q）与总换热系数（U）、换热面积（A）和对数平均温差（ΔT_{LM}）正相关。要增加换热速度，可以通过增加换热面积、增大换热系数和增加冷热介质的温差来实现。在实际工业应用中，针对确定的设备，换热面积和换热系数通常不能再改变，能做的仅仅是增加冷热介质的温差。较好的做法是直接增加反应器的比表面积，同时选择换热系数较大的材料来制造反应器，从根本上解决换热效率和速率问题，让短时间内操作完成放热反应成为可能。不同反应器的比表面积都随反应器体积的增加明显降低。相比于传统的反应釜设备，由于较小的通道尺寸，微反应器比表面积要大几个数量级。

$$q=UA\Delta T_{LM} \tag{6-2}$$

式中　q——反应器换热速度；

U——总换热系数；

A——换热面积；

ΔT_{LM}——对数平均温差。

当反应器特征尺寸减小后，表现出非常明显的尺度效应。当反应器特征尺寸从米减小到微米时，反应器体积大幅度减小，黏性力与惯性力比值显著增加，界面张力与惯性力比值大幅度增加，使得反应器内发生传递所需要的浓度梯度和温度梯度显著增加，流场的控制力由大设备内的重力和惯性力控制转变为黏性力和界面张力控制，有效地抑制了由于湍流而出现的随机脉动等无序行为，为反应器的高效可控提供了理论基础。

微反应器的小尺寸、大比表面积、流动有序等特征赋予微化工反应工程独特的性能：本质安全地进行化学反应，实现均相与非均相的快速混合和高效快速的换热能力、较窄的温度分布、较短的停留时间和较窄的停留时间分布，过程有序可控，易于放大等。如此优异的微化工反应工程特点，给化学反应过程带来了很多传统设备不能实现的优点。另外，微化工技术由于装备尺寸和相关系统明显大幅度减小，在实际工业运行中还具有快速开停车、研究成果快速转化为生产力、过程响应快以及可实现柔性生产和分布移动式生产等优点。

基于上述优点，微化工技术在不同种类的合成反应中均有重要应用。在高温高压条件下，合成酯，进行 Claisen 重排和 Kolbe-Schmitt 反应，安全使用高活性、剧毒和强腐蚀反应物进行反应，例如氟气参与的氟化反应，对有易爆原料和易爆中间体参与的反应进行有效的安全控制，例如使用叠氮化钠进行叠氮化反应和有重氮盐中间体生成的 Sandmeyer 反应。对超快反应的停留时间进行有效控制，避免引起副反应，例如在微反应器中制备芳基锂试剂和放大生产有机硼酸化合物，通过准确控制停留时间可对化学反应的化学选择性进行有效控制，例如对 2,2- 二溴联苯进行高单选择性锂化。微反应器非常容易实现多步化学反应的连续串联，例如多步连续合成原料药奥氮平和布洛芬，除了在化学反应中的应用外。微反应器技术也为研究化学反应带来了一些革命性的变化，例如对非常快速的反应进行反应动力学研究和操作不稳定中间体。可以预见，在不久的将来，微化工技术极有可能会改变化学家进行化学研究的方法和生产化学品的方式。

（3）微通道反应设备

以微型设备为核心构建的系统称为微化工系统。微化工系统主要由物料输送设备、微型功能设备、流体管道、温度传感器、流量传感器、压力传感器和在线分析设备组成。微型功能设备是其核心的组成部件，其他设备都可以使用已有的传统设备。微型功能设备按其功能分类，可分为微换热器、微混合器、微分散器、微反应器和微型检测器等。微型设备按结构分类，可分为单通道设备、多通道设备，其中单通道设备又可分为 T 形、Y 形、十字形、水力学聚焦型、同轴型以及几何结构破碎型等。按分散介质分类，可分为微通道型、毛细管型、微筛孔型、微筛孔阵列型、微滤膜分散型、微槽分散型等。

现阶段，围绕微反应器技术已经形成较完整的产业链和商业环境。国内外有大量专门从事微反应器技术相关行业的商业公司，主要业务集中在物料输送设备、在线检测设备、微反应器设计和制造、微反应器系统制造和微反应器化学工艺开发等领域。绝大部分商业公司集中分布在欧洲（71%）、亚洲（19%）和北美（10%）。国外比较有规模的微反应器设备提供商主要有 Corning、Bayer Lonza、Syrris、Chemtrix、ThalesNano 和 Vapourtec 等，其微反应器示例如图 6-15 所示。

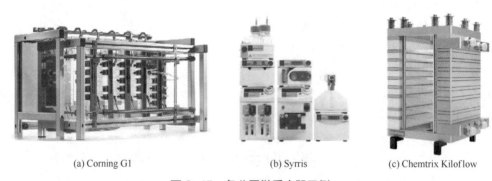

(a) Corning G1　　(b) Syrris　　(c) Chemtrix Kiloflow

图 6-15　各公司微反应器示例

（4）微通道反应技术应用实例

光子可以作为一种"无痕的绿色试剂"参与反应从而实现绿色可持续的光化学过程。近年来，可见光催化领域蓬勃发展，引起了国内外研究者们的广泛关注。然而，根据 Bouguer-Lambert-Beer 定律，光传播过程中光强会发生衰减，阻碍了光化学反应通过"体积放大的策略"实现反应规模的放大。而微通道设备具有较小的三维尺寸，在微通道（ID<1mm）中进行光化学反应可得到更高且更均匀的光子通量，缩短反应时间，进行可靠的反应放大，并减少过度辐照而形成副产物的情况。由此可见，连续流动微反应技术与光化学反应的结合可谓是一个完美的匹配，二者结合可较好地实现"体积放大的策略"。

2019 年，Meng 等人报道一种可见光调控二硫化物介导的 1,3- 二羰基化合物的选择性 α- 官能化反应的研究。在无金属和无碱的温和条件下，通过改变照射光源种类以及环境气氛，对模板底物 5- 氯茚酮甲酸酯进行选择性 α- 羟基化、α- 羟甲基化以及 α- 硫化反应，成功实现可见光活化分子氧化二硫化物催化的羰基化合物 C—O、C—C 与 C—S 键的构建。如图 6-16 所示，利用康宁微通道反应器在连续条件下进行该反应，α- 羟基化反应所需时间由间歇条件下 8.0h 缩短至 0.75h，α- 羟甲基化反应所需时间由间歇条件下 12h 缩短至 1.8h，并成功实现对模板底物羟基化、羟甲基化以及硫化产物的克级规模制备。体现了微通道反应安全高效、绿色智能的特点，具有可持续发展意义和巨大的工业化价值。

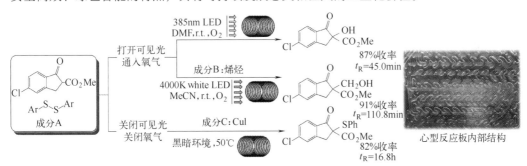

图 6-16　连续流动可见光催化 C—O、C—C、C—S 键的构建

手性 α- 羟基 -β- 二羰基化合物作为一类重要的结构单元，广泛存在于许多天然产物、医药和农药分子中。2019 年，Meng 等人报道了一种以金鸡纳碱衍生相转移催化剂为手性光敏剂，可见光活化氧气实现 β- 二羰基化合物的不对称羟基化反应，并利用康宁微通道反应器将反应由间歇拓展至连续条件。如图 6-17 所示，通过对催化剂筛选和反应条件考查，确定手性光催化剂 PTC-24 具有最佳的催化效果，将间歇最佳条件拓展至连续流动，3W 蓝色 LED 灯照射下，手性 α- 羟基化产物收率可达 95%，对映选择性为 88%，与间歇条件下基本相同，而反应时间由间歇的 24h 缩短至 0.89h，大大缩短反应时间，提高生产效率。

α- 芳基酮结构是一种精细化学品合成的关键中间体，被用于多种新型材料的合成中。2021 年，Meng 等人报道了一种利用微通道反应器对芳烃苄位 $C(sp^3)$—H 键进行分子氧氧化反应的研究。如图 6-18 所示，通过微通道反应器独特的内部结构单元实现芳烃苄位直接氧化成酮，以四氢化萘作为模板底物，NHPI 作为催化剂，TBN 作为自由基引发剂，乙腈与丙酮混合作为溶剂，100℃、1MPa(10bar) 压力下，54s 的停留时间内将模板底物四氢化萘氧化成 α- 四氢萘酮，收率可达 80.4%。值得注意的是，将本方法应用于抗癫痫药物卡马西平的氧化，能够以 40% 的收率顺利得到毒副作用更小的抗癫痫药物奥卡西平，显著提高了药物和精细化学品的合成效率，降低生产成本，体现出微通道反应技术的巨大应用潜力与商业化价值。

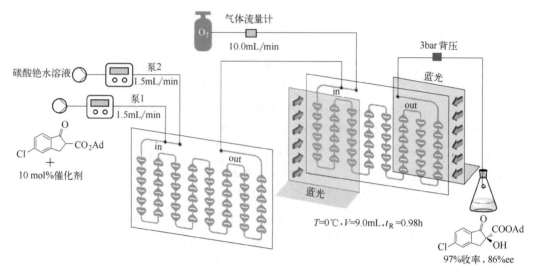

图 6-17　连续流动可见光催化 β- 二羰基化合物的不对称羟基化

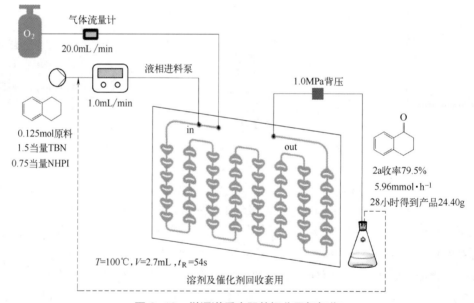

图 6-18　微通道反应器芳烃分子氧氧化

（5）微通道反应技术发展趋势与技术展望

从 20 世纪 90 年代到现在，微化工技术历经了 20 多年的发展，已经建立比较完整的基础理论知识。基于微化工技术，在合成化学方面已积累大量基础研究数据，为后续工业应用打下了坚实的基础。微化工技术也广泛应用于化工过程强化、有机合成、材料制备、乳液制备、药物合成、环境治理、非均相催化转化等领域，取得了一定的进展。但微化工技术作为化学工程学科的前沿方向和化工产业发展的制高点之一，其研究才刚刚起步，还需要进行大量的工作，同时也需要更多的产业实践来推动微化工技术向前迈进。

现阶段微化工技术主要应用在精细化学品领域，尤其是制药行业的合成中间体和原料药，在药物研发和生产的合成化学中，都要经过合成路线设计和筛选、工艺优化（选择工艺简单和收率较高的合成条件)、中试和放大批量生产几个典型的阶段。使用传统的合成化学方式，在每一个阶段都费时费力，对实验工作者的体力、脑力和管理都是很大的挑战。近年来，在工业 4.0 的背景下，基于微化工技术迅猛发展起来的智能化和自动化合成化学工具及技术正让传统实验室工作模式和生产方式发生着翻天覆地的变化，引领合成化学向小型化、智能化和连续化方向发展。

如何进行工艺优化，选择最优的反应条件，提高目标化合物的收率，对后续的中试和生产放大至关重要。理论上，筛选的反应越多，得到最优条件和最高收率的可能性也就越大。这意味着要耗费大量的时间、精力、试剂和金钱，实际应用中很难找到最优反应条件和最高收率。在 2015 年，美国默克公司研发出一种自动化高通量化学反应筛选平台，该平台将微型反应器阵列和低分辨质谱（LRMS）技术结合，针对 Buchwald-Hartwig 偶联反应的不同底物和反应条件，每天可进行 1536 个纳摩尔量级的反应。2019 年，辉瑞（Pfizer）公司基于微化工技术和超高效液相色谱 - 质谱（UPLC-MS）联用技术，开发出更为先进的自动化高通量化学反应筛选平台，可在不同溶剂、温度、压力等条件下进行反应。针对不同 Suzuki-Miyaura 偶联反应的不同底物和条件，每天可进行 1500 多个纳摩尔量级的反应。在默克和辉瑞建立的自动化高通量化学反应筛选平台之上，结合人工智能技术，普林斯顿大学 Abigail Doyle 教授与默克 Spencer Dreher 博士等人使用随机森林算法（一种强大的机器学习算法），接受数以千计的 Buchwald-Hartwig 偶联反应数据训练后，可以准确预测其他具有多维变量的 Buchwald-Hartwig 偶联反应收率。基于微化工和人工智能技术的自动化高通量化学反应筛选平台的进一步发展和完善，将彻底改变合成化学工艺优化方式和策略。

上述技术在医药合成化学方面的广泛应用必然会影响其他精细化学品行业，带领整个精细化学品行业向小型化、智能化和连续化方向发展，同时也对微化工技术、合成化学技术和相关领域提出新的研究任务和方向。

在微化工技术方面，进一步深入研究微结构尺度下的微流体基本规律；开发新型微结构的微反应器以实现不同的化学过程；针对精细化学品生产过程，研究连续分离和纯化的小型设备和技术；对广泛应用于工业生产的化学反应过程使用微化工技术进行系统的研究和评价；规范微反应器和其他微化工设备的设计标准，实现设备模块化设计；建立模块化设备的系统集成方法，实现小型集装箱式化工厂；建立微化工工厂的安全，环保和经济评价方法。在合成化学技术方面，需要化学家深刻理解微化工技术的特点和应用范围，改造或开发更适合微化工技术特点的化学反应过程。为了更好地适应微化工技术的特点，可以从以下几个方面改造或开发化学反应过程：

首先，通过改变反应条件改造现有化学过程，使其适用于微化工连续流技术。其次，开发新一代催化剂以提高反应速度，适应微化工的特点。此外，利用微化工设备的优势，进行高温高压反应，并在微化工过程中实现不稳定中间体或产品的合成。在安全性方面，可以通过微化工设备实现高危化学试剂的原位制备，从而降低风险。微化工设备的高效传热特性还可以用于进行快速而高效的热化学反应。优化反应条件也是关键，避免在合成过程中使用保护基和超低温反应条件。最后，利用微化工技术进行如加氢、氧化、硝化、磺化和卤化等危险反应，提高安全性和效率。

通过这些措施，可以大幅提升化学反应过程的效率和安全性，更好地发挥微化工技术的优势。

微化工技术还与在线检测、人工智能、自动控制等相关领域紧密相关。对这些领域也提出一些新的任务和挑战，例如开发新型高灵敏、快响应的化合物检测技术，开发快响应和小型化的温度、压力和流速传感器，开发适合化学化工过程的人工智能算法，开发微化工技术智能软件平台以实现微化工系统的信号搜集、处理、反馈和自动控制功能。

此外，在微化工技术工程方面，一是要加强发展新型高效抗堵、高鲁棒性微化工设备和微化工技术，另外要加强微化工设备工程维护方法和手段的研究，研究微型化设备对于体系清洁度要求和运行过程的变化规律，基于其变化规律和内在机制发展适用于不同化工过程的微型化设备维护方法，以保证微化工设备在工业生产中的长周期稳定运行。

6.3.3   机器学习在工艺智能优化中的应用

精细化工是衡量一个国家科学技术发展水平和综合实力的重要标志之一，药物和精细化学品往往结构复杂，合成工艺精细，单元反应多，生产流程长，良好的工艺路线应满足路线短、总收率高，易于工业化生产、成本低，经济效益高、原料易得等要求，以实现生产经济效益的最大化。在药物和精细化学品的行业中，需要合理设计工艺流程或对现有工艺进行改造优化。

确定实际生产过程中的最佳工艺路线，需要做大量工作和实验，耗费大量人力物力。通过机器学习可以根据工艺过程中内部机制构建虚拟模型，优化实验模式，有效设计及优化系统和工艺过程，提高生产效率与经济效益。随着计算机技术的进步，基于编程的高级算法有了长足的发展。机器学习作为一种高级算法为精细化工研究提供了一种高效手段。

机器学习在有机合成领域最早的工作可追溯到 20 世纪 60 年代，Corey 等人发展了一种基于规则的计算机辅助合成设计程序（computer-aided synthetic planning，CASP）。CASP 的目标是辅助化学家快速高效地实现小分子化合物的合成。其以分子结构作为输入，输出一系列详细的反应方案，每个方案通过一系列可行的反应步骤将目标连接到可购买的起始原料。20 世纪 60 年代至 90 年代，受到计算资源的限制，早期工作主要依赖于专家编码的反应规则和启发式策略，通过给定的判断规则给出可能的化学键断裂和生成的位置。在过去的 20 年间，随着大规模化学数据库的发展，数以百万计的反应数据可以应用于机器学习模型的训练和验证。同时，神经网络与深度学习算法的快速发展也推动了机器学习在化合物性质预测、分子从头设计、化学反应预测、逆合成分析以及智能合成机器等领域的应用。

（1）反应条件的预测与优化

传统的初始反应条件选择基本是经验性的或直接参考文献信息。然而，化学信息的指数级增长使人工分析和总结变得极其困难，需要专门的方法和工具来有效地从原始数据中提取这些知识。因此，发展高效、快速的反应条件筛选策略具有重要的科学意义。由于化合物的反应性很大程度上是由反应条件决定的，因此反应条件的理论评估尤为重要。到目前为止，已经报道了几种不同的反应条件建模方法。

2015 年，Marcou 等人使用反应压缩图（CGR）衍生片段描述符，构建了支持向量机、随机森林和朴素贝叶斯分类模型来预测共轭加成反应的溶剂和催化剂的最佳组合。随后，Varnek 等人基于相似反应在相似条件下进行的原理，运用 CGR 表示化学反应，预测的保护基团脱保护反应最佳实验条件具有较高的准确性（约 90%）。为准确预测适用于大型反应体系的完整反应条件，2018 年 Jensen 等人发展了一种分层设计的神经网络模型来预测化学环境（催化剂、溶剂、试剂和反应温度），如图 6-19 所示。该模型对约 1000 万个来自 Reaxys 的反应进行了训练，在训练集以外的 100 万个反应中进行了测试，以 69.6% 的准确率预测了排名前十的反应试剂，以 60%～70% 的准确率预测了反应温度（±20℃）。

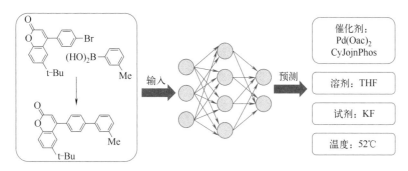

图 6-19   分层设计的神经网络模型预测反应条件

未经优化的化学反应在反应时间、试剂方面经常面临低效和高成本等问题。优化反应的一种常用方法是一次改变一个实验条件，同时固定所有其他条件，该方法常会错过最佳条件；另一种方法是通过组合化学筛选反应条件的所有组合，虽然这种方法有更大可能找到全局最优条件，但是费时费力。因此，通过机器学习方法构建有效的反应条件优化体系，对学术研究和工业生产都具有重要意义。

溶剂选择作为一个独立的问题在早期得到了广泛的研究。2013 年，Struebing 等人将基于 DFT 的速率常数计算与线性回归模型相结合，对反应溶剂进行优化，在 1341 种溶剂的搜索空间内测试了 9 种溶剂，将 Menschutkin 反应的速率常数提高了 40%。2018 年，Aspuru-Guzik 等人开发了名为 Phoenics 的主动学习算法，其将贝叶斯优化与贝叶斯核密度估计（bayesian kernel density estimation）相结合，实验过程可以按照 Phoenics 所提出的反应条件执行，再将实验结果重新输入程序。通过此种反馈机制，Phoenics 可以提出一系列实验条件集并最终确定最佳条件集。

（2）逆合成分析

"逆合成法"（retrosynthetic analysis），也叫反向合成，是一个与合成过程相反的分析过程。有机合成中采用的逆合成分析方法，通常从所需的目标分子出发，进行适当切断，导出它的合成分子，再对导出的各个合成分子进一步分割，直到得到较为简单易得的逆合成分子。然后反过来，将这些较为简单易得的分子按照一定顺序通过合成反应结合起来，最后就得到所需的目标分子。

计算机辅助合成设计的目的是确定一系列可行的反应步骤，从可获取的原料去合成目标产物，其基本原理是利用计算机辅助技术通过逆合成分析法推导出目标分子的优势合成路线。当前常用的逆合成策略：基于模板和无模板两种逆合成策略。

基于模板的逆合成方法是将反应规则与目标分子匹配产生一个或多个候选前体。模板可以由专家整理或者从反应数据库中自动提取。由韩国蔚山国立科学技术研究所（UNIST）

开发的智能合成路线设计软件 CHEMATICA 整合了超过一万条有机化学家手动编辑的经验反应规则，该反应规则与启发式策略一起使用，来确定合成路径。从数据库中自动提取反应规则是当前主流的方式。2019 年，Law 等人按照"处理反应数据 - 建立原子 / 原子映射 - 识别反应中心及其外围环境"的流程建立了 ARChem 合成路线设计系统。2017 年 Coley 等人表明，模板可以通过目标分子与数据库中反应产物之间的分子相似性进行排序。

2017 年，Waller 等人运用深度神经网络模型对收集的 350 万个反应数据进行训练。该模型可以自动提取反应规则，在近 100 万个反应验证集中预测的前十个目标反应的命中率达到了 97%。随后，Waller 课题组尝试使用蒙特卡洛树搜索和深度神经网络策略，搜索 40 种药物类似分子的合成路线。与之前发展的方法相比，该策略能以更高的精度推测可行的合成路线，与基准预测的 86.5% 的准确率相比，该策略的准确率达 95%。随后，Waller 课题组结合策略网络和蒙特卡洛树搜索对 1200 万反应数据进行训练，如图 6-20 所示，结果表明该策略显著加速了逆合成路线预测的速度和准确率。盲测结果表明受试者很难分辨出模型给出的逆合成路线与人类专家设计的逆合成路线。当使用 USPTO 的 5 万组反应数据作为测试集时，模型也能取得较高的预测精度。

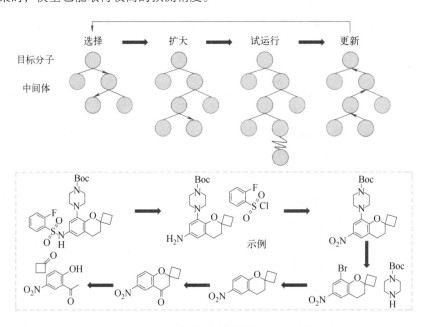

图 6-20　用于逆合成分析的 MCTS 方法

无模板的逆合成方法，化学结构的所有转变是在没有任何反应规则的情况下进行的，基于深度学习的策略越来越流行。2017 年，Liu 等人建立了将反应产物 SMILES 转换为反应物 SMILES 的序列到序列模型，该模型以美国专利文献中的 5 万个实验反应实例为训练样本，与基于规则的专家系统基准模型的性能相当。最近，来鲁华等人提出了一种无模板方法，使用 Transformer 框架构建了单步逆合成分析模型，并结合蒙特卡洛树搜索（MCTS）和启发式打分函数建立了逆合成路线规划系统 AutoSynRoute，其工作流程如图 6-21 所示，该系统成功实现了 4 种分子的逆合成路线设计。

前向反应预测主要用于预测反应产物、潜在的副产物和杂质，而将其与逆合成分析相结合用于反应路径的工作较少。最近 Schwaller 等使用前向预测模型和反应分类模型来评估逆合成预测的质量，提升了单步逆合成模型的性能。

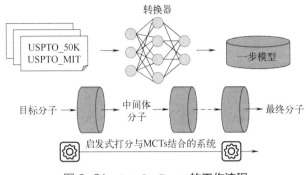

图 6-21　AutoSynRoute 的工作流程

（3）智能合成机器

智能合成机器是合成化学研究发展的长期目标，旨在从根本上改善合成化学的效率和成本，能够辅助化学家进行重复性、高成本或危险性的实验。随着自动化学、在线分析和实时优化的发展，有机合成机器已经初露锋芒，通过建立机器学习算法控制的反应系统，可以开发出能够自主探索化学反应性的智能合成装置。2018 年，Perera 等人的工作表明流动装置可以在药物发现过程的早期加速反应优化，并提供了可靠的数据帮助其他实验室建立机器学习算法。随后，Felpin 等提出了一种将监测技术与反馈算法相结合的模块化自动流动反应器。该自动化反应装置通过在线高效液相色谱（HPLC）和在线 NMR 检测产物，并根据结果自动优化条件，通过尝试 66 种实验组合，最终通过四步反应，以 67% 的产率合成了天然产物 Carpanone。

同年，Cronin 等人发展了一种结合了机器学习、在线核磁、红外、质谱的自动化反应筛选装置。他们的工作表明，由机器学习算法控制的自动反应处理系统可能比人工处理反应快一个数量级。这种方法能够以结构化的方式寻找失败或无反应性的实验信息。机器学习算法能够对来自辉瑞公司数据集的 1000 个钯催化的 Suzuki-Miyaura 反应组合的反应性进行预测，在考虑了略多于 10% 的数据集的结果后，精度超过 80%。为了实现反应装置的模块化和自动化，之后他们设计了一套基于化学编程语言的自动化合成系统 Chemputer，该系统通过标准的化学语言控制和协调各反应模块，最终实现化合物的多步合成。这一策略是自动化合成与化学反应模块化和标准化的一个很好范例。

2019 年，Jamison 和 Jensen 等人开发了一种基于人工智能的自动化合成机器人平台。他们首先开发了合成规划软件 ASKCOS，该软件采用基于模板的逆合成方法，从 USPTO 和 Reaxys 数据库收集的反应数据中提取转换规则，用于训练前馈神经网络模型，最终的合成路线选择包括逆向综合规划、反应条件推荐和路径评估，部分路线包含化学配方文件（chemical recipe files，CRFs），需要用户提供额外的信息来确定停留时间、化学计量和浓度。之后，他们设计了一个模块化的连续流动平台来执行这些文件，根据 CRFs 中确定的合成路线，机械臂将模块化过程单元（反应器和分离器）组装成连续流动路径，实现了 15 种药物或类药物分子的自动化合成。该平台将 CASP 与机器流动化学平台相结合，加速了小分子的自动合成，但合成路线仍需要人工输入。

最近，Gilmore 等人报道了一种有机分子的自动化径向合成仪器，该仪器由四部分组成：溶剂和试剂输送系统（reagent delivery system，RDS）、中央交换站（central switch station，CSS）、备用模块（standby module，SM）以及收集容器（collection vessel，CV），一系列连续流动模块被径向布置在 CSS 周围。这种全自动仪器能够进行线性和循环合成，不同过程之间无需重新手动配置。

6.4　工业 4.0 背景下药物智能制造

工业 4.0（图 6-22）环境的典型特征包括互联性、数据化、实时性、个性化生产、自适应性、可视化和智能化。这些特征通过物联网技术和互联网技术实现设备、系统、工具和人员之间的相互连接，形成智能化的生产环境。同时，工业 4.0 环境采集和处理生产中的大量数据，并将其转化为有价值的信息，为决策提供依据。通过实时数据采集和处理技术，使企业能够及时获取和分析生产过程中的数据，并迅速作出反应和调整。数字化技术使得个性化产品的生产成为可能，根据客户需求，对生产过程进行智能化调整，从而提高产品质量和客户满意度。自动化技术和智能化控制系统使得生产系统能够自动调整和优化生产过程，以适应不同的生产需求和环境。数字化技术实现了生产过程的可视化管理，使得生产过程的各个环节可以清晰地呈现在管理人员面前，便于管理和决策。通过人工智能、机器学习等技术，实现生产过程的智能化管理和自动化决策，进一步提高生产效率和产品质量。

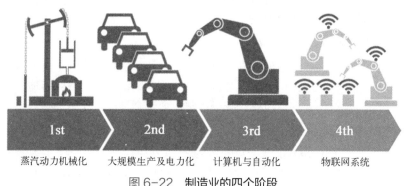

图 6-22　制造业的四个阶段

在制药工业中，质量控制是非常重要的一环，传统上通常依赖于统计过程控制（statistical process control，SPC）方法来确保产品质量。SPC 是一种基于统计学原理的质量管理方法，包括绘制控制图和运行图，旨在确保生产过程在已知的控制范围内，并在可接受的变异范围内保持稳定。SPC 通常涉及在生产过程中对关键工艺参数进行实时监测和控制，以及对产品进行批次检测以确保其符合规定的标准和规范。通过使用 SPC，制药公司可以提高产品质量、减少缺陷和浪费，并降低不良事件的发生率。制药行业为提高对过程和质量控制而引入的另一个策略是质量源于设计（quality by design，QbD）。质量源于设计是一种系统性的方法，通过在制药工艺开发的早期阶段将质量要求内置到产品设计和过程控制中来提高质量。这种方法包括定义药物的关键质量属性（critical quality attributes，

CQAs），并开发控制策略来管理和控制这些属性。通过这种方法，可以更好地了解药物制造过程的关键因素，并确保制造过程在整个生命周期中的一致性和可控性。这种方法也有助于减少质量问题和拒绝批次，提高生产效率和降低成本。

因为大多数离线分析和监控都是在生产批次过程中评估中间产品和成品的质量，所以这种方法的一个缺点是无法确认中间产品的质量特性，而这些特性可能会影响最终产品的质量。此外，当质量问题出现时，需要花费大量时间来识别和解决问题，这会导致更多的质量缺陷。因此，现代制药工业越来越倾向于采用在线过程控制技术，以实时监控制造过程中的质量参数，从而及时发现和解决潜在的质量问题，确保产品质量符合要求。为克服 SPC 的局限性，国际人用药物注册技术要求协调会（The International Council for Harmonisation，ICH）启动了连续过程验证（continuous process verification，CPV），确保过程控制是稳定和一致的。连续过程验证（CPV）是指在药物制造过程中，通过实时监测和分析生产数据，以验证药物质量的持续稳定性和一致性。CPV 的目标是通过持续监控和改进制造过程，确保药物的安全性、有效性和质量一致性，减少批次间的差异性和变异性。CPV 是 ICH Q10 质量管理体系的核心要素之一，是一种基于风险管理的方法，强调对制造过程的全面理解和控制。与 SPC 不同，CPV 的重点是持续的实时监控和反馈，以便能够快速识别和解决任何质量问题。与离线分析相比，连续过程验证可以更准确地评估过程的变异性，提高了对制造过程的了解和控制。这种方法还可以减少对最终产品的测试，节省时间和成本。CPV 需要使用多种技术和工具，包括在线分析仪器、过程分析、数据分析和建模，以便实现实时监测和反馈。CPV 作为一种更加先进、科学、可靠的质量控制方法，提供了更高的制造过程控制和质量保证水平，已经成为制药工业质量管理的重要手段之一。

过程分析技术（process analytical technology，PAT）是通过在线工艺分析仪器对原材料、在线物料（处于加工中的物料）以及工艺过程的关键质量参数和性能特征进行及时测量，来设计、分析和控制生产加工过程，准确判定中间产品和最终产品质量状况。PAT 使用一系列在线和离线的分析方法，包括光谱学、色谱法、电化学方法等，来监测和控制生产过程中的关键参数，以实现产品质量的一致性和稳定性。美国食品药品监督管理局（FDA）于 2004 年发布了 PAT 指导方针，旨在通过使用在线或近线过程分析技术来改进药物制造的过程和质量控制。它被认为是检验和批准过程的重要范式转变，用于药物生产过程的连续过程验证。PAT 还可以结合多元统计分析、人工智能等先进方法，以优化过程控制，提高生产效率和质量水平。

在 PAT 中，将制造流程与分析技术相结合是必不可少的，因为它有助于根据 QbD 原则进行流程开发，并支持实时放行检测（real time release testing，RTRT）。实时放行检测是一种制药质量控制策略，其目的是实时评估在制药生产过程中制造的药物的质量特性，从而使制药企业可以更快地将产品推向市场。它是基于过程分析技术（PAT）的概念发展而来，可以实现在制造过程中实时检测和控制关键工艺参数（critical process parameters，CPP），并且根据这些参数来预测和控制产品的质量属性。RTRT 的实施需要可靠的在线或即时分析技术，以及与 QA/QC（质量保证 / 质量控制）程序和产品规格一致的流程控制策略。这种方法可以减少产品的制造时间和成本，并使生产线更加高效和灵活。同时，RTRT 也可以增强产品的一致性和质量，从而提高制药企业的竞争力。

QbD 和 PAT 方法的结合可以在制药过程中提供更高的质量控制和生产效率。在实际应用中，QbD 和 PAT 可以被同时应用于制药过程中，以确保产品的一致性和可靠性。QbD 提供了制造产品的质量设计框架，而 PAT 提供了实时过程监测和控制技术，使制造过程更加可控和可预测。这种方法还可以通过在过程控制中采用先进的数据分析方法和人工智能技术来进一步提高制药过程的效率和质量控制水平。

连续生产（continuous manufacturing，CM）是由一系列单元操作组成的集成工艺，和传统的分批生产工艺相对应。在传统分批生产工艺中，物料在每一步单元操作后统一收集，然后再转至下一单元操作，中间一般会存在中间体的储存和检测过程。在连续生产工艺中，通过计算机控制系统将多个单元操作进行高集成度的整合，输入物料持续不断的流动进入系统中，加工后输出物料被持续稳定输出，生产过程中充分运用 PAT，整个生产系统始终处于受控状态。与传统的批生产工艺相比，CM 往往涉及更高水平的工艺设计以确保充分的工艺控制和产品质量，具有降低错误率、缩短生产周期、提高生产效率、集成度高、自动化程度高以及操作灵活等优势，解决传统工艺放大所面临的诸多问题。

随着 QbD、PAT 和连续制造的发展，制药界已经认识到过程操作数字化的原因、内容和方式。围绕数字化和实时产品质量监控的实践适用于单个单元操作或一系列物理集成单元操作，也可以将现有分批处理升级到现代自动化实践。本节简要讨论连续制造中的实时过程管理方面的进展和观点，包括基于数字智能的在线分析、过程控制、物料追踪与状态监测、信息管理与系统集成以及在线优化过程等，为制药连续制造生产铺平道路。

6.4.1　在线分析与过程控制

药物及精细化学品工艺过程在线分析和优化是一种利用实时数据和模型预测来监测和优化工艺的方法。该方法可以实时检测出生产中的问题，减少质量变异，提高产品质量和生产效率。该方法需要使用先进的传感器和分析技术来收集实时数据，并使用数学模型来预测和优化工艺参数。通过在线分析和优化，可以降低生产成本，提高产品质量，缩短生产周期，同时保证工艺的安全性和稳定性。在药物及精细化学品工业中，在线分析和优化已经被广泛应用，并成为了实现工业智能化和数字化转型的重要手段。

药物生产中使用的实时过程分析手段包括近红外、拉曼、紫外、超声波、X 射线、微波、电容、成像和激光散射信号等分析仪。目前最常见的在线无损测量采用基于近红外和拉曼光谱的反射方法，但最近已经证明使用透射测量（例如微波和 X 射线技术）可用于药物生产。此外，确保物料平衡对于保持稳健的连续操作至关重要。这些过程分析仪由电子和机械部件、光源、光缆、测量探头和接口组成，且实时采集和分析数据的方法，对软件要求较高。

（1）近红外光谱

自 1800 年 Herschel 发现近红外光谱区以来，NIRS 已作为一种实用的光谱分析技术应用于许多研究中。按照现有的相关执行标准，近红外光谱区的波长范围通常定义为 780～2560nm，该谱区加载的分析信息主要是分子含氢基团振动的合频和倍频信息，这些信息可通过各自振动频率和光谱波长振动的共振机理，将结构信息加载到光谱信息上，进而使得近红外能够实现物质含量、属性、等级、结构等关键特征预测分析。

近红外光谱（near infrared spectrum instrument，NIRS）是一种无损分析技术，可以通过分析样品中吸收、散射和反射的近红外光谱来确定化学成分和物理属性。它最常用于制药行业，作为实时过程监控工具，用于产品质量控制和加工过程中的质量保证。NIRS 可连接到光纤探头，通过样品对 NIRS 的透射或反射，无损测量过程中产品的质量，并可以通过实时监测进行质量控制。探头内部由光纤、透镜、反射镜和信号通道组成，探头外部由耐腐蚀材料制成。它通过蓝宝石窗口连接，因此即使在恶劣的工艺条件下也能有效使用。当探头连接近红外光谱仪时，光源发出的光被透镜聚焦。位于探头尖端的镜子反射的光通过反射样品传输到 NIR 光谱。传输的信号通过连接到 NIR 光谱仪的计算机软件形成光谱。虽然近红外光谱在线分析技术在药品生产中具有广泛应用前景，但仍然存在一些问题需要解决：①光谱干扰：近红外光谱技术可以检测到样品中的多个化学成分，但这些成分之间可能存在干扰，导致光谱数据的准确性受到影响。②样品制备：样品制备可能对光谱数据产生影响，例如样品可能会因为温度或湿度等因素而发生变化，这会影响数据的准确性。③数据分析：近红外光谱技术产生的数据量很大，数据分析可能需要使用复杂的算法和模型来处理。这些算法和模型需要经过验证和优化，以确保其准确性和可靠性。④仪器校准：近红外光谱仪器需要定期校准，以确保其准确性和可靠性。校准可能需要使用标准样品，这可能会增加成本和时间成本。尽管如此，NIRS 可以在过程中短时间内对产品进行无损的综合质量评估，实时控制和保证成品的质量，是制药行业实用的 PAT 工具，高度适用于持续过程验证。

（2）拉曼光谱

拉曼光谱也是一种使用光纤的非接触式分析技术，能够对药物制造过程中的物质进行实时、无损分析的方法。它基于激光与物质分子相互作用的原理，通过检测样品散射的光子能量变化来获得样品的分子信息。相较于近红外光谱，拉曼光谱在分子结构的分析方面更加准确和可靠，尤其在微量杂质和水分的检测方面更加敏感和精确。同时，拉曼光谱还具有样品准备简单、无污染、实时在线监测等优点，可以在药物生产过程中实现无间断在线分析。近年来，随着拉曼光谱仪器技术的不断发展和成本的降低，拉曼光谱在线分析技术已经成为药物生产中重要的实时过程分析手段之一。

使用 PAT 的主要原因之一是建立和定性分析原材料光谱的特异性库，包括样品中的杂质，拉曼光谱非常适合 PAT 系统，因为它具有在线或在线操作的灵活性。此外，它提供定量和定性数据，可在实时过程中实现准确和一致的监控。根据化合物的不同，特定分子的拉曼光谱会因散射光子能量的每次运动而不同，并且由于它具有独特的指纹，因此可以监测定性信息。它可以通过提供其振动跃迁的详细特征来快速表征固体、液体、气体、凝胶或粉末样品的化学成分和结构。拉曼光谱用于确定样品中的分子结构，其强度可以计算特定样品的药物含量。此外，拉曼光谱可用于分析液体产品而不受水分干扰，类似于傅里叶变换红外光谱（FTIR）或 NIRS，并且具有较高的测量速度。与其他光谱方法类似，拉曼光谱通常用作各种制药单元过程中 CPV 的实时监测工具，包括混合、制粒、包衣和压片。它可以分析混合过程中的药物含量、干燥和造粒过程中的水分含量以及包衣过程中的包衣厚度和含量，还可以实现 API 制备中的多形态鉴定、颗粒 - 配方分析、混合均匀性、颗粒大小分析等。

（3）高光谱成像

高光谱成像（hyperspectral image，HSI）以化学或光谱成像而闻名。它是一种无损 PAT 工具，可以通过集成现有的成像和光谱技术从物体中提取空间和光谱信息。HSI 可应用于各种波长范围，包括可见光、近红外和短波红外（1000～2500nm）。HSI 工具不断地从大范围内获取频谱，获取图像的每个像素都包含特定位置的光谱，在每个空间中包含数百个连续的波段，这会产生大量信息。与其他光谱学方法类似，必须通过以易于理解的图像格式提取信息来对定性和定量图像进行预处理。HSI 在混合、制粒和压片过程中提供关于 API 和赋形剂含量和分布的可靠化学和空间成像数据。获取的图像在三个维度（3D）中组合和处理以形成数据立方体。形成的立方体的 x 和 y 维度显示为两个空间维度，而 λ 是光谱维度。在高光谱立方体中获取 3D (x, y, λ) 数据有四种基本技术（空间扫描、光谱扫描、非扫描和时空扫描），技术的选择取决于具体的应用。HIS 作为在线 PAT 工具已被用于监测混合均匀度和分析片剂变异性。此外，它可以比光谱更快地分析待测样品，还用于包装监控，以确保产品正确放置在包装中、识别有缺陷的药片或检测包装中的空槽。Kandpal 等人研究了一个在线 HIS 系统，用于监测微片剂表面的药物含量。通过应用 PLSR 和 PCR 化学计量学模型对收集到的多变量数据进行了评估，显示了较高的预测能力，并建议使用 HIS 对产品质量进行快速在线测定。

（4）太赫兹脉冲成像

太赫兹脉冲成像（terahertz pulse imaging，TPI）是一种广泛使用的 PAT 实时成像工具，用于监测片剂表面和包衣分析。太赫兹吸收光谱与 3D 排列有关，涵盖了 0.1～4.0THz 的光谱范围，对应于红外和微波频率之间的范围。因此，太赫兹区域被称为远红外辐射。与红外辐射相比，它的优点是波长较长，散射小，与药物相互作用的辐射能量较低，不会损坏样品。此外，TPI 被广泛用作非侵入性方法，因为它使用非电离辐射并且使用安全。如前所述，TPI 主要用于药物包衣工艺。特别是用于预测缓释片的包衣厚度程度，其中包衣厚度与药物释放直接相关。如果药物释放是通过包衣而不是通过片剂的溶解，那么可以通过使用 TPI 分析包衣配方来预测。

（5）质谱

质谱（mass spectrometry，MS）是一种非常有用的 PAT 工具，可用于药物、化合物和相关物质的定性分析。因为它具有高分辨率和质量精度，它也用于小分子的定性分析，并且经常被选择和用于生物过程，例如分析异质生物分子等。此外，当高通量样品制备和自动化数据处理成为可能时，它可以进行快速分析。质谱通常用于获得两种化合物的身份或建立新化合物的结构，并提供准确的分子量或分子式以指示分子中特定结构单元的存在。MS 的主要优势在于它能够在非常短的分析时间内以出色的辨别能力测量多种类型的化合物。此外，它还用于定量分析已知物质或识别样品中的未知化合物，并揭示其他分子的结构和化学性质。要执行 MS，必须保持真空，并且样品需要被汽化和离子化。因此，MS 的缺点是如果样品不能分解和蒸发，则无法对其进行分析。

（6）声共振光谱法

声共振光谱法（acoustic resonance spectroscopy，ARS）作为 PAT 工具可检测和分析制

药过程中产生的声音。ARS 检测到的声音远高于人耳可听到的频率。它通常应用于引起声发射的过程，并应用于药物的化学反应检查或混合、粉碎和流化床造粒。例如，在制粒过程中，颗粒相互碰撞时会发出各种声音，在设备中产生摩擦。与大多数 PAT 工具一样，ARS 是非侵入性的，不需要样品制备，并且具有便宜且便利的应用优点。使用声发射，可以获得颗粒特征和水分含量等定量信息。可以监测粉末的物理特性变化，如压缩特性和分布特性。Tsujimoto 等人使用 ARS 监测和描述流化床造粒过程中发生的摩擦引起的颗粒运动；他们还通过 ARS 和颗粒运动之间的相关性监测颗粒的行为。ARS 被安装在流化床造粒机的底部，收集到的声音被放大并优化了灵敏度以分析频率。随着流化床造粒机旋转速度的增加，颗粒撞击室壁的冲击力增加，导致 AE 振幅随之增加。此外，在流化床造粒过程中，可以通过 ARS 检测到由于喷洒溶液量增加而导致的不稳定，即水分含量增加。

（7）聚焦光束反射率测量

聚焦光束反射率测量（focused beam reflectivity measurement，FBRM）是一种基于激光的反向散射提供分散粒子群颗粒分布信息的技术。在制药工业中，颗粒特性会对成品的质量产生很大影响，因而需要进行实时监控。FBRM 适用于研究悬浮液、乳液和结晶中的颗粒特性，被用作评估综合质量的工具，包括颗粒尺寸、尺寸分布、形状、造粒和结晶过程中的颗粒生长行为。在 FBRM 测量中，通过光纤连接到探头的激光束通过探头末端的蓝宝石窗口插入到工艺设备中。此时，激光束通过高速旋转运动穿过粒子产生的光散射部分被传输到检测器，数以千计的颗粒被同时测量，在此基础上，可以实时测量颗粒属性，如颗粒大小和尺寸分布。

（8）空间滤波测速

与 FBRM 类似，空间滤波测速（spatial filtering velocity measurement，SFVM）是一种实时测量移动颗粒属性的技术。因此，它被用作 PAT 工具，用于实时监测各种固体制剂生产过程中的颗粒尺寸、尺寸分布和形状，包括流化床造粒/涂覆、研磨和喷雾干燥。然而，与使用背向散射激光的 FBRM 不同，SFVM 应用阴影来计算粒子长度。当粒子通过平行激光束时，在线性光纤阵列中产生一个阴影，并由单根光纤产生一个次级脉冲信号。因此，可以同时测量单个粒子的大小和速度，并通过脉冲信号的时间和移动粒子的速度计算出粒子的长度。因此，使用 SFVM 进行监测可以通过非侵入性方法评估中间产品和成品的特性来进行质量控制，而无需特殊的取样程序。

（9）X 射线荧光

X 射线荧光（X-Ray fluorescence，XRF）是一种原子分析技术，用于确定各种样品类型的成分，包括固体、液体、浆液和粉末，类似于电感耦合等离子体光原子发射光谱（ICP-AES）和原子吸收光谱（atomic absorption spectrum，AAS）。AAS 和 ICP-AES 可测量超过 70 种不同的元素，广泛用于制药行业的原子高灵敏度分析。然而，阴极灯只能测量特定的分析物，并且由于酸分解过程，样品制备需要更长的时间。此外，由于空间需求大，维护成本高，因而需要一种更好的替代方案。

XRF 是一种基于内部电子转移和 X 射线辐射与原子相互作用的化学分析方法。高能 X 射线攻击高能原子中的电子，导致其释放。因此，在内壳中产生一个空位，并且外轨道中

6

的电子移动以覆盖空位，从而由于两个轨道之间的能量差异而产生荧光 X 射线。因为每个元素都有一个自己能级的电子，因此特征 X 射线辐照产生独特的能量差异。因此，XRF 具有选择性高、收集的光谱数量少、无重叠等优点。获得的 XRF 光谱表明了每种元素的性质，光谱的强度表明了样品中存在元素的含量。XRF 不受基质效应的影响，因为它减少了样品和基质之间 X 射线束的吸收和散射。此外，样品制备时间短、灵敏度高、方法相对简单。XRF 非常适用于制药行业的 CPV，因为它对非重叠光谱和基质效应的影响较小，并且能够同时无损量化多种元素，因此它允许更简单的数据分析。

（10）其他 PAT 工具

光学相干断层扫描（optical coherence tomography，OCT）是一种高分辨率成像方法，可以无损测量半透明或混浊材料的深度。在制药行业，它用于测量包衣过程中的包衣厚度和均匀性，其原理与 TPI 相同。OCT 可以弥补 TPI 分辨率低和测量时间长的缺点，并因其波长相对较短而实现高分辨率。然而，由于强散射限制了渗透到涂层基质中的深度并且不会产生明显的折射率差异，因此很难对涂层的厚度进行成像。尽管如此，它不仅可以测量包衣厚度，还可以测量片剂内的包衣均匀性，与 NIRS 或拉曼光谱相比，它的优点是在过程中受探针污染和测量位置的影响较小。因此，在制药行业，OCT 被广泛用作中间体和成品质量控制的实时监控工具。另一种 PAT 工具是微波共振技术（microwave resonance technology，MRT）。MRT 可以通过记录水分子与不断变化的电磁场之间的相互作用来测量制粒过程中的水分。与光谱学（例如 NIRS 和拉曼光谱学）不同，MRT 不需要对收集的数据进行任何数学预处理。

在将 PAT 应用于工艺之前，首先要了解工艺和物料性质，考虑 PAT 工具的特性，选择合适的 PAT 工具并将其应用于 PAT 过程。同时还应考虑 PAT 工具的位置和测量方法等因素。如图 6-23 所示，PAT 对于生产高质量药物产品的 CPV 和 QbD 方法非常重要。在实验室规模的药物开发中，通过 QTPP 和风险评估确定配方和工艺中的关键物料属性、关键工艺参数和关键质量属性，通过 DoE 得出最佳设计空间，并通过基于 QbD 的多变量分析确定与关键物料属性、关键工艺参数和关键质量属性的相关性，通过 PAT 实时检查过程的变异性，可以实现过程和质量控制。因此，在药物生产过程中引入 QbD 方法中的 PAT，通过实时监测过程，提高对过程的理解，实现快速识别和反应，被作为实时放行检测的控制策略。

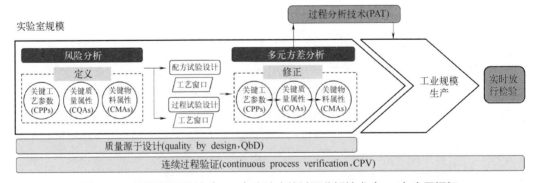

图 6-23　质量源于设计（QbD）方法中的过程分析技术（PAT）应用框架

可靠地运行药物生产过程需要一个强大且容错的监督控制系统，通过利用高效自动化设备的能力来生产所需质量属性的材料，从而管理常见原因干扰和异常事件的影响，保证生产过程整体可控。近年来，为了对过程操作进行基于模型的控制和风险分析，提出了采用适当的过程系统工程工具的质量控制（quality-by-control，QbC）范式来开发和实施主动过程控制策略。高级过程控制和风险分析旨在与支持知识和工具交互，促进系统集成以实现高级控制。采用分层架构，可系统控制设备级资产和集成，用

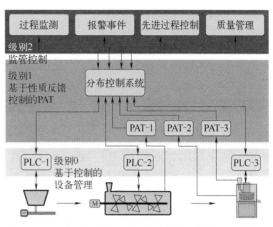

图 6-24　连续直接压片过程控制系统的分层实施

于维持正常操作条件和产品质量规范的系统级别。分层过程控制结构，如图 6-24 所示，遵循 ISA-95 企业控制系统集成标准。例如，在连续直接压片过程中，0 级控制通常通过内置于单元操作设备中的可编程逻辑控制器（PLC）来实现，以控制单个 / 多个关键工艺参数（critical process parameters，CPP）。1 级控制系统可以包含多个单元操作，并使用有效的反馈 / 前馈控制算法进行设计，以减少干扰的影响，否则干扰可能会传播到下游。集散控制系统（distributed control systems，DCS）用于集成工艺设备，例如进料器和压片机以及测量材料特性的仪器。在第 2 级控制应用中更高级方法的显著特征是使用数学模型来处理测量不确定性、预测干扰和关键工艺参数变化对关键质量属性、故障检测和强化过程操作的影响。因此，级别 2 提供的功能包括基于模型的应用程序，例如用于数据验证的数据校正和粗差检测、模型预测控制和实时优化，以及其他制造运营管理功能，并且确实需要与系统历史数据库交互才能实施。

　　为了对过程操作进行基于模型的控制和风险分析，提出了采用适当的过程系统工程工具的质量控制（QbC）范式来开发和实施主动过程控制策略，并进一步提出了基于风险的反馈控制评估框架，如图 6-25 所示，以评估每个控制层的风险并确定最合适的方法来减少常见风险的发生和影响。制造过程的风险图可以通过矩阵的形式呈现，它表征风险事件发生的可能性并描述其对制造系统的影响。在控制设计中，只调查连续制造过程中可接受的风险。可接受的风险通常是由于实施有效的永久性对策的成本或难度超过风险事件对过程操作的预期影响，因此被理解和容忍的风险。这从风险映射中识别出的可接受风险场景根据其频率和严重程度进一步分为三类：R0 低风险、R1 中风险和 R2 高风险。预计通过使用风险评估框架在不同级别实施主动过程控制策略，可以进一步评估和适应这些可接受的风险。

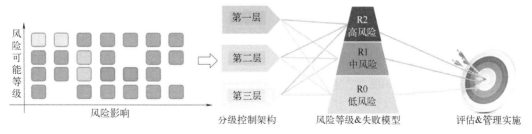

图 6-25　基于风险的反馈控制评估框架

6.4.2　物料追踪与状态监测

在制药行业中，准确追踪原材料、中间体和成品的位置和流向是确保产品质量、安全性和合规性的重要手段。如果发生产品召回或质量问题，物料跟踪系统可以快速定位并隔离问题，避免对消费者造成潜在的健康风险。在供应链和分销渠道中，物料跟踪系统可以提高物流透明度和效率，避免丢失和误用，并确保正确的物料被分配到正确的位置和时间。例如，当 API 桶被引入工艺流程时，可以跟踪和量化包含该桶 API 的后续批次药品数量。此外，中国 2010 年颁布的《药品生产质量管理规范》和美国的《药品供应链安全法》将要求制药行业实施端到端的可追溯性。智能制造在制药运营管理中的应用将使连续加工中的定量和预测性材料跟踪成为可能。

在传统药物生产中，批次大小的定义适用于批量制造。然而，为了确保真正的批次标识，需要额外的步骤来进行操作。尽管连续制造中的每个批次原则上经历相同的处理过程，但操作仅限于该批次的材料。连续制造中的批次在特定时间段内收集，并且处于相同的操作条件。因此，可以使用先验标准（例如产品质量或运行持续时间）来定义大量连续生产的产品，并在需要时进行动态定义。在任何情况下，当材料通过工艺流程时，必须记录其进度，并根据允许的设计空间和基于模型预测或测量的每个设备中的停留时间进行监控。必须在第一次偏离允许范围时将材料标记为不合格，并记录大量先前材料的终止时间，并跟踪不合格材料，直到重新建立令人满意的条件。这些功能需要智能制造的信息学系统积累批次和不合格材料统计的动态数据，包括观察到导致不合格偏离阶段的数据，因为这些可以提供关于故障点和模式的信息，以及过程变异及其传播。在制药工艺中，必须准确地追踪和监测物料状态，以确保产品质量、安全性和合规性。

化学工程中的一个重要概念是材料在每个设备中的停留时间分布（residence time distribution，RTD）。这个概念在 CM 领域也备受关注，成为了药物连续制造中跟踪材料的工具之一。通常，材料 RTD 研究采用统计方法，以开发 RTD 曲线、无量纲 RTD 模型或基于传递函数的经验 RTD 模型，例如通过测量 API 浓度阶跃变化的响应或示踪剂组合物的下游传播。然而，这种理解通常只适用于稳态运行条件，无法代表实际的操作动态。因此，动态 RTD 模型可以为处理物料批次变化或过程干扰时提供风险评估，并为转移不合格的物料提供建议。此外，产品批次 ID 可以追溯到该特定批次的 RTD 信息，以表明该批次正在收集进入进料系统的原材料。在智能制造框架中，将传感器网络的实时信息流和物料流的停留时间分布集成起来，可以更深入地了解过程变异的根本原因，提供更可靠的可追溯性。抽样和放行策略可能取决于事件风险水平和产品成本。

为了提高单个设备、PAT 工具和产品质量控制策略的设计和配置效率，必须对物流和资产中的非随机异常条件（例如流动阻塞、自动化系统故障或设备性能下降）进行监测。这需要根据定性和定量指标建立过程警报，并进一步制定维持过程的纠正和预防行动计划。近来，CM 应用程序引入了异常事件管理（exceptional events management，EEM）和智能报警系统（intelligent alarm system，IAS）的框架，以处理故障检测、诊断和异常事件的缓解问题。基于定性模型的方法（例如带符号有向图和基于过程历史的定性趋势分析）和定量方法（例如小波分析和主成分分析）可用于检测由材料堵塞和堆积引起的故障。投料机、造粒机和压片机等工艺设备需要其相应的子系统和组件有效运行，例如称重传感器、螺线管、耐磨条、垫圈、冲头固定器、电机、轴承、润滑系统、电气连接和内部控制器。除了与颗粒处理相关的风险（例如结垢、结块）外，这些部件还会因使用设备而磨损。例如，压片冲头等工具磨损、压片机转塔因设备老化而导致的水平变化、刮刀或计量凸轮损坏等可能导致产品质量不合格、导致产品泄漏并影响用于质量的原始测量保证。因此，验证设备在操作期间和清洁周期后运行之间的性能对于确保设备的可靠条件和实施策略以避免计划外停机是必须的。数据驱动的维护管理实践将有助于 CM 过程的维护和操作。此外，设计和实施异常事件管理稳健框架时需要着重考虑与过程控制和实时优化层系统进行集成，以促进及时执行缓解策略或在需要时启动不合格材料跟踪和控制程序的因素。

6.4.3　信息管理与系统集成

为了管理连续生产过程中大量的数据，需要采用系统化的方式。这些数据涉及到过程的产品数量、速度、真实性以及多样性。首先，必须以结构化、语义丰富的方式存储信息，否则在以后检索所需的信息项目时，会变得非常昂贵，有时甚至无法检索。药物开发中采用 QbD 知识管理系统的概念设计信息来源管理系统，该系统的工作流程由过程和传感器数据存储库以及实验或生产运行的记录元数据构成，这种记录成为信息的来源。自动记录过程和传感器数据以及及时注释故障排除活动的存储库将为过程开发提供信息基础。此外，这样的库有利于在操作期间向操作员提供及时警报，促进未来产品的开发。工作流还有助于轻松访问实验（或过程）数据，在不同时间在同一产品或工艺开发小组工作的研究人员之间可以共享信息。最后，它可以为识别和跟踪大量合格材料和大量不合格材料提供信息库。

系统集成架构和基础设施对于实现实时质量保证方法和增强制造操作功能具有重要作用。随着智能制造和相关工业自动化革命（如工业 4.0）的发展，应用最先进的过程操作工具、架构和自动化方法可以促进制药制造的技术进步。医药制造需要使用新的管理工具和结构，并采用最先进的工具和架构来实现。例如，通过遵循 ISA-95 企业控制系统集成标准的集成，可以协调过程控制域，监测和控制物理资产和生产过程，并添加制造运营管理域来支持过程数据的使用，如过程性能监控、维护管理和库存跟踪等。ISA-99 工业自动化和控制系统安全标准使用资产模型、区域和管道模型为网络配置提供指导，以实现功能之间的连接，同时确保网络安全。通过遵循 ISA-95 和 ISA-99 模型的设计理念，资产数据能够实时用于相关的制造运营管理分析。这种架构越来越多地被称为边缘和云，边缘指制造资产的物理位置，而云则指用于实施高级过程控制、制造运营管理和企业资源规划所需的分析工具网络。这种架构可以实现隔离之间的连接。

最近，在普渡大学和罗格斯大学的 ERC-CSOPS 试点工厂中，实施了先进过程控制并引入了制药 4.0 时代的试验台，如图 6-26 所示。普渡的试验台利用三个主要的自动化系统实现从过程控制域到制造运营管理域的垂直集成，包括 Emerson 的 DeltaV 13.3、OSIsoft PI System 和 Applied Materials 公司的 SmartFactory Rx（SFRx）分析控制。这些工具都具有多种功能，在测试台中针对特定目的进行配置和实施，以利用现有的中试工厂过程控制系统。该数据架构是在 ISA-95 和 ISA-99 之后实施的，以复制用于先进制造操作的边缘和云系统。图 6-26 显示了此系统的一个代表性截图。为了实现工厂级的过程自动化，来自设备和分析仪的过程数据被集成到 DeltaV 级别的过程控制中，并记录在 PI 数据档案中，通过 PI 资产框架实时访问，以监控过程性能和产品质量。在操作瞬间，设备的状态通过 PI Vision 和 SFRx 设备生产力跟踪（EPT）以交通灯系统的形式进行可视化。点状图例表示设备或分析仪的正常功能，线状图例表示系统的关闭或故障状态。灰色表示系统的待机状态。图中显示了一个来自压片机系统暂停的案例，该案例是由于压片机出口处质量流量传感器的通信中断造成的。正在进行的工作包括利用早期的基础设施作为平台，进一步开发工艺管理的应用，例如为连续压片过程中遇到的故障提供规定性的行动。

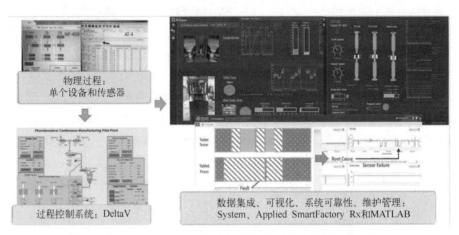

图 6-26　普渡从资产到控制系统的数据流连续制造试验台

6.4.4　在线优化与智慧工厂

智能制造是以工业互联网和大数据技术为基础，通过连接设备、数据和人员，实现设备智能化、生产过程自动化、质量可控和生产灵活性等目标的制造方式。在这种背景下，优化制造过程变得更加复杂和动态，需要实时地对生产过程进行调整和优化，以实现高效、可靠、灵活的生产方式。动态在线优化是指在制造过程中，通过不断地收集、分析和利用实时数据来实现优化控制，以实现高效、灵活、智能的制造过程。在智能制造环境下，动态在线优化可以有效地提高生产效率、优化产品质量、降低能源消耗和减少生产成本。动态在线优化主要依赖于智能化制造系统中的实时数据采集、处理和传输技术，通过快速、准确地获取制造过程中的各项参数数据，并结合机器学习、人工智能等技术对数据进行分析和处理，从而实现制造过程的实时优化。

动态优化方法可以按不同的分类方式进行分类。常见的分类方法（图 6-27）包括确定性优化、随机优化、模糊优化、鲁棒优化和在线优化。在线优化是利用测量传感技术不断在线获取研究对象的测量数据，用获得的数据更新原来的过程模型，从而克服过程干扰带来的模型偏移、失配问题。制药工业过程在线优化是指通过实时数据分析和处理，对生产过程中的

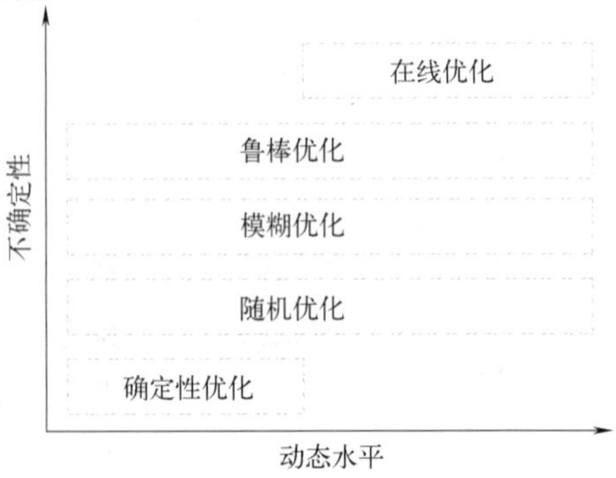

图 6-27　动态优化方法的分类

控制参数进行调整，以优化药物制造的过程效率、质量和可持续性。这可以通过多种在线分析技术实现，如前文提到的近红外光谱、拉曼光谱和高光谱成像等。在线优化的关键是建立准确的数据收集和分析系统。这需要制定适当的生产控制策略和自动化系统，以确保数据的准确性和及时性。同时，应使用适当的在线分析技术和算法，以从大量的数据中提取关键信息，并将其转化为有效的控制参数和行动计划。

根据获取在线测量数据方法的不同，在线优化方法主要分为基于在线辨识的重复优化法和级联优化法。基于在线辨识的重复优化法是通过在线辨识建立动态模型，不断收集和处理实时数据，对生产过程进行不断的优化。该方法需要使用先进的在线辨识算法和数据处理技术，以便准确地识别过程变化并更新模型。在建立准确的动态模型后，可以使用优化算法对生产过程进行重复优化，以使其保持在最优状态。该方法的优点是能够准确地捕获生产过程中的变化，并及时进行调整，以达到最优化的生产效果。级联优化法是基于先进的过程控制技术，将生产过程分成多个级别，每个级别都有一个控制器，负责对其进行控制和优化。每个级别的控制器都可以实时地接收前一级别的数据，并使用先进的算法进行优化，以确保整个生产过程的最优化。该方法的优点是能够将生产过程分解为多个级别，对每个级别进行独立的优化，从而确保整个生产过程的最优化。

基于在线辨识的重复优化法是将间歇生产过程分割成若干段连续过程，分别对每段连续过程用解析法或数值法计算优化解。李春富等针对异丁烯酸甲酯聚合反应过程，运用部分最小二乘法（multiway partial least squares，MPLS）建立软测量模型，通过在线测量过程变量对产品质量进行预测。但这种方法仅适用于线性过程，不宜用于复杂的非线性过程。针对非线性问题，李春富团队又利用径向基神经网络（radial basis function，RBF）的万能逼近性来处理过程的非线性，将递推最小二乘算法（recursive partial least squares，RPLS）同 RBF 网络结合，根据在线测量的数据自适应地调整过程模型的结构和参数，使模型适应非线性过程的变化。间歇生产过程经常涉及高维优化问题，因为间歇生产过程的时变性造成了过程模型一般是由多个线性模型组成。此外，该优化策略还存在两个不足，一是辨识需要额外的激励信号，易使系统的稳定性变差，并且当状态变量存在扰动时计算量过大；二是该优化策略需要状态变量全部可测，对存在不可测扰动的过程优化效果欠佳。间歇生产过程中，很多质量指标不能在线测量，通常是在反应结束后通过离线分析得到。2004 年，清华大学王桂增等人应用多向部分最小二乘方法建立软测量模型，通过在线测量的过程变量对产品质量进行预测。针对异丁烯酸甲酯（methacrylic acid methyl ester，MMA）聚合反应过程中的数据进行模拟，在反应初期即可预测出最后的产品质量，并进行操作工艺的调整。

近年也提出了很多基于在线测量值的实时优化方法，其中，一个常用的方法是基于模型预测控制（model predictive control，MPC）。MPC 是一种基于数学模型预测未来过程行为，并根据优化目标调整过程控制策略的控制方法。通过实时采集过程变量数据并对其进行分析，MPC 可以对未来的过程行为进行预测，然后基于优化算法寻找最佳的控制策略，从而实现对过程的实时控制和优化。另外，还有基于人工神经网络（ANN）的在线优化方法。ANN 是一种基于生物神经系统结构和功能设计的人工智能技术，可以学习和模拟非线性系统的行为。通过将 ANN 与实时数据采集系统相结合，可以实现对过程状态的实时监测，并通过学习和预测过程行为来进行实时控制和优化。除此之外，还有基于模糊控制、遗传算法、粒子群优化等方法的在线优化方法，这些方法都是根据不同的优化算法和数据处理技术实现对过程的实时控制和优化。

Fissore 课题组开发了一种利用基于模型的工具来优化制药冻干过程的实时控制策略。制药行业需要严格控制产品质量，而冻干过程是制药过程中一个关键的步骤。该步骤的质量直接影响到最终产品的稳定性和有效性。因此，对冻干过程进行优化非常重要。作者提出了一种基于模型的优化方法，将传统的经验模型和过程模型相结合，利用在线监测数据进行模型校正和参数优化，并利用优化后的模型来优化冻干过程中的实时操作，实现更高效、更稳定的制药过程。作者还通过实验验证了该方法的有效性，并得出了一些有价值的结论和建议，为制药工艺中的在线优化提供了新思路和方法。

工业 4.0 是指数字化时代下的第四次工业革命，它基于互联网、物联网、大数据、人工智能等新技术，旨在实现生产过程的智能化、网络化和自动化，以提高生产效率和质量，降低成本和能耗。工业 4.0 的核心理念是将制造业中各个环节（包括设计、生产、供应链、销售和服务等）进行全面数字化，并将各个环节通过物联网和数据分析进行连接和优化，实现智能化生产、柔性化生产和定制化生产。工业 4.0 的框架主要有两个主要部分，即数字化和智能化。数字化是指将工业生产中的物理系统和过程数字化，通过传感器、数据采集器和互联网等技术，将物理世界转换为数字世界，实现对生产过程的监测、控制和优化。智能化是指在数字化基础上引入人工智能和机器学习等技术，对大量的生产数据进行分析和挖掘，从而实现对生产过程的自动化和智能化控制。这种智能化还包括自主学习、自我适应和自我优化等特点，能够使生产系统更加高效、灵活和可靠。数字化和智能化两者相互支持，相互促进，是实现工业 4.0 的关键所在（图 6-28）。

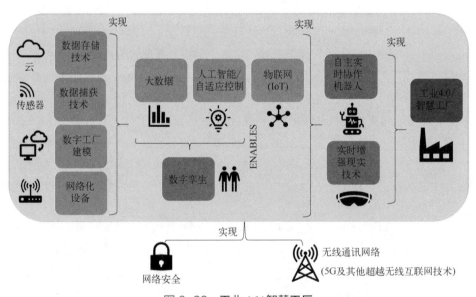

图 6-28　工业 4.0/智慧工厂

智慧工厂则是实现工业 4.0 的关键，制药工业 4.0 智慧工厂的终极目标是无人化的生产模式。制药智能工厂需要满足生产运营的柔性高效、高质量、安全、节能环保、合规

（GMP）等要求，并通过互联网与供应商、客户等外部资源实现"云"制造；面向药物生产从原料到仓储全流程环节，以高端智能装备为基础，利用信息化、大数据、云处理等先进技术与药物生产工艺要求高度集成，让制药企业的设备、生产过程、产品、管理全方位满足 GMP 要求；利用智能化生产设备实现更高效、高质量、柔性化、定制化生产；实现智能化生产的新型工厂。

制药 4.0 是指在工业 4.0 的基础上，应用于制药行业的数字化技术和智能化制造的概念和实践。制药 4.0 旨在实现制药行业的数字化转型和智能化升级，从而提高生产效率、质量控制和监测、资源利用率等方面的水平。在制药 4.0 环境下，制药企业将采用数字化技术和智能化制造技术，实现制药生产全过程的数字化控制和智能化管理，包括从原材料采购、生产计划、生产制造、质量控制到产品销售等环节。其中，数据分析、人工智能、物联网、云计算等数字化技术将广泛应用于制药生产中，实现生产过程的智能化和自动化。例如，在制药业中，外部信息包括患者体验、市场需求、供应商库存和公共卫生突发事件等变量，可以与能源和资源管理、建模和模拟结果以及实验室数据等内部信息融合。整合内部和外部数据源，可以实现前所未有的实时响应、监测、控制和预测，如图 6-29 所示。

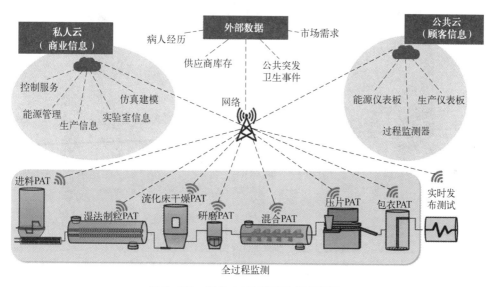

图 6-29　工业 4.0 下的药物智能制造

6.5　应用实例：药物和精细化学品的智能制造

6.5.1　基于连续流技术的智能平台

（1）按需连续流动生产药物的冰箱制药工厂

化学工业均采用分批处理系统（间歇）或连续系统进行生产。连续系统在生产效率、热效率、混合效率、安全性和可重复性方面都比分批处理（间歇）系统更具有优势。石油化学工业均采用连续生产系统，近年来在化学制药物工艺研究中，连续流动制备的出现颠覆了传统间歇制备系统，展现出了巨大的优势，例如高反应效率、安全性及高转化率和选择性、特殊反应条件如光 / 热 / 电 / 辐射等的可控性，缩短反应时间，耐受苛刻条件等等。在过去的十年里，连续流动合成在有机合成中的应用大大增加，现在正成为主流合成的常规手段之一。

2016 年，麻省理工学院的 Jamison、Jensen 和 Myerson 共同报道了通过连续流动工艺在一个尺寸为 1.8m（高）× 1.0m（宽）× 0.7m（长）的系统内实现按需连续化合成 API 原料药，包括盐酸苯海拉明、盐酸利多卡因、地西泮和盐酸氟西汀等，如图 6-30 所示。通过可以即插即用冰箱大小的平台，实现复杂的多步合成，多重实时在线分析、合成后处理、产品结晶等复杂过程，最终制备了合规的药物。这种连续制造系统实现了集成化的加工和控制、提高了安全性、缩短了加工时间，同时降低了成本，提高了产品的品质，实现了连续化、小型化和按需生产的理念。这种灵活的即插即用方法的基础是在连续流合成、复杂的多步骤反应、反应工程设备和实时配方方面取得的实质性进展，该成果也证明了连续流系统的强大能力并探索了其技术极限。

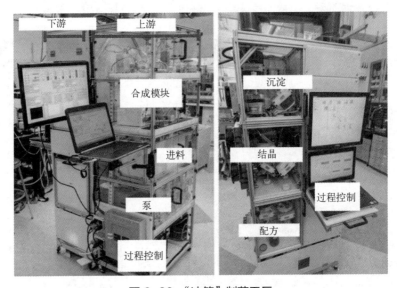

图 6-30　"冰箱"制药工厂

（2）基于连续流技术的自动化反应平台

2018 年，辉瑞（Pfizer）的 Neal Sach 博士及其团队报道了一种基于连续流技术的自动化反应平台，每天可以完成超过 1500 次纳摩尔级别的反应筛选，并可以实现微摩尔级别的制备。该连续流系统与超高效液相色谱 - 质谱（UPLC-MS）等高通量分析相结合，实现了从设计到结果的快速转化，大大降低了前瞻性反应筛查的成本，如图 6-31 所示。作者采用筛选出的最佳条件，利用传统的流动式或间歇式反应器验证了 50～200mg 级的合成效率。药物研究中，很难获得不稳定和高反应性的复杂中间体，由此引发了对亚毫克尺度上反应优化方案的需求。基于连续流化学技术的自动化合成平台是由市场上可购买到的元件组成的，它将快速的纳摩尔级反应筛选和微摩尔级的合成整合在一个模块单元中。为验证该系统，作者在升高的温度下以纳摩尔级别筛选了 Suzuki-Miyaura 偶联反应中的各种变量，以每24小时超过1500次反应的速率产生5760个反应的液相色谱-质谱数据点。优化条件后，通过多次注射相同的片段，该系统可以直接生产微摩尔级别的产品。对反应条件涉及的4种溶剂、11种催化剂、7种碱，以及两个反应物可能带有的不同活性基团总计5760种反应组合进行了评估，并利用其液质联机实时分析的优势得到了产率热图。

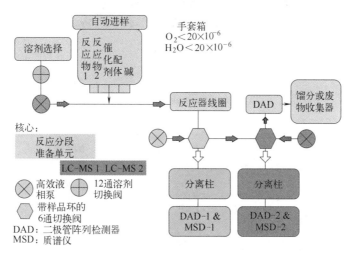

图6-31　机器人"化学家"预测Suzuki-Miyaura反应的产率

运行反应时，用户可以选择载体溶剂，多种载体溶剂可以随时轻松切换。自动进样器将各种1μL的反应物、催化剂和其他试剂注入溶剂中。这一反应体积（5μL）仅为其载体溶剂体积的约1%，注入段到载体溶剂（500μL）的扩散会导致足够稀释溶剂作为反应溶剂。稀释的反应段将连续流过反应器盘管，在此期间化学家们可以精确控制流速、温度、压力和停留时间。通过分馏进入UPLC-MS可以实时分析从反应器线圈流出来的部分，节省了离线分析时间。

6.5.2　机器人自动化多样合成平台

（1）自动化模块化多样合成平台

2018年，麻省理工学院（MIT）的Jamison和Jensen等研究人员在自动化合成领域实现突破，他们基于算法、流动化学和分析技术开发了一套小型的自动化多样性合成平台，可以进行均相或非均相催化反应，同时兼容涉及C—C键/C—N键偶联、Horner-Wadsworth-Emmons烯烃化、Paal-Knorr吡咯合成、还原胺化、芳香亲核取代、环加成、光致催化等不同类型的化学反应，端对端地完成从反应条件优化到目标分子合成及分离的全过程，相关成果发表在 Science 上。为了让自动化机器能够适应不同化学反应的需求，研究人员设计了一套"即插即用"系统，其核心部分是六种功能化模块，包括用于实现特殊反应的LED模块、加热模块、冷却模块、填充床模块，用于萃取产物的液-液分离模块以及用于混合试剂的旁路模块。这些模块拥有和大屏手机差不多的尺寸，化学家只需根据自己的需求选择合适的模块插入到拥有5个接口的连续流动装置上，即可实现不同类型反应的组合，就好比通过USB接口连接在一起的计算机组件一样，如图6-32所示。以往在反应条件的"手动"优化过程中，化学家经常设计一系列线性实验来研究某个变量对结果的影响，为了提高机器优化反应的效率，研究人员为机器配备了一种基于 SNOBFIT 的算法，通过随机条件下运行少数的反应，并在每次反应中同时考查多个变量对最终产物的收率或初始原料转化率的影响后，从结果中学习设计下一组反应，直到获得最佳反应条件。

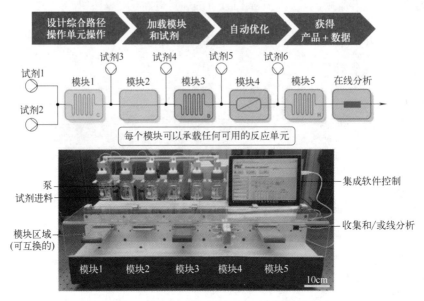

图 6-32 "即插即用"自动化合成概念和流程图

以 Buchwald-Hartwig 偶联反应为例，其连续流动管路由 3 个旁路模块、1 个加热模块、1 个液 - 液分离模块以及 1 个 HPLC 组成。4 个独立的加料控制位点负责将原料 1 和 2、催化剂 3、碱 4 依次泵入管路，并在加热模块中进行 C—N 键形成反应，随后另外 2 个加料泵向管路中加入溶剂 5 和 6，并在液 - 液分离模块中萃取流动相中的产物，最后由终端的 HPLC 完成分析和进一步纯化处理。作者通过 SNOBFIT 算法对反应中原料、催化剂、碱溶液用量以及加热模块中温度、料液停留时间 5 个连续性变量进行考查，机器仅运行了 32 个反应、耗时 21 小时就完成了反应条件的优化。

对于其他类型的单步合成，该机器仅在一天之内进行 30 多个实验即可优化出反应条件，并能在最佳条件下成功地完成其他底物的合成。与传统的"批次化学"相比，这种可重构的合成系统能够极大缩短优化反应所需的时间，可以更容易地使用已有的化学方法实现目标分子的合成，提供间歇反应器无法轻易实现的反应条件，无需重新优化实验的所有步骤。

（2）AI 逆合成机械臂

2019 年，麻省理工学院 Jensen 等报道了一种结合 AI 设计合成路线和机器人执行的自动化合成平台，该方法基于美国专利和 Reaxys 数据库中的反应训练的人工智能算法，能够为给定分子提出合成路线，包括反应条件，并根据步骤数和预测产量评估最佳路径。同时，该系统拥有一个灵活的机器人手臂，能够执行所有合成操作流程，实现自动化合成。该机器人平台可以成功用于 15 类化学小分子药物的合成路线设计和自动化合成，如图 6-33 所示。

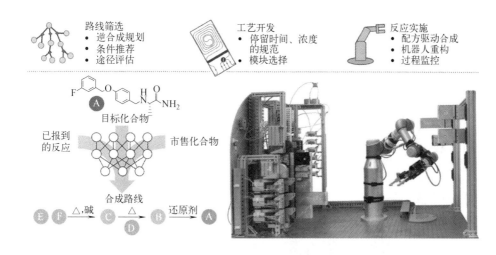

图6-33 自动化合成机器人平台

首先，由人工智能给出合成分子的途径，然后化学家审查这条路线并将其细化为化学"配方"，最后将配方发送到机器人平台，自动组装硬件并执行反应构建分子。研究人员为计算机辅助逆合成路线设计（computer aided synthesis planning，CASP）开发了一个开源软件 ASKCOS，该软件套件受到 Reaxys 数据库和美国专利商标局数百万反应的训练，旨在通过学习应用逆合成转化，确定合适的反应条件，并评估反应。该算法利用 Reaxys 中 1250 万个单步反应归结出大约 164000 个可靠规则。然后训练一个神经网络（ANN）模型来预测这些规则中最能够转化应用到目标分子结构上的规则。在每种情况下，系统询问是否存在将给定反应物转化为预期产物的任何条件。最终目标是将目标化合物追溯为可从供应商如 Sigma-Aldrich 获得的容易且廉价的小分子。

研究人员基于前人的即插即用单元操作设计了一个自动设置连续合成系统，该系统包含进程栈、反应器、分离器和溶剂树。这个合成路线设计软件和自动化合成平台被用于 15 种药用相关的小分子的设计和自动合成，包括阿司匹林、塞克硝唑、利多卡因、地西泮，以及手性药物（S）-华法林；还合成了 2 种化合物库以及 5 种 ACE 抑制剂，包括喹那普利和 4 种非甾体类抗炎药。这些目标需要总共 8 种特定的逆合成路线和 9 种特定的工艺配置。总的来说，CASP 和流动化学机器人的整合平台代表了完全自主化学合成之路上的里程碑，解放化学家的双手似乎越来越成为可能。但目前为止，该系统只能使用已知的反应，研究人员希望 AI 最终可以用于根据已知结果预测全新的合成步骤。研究人员认为，化学空间巨大，最好的合成化学家可以使用所有工具，但仍然很难合成一些复杂分子，因此期望这些自动化系统能够与最优秀的人类化学家合成相同范围的分子是不现实的。

（3）**移动的机器人化学家**

2020 年，利物浦大学 Andrew I.Cooper 教授等人设计了一台会移动的机械臂式机器人来帮助他们进行光催化水解实验的探索，推动了"机器人化学家"的发展。作者设计了借助激光扫描和触觉反馈实现精确定位的可移动机器人，该机器人由一个机械手臂和一个可以移动的平台构成，主体部分均由库卡（KUKA）机器人有限公司制作。机器人高约 1.75m，重约 430kg，在最佳条件下每天可以工作 21.6h，如图 6-34 所示。此外，作者给机器人配备了一个多用途的夹具，使其可以像实验员一样在实验室内自由移动，并独立完成实验室中的各项操作，包括固液药品称取和使用、分液、给气相色谱站送样和储存样品。同时，作者对实验室进行改造，建立了 8 个不同的工作站满足了实验所需的 6 个流程。

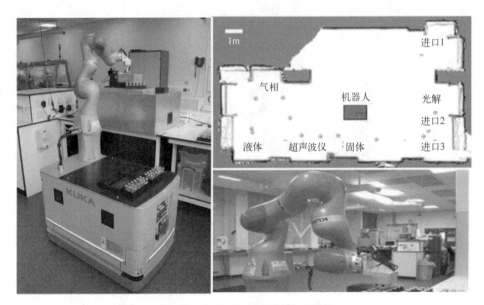

图 6-34　可移动的机器人和实验站

首先，作者选用了光催化剂 P10，这是一种在三乙醇胺存在下具有良好析氢反应光催化活性的共轭聚合物。作者使用机器人从 30 个候选化合物中筛选新型的空穴清除剂。这一筛选过程没有用到任何 AI，机器人像实验员一样称样品、配溶液、开反应和测产物。各个候选空穴清除剂的析氢率结果表明：L- 半胱氨酸的产氢率为 1201μmol $g^{-1}h^{-1}$，并且通过核磁共振氢谱发现其反应前后无变化，表明具有可逆氧化还原的潜力。该机器人自主操作了 8 天，在一个 10 个变量的实验空间内进行了 688 次实验，由分批贝叶斯搜索算法驱动。这种自主搜索确定了光催化剂混合物，其活性是最初配方的 6 倍。这种模块化的方法可以部署在常规实验室中，可用于光催化以外的一系列研究问题。

（4）自动径向合成仪

2020 年，Chatterjee 课题组报道了一种径向自动合成仪，其系统中央枢纽中的主控制器使用多位置阀将试剂导向周围不同的反应模块，既可以进行线性合成也可以进行收敛合成，通过光化学模块可进行光氧化还原 C—N 交叉偶联反应，大大扩展了该设备合成目标产物的范围，如图 6-35 所示。该系统可以快速筛查和开发新的合成方法来合成药物分子，在同一反应器上实现不同连续流动合成，灵活地应用于药品及其他化学品生产。

常规化学合成是"间歇批处理"进行的，但是这需要化学家进行多次手动干预，以准备、运行和停止每个反应，并从后续步骤中中分离出所需的产物。为此已经开发出一种称为流动化学的方法来解决这个问题。与批处理程序相比，流动化学还可以提高合成路线的生产率，并且对于涉及潜在危险成分的合成而言安全性更高。在流动化学中，将连续的反应物料通过泵运送至加热或冷却的反应器（通常为管状）以形成产物。为了进行多步合成，

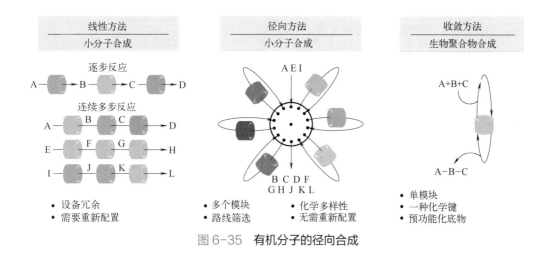

图 6-35 有机分子的径向合成

通常将多个反应器单元串联连接，因此一个反应器的输出与其他试剂一起成为下一个反应器的输入。可以添加在线分离系统以纯化中间体化合物或转换溶剂。

由于每个反应单元质量流量平衡，以使离开每个反应或分离步骤的流量等于输入流量的总和减去任何转向的物流（当化合物从一种溶剂中提取到另一个）。这种质量流量限制意味着需要不同的反应器类型和体积才能在每个步骤中获得最佳的产品收率：慢反应需要大型反应器，而快反应需要小型反应器。高温可使相对缓慢的反应足够快地进行，从而能够使用小型反应器。但是，高温也会促进副反应，例如产物分解的副反应。因此多步合成反应需要特定顺序的反应器体积和特定反应温度。反过来，这意味着对于每个新的目标分子，必须重新配置用于流动化学的平台，必须将反应器替换为尺寸更合适的其他反应器，从而降低了灵活性并增加了开发时间（优化平台所需的时间）来进行每个新合成的化学反应。

Chatterjee 及其同事的径向自动合成器旨在克服这一问题。系统中央枢纽中的主控制器使用多位置阀将试剂导向周围的不同反应器模块，这样合成中的每个反应都可以在最佳条件下进行，例如，最佳反应温度和试剂浓度，以及最合适的反应器类型。每个反应器的流出物返回中心集线器进行在线分析，然后分配到下一合成步骤，该步骤可以在同一反应器单元中，也可以在不同的反应器中。对于每个反应步骤重复此过程，直到合成了目标分子为止。

为了测试该系统，研究人员选择了抗惊厥药卢非酰胺，因为该药有很多合成方法。这样一来，他们可以展示如何依次筛选出分子的不同途径，并迅速确定制造分子的最佳方法。他们得到了两种优秀的优化途径，即线性途径和收敛途径，因为它们使用较少的溶剂提供了更高的产率，同时易于通过自发结晶分离。这样的自动化系统确保了可重复性，因为假定输入材料的质量相同，给定的合成指令集将在另一个位置的相同系统上以完全相同的方式执行。此外，这些系统使制造潜在危险的化合物（例如用于医学诊断的强效药物或放射性标记的化合物）不暴露于人类成为可能。自动化系统还可以用于生成反应数据，例如所用的试剂、产率和条件，以便在有机化学中进行机器学习。

6.5.3 机器学习自动化有机合成

(1) 机器学习预测新的化学反应

计算化学、机器学习的发展与应用正在为合成化学带来革命性影响，比如可以通过深度学习算法的应用来揭示新的化学反应，扩大对新化合物的获取。2018年，英国格拉斯哥大学 Leroy Cronin 教授报道了像化学家一样探索新反应的 AI 机器人，他们开发了新的机器学习（ML）算法控制有机合成机器人，可以在完成实验后独立"思考"，以便清楚地决定下一步该如何进行。与人类化学家在实验中采取行动的方式一样，机器人也可以独立自主地探索化学新反应和新分子，此外，它们更具备了准确预测化学反应结果的能力。相关成果发表在 Nature 杂志上。

与多数人印象中有手有脚的机器人不同，这个有机合成机器人系统大部分零件被摆放在一个通风橱中，如图 6-36 所示。它的核心部件包括一组装有化学品的原料罐和压力泵，这些泵负责将反应物送入可并行操作的 6 个反应瓶中，待反应结束再将混合物依次送入红外光谱仪、质谱仪、核磁共振仪中进行检测，最后使用支持向量机（supported vector machine，SVM）模型对比反应前后的指纹图谱判断原料是否产生了化学反应以及反应活性的程度。这种有机合成机器人系统的结构就是一种以人工智能机器学习算法为"大脑"的全自动反应和分析系统。

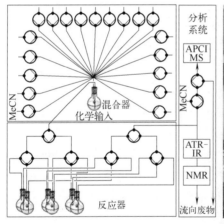

图 6-36　具备机器学习能力的合成机器人系统

具体来说，机器人对整个实验中的所有变量都采用二进制编码，即用一组由 0 和 1 数字构成的向量来描述每一个反应（类似于"独热编码"，one-hot encoding），以便训练机器学习算法。例如，在一个反应条件固定的实验中（即所有反应原料为变量），它将出现的起始原料定义为 1，而没有出现的起始原料则定义为 0，将这些简单的数字组成一个包含所有反应物信息的向量用来描述该反应的特征，并作为机器学习的输入端数据。另一方面，支持向量机模型则通过识别反应前后谱图的变化来判断是否产生化学反应并进行分类：如果反应活性很高，那么该实验的结果将定义为 1，反之则为 0，以此作为机器学习的输出端数据。之后，机器人会使用线性判别分析（linear discriminant analysis，LDA）算法，对这些无关化学结构的"数字化"数据进行学习，寻找反应背后的规律，并预测不同变量情况下未知反应的结果，从而指导下一步实验。

该研究中，研究人员希望从 18 个化合物中快速地找出可以产生化学反应的原料组合，为了减小工作量，反应使用统一的条件，并且只专注于两组分和三组分反应——大约 1000 个实验。机器人首先随机地选择了 100 个实验进行初步尝试，通过 SVM 模型判定实验结果后，使用 LDA 算法对"数字化"数据进行归纳和总结。随后，AI 会根据自学的知识对剩余实验预测并反馈，在此基础之上，机器人会优先选择它认为最有可能产生化学反应的 100 个实验开始第二次尝试。每完成 100 个实验采样，机器人都会自动更新自己的数据库并使用算法重新学习，在重新评估剩余的反应后继续 100 个新的尝试，直到完成指定数量的实验或是它判断剩余实验不会产生化学反应为止。最终的结果是机器人每次都能从余下实验中挑选出更具反应活性的化学物质组合进行探索，并且每一次预测的准确率都能保持在 80% 以上。通过像人一样"三思而后行"的工作模式，机器人还发现了一些前所未有的反应类型和分子。

除了能像人类化学家一样探索新反应，机器人还可以完成一些化学家们力不能及的工作——预测化学反应的产率。研究人员为机器人增添了一种神经网络算法，仍然使用与化学无关的"数字化"数据来描述 5760 个 Suzuki-Miyaura 偶联反应，神经网络对其中的 3456 个实验进行学习后，可以对其余 2304 个 Suzuki-Miyaura 偶联反应的产率进行准确预测，标准误差仅为 11%。

（2）化学编程语言驱动的模块化自动有机合成

格拉斯哥大学 Leroy Cronin 课题组开发了一套可以自动化的硬件和配套的编程语言 Chempiler 程序，为实验室规模合成机器人的模块化硬件生成特定的低级指令，成功实现了多个复杂有机化学反应的自动化，如图 6-37 所示。通过使用化学描述语言（XDL）对书面合成方案进行正式化，可以消除对合成过程含糊不清的解释。然后将此 XDL 方案转换为特定协议的 ChASM 文件，开发了一个自动机器人平台。该平台由连接到一系列模块的流体主

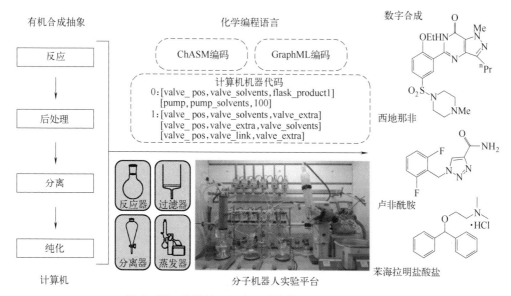

图 6-37 化学编程语言驱动的模块化自动有机合成

干组成，这些模块能够执行完成合成序列所需的操作。主干网可将所需的化学药品有效地进出平台的任何模块，以及在多步过程中对整个系统进行冲洗和清洗，在这些过程中，模块可重复使用多次。为该系统开发的模块包括一个反应烧瓶，一个能够加热或冷却的夹套过滤装置，一个自动液-液分离模块和溶剂蒸发模块。使用这四个模块，可以自动化合成药物苯海拉明盐酸盐，卢非酰胺和西地那非，而无需人工干预，其收率可与传统人工合成方法媲美。

 ## 本章小结

本章介绍了智能制造技术在药物和精细化学品生产全生命周期中的应用，包括分子设计原理、配方智能设计、工艺智能优化、在线分析与优化等过程。首先介绍了药物和精细化学品的分子设计原理，包括计算机辅助分子设计、计算机辅助药物设计以及人工智能在药物分子智能设计中的应用。相对于经验性分子设计，计算机辅助分子智能设计减少了盲目实验，提高了分子设计的准确性，有效地加快了生产研发进度。其次介绍了配方产品的智能设计，包括配方最优化原理、计算机辅助配方设计以及人工神经网络在药物配方设计中的应用；对于药物和精细化学品生产工艺过程的设计与优化，重点介绍了高通量自动化筛选技术、微通道反应技术以及机器学习在工艺设计与优化中的应用；对于工艺过程在线优化与分析，重点介绍了质量监测过程中在线分析、物料追踪与状态监测、信息管理与系统集成以及在线优化中的智能制造技术；最后，介绍了药物和精细化学品智能制造的应用实例，包括基于连续流技术的智能平台、机器人自动化多样合成平台以及机器学习自动化有机合成方面的最新报道，展现出了智能制造信息化与制药和精细化学品工业深度融合的大趋势。

 ## 思考题

1. 简述计算机辅助分子设计的工作流程。
2. 在计算机辅助分子设计工作中，常用的化合物性质预测软件有哪些？
3. 根据筛选原理的不同，计算机辅助药物设计可分为哪两类？简述其定义与主要方法，并说明机器学习在这两种方法中的应用。
4. 目前药物研发中常用的机器学习方法有哪些？
5. 常见的加工剂型可分为哪几类？并举例说明。
6. 简述人工神经网络在药物配方设计中的应用。
7. 什么是高通量筛选技术？简述其在制药工艺开发中的应用。
8. 简述微通道反应技术的基本原理和特点。
9. 简述微化工系统的组成与微型功能设备的分类。
10. 药物和精细化学品在线分析的常用方法有哪些？

 ## 参考文献

[1] Ray L C, Kirsch R A.Finding chemical records by digital computers[J].Science, 1957, 126 (3278): 814-819.

[2] 尤启东.药物化学 [M].8 版.北京：人民卫生出版社，2016.

[3] Vamathevan J, Clark D, Czodrowski P, et al.Applications of machine learning in drug discovery and development[J].Nature Reviews Drug Discovery, 2019, 18（6）: 463-476.

[4] Yang X, Wang Y, Byrne R, et al.Concepts of artificial intelligence for computer-assisted drug discovery[J].Chemical Reviews, 2019, 119（18）: 10520-10594.

[5] Bender A.Bayesian methods in virtual screening and chemical biology[J].Chemoinformatics and Computational Chemical Biology, 2010: 175-196.

[6] Lavecchia A.Machine-learning approaches in drug discovery: methods and applications[J].Drug Discovery Today, 2015, 20（3）: 318-331.

[7] Mayr A, Klambauer G, Unterthiner T, et al.Large-scale comparison of machine learning methods for drug target prediction on ChEMBL[J].Chemical Science, 2018, 9（24）: 5441-5451.

[8] Stepniewska-Dziubinska M M, Zielenkiewicz P, Siedlecki P.Development and evaluation of a deep learning model for protein−ligand binding affinity prediction[J].Bioinformatics, 2018, 34（21）: 3666-3674.

[9] Gómez-Bombarelli R, Wei J N, Duvenaud D, et al.Automatic chemical design using a data-driven continuous representation of molecules[J].ACS Central Science, 2018, 4（2）: 268-276.

[10] Popova M, Isayev O, Tropsha A.Deep reinforcement learning for de novo drug design[J].Science Advances, 2018, 4（7）: eaap7885.

[11] Sanchez-Lengeling B, Outeiral C, Guimaraes G L, et al.Optimizing distributions over molecular space.An objective-reinforced generative adversarial network for inverse-design chemistry（ORGANIC）.ChemRxiv.Cambridge: Cambridge Open Engage; 2017.

[12] 熊远钦.精细化学品配方设计 [M].北京：化学工业出版社，2011.

[13] Sophocleous A M, Desai K G H, Mazzara J M, et al.The nature of peptide interactions with acid end-group PLGAs and facile aqueous-based microencapsulation of therapeutic peptides[J].Journal of Controlled Release, 2013, 172（3）: 662-670.

[14] Nagy B, Petra D, Galata D L, et al.Application of artificial neural networks for process analytical technology-based dissolution testing[J].International Journal of Pharmaceutics, 2019, 567: 118464.

[15] Obeid S, Madžarević M, Krkobabić M, et al.Predicting drug release from diazepam FDM printed tablets using deep learning approach: Influence of process parameters and tablet surface/volume ratio[J].International Journal of Pharmaceutics, 2021, 601: 120506.

[16] Goh W Y, Lim C P, Peh K K.Predicting drug dissolution profiles with an ensemble of boosted neural networks: a time series approach[J].IEEE Transactions on Neural Networks, 2003, 14（2）: 459-463.

[17] Amasya G, Aksu B, Badilli U, et al.QbD guided early pharmaceutical development study: production of lipid nanoparticles by high pressure homogenization for skin cancer treatment[J].International Journal of Pharmaceutics, 2019, 563: 110-121.

[18] Li Y, Abbaspour M R, Grootendorst P V, et al.Optimization of controlled release nanoparticle formulation of verapamil hydrochloride using artificial neural networks with genetic algorithm and response surface methodology[J].European Journal of Pharmaceutics and Biopharmaceutics, 2015, 94: 170-179.

[19] McNally A, Prier C K, MacMillan D W C.Discovery of an α-amino C−H arylation reaction using the strategy of accelerated serendipity[J].Science, 2011, 334（6059）: 1114-1116.

[20] Tong W.Practical aspects of solubility determination in pharmaceutical preformulation[M].Solvent Systems and Their Selection in Pharmaceutics and Biopharmaceutics.Springer, New York, NY, 2007: 136-149.

6

[21] Schmink J R, Bellomo A, Berritt S.Scientist-led high-throughput experimentation (HTE) and its utility in academia and industry[J].Aldrichimica Acta, 2013, 46 (3): 71-80.

[22] Selekman J A, Tran K, Xu Z, et al.High-throughput extractions: a new paradigm for workup optimization in pharmaceutical process development[J].Organic Process Research & Development, 2016, 20 (10): 1728-1736.

[23] 骆广生, 吕阳成, 王凯, 等. 微化工技术 [M]. 北京: 化学工业出版社, 2020.

[24] Tang X F, Zhao J N, Wu Y F, Feng S H, Yang F, Yu Z Y, Meng Q W, Visible-light-driven enantioselective aerobic oxidation of β-dicarbonyl compounds catalyzed by cinchona - derived phase transfer catalysts in batch and semi-Flow[J].Advanced Synthesis & Catalysis, 2019, 361, 5245-5252.

[25] Zhao J N, Yang F, Yu Z Y, et al.Visible light-mediated selective alpha-functionalization of 1, 3-dicarbonyl compounds via disulfide induced aerobic oxidation[J].Chem Commun, 2019, 55, 13008-13011.

[26] Yun L, Zhao J N, Tang X F, et al.Selective oxidation of benzylic sp³ C−H bonds using molecular oxygen in a continuous-flow microreactor[J].Organic Process Research & Development, 2021, 25, 1612-1618.

[27] Laske S, Paudel A, Scheibelhofer O, et al.A review of PAT strategies in secondary solid oral dosage manufacturing of small molecules[J].Journal of Pharmaceutical Sciences, 2017, 106, 667-712.

[28] Austin J, Gupta A, Mcdonnell R, et al.The use of near-infrared and microwave resonance sensing to monitor a continuous roller compaction process[J].Journal of Pharmaceutical Sciences, 2013, 102, 1895-1904.

[29] Gupta J, Austin S, Davis M, et al.A novel microwave sensor for real-time online monitoring of roll compacts of pharmaceutical powders online-a comparative case study with NIR[J].Journal of Pharmaceutical Sciences, 2015, 104, 1787-1794.

[30] Ganesh S, Troscinski R, Schmall N, et al.Application of X-ray sensors for in-line and non-invasive monitoring of mass flow rate in continuous tablet manufacturing[J].Journal of Pharmaceutical Sciences, 2017, 9, 1-13.

[31] Fonteyne M, Vercruysse J, Leersnyder F D, et al.Process analytical technology for continuous manufacturing of solid-dosage forms[J].TrAC Trends in Analytical Chemistry, 2016, 67, 159-166.

[32] Su Q, Moreno M, Ganesh S, et al.Resilience and risk analysis of fault-tolerant process control design in continuous pharmaceutical manufacturing[J].Journal of Loss Prevention in the Process Industries, 2018, 55, 411-422.

[33] Singh R, Muzzio F, Lerapetritou M, et al.A combined feed-forward/feed-back control system for a QbD-based continuous tablet manufacturing process[J].Processes 2015, 3, 339-356.

[34] Su Q, Moreno M, Giridhar A, et al.A systematic framework for process control design and risk analysis in continuous pharmaceutical solid-dosage manufacturing[J].Journal of Pharmaceutical Innovation, 2017, 1-20.

[35] Billups M, Singh R.Systematic framework for implementation of material traceability into continuous pharmaceutical tablet manufacturing process[J].Journal of Pharmaceutical Innovation, 2018, 15: 51-65.

[36] Rogers, Hashemi A, Lerapetritou M.Modeling of particulate processes for the continuous manufacture of solid-based pharmaceutical dosage forms[J].Processes, 2013, 1, 66-126.

[37] Joglekar G S, Giridhar A, Reklaitis G.A workflow modeling system for capturing data provenance[J].Computers & Chemical Engineering, 2014, 67, 148-158.

[38] SA.ANSI/ISA-88.00.01-2010[S], Batch Control Part 1: Models and Terminology, Research Triangle Park, 2010.

[39] Hailemariam L, Venkatasubramanian V.Purdue ontology for pharmaceutical engineering: part I.Conceptual framework[J].Journal of Pharmaceutical Innovation 2010, 5, 88-99.

[40] Hailemariam, V.Venkatasubramanian V.Purdue ontology for pharmaceutical engineering: part II.Applications[J].Journal of Pharmaceutical Innovation, 2010, 5, 139-146.

[41] Venkatasubramanian V, Zhao C, Joglekar G, et al.Ontological informatics infrastructure for pharmaceutical product development and manufacturing[J].Computers & Chemical Engineerig, 2006, 30, 1482-1496.

[42] Bhaskar, Barros F N, Singh R.Development and implementation of an advanced model predictive control system into continuous pharmaceutical tablet compaction process[J].International Journal of Pharmaceutic, 2017, 534, 159-178.

[43] Adamo, Beingessner R L, Behnam M, et al.On-demand continuous-flow production of pharmaceuticals in a compact, reconfigurable system[J].Science, 352, 61-66.

[44] Bédard, Adamo A, Aroh K C, et al.Reconfigurable system for automated optimization of diverse chemical reactions[J].Science, 2018, 361, 1220–1225.

[45] Granda J, Donina L, Dragone V, et al.Controlling an organic synthesis robot with machine learning to search for new reactivity[J].Nature, 2018, 559, 377-381.

[46] Perera D, Tucker J W, Brahmbhatt S, et al.A platform for automated nanomole-scale reaction screening and micromole-scale synthesis in flow[J].Science, 2018, 359, 429–434.

[47] Steiner S, Wolf J, Glatzel S, et al.Organic synthesis in a modular robotic system driven by a chemical programming language[J].Science, 2019, 363, 144-152.

[48] Coley W, Thomas D A, Lummiss J A M, et al.A robotic platform for flow synthesis of organic compounds informed by AI planning[J].Science 2019, 365, 556-566.

[49] Burger P M, Maffettone V V, Gusev C M, et al.A mobile robotic chemist[J].Nature, 2020, 583, 236-241.

[50] Simon R, Mindaugas Š, Greig C, et al.Digitization and validation of a chemical synthesis literature database in the ChemPU[J].Science 2022, 377, 172–180.

6

化工安全生产智慧化管理
├─ "互联网+危化安全生产"总体建设方案
│ ├─ 应用场景
│ ├─ 工业APP
│ └─ 工业机理模型
├─ 危化企业安全风险智能化管控平台架构
├─ 危化企业安全风险管控应用服务数字化建设
│ ├─ 危险化学品企业双重预防机制
│ ├─ 特殊作业许可与作业过程管理系统
│ ├─ 智能巡检系统
│ └─ 人员定位系统
├─ 智能化设备全生命周期管理技术
│ ├─ 系统功能
│ └─ 数字化平台设计与应用
└─ 应用示例
   ├─ 智能工厂建设
   └─ HSE管理智能化建设

第 7 章

化工安全生产智慧化管理

我国化工行业快速发展，化学品产值目前约占全球的40%，已成为世界第一化工大国。化工园区是化工行业发展的重要载体和平台，由于化工企业聚集，危险化学品安全风险突出，其安全运行对于保障化工行业高质量发展至关重要。在新一代信息技术发展的背景下，应加大力度推进化工园区安全风险管控信息化、数字化、网络化、智能化，全面提升风险预警预控能力，高效推动化工行业和化工园区质量变革、效率变革、动力变革。

2022年4月，国务院安全生产委员会印发了《"十四五"国家安全生产规划》，强调实施"工业互联网＋危化安全生产"工程，建设一批本质安全型化工园区和大型油气储存基地，推动危险化学品安全数字化智能化转型。按照《"工业互联网＋安全生产"行动计划（2021—2023年）》要求，目前已经有很多化工企业将物联网、云计算、大数据、移动通信等信息技术应用于生产管理之中，安全生产管理水平越来越高；地方政府也积极出台支持政策，对化工园区的信息化建设大力支持。本章主要围绕化工安全生产智能化管控，介绍"互联网＋危化安全生产"总体建设方案、危化企业安全风险智能化管控平台架构、危化企业安全风险管控应用服务数字化建设、智能化设备管理技术以及智能工厂应用示例等内容。

7.1 "互联网＋危化安全生产"总体建设方案

为落实《"工业互联网＋安全生产"行动计划（2021-2023年）》，应急管理部办公厅制定了《"工业互联网＋危化安全生产"试点建设方案》，从企业、园区、政府等角度对"工业互联网＋危化安全生产"的建设目标和重点工作进行了详细阐述，提出坚持系统谋划、试点先行，打造一批应用场景、工业APP和工业机理模型。

"工业互联网＋危化安全生产"总体建设目标如下：

① 企业 以信息化促进企业数字化、智能化转型升级，推动操作控制智能化、风险预警精准化、危险作业无人化、运维辅助远程化，提升安全生产管理的可预测、可管控水平。强化企业快速感知、实时监测、超前预警、动态优化、智能决策、联动处置、系统评估、全局协同能力，实现提质增效、消患固本，打造企业工业互联网新基础设施，建设企业标识节点并与行业二级节点对接，为企业新发展注入新动能。

② 园区 通过打造工业互联网网络、平台、安全三大体系，建设全要素网络化连接、敏捷化响应和自动化调配能力，实现不同企业、不同部门与不同层级之间的协同联动，全

面开展安全生产风险研判、应急演练和隐患排查，推动安全生产"三个转变"，推动科技创新、产业生态、配套服务在园区内外的渗透及融合发展，提升政府对园区的高效协作、精准扶持、有效监管，实现新园区建设和已有园区安全、可持续发展。

③ 行业　坚持工业互联网与安全生产同规划、同部署、同发展，依托国家工业互联网大数据中心，建设"工业互联网＋危化安全生产"分中心。依托国家骨干网络，完善危险化学品领域工业互联网标识解析二级节点布局，与国家顶级节点对接，建设危险化学品工业互联网数据支撑平台、安全监管平台。推动危险化学品安全管理经验知识的软件化沉淀和智能化应用，公开遴选和推荐数字孪生、全要素网络化连接和智能化管控解决方案，培育壮大解决方案提供商和服务团队，扎实推进工业互联网与危险化学品安全生产的深入融合应用。以信息化推进危险化学品安全治理体系和治理能力现代化，提高监测预警能力，实现精准治理、精准预警、精准抢险救援、精准恢复重建、精准监管执法。

④ 政府　布局涵盖生产、储存、使用、经营、运输等环节的危险化学品全产业链协同，向上延伸至卫星、5G 等工业互联网领域，获取地质、水文、气象、精确定位等信息，服务于规划准入和安全监管，向下延伸至能源等其他工业互联网领域，将产业链与供应链深度融合，促进价值链提升，系统构建"工业互联网＋危化安全生产"的初步框架，优化产业结构和布局，延伸产业链，提升全过程、全要素安全生产水平，推进行业转型升级和高质量发展。

7.1.1　应用场景

"工业互联网＋危化安全生产"建设的应用场景主要包括企业应用场景、化工园区及行业应用场景、政府应用场景。

（1）企业应用场景

① 企业安全信息数据库建设与数字交付　建立完善安全信息数据库，纳入化学品安全技术说明书（material safety data sheet，简称 MSDS）、工艺技术、设备设施、设计变更、施工安装、检维修、检测检验、评估评价、特殊作业、人员资质培训、承包商管理、值班值守、巡查巡检、隐患排查治理、制度标准等信息中并及时动态更新，整合推动企业资源计划（ERP）、制造执行系统（MES）、供应链管理（SCM）等相关系统"上云上平台"，为实现数字交付和数字孪生奠定基础。

② 重大危险源管理　以危险化学品重大危险源安全生产风险监测预警系统为基础，结合设备设施信息数据库，拓展对安全阀、紧急切断阀、消防泵、安全仪表系统等安全设施状态的实时监控；以温度、液位、压力、可燃气体浓度、有毒气体浓度、组分、流量等重大危险源重点监控参数以及视频智能分析信息和联锁投用情况、能源（水电气风热等）综合管理数据为基础，结合周边地理、气象环境条件、人口分布、历史事故信息等建立重大危险源安全风险预警模型，实现对安全风险全面监测并精准预警。除涉及国家秘密、商业秘密的项目外，企业应通过应急管理部门官网等渠道将重大危险源安全评价报告全文对外公开，接受社会监督和查询。

③ 作业许可和作业过程管理　通过将动火作业、受限空间作业、临时用电作业等特殊作业审批许可条件条目化、电子化、流程化，许可审批人员现场对照条目核实，上传现场

检测照片等附件，只有满足全部作业条件后，方可签发作业许可，并通过信息化手段对作业全程进行过程和痕迹管理，从而实现特殊作业申请、审查、许可、监护、验收全流程信息化、规范化、程序化管理。逐步将作业条件条目化、程序化审批许可拓展到液化天然气、液化石油气、液氯、液氨等装卸作业及联锁摘除、恢复、变更中。鼓励企业用满足现场使用条件的电子锁将受限空间、临时配电箱上锁，只有经现场审核满足作业许可前置条件后，才能下发开锁授权码开锁，从而避免"先作业、后审批"。当作业现场气体探测器检测到可燃气体、有毒气体超标或氧含量不在标准范围，视频监控研判中断作业超过规定时限后、未再次上传气体分析数据等现象后，自动向作业、监护等人员发送报警信息，杜绝动火作业"中断作业超时、未检测""气体超标、继续作业"等不安全行为。当监测到受限空间连续作业超过规定时限，而未再次上传气体分析数据，自动向作业、监护等人员发送报警信息，避免"连续作业超时不检测"的不安全行为。

④ 培训管理　企业按照法律、行政法规、规章的规定以及国家标准、行业标准的要求，结合自身生产工艺特点，充分利用互联网资源或者委托第三方定制开发培训系统，运用虚拟现实（VR）、增强现实（AR）、混合现实（MR）及数字孪生技术，对全体员工进行线上全景式和浸入式培训；根据岗位、职责不同，结合员工的学历、从业经历、特种作业资质等情况，设置相对应的培训考核内容；通过自动积分及奖惩机制，激发企业全员职工积极主动学习，从而实现全行业全员的安全能力提升。当相关法律、行政法规、规章、国家标准和行业标准发生变更后，企业可及时组织相关职工借助信息化手段进行专题培训、考核；企业定制开发的培训考核软件应预留对接政府端接口，将相关培训考核统计情况适时上传至地方应急管理部门。

⑤ 风险分级管控和隐患排查治理管理　以风险分级管控和隐患排查治理双重预防体系建设为契机，基于《危险化学品企业安全风险隐患排查治理导则》，结合企业实际生产工艺特点，发动全部职工开展岗位安全风险辨识，借助总图、安全、工艺、电气设备、仪表、应急管理和职业健康等行业专家智慧，建立企业各岗位风险清单；按照可能性与后果严重程度将风险清单进行分类分级，按照职责层级与岗位不同，细化各层级安全管理人员、操作人员的安全风险责任清单，并与管理人员、操作人员巡检系统相结合，通过智能化巡检，构建风险分级管控和隐患排查治理的闭环管理系统，与企业日常安全管理工作深度融合，压实操作员、技术员、班组长、车间主任、厂长、董事长等各级岗位责任，实现风险分级管控和隐患排查治理"最后一公里"落实。

⑥ 设备完整性管理与预测性维修　基于同类设备故障案例库和专家知识库，建立设备异常状态预警模型，应用 AI 及自愈技术，开发设备运行状态监测信息系统和建立远程诊断预警中心，具备大机组、关键机泵及压力容器、常压关键容器等设备健康状态评估、故障趋势预测功能，从而实现机组振动严重、旋转不平衡失速、储罐渗漏、管道腐蚀、轴承损坏等设备异常工况和失效风险提前报警，转变传统的被动维护、周期性维护和预防性维护为预测性维护，避免停机生产损失、过剩检维修、超量备件储备等过度依赖个人经验，有效减少设备故障，遏制因设备失效引发事故，确保设备服役期间安全可靠长周期运行。

⑦ 承包商管理　基于承包商资质等级、类似业绩、过往表现、安全管理能力和项目配备人员素质等因素，建立承包商表现评价指标体系，研发承包商管理信息系统，实现对承

包商资格预审、招投标管理、选择、签约、安全培训考核、作业全过程监管、表现评价、续用或退出等全流程信息化动态管理。承包商管理信息系统预留接口，将发生生产安全事故、出现严重施工质量隐患的承包商及其管理、技术人员等信息推送给同类企业及当地政府应急管理部门、住房城乡建设部门等，逐步实现不合格承包商动态淘汰机制，提升承包商服务能力。

⑧ 自动化过程控制优化　以原国家安全监管总局公布的 18 种重点监管危险化工工艺为切入点，通过拓展传感器的泛在感知，实现多源设备、异构系统、作业环境、人员、库存等数据的全面感知，将装置运行的实时状态、运行模式实时显示，增强对危险工艺的全方位全流程监控。在重点装置、关键节点部署数据分析算法，在边缘控制器上集成智能控制引擎，实现对工艺过程的自动调整和优化。

⑨ 流通管理　结合电子标签、唯一标识和区块链等技术，打通产业链条，重点研发供应链扰动缓解模型、供应链柔性作业模型、供应链均衡协调模型、成本和风险平衡模型等，防范因市场波动等外部因素带来的安全生产风险。对生产、储存、使用、经营、运输等各环节进行全过程信息化管理和监控，实现危险化学品来源可循、去向可溯、状态可控。

⑩ 敏捷应急　通过工业互联网全面赋能化工企业，覆盖应急管理的预防、准备、响应、恢复全部 4 个阶段，应用 VR 和 AI 技术，实现应急处置辅助资料的精准推送、应急资源的实时更新、应急救援的智能决策、应急队伍的快速联动和应急过程的全程记录。

⑪ 工艺生产报警优化管理　采集企业集散控制系统（DCS）内的工艺生产数据，建立工艺报警台账和信息库，对报警阈值进行管理和配置，建立报警的相关性算法机制，通过与 MES 等系统的融合，对常驻报警、重复报警、报警指标的处置与确认时间等进行多维度、透视化的分析，找出多个报警之间的相关性，为报警原因的分析和报警的处理提供智能化建议。

⑫ 封闭管理　通过"视频监控 +AI"算法，实现对企业人员、车辆进出的身份识别和数量的统计和监管。对入侵和紧急报警系统、视频监控系统与人员定位系统进行统一管理且能实现区域划分和级别管理，并在电子地图显示监测点位置，实时显示各监测点数据、状态及监控图像。联动入侵和紧急报警系统、视频监控系统、门禁系统、人员与车辆信息管理系统、访客在线管理系统、人员定位系统等，对人员与车辆按照时间线进行记录跟踪查询展示，自动调阅视频监控记录。

⑬ 企业安全生产分析预警　完善企业安全生产预警模型，从企业的静态风险、特殊作业、隐患治理、装置布局、变更管理、能源综合管理、应急预案、培训及人员素质、消防设施、报警等方面进行统计、分析和计算，得到企业安全生产预警指数值，并生成安全生产预警指数镭射图，定量化展示企业安全生产现状和趋势。

⑭ 人员不安全行为管控　实现对作业人员数量、人员身份资质等方面的认证及监管；对各类人员不安全行为（如脱岗、进入危险区域等）进行识别、监测及管控；结合生产工艺设备升级，对违规操作、误操作和未授权操作等进行防范；探索基于人员行为因素的标准操作规程智能设计与实施。

⑮ 作业环境、异常状态监控　结合固定及移动式监控设备，实现对企业作业环境及异常状态的自动监控、智能分析和及时预警，重点覆盖烟雾、火焰、气体传感器盲区、装置

周界、装置高点和巡检不易达等位置，并能在极端天气、事故灾害等特殊情况下运行，实现全景式、全天候的监控。

⑯ 绩效考核和安全审计 对企业安全生产目标责任的制定、分解、实施、检查、汇总分析、指标考核进行信息化管理，结合安全目标指标和安全绩效标准，生成企业安全绩效考核清单，推动企业安全生产主体责任落实。基于企业安全生产管理在运作上的整体表现，建立企业生产安全审计指标体系，在生产安全审计系统中实时动态展示企业安全管理成效。

⑰ 能源综合管理 对企业能源数据（水电气风热等）进行在线采集、计算、分析及处理，动态展示能源管理统计报表、平衡分析和预测分析结果等，实现企业能源物料平衡、优化调度、能源设备运行与管理，防范各类由公用工程失效等造成的生产安全事故，提升整体能源管理和安全生产水平。

（2）化工园区应用场景

① 企业安全管理体系运行状态监控 从稳定性、准确性、时效性、安全性的角度，开展企业"工业互联网＋危化安全生产"体系运转工作的监控监管和效能评估研究，提出相关评估考评的建议，实现园区和监管部门对企业"工业互联网＋危化安全生产"体系运转工作的绩效考评。

② 重大危险源安全生产风险监测预警平台应用 围绕感知数据、生产工艺、设备设施等维度，通过历史资料分析、模拟推演等方式，建立安全生产风险分类分级预警样本库。基于样本库、深度学习算法，对安全生产风险预警模型进行训练及优化并进行测试，形成较为可靠并能够动态迭代、不断完善的安全生产风险监测预警模型。制定风险特征库和失效数据库标准，分析各类感知数据，通过数据和风险类别、风险程度等指标之间的对应关系形成风险特征模型，通过数据和零部件失效指标之间的对应关系形成零部件失效特征模型。依托边缘云建设，将上述特征模型分发到边缘端，加速对安全生产风险的分析预判，从而实现智能预警和超前预警。

③ 提升安全生产许可、监管、执法信息化水平 积极推动安全许可信息化、许可条件条目化，研发智能许可终端或 APP，提高安全许可水平和效率；通过对接"互联网＋监管""互联网＋执法"等平台，实现监管执法数据与工业互联网数据的融合，推动各级各类执法终端接入工业互联网，确保执法全程可视化可追溯，实现透明、公开、客观、公正、高效的闭环管理。

④ 探索第三方评价评估云端化和动态化 探索基于工业互联网的安全评价、安全责任保险、安全生产标准化等业务的开展，将工业互联网大数据用于评估评价的各个环节和流程，提升评估评价的科学性和客观性。建立评估评价的动态调整和公开机制，实现各类评价评估报告的电子化备案和公示，随时备查，可看可举报。

⑤ 诚信体系管理 实现企业、机构、专家、从业人员等信用积分制量化管理。围绕从业时间、从业经历、学历、级别、职称、资质证书、同行互评、投诉数量、惩处获奖数量、服务对象安全管理水平等方面，建立安全生产专家、从业人员服务能力及信用积分量化考评指标体系；从资质、规模、所有制、人员结构、项目经历、服务年限、收费标准和服务对象安全管理水平等方面，建立第三方服务机构（设计、评价、检测、评估、咨询）服务

能力及信用积分量化考评指标体系；建立量化分级管理行业专家、第三方服务机构及人员的工作机制，研究建立行业专家、第三方服务机构及人员技术服务能力信息化管理系统，实现动态化管理，建立健康、可持续的第三方技术服务能力量化管理体系，从而更好地为园区及监管部门提供技术支撑。

⑥ 封闭化管理　以园区的周界和地理信息为基础，通过在园区设置电子围栏、人/车/物管控、定位和轨迹管理、门禁管理、入侵和紧急报警、视频监控系统，在园区周界形成闭合区域。建立电子巡查系统，巡查过程可以在二维或三维电子地图上对出入人员、车辆、物流的身份进行实时跟踪、展示、记录保存与统计分析。对访客进行在线管理，支持在线预约，预约审批通过后的访客人员和车辆信息自动发送至被授权的出入口，对访客区域授权、异常行为和黑名单进行管理。

⑦ 易燃易爆有毒有害气体预警报警　按照可燃有毒气体检测报警设计标准的建设要求，与企业建设的可燃有毒气体检测报警系统（GDS）和火灾及消防监控系统进行标准工业协议的数值通信，建立可燃有毒易燃易爆实时数值可视化监控系统，并与园区、政府等管理部门的系统进行对接，进行预警报警信息的处理与推送，增强对企业的监管。

⑧ 园区、区域安全生产分析预警　完善园区、区域安全生产预警模型，基于各企业的安全生产预警指数相关数据等进行统计、分析和计算，得到园区、区域安全生产预警指数值，并生成安全生产预警指数镭射图，定量化展示园区、区域安全生产现状和趋势。对可能发生的危险进行事先预报，提请园区和监管部门及时、有针对性地采取预防措施，从源头上控制各种不安全因素，最大限度地消除和降低风险。

⑨ 园区敏捷联动应急　针对园区应急管理特点，围绕预防、准备、响应、恢复全部4个阶段，应用 VR、AI 和大数据技术，汇聚园区企业风险、应急资源、应急预案等基础应急管理信息，整合园区企业地理、视频监控、广播、门禁、大屏、危险化学品监测预警等已有系统信息，实现园区范围内风险的精准防控和事故状态下快速形成统一指挥、智能决策、协同联动的应急救援能力。

（3）政府应用场景

聚焦政府层面危险化学品全方位管控及监管需求，建设部、省、市、县级"工业互联网＋危化安全生产"公共服务系统，涵盖企业安全管理体系运行状态监控、重大危险源安全生产风险监测预警平台应用、提升安全生产许可和监管及执法信息化水平、探索第三方评价评估云端化和动态化、诚信体系管理、易燃易爆有毒有害气体预警报警、园区及区域安全生产分析预警等应用需求，实现对各企业、园区、行业及地方（省、市、县）工业互联网数字化建设转型提供有效支持、指导和评估，推动信息化技术和危险化学品安全生产深度融合，调整产业布局，优化产业结构。公共服务系统设立信息总览、文档服务、标识解析、知识沉淀、成果推广、成效评估、需求对接、试点项目管理、公共服务、新闻动态等业务功能模块，搭建开放、创新、包容、互信的信息共享机制，助力"工业互联网＋危化安全生产"的信息化建设及安全监管模式创新，实现数字化转型、智能化升级，提升危险化学品领域本质安全及安全监管水平。

7.1.2 工业 APP

"工业互联网＋危化安全生产"建设过程中需要开发和完善的工业 APP 功能包括化学物质性质查询、设备管理、控制系统评估与优化、重大危险源与作业过程管理、人员定位与智能巡检、风险分级与隐患排查、生产预警与应急管理等相关内容。

① MSDS APP 可查询企业化学品安全技术说明书，包含企业标识、危险性概述、组分/组成信息、急救措施、消防措施、泄漏应急处置、操作处置与储存、接触控制和个体防护、理化特性、稳定性和反应性、毒理学信息、生态学信息、废弃处置、运输信息和法规信息等内容；支持按照化学品名称、CAS 号进行模糊、精确查询；支持内容更新、化学品种类更新。

② 设备完整性管理与预测性维修 APP 支持查看、编辑企业的工艺设备、仪表设备、应急设备以及控制设备的设备数据库信息，包含设备的基本台账信息、性能指标、操作方法、维护方案以及运行环境，实现从采购、安装调试、运行到退役报废的全生命周期的过程管理；支持对各类设备进行分类管理；可查看各类设备当前运行参数、健康状况、劣化趋势、预测性故障、检维修记录、安全风险等；支持按照设备类型、责任人、故障类型、故障数量、检维修时间、检维修数量等条件进行查询统计。

③ 控制系统性能诊断 APP 从响应时间、响应准确性、抗干扰性、稳定性等角度对DCS、安全仪表系统（SIS）、紧急停车系统（ESD）、GDS 等各类控制系统的控制回路进行控制性能诊断分析，对影响控制系统控制性能的异常及故障原因进行辨别分析，给出诊断报告、处置建议和预警提醒；支持通过名称、编号等条件，进行查询查看任一控制回路上的控制器、执行器以及采集设备的基本信息和当前状态。

④ 自动化过程控制优化 APP 具备对化工工艺控制过程的持续监控及可视化展示功能，具备工艺过程调整模拟仿真功能，具备利用大数据分析、远程分析等方式发现工艺过程的瓶颈、缺陷并提出优化建议，辅助工艺控制决策。能够对工艺整体性能及安全性进行动态评估和持续优化。

⑤ 重大危险源管理 APP 支持查看储罐、装置、仓库等处的液位、温度、压力和气体浓度的实时监测数据、历史数据、报警数据，DCS、SIS 系统联锁运行状态，联锁投用、摘除、恢复以及变更历史信息，视频监控画面信息，安全承诺信息；可查看重大危险源物料的最大储量产能和具体实时储量产能分布；支持通过设备名称、编号、重大危险源等级和名称进行精确和模糊查询；可接收各类预警推送信息；也可查看重大危险源的安全评价报告，并支持全文内容查询。

⑥ 作业许可和作业过程管理 APP 根据角色权限可进行职责范围内特殊作业条目化审批，支持查看特殊作业审批许可流程；支持接收特殊作业不安全行为报警推送信息；支持按照时间、区域维度对特殊作业进行统计分析；支持记录现场监护人员和管理人员对特殊作业的监管意见。

⑦ 培训管理 APP 根据角色岗位、层级不同，可选择相应的培训课程进行线上学习，支持学习后进行线上考核、评分、复考；支持查看个人培训考核年度计划、当前进度、积分排名；支持临时增加培训考核内容的功能。

⑧ 风险分级管控和隐患排查治理管理 APP　支持按照岗位查看各自责任范围内的风险清单、风险后果、风险防范处置措施、现场巡查内容明细；支持查看责任范围内隐患的处置流程和当前进度，具备隐患处置催办功能；支持上报巡查过程中发现的新隐患及其相应附件材料。

⑨ 承包商管理 APP　支持查看相关专业领域内承包商队伍基本信息、表现评分、历史业绩、事故信息；支持对承包商服务过程进行全流程监管检查信息上传、表现打分；支持承包商入场安全培训范围选择、培训考核打分。

⑩ 人员定位 APP　具备人员实时定位功能，支持任一区域人员数量统计、GIS 可视化展示，可联动周边视频监控摄像机，详细查看人员状态；具备区域管控功能，支持对超员、聚集、串岗等违规实时报警；具备人员活动轨迹分析功能，支持人员历史轨迹查询，也可实现巡检人员改变路线、长期停留等异常工况的报警功能。

⑪ 智能巡检 APP　支持管理人员制定巡检路线、巡检标准、巡检操作规范，作业人员自动通过智能巡检终端，获取巡检任务（巡检路线及匹配巡检内容）；支持巡检人员按规定时间、规定位置、规定要求完成数据采集、作业现场环境、作业结果、事件记录等信息实时传输回管理后台，从而实现内外操作人员共享生产数据，提升巡检操作数字化、智能化、作业成果知识化水平，提高企业安全生产管理水平。

⑫ 智能事故与应急处置 APP　具备事故信息反馈、相关应急处置资料推送、事故原因分析、整改及跟踪全流程管理功能的智能系统及终端，当发生事故信息报送时，在系统内产生报警，迅速向各级应急处置链上的相关应急救援人员发送信息，当进入应急处置流程时，基于面向 5G 的异构融合一体化定位技术，借助 GIS "一张图"平台及智能探测传感装备，通过真实地理信息数据，提高危险化学品厂区内、园区内定位精度，实现人员的米级精确定位，快速提供救援人员所在位置，及数字化、可视化相关岗位、重点工艺、关键设备知识和周边应急救援资源。各层级应急人员可通过手持终端、电脑反馈应急处置措施完成情况，确保应急信息及时传递，结束应急处置流程后上报。所有事故信息将形成企业事故案例库，用于总结分析。

⑬ 应急资源目录及数据库管理 APP　建立面向工业互联网的安全应急资源目录及数据库，构建知识图谱并实现可视化，对企业、园区、政府应急资源数据进行特征提取、分类融合，支撑构建"工业互联网＋危化安全生产"信息化的应急资源数据平台。

⑭ 应急救援仿真模拟推演 APP　针对企业具体情况，制作三维场景模型及其配套工艺设备三维模型，将文字脚本通过系统的模型库管理模块及可视化编辑模块实现脚本可视化，可以管理编辑每个角色在应急救援过程中的任务，实现突发事件模拟仿真、事态分析和应对策略建议，对处置突发事件的步骤、各方应急救援人员协调配合和具体处置措施进行模拟培训和演练。

⑮ 多主体协同应急处置模拟仿真 APP　针对园区、区域各类突发事件场景进行三维仿真模拟，通过建立局域网地图，借助 VR、AR、MR 等外设设备，各职能部门进入指定角色，不同角色具有不同的操作功能，现场总指挥可通过系统根据实际情况提供的应急资源以及气象等条件，完成事故救援的指挥部署，各协同角色根据总控端下达的指令，完成应急救援的协同任务，实现多点、多线程协同开展救援任务。

⑯ 智慧化园区安全应急管理 APP　基于大数据、卫星遥感监测等技术实现重点区域的水电气、火情、安防等数据获取，利用遥感完成信息提取与数据分析，实现极早期预警。利用智能传感设备通过工业无线网等通信方式及时获取相关的数据信息，通过云端平台的数据分析实现对设备的安全监测，对数据异常的设备及时发送报警信息。基于准确识别潜在安全隐患空间分布，实现协同侦测与应急处置，对采集的数据信息及时进行分析，发布相关应急辅助决策和警情。通过对各道路、疏散通道的信息采集及时发布对应的疏散决策。

⑰ 封闭管理 APP　基于人员与车辆进出口设置门禁系统，对出入人员与车辆的身份进行识别，出入记录自动保存与统计分析。实现对园区和企业周界、视频监控、出入控制、电子巡查等各类监测传感器自动报警及人工报警的接警与处警，处警任务支持以语音、文字等方式发送至 APP，并建立警情记录。

⑱ 安全生产预警指数 APP　支持录入企业日常隐患排查结果和各类仪器仪表监测检测等数据，通过对历史数据、即时数据的整理、分析、存储，建立安全预警数据档案。支持直观、动态反映企业和园区安全生产现状的安全生产预警指数曲线图，以及安全生产趋势图。

⑲ 人员不安全行为管理 APP　针对企业内特殊作业，利用固定及移动监控装置的图像进行智能识别分析，发现作业人员倒地、劳动防护用品违规佩戴、违规作业等异常现象，对作业周边人员往来和作业安全管理进行预警监测提醒。

⑳ 视频智能预警 APP　基于企业已部署的摄像头和硬盘录像机，建立视频联网平台，采用 AI 算法，对摄像头监控的画面进行智能分析，实现火灾、烟雾、泄漏等进行全方位的识别和记录，并且对相关人员进行提醒。

㉑ 危险化学品全生命周期、全流程监管 APP　基于大数据、卫片、电子标签、区块链等技术，对危险化学品生产、经营、储存、运输、使用等全生命周期信息进行综合管理，通过采集危险化学品企业生产经营数据与危险化学品运输流向数据，建立危险化学品全生命周期数据管理系统。通过对危险化学品运输路线、运输人员、运输工具、周边环境综合监控，建立危险化学品运输过程中的实时监控平台与危险化学品企业购销使用跟踪预警系统，对危险化学品全生命周期、全流程进行跟踪管理，支撑协同应急处置过程。

7.1.3　工业机理模型

工业机理模型是支撑化工生产安全风险智能管控平台建设的核心内容，涉及人、机、物、环、管等安全生产管理的重要环节。

① 重大危险源安全生产风险评估和预警模型　以温度、液位、压力、可燃气体浓度、有毒气体浓度、组分、流量等重大危险源重点监控参数以及视频智能分析信息和联锁投用情况为基础，结合周边地理、气象环境条件、人口分布、历史事故信息等，优化完善危险化学品重大危险源安全风险评估模型，实现对危险化学品重大危险源安全风险进行实时评估。

② 培训效果评估模型　基于培训完成后的事故数据、未遂事件数据、设备维修数据、执法处罚数据、作业不安全行为数据、工艺波动报警数据等信息，建立培训效果评估模型，检验企业安全培训质量，并据此提出针对性的培训效果提升措施。

③ 承包商表现评估模型　基于承包商资质等级、历史事故信息、人员配备、不安全作业行为、执法处罚数据、验收评价意见、施工进度安排、后期维保响应及处置效果等信息，建立承包商表现评估模型，实现对承包商表现量化动态管理。

④ 设备健康评估模型　基于设备的振动、腐蚀、温度、变形、偏转、抖动等多种信息，结合专家经验和典型设备故障事故案例，利用多源信息融合与机器学习技术，充分利用在线、多维度和细微尺度的特征信息描述装备的健康程度，构建设备健康状态评估模型，并根据实际应用效果，不断通过参数调优、增加变量、算法升级等方式优化迭代模型。

⑤ 设备预测性检维修模型　基于 AI、机器学习、聚类分析等先进算法技术，对海量典型设备故障案例和数据开展数据挖掘分析，获取设备健康状态劣化启动时的振动、声、光、电、热、磁等多种特征以及劣化加速失效的时间点和关键指标发展趋势，从而建立设备预测性检维修量化模型，自动生成设备预测性检维修的时间点和推荐检维修方法，避免设备受损、意外停机和发生生产安全事故。

⑥ 控制系统性能诊断模型　基于控制系统控制回路的响应时间、响应准确性、抗干扰性、稳定性等指标，结合控制器、执行器和采集设备的运行健康状态和失效历史数据等信息，建立 DCS、SIS、ESD、GDS 等控制系统控制性能分析模型，对控制系统的控制性能进行量化评估。

⑦ 优化控制模型　围绕生产工艺，重点研发工艺流程模拟优化模型、聚合物反应模型、换热网络优化模型、能量系统优化模型、生产质量管控模型，以实现企业生产工艺流程优化升级，降低失控风险。

⑧ 全流程监管模型　结合危险化学品运输流向可视化跟踪预警模型、危险化学品流向数量闭合校验模型、危险化学品运输超量预警模型、运输流向异常变化跟踪预警模型及危险化学品运输流向时空集聚跟踪预警模型，对危险化学品全生命周期进行跟踪管理。

⑨ 安全生产预警指数模型　基于人、物、环境、管理、事故等反映企业和园区生产及事故特征的影响指标，建立安全生产预警指数模型，通过数据统计、计算、分析，定量化表示生产安全状态，得到企业或园区某一时间生产安全状态的数值，对安全生产状况做出科学、综合、定量的判断。

⑩ 人员异常智能分析模型　建立人员不安全行为样本库，利用人体目标监测、底层特征提取、人体行为建模、人体行为识别等算法，实现对人体目标的追踪和人员不安全行为的识别，并对不安全行为进行分级预警。

⑪ 作业环境、异常状态识别分析模型　利用远距离红外探测技术、红外热成像分析、可见光分析、激光光谱分析等方法，结合危险化学品领域常见的气体光谱数据，对火灾、烟雾、泄漏等异常情况进行识别。同时结合气体扩散模型、火灾传播模型等，对异常情况的严重程度进行分析判断，并进行分级预警。

7.2　危化企业安全风险智能化管控平台架构

为推动危险化学品安全风险管控数字化转型智能化升级，2022 年 1 月 29 日，应急管理部编制印发了《化工园区安全风险智能化管控平台建设指南（试行)》和《危险化学品企业安全风险智能化管控平台建设指南（试行)》，对化工安全风险智能管控平台建设提出指导性意见，要求化工园区和危险化学品企业智能化管控平台按照工业互联网平台架构进行设计，建立统一的标准规范体系和安全运维保障体系，保证系统平台的规范、安全和稳定运行。

危险化学品企业安全风险智能化管控平台总体架构划分为边缘层、网络层、IaaS（infrastructure as a service）层、DaaS（desktop as a service）层、PaaS（platform as a service）层、SaaS（software as a service）层六个层次，以工业互联网标准为引领、工业互联网安全体系为保障，依托数据流、信息流、业务流，实现企业安全生产全过程、全要素的连接和优化，提升企业安全风险管控能力。

（1）系统和网络架构

危险化学品企业安全风险智能化管控平台系统架构如图 7-1 所示。

① 边缘层　边缘层通过对企业生产现场设备、移动终端设备等网络化改造，或者加装网络化智能化监控设备，通过协议转换、边缘计算等构建精准、实时、高效的海量工业数据采集与分析体系，接入、转换、预处理、存储、分析数据，配置边缘计算设备，合理布置算力和模型，可通过边缘容器支持快速便捷迭代，实时获知设备的运行状况和环境的准确变化，就近提供边缘智能服务，掌握安全态势。

② 网络层　通过 F5G、5G、NB-IoT、LoRa、IPv6、WiFi6、TSN 等新一代通信技术在设备端和控制器端的应用，在保障安全的前提下改造打通企业工业控制网、管理信息网和无线网，建设 IT-OT 融合网络，以地理空间为参考系，帮助企业建立覆盖范围更广、连接更多、带宽更大的基础网络，应用 IPv6 等新一代通信协议，实现对海量数据的采集、传输、分析。

③ IaaS 层　IaaS 层作为危险化学品企业安全风险智能化管控平台的低层，通过计算、网络、存储等资源的虚拟化，实现信息基础设施的资源池化。IaaS 层提供所有计算需要的基础设施，包括处理 CPU、内存、存储、网络和其他基本的计算硬件资源，根据 PaaS 层的运算需要部署和运行相应的软件，包括操作系统和应用程序等。

④ DaaS 层　DaaS 层通过对各类数据信息进一步加工形成信息组合应用，通过汇聚、整合、清洗和处理等进一步盘活数据，提高数据质量，提升数据价值。通过数据中台建设数据资源池，对基础数据信息块以不同的方式进行组装，满足各类应用的需要。通过对数据聚合抽象，把数据转换成通用信息，对外提供数据服务。

⑤ PaaS 层　PaaS 层以"搭积木"的方式提供工业 APP 创建、测试和部署的开发环境，向下调用设备、业务系统等软硬件资源，向上承载工业 APP 等应用服务。危险化学品企业安全风险智能化管控平台的 PaaS 层利用 IaaS 层和 DaaS 层的数据处理能力，对通过边缘层采集和网络层传输与汇聚的各类安全相关的数据，如设备数据、工艺与作业数据、异常环境数据、安全管理数据、人员位置数据、物料数据、标识数据等，进行统一调度和应用。PaaS 层对边缘层、IaaS 层产生的海量数据进行高质量存储与管理，通过数据建模、分析、可视化等技术，结合生产、运输、销售、使用过程中的实际数据与工业生产实践经验，构

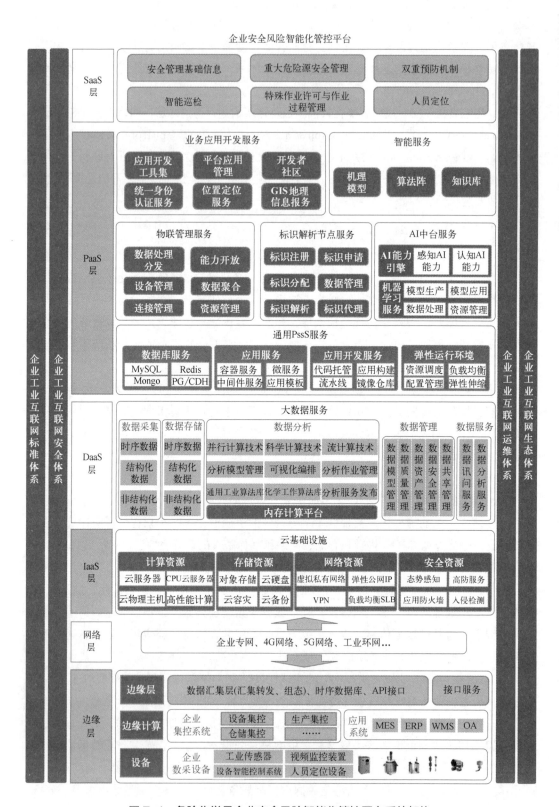

图 7-1　危险化学品企业安全风险智能化管控平台系统架构

建行业机理模型和数据驱动模型，支撑 SaaS 层各种分析应用的实现。PaaS 层通过构建 AI 能力引擎和机器学习模型，提供 AI 服务。

⑥ SaaS 层 SaaS 层是通过调用和封装 PaaS 层平台上的开发工具、行业机理模型、数据驱动模型等服务开发形成的应用服务。SaaS 层利用 PaaS 层积累的各类型数据模型，以工业微服务为基础，对危险化学品企业全流程各环节打造定制化、高可靠、可扩展的应用。

危险化学品企业安全风险智能化管控平台采集设备数据、传感器数据、视频数据等，结合 ERP、MES 等业务系统的生产、运输、储存各环节实际业务数据和业务流程，实现企业安全生产全过程管理，并开放接口，与化工园区平台对接集成，提升跨层级的安全生产联动联控能力，如图 7-2 所示。

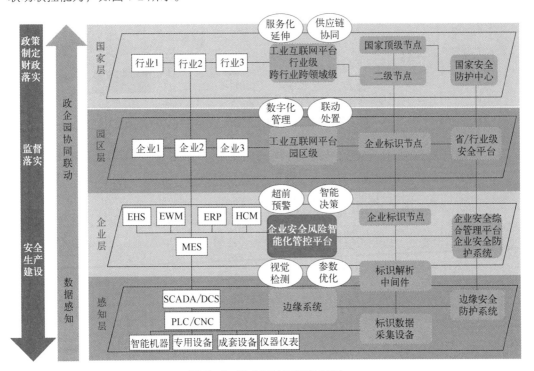

图 7-2 政企园协同联动接口

危险化学品企业安全风险智能化管控平台与部署于车间或工厂侧的边缘平台通过专网的方式互联，实现云边协同；车间或工厂侧接入设备或传感器的方式可分为 5G 和非 5G 两种组网方式。危险化学品企业安全风险智能化管控平台网络拓扑如图 7-3 所示。

(2) 数据体系

搭建危险化学品企业安全风险智能化管控平台数据体系，制定企业数据采集以及工业互联网标识标准，持续开展数据治理工作，确保数据的完整性和一致性。数据治理体系建设应符合但不限于以下要求：

① 完善数据标准规范体系，编制应用数据采集标准；

② 统一数据交换共享规则，编辑数据交换接口规范；

③ 支持以数据服务的形式封装数据，提供统一的数据开发共享能力；

④ 结合国家工业互联网标识标准和企业实际情况，制定企业互联网标识解析规范；

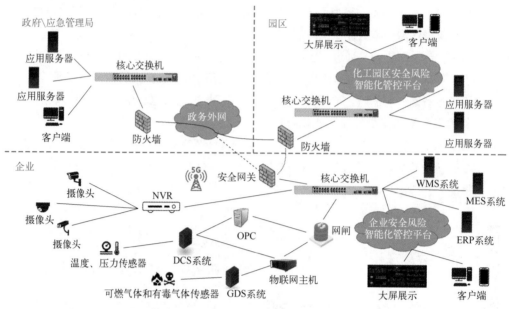

图7-3　危险化学品企业安全风险智能化管控平台网络拓扑

⑤ 提高数据挖掘和分析功能，以物联网数据为依托，为企业安全生产管理提供决策辅助；

⑥ 使用专业的数据抽取、清洗、整合工具，开展数据清洗处理、补充完善、质量检查等数据治理工作，确保数据的完整性和一致性；

⑦ 统一资源目录管理，支持统一的元数据管理，包括元数据的模型设计、模型审核、模型发布、模型变更，以及模型版本管理、关系管理等。

（3）系统安全体系

系统安全体系是危险化学品企业安全风险智能化管控平台安全可信运行的基本保障。全面考虑物理环境安全、网络和通信安全、边界安全、终端安全、云安全、应用系统安全、数据安全、装置及设备安全、处置恢复安全等重点安全防护对象及场景，提供安全保障软硬件配套设施及服务。

通过固件安全增强、漏洞修复加固、补丁升级管理、安全监测审计、加强认证授权、部署分布式拒绝服务（DDoS: Distributed Denial of Service）防御体系、工业应用程序安全、主机入侵监测防护、漏洞扫描、资源访问控制、信息完整性保护等安全措施，保障核心数据的安全流转和平台的正常运行，对物理、网络、系统、应用、数据及用户安全等实现可管可控，打造满足企业安全管理需求的安全技术体系和安全管理机制，实现网络安全与物理安全的真正融合。

加强工控系统安全防护，清晰划分网络安全区域边界，建立健全隔离措施，采用深度解析工控通信协议的异常监测、网络审计等手段，实现工控系统通信网络安全，加固工控主机安全，全面提高工控系统的综合安全防护能力。

7.3　危化企业安全风险管控应用服务数字化建设

2021年9月和2022年1月，应急管理部针对危化企业安全风险智能化管控平台的应用层建设发布了多项指南:《"工业互联网 + 危化安全生产"智能巡检系统建设应用指南（试行)》《"工业互联网 + 危化安全生产"特殊作业许可与作业过程管理系统建设应用指南（试行)》《"工业互联网 + 危化安全生产"人员定位系统建设应用指南（试行)》和《危险化学品企业双重预防机制数字化建设工作指南》，用于指导危化企业安全风险管控应用服务数字化建设。

7.3.1　危险化学品企业双重预防机制

危险化学品企业双重预防主要指安全风险分级管控和隐患排查治理，《危险化学品企业双重预防机制数字化建设工作指南》提出危险化学品企业双重预防机制数字化建设应坚持示范引领、分批推进、质效优先、全面覆盖的原则，以实现安全风险分级管控和隐患排查治理数字化为核心，按照"政府引导、企业负责"的推进模式，构建有科学完善的工作推进机制、有全面覆盖的安全风险分级管控措施、有责任明确的隐患排查治理制度、有线上线下融合的信息化系统、有奖惩分明的激励约束机制的"五有"常态化运行机制，实现企业与政府系统数据互联互通，推动企业安全生产主体责任有效落实。

危险化学品企业双重预防机制数字化建设程序主要包括成立领导机构、编制实施方案、开展全员培训、完善管理制度、划分安全风险分析单元、辨识评估安全风险、绘制安全风险空间分布图、制定管控措施、实施分级管控、明确隐患排查任务、开展隐患排查、隐患治理验收、持续改进提升等，如图 7-4 所示。

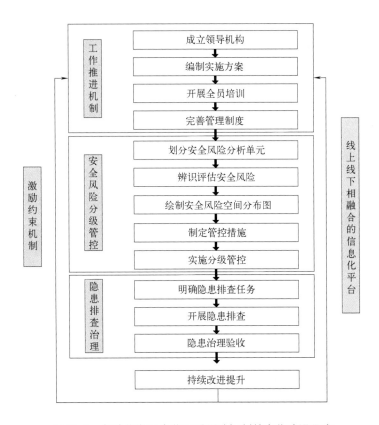

图 7-4　危险化学品企业双重预防机制数字化建设程序

（1）安全风险分级管控

安全风险分级管控的主要建设任务如下。

① 划分安全风险分析单元　按照"功能独立、大小适中、易于管理"的原则，选取所有生产装置、储存设施或场所作为安全风险分析对象。按照《危险化学品重大危险源辨识》（GB 18218—2018）规定，构成重大危险源的应独立作为安全风险分析对象。企业应根据生产工艺流程顺序或设备设施布局，将安全风险分析对象分解为若干个相对独立的安全风险分析单元，主要设备设施均应纳入安全风险分析单元。

② 辨识评估安全风险　企业应组织各相关部门、专业、岗位人员，应用 SCL、JHA、HAZOP 等方法对安全风险分析单元进行安全风险辨识，评估可能导致的事故后果。企业应根据安全风险辨识结果，选择可能造成爆炸、火灾、中毒、窒息等严重后果的事件作为重点管控的安全风险事件。企业可根据安全管理实际补充其他安全风险事件。企业应建立安全风险清单，主要内容包括安全风险分析对象、责任部门、责任人、分析单元、安全风险事件等。

③ 绘制安全风险空间分布图　企业应依据安全风险评价准则，对安全风险分析对象固有安全风险进行科学分级，从高到低依次划分为重大安全风险、较大安全风险、一般安全风险和低安全风险 4 个等级，分别采用红、橙、黄、蓝四种颜色进行标示，并在信息系统中绘制安全风险空间分布图。

④ 制定管控措施　针对安全风险事件，企业应从工程技术、维护保养、人员操作、应急措施等方面识别评估现有管控措施的有效性，其中工程技术类管控措施主要针对关键设备部件、安全附件、工艺控制、安全仪表等方面；维护保养类管控措施主要保障动设备和静设备正常运行；人员操作类管控措施主要包括人员资质、操作规程、工艺指标等内容；应急措施类管控措施主要包括应急设施、个体防护、消防设施、应急预案等内容。管控措施应按照本企业规定，经相关负责人评估确定。根据运行情况，不断更新管控措施，及时纠正偏差。

⑤ 实施分级管控　企业根据安全风险事件可能造成的后果严重程度，明确对应的企业、部门、车间、班组、岗位人员分级管控的范围和责任，将责任分解到各层级岗位，确保安全风险管控措施有效实施。上一级负责管控的安全风险，责任相关的下一级必须同时负责管控，并逐级落实具体措施。应完善安全风险清单及隐患排查内容，以便数据信息化录入。

数据清单要求如下。

要求安全风险管控清单按照企业→安全风险分析对象→安全风险单元→安全风险事件→安全风险管控措施的结构进行梳理。

① 安全风险分析对象　是指安全风险伴随的生产、储存设施、部位、场所和区域等。要求安全风险分析对象的划分与企业重大危险源划分相兼容，如果安全风险分析对象所在区域构成重大危险源，则直接以该重大危险源作为安全风险分析对象。如果所在区域未构成重大危险源，也需在危险化学品登记信息管理系统中注册为"非重大危险源"，对所在区域进行统一的危险源编码管理。

② 安全风险分析单元 根据企业实际情况将安全风险分析对象分解为若干个相对独立的单元。

③ 安全风险事件 是指能导致人员、伤害或重大经济损失的泄漏火灾爆炸或泄漏中毒等最严重生产安全事故后果的事件。企业也可根据实际需求上传其他安全风险事件。

④ 安全风险管控措施 针对该单元的安全风险事件，从工程技术、维护保养、操作行为、应急措施等方面来识别评估对应的管控措施，并针对每项管控措施制定相应的隐患排查内容。

（2）隐患排查治理

主要建设任务如下。

① 明确隐患排查任务 企业应根据法律法规要求，将安全风险管控措施与隐患排查任务相对应。隐患排查任务应涵盖全员、责任清晰、周期明确，且与日常巡检等计划性内容相结合。

② 开展隐患排查 企业应根据隐患排查任务，按期开展隐患排查，应与日常巡检相结合，确保管控措施落实。

③ 隐患治理验收 排查发现的隐患，能立即整改的隐患必须立即整改，无法立即整改的隐患，制定隐患治理计划，做到整改措施、责任、资金、时限和预案"五到位"，确保按时整改。整改完成后要组织对隐患治理效果进行验收，完成隐患闭环管理。

数据清单要求如下。

① 企业应根据安全风险管控清单中的管控措施，制定隐患排查计划，确定排查责任人、排查周期、方式等。

② 企业根据隐患排查标准及安全风险管控措施要求，按照隐患排查计划，采取相应的排查方式开展隐患排查，形成隐患治理清单，并组织相关人员对隐患治理情况进行验收。

③ 为避免出现安全风险、隐患"两张皮"现象，要求隐患排查治理清单的数据与安全风险分级管控清单数据相关联，即隐患信息需要与安全风险分析对象强关联。

（3）双重预防机制接入数据要求

危险化学品企业双重预防机制是由安全风险分级管控和隐患排查治理两部分有机融合的一个完整机制，它是通过风险辨识评估提前掌握生产过程中存在的风险，夯实各层级管控责任，并通过隐患排查治理确保风险处于受控状态的一种主动安全管理机制（如图7-5，其中 1:n 代表多个分析对象、分析单元、风险事件等），主要内容包括以下 6 个方面：①找出企业中风险分析对象（若分析对象存在于隐患数据库中则直接查找其隐患信息及隐患治理记录）；②根据企业实际情况将安全风险分析对象分解为若干个相对独立的单元；③发现能导致人员伤害或重大经济损失的爆炸、火灾、中毒、窒息等最严重生产安全事故后果的风险事件；④针对该单元的安全风险事件，从工程技术、维护保养、操作行为、应急措施等方面来识别评估对应的管控措施（若有必要则将其归入隐患数据库中）；⑤针对每项管控措施制定隐患排查任务；⑥记录隐患排查情况。

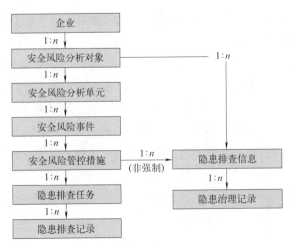

图 7-5 双重预防机制实体 - 关系

① 安全风险分析单元　如表 7-1 所示，一个安全风险分析对象可有多个安全风险分析单元，包括分析单元名称、描述等信息。数据更新频率：1 次 / 天，根据修改时间增量同步。

表 7-1　安全风险分析单元信息

编号	名称	标识符号	数据类型	数据长度	是否必填	说明
1	主键	ID	字符	36	是	主键 UUID
2	安全风险分析对象编码	HAZARD_CODE	字符	36	是	安全风险分析对象编码即危险化学品登记信息管理系统中的危险源编码
3	责任部门	HAZARD_DEP	字符	200	是	安全风险分析对象所属部门名称
4	责任人	HAZARD_LIABLE_PERSON	字符	200	是	安全风险分析对象所属部门负责人姓名
5	安全风险分析单元名称	RISK_UNIT_NAME	字符	200	是	安全风险分析单元名称
6	删除标志	DELETED	字符	1	是	同步的数据删除标志(正常：0；已删除：1) 同步的数据不可物理删除，如需删除，标志记为1
7	创建时间	CREATE_DATE	日期时间		是	创建时间
8	创建人	CREATE_BY	字符	50	是	创建人
9	最后修改时间	UPDATE_DATE	日期时间		是	最后修改时间(新创建的数据和创建时间相同)
10	最后修改人	UPDATE_BY	字符	50	是	最后修改人

② 安全风险事件　用于存储安全风险分析单元的安全风险事件信息，一般情况下一个安全风险分析单元至少需要上传一个最严重生产安全事故事件，如表 7-2 所示。数据更新频率 1 次 / 天，根据修改时间增量同步。

表 7-2　安全风险事件信息

编号	名称	标识符号	数据类型	数据长度	是否必填	说明
1	主键	ID	字符	36	是	主键 UUID
2	安全风险分析单元ID	RISK_UNIT_I D	字符	36	是	所属安全风险单元 UUID
3	安全风险事件名称	RISK_EVENT_NAME	字符	100	是	安全风险事件名称
4	删除标志	DELETED	字符	1	是	删除标志(正常:0;已删除:1)同步的数据不可物理删除,如需删除,标志记为1
5	创建时间	CREATE_DATE	日期时间		是	创建时间
6	创建人	CREATE_BY	字符	50	是	创建人
7	最后修改时间	UPDATE_DATE	日期时间		是	最后修改时间(新创建的数据和创建时间相同)
8	最后修改人	UPDATE_BY	字符	50	是	最后修改人

③ 安全风险管控措施。用于存储安全风险事件对应的管控措施,包括措施分类、描述、隐患排查内容等信息,如表7-3所示。数据更新频率1次/天,根据修改时间增量同步。

表 7-3　管控措施信息

编号	名称	标识符号	数据类型	数据长度	是否必填	说明
1	主键	ID	字符	36	是	主键UUID
2	安全风险分析单元ID	RISK_UNIT_I D	字符	36	是	所属安全风险单元 UUID
3	管控方式	DATA_SRC	字符	2	否	自动化监控:1;隐患排查:2
4	管控措施描述	RISK_MEASUR E_DESC	字符	1000	是	管控措施描述
5	管控措施分类 1	CLASSIFY1	字符	2	是	管控措施分类(工程技术:1;维护保养:2;操作行为:3;应急措施:4)
6	管控措施分类 2	CLASSIFY2	字符	4	是	工艺控制:1-1;关键设备/部件:1-2;安全附件:1-3;安全仪表:1-4;动设备:2-1;静设备:2-2;人员资质:3-1;操作记录:3-2;交接班:3-3;应急设施:4-1;个体防护:4-2;消防设施:4-3;应急预案:4-4

续表

编号	名称	标识符号	数据类型	数据长度	是否必填	说明
7	管控措施分类3	CLASSIFY3	字符	100	否	由企业自行定义
8	隐患排查内容	TROUBLESHOOT_CONTENT	字符	1000	是	隐患排查内容
9	删除标志	DELETED	字符	1	是	删除标志(正常:0;已删除:1)同步的数据不可物理删除,如需删除,标志记为1
10	创建时间	CREATE_DATE	日期时间		是	创建时间
11	创建人	CREATE_BY	字符	50	是	创建人
12	最后修改时间	UPDATE_DATE	日期时间		是	最后修改时间(新创建的数据和创建时间相同)
13	最后修改人	UPDATE_BY	字符	50	是	最后修改人

④ 隐患排查任务　用于存储安全风险管控措施对应的隐患排查任务。包括管控措施、隐患排查内容、巡检周期、排查结果等信息,如表 7-4 所示。数据更新频率 1 次 / 天,根据修改时间增量同步。

表 7-4　隐患排查任务信息

编号	名称	标识符号	数据类型	数据长度	是否必填	说明
1	主键	ID	字符	36	是	主键UUID
2	管控措施ID	RISK_MEASURE_ID	字符	36	是	管控措施主键UUID
3	隐患排查内容	TROUBLESHOOT_CONTENT	字符	1000	是	隐患排查内容
4	巡检周期	CHECK_CYCLE	数值	4	是	巡检周期
5	巡检周期单位	CHECK_CYCLE_UNIT	字符	20	是	巡检周期单位(小时、天、月、年)
6	最近排查时间	INVESTIGATION_DATE	日期时间		是	记录最近一次排查时间
7	排查结果	CHECK_STATUS	字符	1	是	记录最近一次排查结果(正常:0;存在隐患:1;未排查:2;其他:3)

续表

编号	名称	标识符号	数据类型	数据长度	是否必填	说明
8	删除标志	DELETED	字符	1	是	删除标志(正常:0;已删除:1) 同步的数据不可物理删除,如需删除,标志记为1
9	创建时间	CREATE_DATE	日期时间		是	创建时间
10	创建人	CREATE_BY	字符	50	是	创建人
11	最后修改时间	UPDATE_DATE	日期时间		是	最后修改时间 (新创建的数据和创建时间相同)
12	最后修改人	UPDATE_BY	字符	50	是	最后修改人

⑤ 隐患排查记录　企业根据隐患排查任务制定的排查周期对每个任务进行定期排查,将排查结果记录并上报,如表 7-5 所示。数据更新频率 1 次 / 天,根据修改时间增量同步。

表 7-5　隐患排查记录

编号	名称	标识符号	数据类型	数据长度	是否必填	说明
1	主键	ID	字符	36	是	主键UUID
2	隐患排查任务 ID	CHECK_TASK_ID	字符	36	是	隐患排查任务
3	排查时间	CHECK_TIME	日期时间		是	排查时间
4	排查结果	CHECK_STATUS	字符	1	是	排查结果(正常:0;存在隐患:1;未排查:2;其他:3)
5	删除标志	DELETED	字符	1	是	删除标志(正常:0;已删除:1) 同步的数据不可物理删除,如需删除,标志记为1
6	创建时间	CREATE_DATE	日期时间		是	创建时间
7	创建人	CREATE_BY	字符	50	是	创建人
8	最后修改时间	UPDATE_DATE	日期时间		是	最后修改时间(新创建的数据和创建时间相同)

⑥ 隐患排查信息　如表 7-6 所示,隐患内容包括:对应的管控措施、隐患名称、治理类型、隐患等级、隐患来源、隐患描述、形成原因分析、隐患状态、登记时间、登记人、治理期限、整改负责人等信息。隐患来源包括对隐患排查任务排查过程中发现的隐患,以及在其他排查过程中发现的与安全风险分析对象关联的隐患。数据更新频率 1 次 / 天,根据修改时间增量同步。

表7-6　隐患排查信息

编号	名称	标识符号	数据类型	数据长度	是否必填	说明
1	主键	ID	字符	36	是	主键UUID
2	安全风险分析对象编码	HAZARD_CODE	字符	36	是	安全风险分析对象编码 所有隐患必须绑定安全风险分析对象
3	管控措施主键	RISK_MEASURE_ID	字符	36	否	管控措施主键UUID 所有隐患排查任务产生的隐患必须绑定管控措施
4	隐患名称	DANGER_NAME	字符	100	是	隐患名称
5	隐患等级	DANGER_LEVEL	数字	1	是	隐患等级(一般隐患:0;重大隐患:1)
6	登记时间	REGIST_TIME	日期时间		是	登记时间
7	登记人姓名	REGISTRANT	字符	100	是	登记人姓名
8	隐患来源	DANGER_SRC	字符	4	是	日常排查:1; 综合性排查:2; 专业性排查:3; 季节性排查:4; 重点时段及节假日前排查:5; 事故类比排查:6; 复产复工前排查:7; 外聘专家诊断式排查:8; 管控措施失效:9; 其他:10
9	治理类型	DANGER_MANAGE_TYPE	数字	1	是	隐患治理类型(即查即改:0,限期整改:1)
10	隐患类型	HAZARD_DANGER_TYPE	数字	1	是	隐患类型(安全:1,工艺:2,电气:3,仪表:4,消防:5,总图:6,设备:7,其他:8)
11	隐患描述	DANGER_DESC	字符	1000	是	隐患描述
12	原因分析	DANGER_REASON	字符	1000	否	原因分析
13	整改责任人	LIABLE_PERSON	字符	100	是	整改责任人
14	隐患治理期限	DANGER_MANAGE_DEADLINE	日期时间		是	隐患治理期限
15	验收人姓名	CHECK_ACCEPT_PERSON	字符	50	是	当隐患状态为已验收时,验收人为必填项
16	验收时间	CHECK_ACCEPT_TIME	日期时间		是	当隐患状态为已验收时,验收时间为必填项

续表

编号	名称	标识符号	数据类型	数据长度	是否必填	说明
17	验收情况	CHECK_ACCEPT_COMMENT	字符	1000	否	验收情况描述
18	隐患状态	DANGER_STATE	数字	1	是	隐患状态(整改中:0;待验收:1;已验收:9)
19	删除标志	DELETED	字符	1	是	删除标志(正常:0;已删除:1)同步的数据不可物理删除,如需删除,标志记为1
20	创建时间	CREATE_DATE	日期时间		是	创建时间
21	创建人	CREATE_BY	字符	50	是	创建人
22	最后修改时间	UPDATE_DATE	日期时间		是	最后修改时间(新创建的数据和创建时间相同)
23	最后修改人	UPDATE_BY	字符	50	是	最后修改人

⑦ 地方数据接入应急管理部流程　企业基础信息和危险源基础信息沿用全国危险化学品安全生产风险监测预警系统交换要求,由部级安全生产风险监测预警系统统一下发至省级安全生产风险监测预警系统中。

企业通过省级双重预防机制接口上报双重预防机制数据。省级安全生产风险监测预警系统汇聚企业双重预防机制数据后,通过部级共享交换系统进行统一上报应急管理部。

图 7-6 为地方数据接入应急管理部流程图。

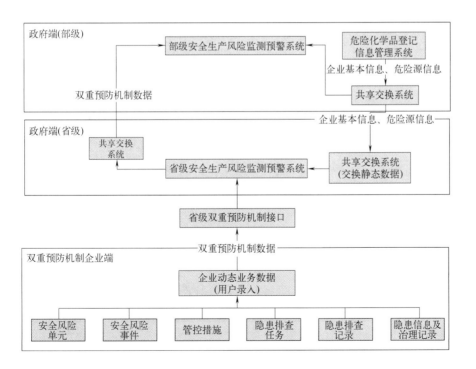

图 7-6　地方数据接入应急管理部流程

7.3.2 特殊作业许可与作业过程管理系统

特殊作业指危险化学品企业设备检修过程中可能涉及的动火、进入受限空间、盲板抽堵、高处作业、吊装、临时用电、动土、断路等，对操作者本人、他人及周围建（构）筑、设备、设施的安全可能造成危险的作业。作业许可是指在从事特殊作业之前，为保证作业安全，必须取得授权许可方可实施作业的一种制度，主要包括作业许可、范围界定、申请、批准、取消、延期和关闭等。

（1）总体设计要求

特殊作业许可与作业过程管理系统应实现《危险化学品企业特殊作业安全规范》（GB 30871—2022）附录 A 中所列出的作业票全过程在线办理，根据角色权限可进行职责范围内特殊作业条目化审批，支持实时查看特殊作业审批许可流程，支持对特殊作业不安全行为进行报警、预警，支持对特殊作业进行统计分析，支持记录现场监护人员和管理人员对特殊作业的监管意见。系统建设应包括电脑端（PC）和移动端（APP），应有专人对特殊作业许可与作业过程管理系统进行管理，及时处置作业过程中的预警信息和异常情况。

通过特殊作业许可与作业过程管理系统的建设，将特殊作业审批许可条件条目化、电子化、流程化，并通过信息化手段对作业全程进行过程和痕迹管理，从而实现特殊作业申请、预约、审查、安全条件确认、许可、监护、验收全流程信息化、规范化、程序化管理，提高企业事故预防和风险管控能力。通过与企业 DCS、GDS、人员定位、视频监控、教育培训、绩效考核评估等系统的联动，应达到以下效果：

① 现场作业标准化　依据《危险化学品企业特殊作业安全规范》（GB 30871—2022）和企业制度要求规范票证办理过程，解决票证填写不规范、安全措施落实不到位等管理问题。以移动终端为载体，安全责任落实到人，实现作业现场过程的信息化、标准化和高效管理，保障现场作业安全合规。

② 办票过程可视化　系统应实时记录所有的办票环节，严格记录作业申请、措施确认、会签审批等各个环节的确认人以及签批时间。通过办票过程的可视化，完成办票过程中对各环节负责人的责任传导，确保安全措施全方位落实，同时也为事后检查或追溯提供数据基础。

③ 管理执行规范化　通过对作业环节承包商以及作业人员的管理督促企业提升人员管控力度，规范承包商企业及人员行为，规范现场施工过程中人员管理。帮助企业掌握承包商作业水平、作业能力，提升特殊作业安全管控的同时提升企业管理能力。

（2）系统功能

1）电子作业票办理

① 作业票标准化、电子化　系统应根据《危险化学品企业特殊作业安全规范》（GB 30871—2022）的要求和企业自身管理需要生成标准化的电子作业票模板，模板可分为现场办票和流转办票两种类型。

② 规范特种作业人员管理　系统可通过调用教育培训、绩效考核评估系统接口等方式对作业人员能力进行评估。针对电工、焊工、起重工、登高作业等必须持证人员操作的，

系统应进行人员资证信息关联。

③ 现场到位确认 系统应依据装置单元、风险分区、作业区域划分等配置坐标信息，人员到达现场后，移动终端通过调用人员定位系统接口等方式进行位置确认，作业位置确认无误后，方可进行票证的现场核查和签批工作。

④ 规范作业环境分析 作业环境分析必须符合《危险化学品企业特殊作业安全规范》（GB 30871—2022）的要求，系统应提示每日动火前均应进行动火分析，动火分析与动火作业间隔时间设置不应超过 30 分钟（特殊情况不应超过 60 分钟），作业中断时间超过 60 分钟，系统应提示重新进行动火分析，特殊动火作业期间应随时进行监测；系统应提示受限空间作业前 30 分钟（特殊情况不应超过 60 分钟）内进行气体采样分析，系统应具备每 2 小时提示进行环境分析的功能；系统应能明确采样点位，应具备环境分析次数合规性、采样分析结果符合性校验功能。系统的移动端宜具备与便携式气体检测仪联动功能，实现实时监测数据的接入，并进行及时预警、报警。

⑤ 规范危害辨识与作业风险分析 系统应具备预设已知设备、区域可能存在的危险、有害因素的功能，能够对危害辨识的关键部位、容易忽略的环节等进行提示，并根据作业环境情况动态更新危害辨识结果。系统宜将作业风险分析与作业票办理过程关联。鼓励有条件的企业与风险分级管控和隐患排查治理双重预防工作机制中风险辨识评估过程进行关联。

⑥ 规范作业票申请与审批 审批流程管理用于监督审批人员在作业现场确认安全措施落实情况、现场签批作业票，保证安全制度的落实。按各票证要求，签批过程支持拍照确认，保证相关人员安全措施落实到位。系统预置各类型票证审批流程，票证各签批环节按照权限进行控制，保证签批合规。系统应具备作业票申请、审批人员人脸识别功能并与人员定位系统联动，具备不按流程办票与审批无法办理等功能。

⑦ 规范安全措施管理 系统应具备针对单条安全措施进行拍照留痕的功能，移动端上传措施落实照片后电脑端可实时进行查看；系统应具备针对单条安全措施由不同角色人员进行签字确认的功能；系统应具备可数字化编辑的安全交底清单功能，以便于现场监护人、安全教育人员及管理人员对清单内容进行实时补充完善，作业人在签字之前应对安全交底清单进行阅读并承诺悉知安全交底清单等功能。

⑧ 其他 系统应具备提示、添加关联作业票功能，实现作业过程中添加环境分析数据、进行交接班、安全教育、暂停作业、视频连线查看现场情况以及通信求助等功能。

2）作业过程查看、监控与预警

① 全过程实时查看 系统应具备实时查看特殊作业办票、审批许可流程，具备记录现场监护人员和管理人员对特殊作业的监管意见功能。

② 视频监控 系统应具备对接固定式摄像头、移动式摄像头的功能，实现作业全过程的实时监控、录像。对于获取的影像、视频流，可利用 AI 识别技术自动判定是否存在人员违章作业等行为。

③ 周边环境感知 系统应具备与作业地点周边固定式或作业点设置的固定式气体检测报警仪实时数据对接、作业过程中气体浓度的全程监控和历史记录可查等功能。鼓励有条件的企业开发与带无线传输功能的便携式气体检测报警仪实时数据对接的功能。

7

④ 关键节点取证留痕　系统应具备对作业现场环境、现场气体采样、现场防护措施准备、人员到场等实时拍照（录像）留痕的功能。

⑤ 风险预警　系统应具备对作业过程中对不规范行为、可能存在的作业风险进行报警、预警的功能，包括但不仅限于环境分析超时预警、高风险区域作业预警、节假日未进行提级管理预警、作业暂停超时预警、作业即将到期预警、极端天气下的高处作业预警、极端天气下的吊装作业预警等。报警、预警信息应通过多种途径及时推送至中控室值班员、企业安全管理人员和企业负责人等。

3）作业相关数据库管理

① 数据配置　系统应具备作业（含审批）人员角色、作业地点、检测气体库、安全措施、验收条件等全要素的数字化配置功能，并能实现根据作业实际情况实时新增相应内容的功能。

② 角色管理　系统应具备采集、调用相关作业人员、审批人员、监护人员信息的功能，针对电工、焊工、起重工、登高作业等必须持证操作的人员，系统应进行人员资证信息采集。

③ 作业地点　系统应具备设备位号或关联设备信息化管理功能，系统还应具备设置作业场所最高允许人数等功能，以便在作业时能精准管理。

④ 检测气体库　系统应具备预设常见的或企业已知的易燃易爆、可燃、有毒有害气体库，企业可自行完善气体库，气体库能配置气体的爆炸下限、动火最高允许浓度、毒性接触限值等。

⑤ 安全措施　系统应内置《危险化学品企业特殊作业安全规范》（GB 30871—2022）规定的安全措施条目，且具备根据作业环境实时添加安全措施的功能，可包括数字输入框、文本输入框、单选、多选按钮等编辑方式。

4）电子作业票归档

① 电子作业票查询　系统应具备在线查询作业票的功能，可远程实时查看办票情况、环境分析数据、安全措施落实情况等，可随时根据作业类型、状态、生产单位、作业单位、作业编号、作业时间等多个维度查阅电子作业票的功能。

② 电子作业票档案　系统应具备作业票导出、档案管理等功能，其储存时间不得低于1年。

③ 电子作业票打印　系统应具备作业票自动生成打印格式作业票的功能，并支持在线打印作业票。

5）统计分析

① 作业活动统计分析　系统应具备对当前作业活动情况的统计，根据部门、车间、作业类型、作业状态等维度对当前作业情况进行数据分析；系统应具备对历史作业情况的统计，根据部门、车间、作业类型、作业状态等维度对历史作业情况进行数据分析；系统应具备通过作业地点、设备对作业频次进行统计分析的功能，根据部门、车间、作业类型等维度进行数据分析；系统应具备按照时间、区域维度对特殊作业进行统计分析的功能。

② 作业预警统计分析　系统应具备对作业预警情况的统计分析，根据部门、车间、作业类型、作业状态等维度对作业预警情况进行数据分析。

③ 作业趋势分析 系统应具备作业开展趋势的统计分析，根据部门、车间、作业类型、作业状态等维度对作业开展趋势进行数据分析，分析结果可用于风险辨识评估、生产计划管理、设备完整性管理等过程。

（3）数据交换

有条件的企业可采用工业互联网平台＋工业 APP 的方式建设应用特殊作业许可与作业过程管理系统。不具备条件的，应支持数据 API 接口等数据访问方式，便于同企业自身其他信息化系统以及政府监管平台进行数据交换。

7.3.3 智能巡检系统

智能巡检是指运用移动终端等智能设备，通过预制巡检任务、巡检路线、巡检清单等进行高效巡检的一种巡检方式。目的是通过信息化、智能化手段，对巡检过程中人员到位情况、检查项目等进行确认，并对巡检全过程进行有效辅助和管理。巡检点是指通过数字化编码和标识的巡检位置的地理信息。

（1）总体设计要求

智能巡检系统应实现巡检、巡查全过程数字化管理，管理人员根据 PID 工艺流程图、数字化交付资料、风险分析单元划分、隐患排查清单、岗位安全风险责任清单等，分角色制定巡检任务、规划巡检路线，匹配巡检清单及制度规范。巡检人员通过移动终端自动获取巡检任务要求。支持巡检人员按规定时间、规定位置、规定要求完成数据采集，并将设备设施运行状态、设备设施故障以及各类安全生产隐患等信息实时传输回管理后台，从而实现内外操作人员、管理人员、企业各个信息化系统间共享巡检数据。应有专人对智能巡检系统进行管理，并将智能巡检系统接入企业中控室，确保及时处置巡检过程中的预警信息和隐患情况，实现闭环管理。

企业应将智能巡检系统建设与风险分级管控和隐患排查治理双重预防机制建设有机结合，将智能巡检系统作为落实隐患排查和隐患闭环管理的重要手段，打通智能巡检系统与双重预防机制信息化平台的数据接口，确保双重预防机制落到实处。

智能巡检系统应与设备完整性管理系统实现互联互通，对于设备设施在线监测、诊断系统发出的报警信息，应及时联动智能巡检系统分配下达巡检任务，进行二次确认。对于巡检过程中发现的设备设施故障及问题，应及时推送设备完整性管理系统。

（2）系统功能

1）巡检计划管理

① 系统应具备巡检巡查人员角色、巡检点、巡检内容等全要素的数字化配置功能，并能实现根据实际情况实时新增相应内容的功能。

② 系统应具备在线制定多种类型巡检计划的功能，包括：日常巡检、日常点检、综合性隐患排查、专业性隐患排查、季节性隐患排查、重大活动及节假日前隐患排查、事故类比隐患排查等。巡检计划应支持添加检查对象、检查标准的功能，应支持多类型检查频次编辑（应包括但不限于单次不重复检查、按小时重复检查、按天重复检查、按周重复检查、

按月重复检查等重复方式）。巡检计划还应支持按时间区间和检查次数自定义检查任务的方式、支持容错时间和补检时间的设置，允许检查人员在容错时间内进行检查，在补检时间内进行补检，未到时间不能检查，超过时间显示为漏检等管理功能。

③ 系统应具备按照设定的巡检计划自动生成巡检任务的功能，并能将任务自动下发到相关检查人员移动终端账号下。

④ 系统应支持针对检查方案设置提醒与报警功能，在达到报警阈值的情况下能通过APP 通知、即时通信软件、短信等方式通知相关人员。

2）巡检标准管理

① 系统应具备在线管理检查标准库的功能，可以根据不同分类创建多个检查标准库，企业可自主维护检查标准库。

② 系统应具备针对不同检查对象设置不同检查标准的功能，针对单条检查标准可以设置检查部位、检查类别、检查方式、是否需要进行拍照、是否需要填写数据、设置自定义输入框等功能。

③ 针对数据型检查标准，系统应具备输入上限、下限等合理数据区间的功能，在检查中数据不在合理区间时自动判定为异常。系统应具备读取 DCS 等生产管理系统的数据，实现现场一次仪表与二次仪表数据的核对。

④ 系统应涵盖《危险化学品企业安全风险隐患排查治理导则》的巡检巡查所要求的内容。

3）巡检路径规划

以覆盖企业所有风险点为导向，以安全生产风险分级管控辨识评估结果为依据，规划巡检路线、巡检点顺序和检查项目，规范现场巡检操作流程，设置不按预制巡检要求、不按巡检路线即无法完成巡检的限制，避免漏检、跨检。

① 设置巡检路线　主要包括巡检点布置、巡检线路绘制，维护和查看与巡检路线相关的信息，配置该路线是否停检等功能。

② 巡检点配置　主要包括配置该巡检点是否停检，批量选择添加到指定路线，具有巡检点检查项目设置等功能。

③ 时间策略配置　主要包括设置首站到点签、到时间及巡检时长，配置巡检排班及岗位轮替规则等。

4）巡检过程管理

① 人员身份认证　支持通过人脸识别、指纹、签名、人员工卡、账号、密码等身份认证方式，确保人员身份、资质信息符合巡检计划、任务及路线要求。

② 巡检点签到

a. 巡检位置确认：企业可在巡检点位置安装蓝牙、近场通信（near field communication，简称 NFC）等数字标签，移动终端通过读取标签信息，判断标签的身份、位置，从而确定是否到指定巡检点。智能巡检系统也可联动人员定位系统，确保巡检的人员在正确的时间、地点，按照规划的路线进行巡检。

b. 未到位禁止录入：通过巡检路线制定及指定位置弹出任务的方式，将巡检任务固化到位置点，巡检人员必须按规定到指定位置才能进行巡检任务。

c.漏检跨检报警：巡检人员若跳过巡检点执行其他任务时系统能进行报警提示，有效避免漏检及跨检问题。

d.垂直区域应用：针对高层建筑的垂直环境，可在每层标识位置确认点，判断巡检人员是否到指定点完成巡检工作，以应对多楼层、复杂塔高环境。

③ 巡检清单生成　巡检人员完成签到后，移动端应根据巡检点信息、巡检计划、标准规范、岗位责任清单等，自动生成巡检项目清单，巡检项目清单中应包括需要读取的参数、需要检查的具体位置、需要确认的操作记录等内容。

④ 巡检过程辅助　系统应使用引导式录入方式，通过直观的界面展示，将巡检信息固化，同时引导巡检人员完成巡检任务。系统可对巡检点位的 DCS 数据、设备完整性管理数据等进行展示，便于巡检人员进行参考比照。系统移动端应具备一定视频、图片 AI 识别能力，以实现现场仪表参数自动填写等功能。系统还应具备历史、同类、高发故障隐患匹配提示功能，供巡检人员参考。

⑤ 巡检结果上传　通过文字、语音、拍照、短视频方式快速上报巡检异常。针对巡检过程中发现的异常情况将自动转入到异常记录功能中，移动终端和管理后台都可以查询异常信息，当线下完成异常处理，可以在移动终端和管理后台关闭异常。不能立即关闭的异常，可以同步到双重预防机制信息化系统中，按照隐患进行处理。非巡检工作过程中，若发现异常，可在移动端通过异常统一入口录入异常信息，异常处理过程都可通过巡检异常功能进行处理。

5）问题跟踪处置

系统应具备对检查结果为异常的问题进行汇总的功能，对检查过程中发现的问题，如故障、隐患、现场处理应进行闭环跟踪。针对现场检查发现的隐患，应按照《危险化学品企业安全风险隐患排查治理导则》第 5 部分"安全风险隐患闭环管理"的要求立即组织整改和报告，系统应支持对隐患上报、管控措施落实、整改任务分配、整改过程跟踪、整改完工验收等进行 全流程动态管理。针对现场检查发现的故障，系统通过数据接口等方式推送任务至设备完整性管理系统，进行问题分析、报修、交付检修、交付使用等完整的在线检维修处置管理。

6）统计分析

系统应支持各部门任一时间的巡检巡查任务状态和完成情况的统计分析。支持对正常、漏检、补检、预警和异常通知等的统计分析。支持按日、周、月统计巡检巡查完成度，按部门、方案、时间等维度对巡检巡查完成度的统计分析。企业应对巡检数据进行深入分析，全面掌握企业各部门、各装置巡检的执行率、到位率、漏检率和问题整改率，并将分析结果作为风险预警、绩效评估等的依据。

（3）提升应用要求

① 联动新型感知设备　鼓励企业配置红外热成像、测振单元等感知仪器，辅助巡检人员判断设备温度、是否泄漏、管道是否堵塞、设备状态是否异常等情况。鼓励将混合现实技术（MR）运用于智能巡检系统，利用混合现实硬件设备实现巡检路径导航，并对设备外观、仪表参数进行 AI 识别并上传至系统，保证数据的真实性、有效性。

② 无人化巡检 在综合评估风险可控的情况下鼓励企业采用 AI 音视频分析系统、轮式机器人、轨道式机器人、无人机等无人化巡检方式，提升巡检作业的效率，降低人员暴露危险。

（4）数据交换要求

鼓励有条件的企业采用工业互联网平台＋工业 APP 的方式建设应用智能巡检系统。不具备条件的，应支持数据 API 接口等数据访问方式，便于同企业自身其他信息化系统以及政府监管平台进行数据交换。人员定位技术路径包括：UWB、Zigbee、蓝牙、WiFi、北斗 / GPS、RFID 等，企业在进行人员定位系统建设时，应根据业务场景、安全管控需求，结合定位精度、工作距离、应用范围等指标，选择一种或多种技术路径满足实际使用需求。需要指出，选择定位准确、判断准确的人员定位技术有利于实现更多的场景联动。

7.3.4 人员定位系统

人员定位指通过定位基站、定位标签以及定位算法实现对于人员在时空上的感知。其中，定位标签作为被追踪、被定位的信号收发器佩戴于人身或安装在物品之上，以确定人员或物品所在位置，可具备报警求救等功能；定位基站与定位标签通信，通过有线网络或无线网络方式与人员定位系统进行数据通信，实现人员或物品的定位。

（1）总体设计要求

人员定位系统由应用层、解算层以及设备层构成，如图 7-7 所示。

图 7-7 人员定位系统总体设计

① 应用层 人员定位系统的应用层主要用于实现不同应用场景中的具体需求，如任一区域的人员数量统计、可视化展示、区域管控功能、人员活动轨迹分析功能等。

② 解算层 解算层通过部署不同的算法，如接收信号强度定位算法（RSSI）、非视距信道环境定位算法（NLOS）、到达时间差算法（TDOA）与双边测距算法（TWR）等实现人员位置的解算。同一种技术路径、同一硬件环境下，系统的定位精度主要由解算层所部署

的算法决定。同时，还可以进一步采用刷新率自适应算法、高可信算法以及数据清洗等复杂算法，提高人员定位系统的精度和适用性。

③ 设备层　设备层由定位标签与定位基站组成。定位标签不仅仅可用于人员定位，也可以为设备、资产、交通工具以及生产载具提供定位服务。其中应用于人身佩戴的有：胸牌型、钥匙扣型、手环型、安全帽型等。同时，企业应该根据危险分区情况，选择相应防爆等级的定位装备。定位基站的种类和布置应综合考虑空间维度、通讯距离、供电方式、定位算法等因素。从通信距离上，基站的最大通信距离从 10 米到 200 米不等。从供电方式上，基站可以独立供电 也可以通过 POE 方式供电（须配备 POE 交换机）。同时，选择基站时还应考虑搭建速度、定位频率、定位标签容纳量、兼容性与抗干扰性、是否支持超低功耗定位标签等诸多因素。

（2）基本应用要求

① 接收与发送报警信息　与定位标签绑定的可穿戴设备、手持终端和嵌入式系统应具有有效、可靠的警报发生装置。人员遇险求救时，系统应显示人员异常状况并发出警报。每一条报警事件，都能记录报警时刻的人员位置信息。除了后台报警提醒，还可支持将报警信息自动发送直属领导等相关人员。报警信息应包含报警发生时刻、触警人员、实际报警地点，并在报警处理后可通过报警快照结合电子地图回溯报警信息。

② 可视化展示　通过 GIS 可视化技术与人员定位的融合，可以把人员在空间中的具体位置直观地表现出来。也可在数字孪生系统或三维倾斜摄影实景建模系统中，将三维人员定位信息、外部环境信息、视频监控信息、危险作业信息多源融合，综合体现在 3D 可视化虚拟环境中，支持多楼层展示，提升安全管控的直观性和精准性。

③ 人员数量统计分析　人员数量统计包含了静态人数统计以及动态人数统计。其中静态人员统计特指在时间截面中，特定区域的人数可以根据人员定位系统快速获取。而动态人员统计可以计算在特定时间段中，人员在特定空间内的进、出数量等多种数据。

④ 人员活动轨迹分析　系统应具备查询人员历史轨迹，实现巡检人员改变路线、长期停留等异常工况的报警功能。历史轨迹应支持跨天查询，查询时可立即生成总览，且室内外轨迹连续、自动切换、完整展示出人员活动范围。人员活动轨迹数据还可为生产场地优化设计、工人工序优化设计、危险物品存放优化、应急疏散路径规划等提供数据基础。系统可以还原某一时刻所有人员的最终位置，显示过去时间段现场所有人员分布的实时位置，方便进行快速的人员分布查询和核实。支持快速定位厂内人员在发生事故前的位置分布情况，帮助救援人员精准定位、快速施救。

⑤ 存储和查询　系统应储存人员位置信息与时间信息，并能生成运动轨迹。汇总以下信息并通过合理操作界面方便管理人员查询：人员出 / 入生产场所信息、人员出 / 入重点区域信息、人员出 / 入作业地点时刻、人员离场后回溯在生产区域的历史轨迹信息、人员超员、人员缺员信息、人员临近高风险地区信息、人员越界信息、人员静止信息、人员滞留信息、工作异常人员信息等。

（3）联动应用接口要求

① 报警信息联动　人员发生违规行为时，系统应提供数据接口支持相关系统显示人员

异常状况，并发出警报。

② 电子围栏　系统应提供数据接口支持电子围栏功能，电子围栏系统在发现人员进/出围栏时报警。支持电子围栏系统管理端对各类人员的身份、位置、环境、状态、行为等进行分区、分片、分层、分类管理和授权。支持可视化系统划分特定区域，对未授权进入、超员、聚集、串岗等违规行为进行实时报警。

③ 智能巡检联动　人员定位系统应提供数据接口与智能巡检系统联动，确保巡检人员在正确的时间、地点，按照规划的路线进行有效的巡检。通过设定行走轨迹并搭配移动终端，可实现对巡检人员的巡检路线提供方向指引等功能。

④ 特殊作业管理联动　人员定位系统应提供数据接口与特殊作业管理系统联动，支持统计作业人员信息，精确显示作业人员动态，实时掌握作业人员、监护人员分布和活动情况，确保作业时间、位置、人数等与作业票审批内容一致。并对作业过程中出现的定位信号消失、跌落等异常情况进行报警。一旦发生作业人员或监护人员离开情况、非作业人员闯入危险作业区域情况，支持特殊作业管理系统立即发出告警信息，提醒监管人员。

⑤ 应急疏散撤离　人员定位系统应提供数据接口与应急管理系统、应急通信系统等进行联动。当 DCS、GDS、SIS 系统发出报警时，支持应急管理系统根据人员位置等信息对报警影响范围、受影响的人员等进行判断，并及时发出应急处置或疏散撤离指令。

⑥ 应急演练　系统应提供数据接口支持可视化应急演练指挥功能，直观展示演练过程，利用位置信息，提升指挥效率。支持记录参与演练的每一个现场人员的实时位置、疏散路径、并联动视频画面。演练中，应急演练系统可实时统计事故点撤离人员总数、撤出事故点但未到达安全岛的人数、以及到达安全岛的人数、撤离时间，帮助管理层了解演练效果。演练后，应急演练系统可查看人员疏散结果，进行疏散效率分析。为演练预案修订、演练评估、演练培训提供数据支撑。

（4）提升应用要求

系统可与视频系统、报警系统、人员生命体征检测系统、气体监测系统和工业感知系统进行集成、联动，提高对现场人员的状态感知。基于机器学习算法对多源实时数据进行融合分析，实现基于人员位置的智能风险预警等功能。相关系统可在实时定位跟踪人员和人员历史轨迹追溯时，联动人员移动路线附近摄像头，自动弹出实时视频画面，并随人员移动自动切换视频画面。

（5）数据交换要求

有条件的企业应采用工业互联网平台 + 工业 APP 的方式建设应用人员定位系统。不具备条件的，应支持数据 API 接口等数据访问方式，便于同企业自身其他信息化系统以及政府监管平台进行数据交换。

7.4　智能化设备全生命周期管理技术

设备管理工作是企业管理工作的一项重要内容，设备运行的好坏直接影响到企业的生产效率和生产安全。采用信息化手段支撑企业的设备管理工作，对于提升设备管理水平，降低营运风险具有重要意义。为推动"工业互联网＋危化安全生产"建设深入开展，在总结相关单位实践做法基础上，应急管理部危化监管一司 2023 年 3 月 1 日进一步印发了 5 项有关"工业互联网＋危化安全生产"管理系统建设的应用指南，其中《"工业互联网＋危化安全生产"设备完整性管理与预测性维修系统建设应用指南（试行）》专门用于指导设备管理系统的数字化建设。

7.4.1　设备全生命周期管理系统功能

设备全生命周期管理包含设备设计、选型、购置、安装、使用、维护、保养、检验、检测、修理、改造、报废、更新等一系列过程的管理，需要综合考虑设备的可靠性和经济性。根据《"工业互联网＋危化安全生产"设备完整性管理与预测性维修系统建设应用指南（试行）》要求，设备管理系统应具备设备基础信息管理、在线监测、全生命周期管控、绩效管理等功能。支持查看编辑设备的数据库信息，多维度查询统计，实时查看设备运行参数、健康状况、劣化趋势、安全风险等，实施分类分级管理；支持从设备设计选型、订购、仓储管理、安装调试、在线监测、运行维护到退役报废的全生命周期管控，实现避免非计划停机生产损失、过度检维修、超量备件储备、偏重依赖个人经验等情况，有效减少设备故障，确保设备服役期间安全可靠长周期运行。通过设备完整性管理与预测性维修系统的建设，汇聚 DCS、SIS、MES、ERP、LIMS、巡检等系统中多元化设备数据，满足系统统计管理和计算分析数据需求，促进设备信息数据标准化和检修流程规范化，最终实现设备分类分级全生命周期完整性管理与预测性维修。

（1）设备基础信息管理

① 设备基础信息要求　系统应实现对设备全生命周期产生信息在设备台账库的集成，含设备树、设备基础信息、专业信息、分类信息、参数信息、附加信息、备品备件、关联附件、各类周期计划、可靠性分析等的在线添加、编辑、查阅、删除，能够将设备从前期管理、使用维护、设备修理、更新改造到设备处置整个生命周期的相关文档资料、图纸图片等信息进行汇总存储，方便维护查询。支持电子台账维护、查询、统计分析、预报警提醒、工单自动生成、导入导出等功能。支持建立可维护的编码标准数据库，在列表中体现文档编号、文档名称、文档类型、存放地点、附件等相关信息，通过流程控制保障设备编码唯一性，做到一台一档。

② 设备分类分级管理　系统应内置设备分类分级方法，采用量化的关键性评价指标确定设备分类分级，并能够根据设备级别确定管理内容的详略程度，合理配置资源，明确管理权限。系统应根据动、静、电、仪等不同专业类型设备设施建立应用功能界面，将同专业同类型设备信息进行汇总展示，并关联设备运行维护管理、检维修管理、设备报废管理、润滑管理、防泄漏管理、防腐蚀管理、检验检测管理、特种设备管理等相关信息，将各相关专业数据集成展示。

（2）设备监测

系统应根据设备监测需求，基于腐蚀在线监测、工艺防腐蚀分析、机组状态在线监测、机泵群状态在线监测、电涡流腐蚀监测、超声导波腐蚀监测、润滑油品质分析、泄漏管理、长输管线阴极保护、水冷器栖牡阳极、DCS/SIS在线点检、电力线路温度遥测、电机电流过负荷预警等相关技术，实现设备相关数据的采集，记录设备产生的故障模式及其对安全生产造成的影响，并按照故障模式的严重程度给予警示并生成相应处置措施。

（3）设备全生命周期管理

设备全生命周期管理模块应以构建的设备数据库为基础，结合企业的设备完整性管理体系，包括但不限于设备前期管理、运行周期管理、维保管理、巡检、检维修管理、报废管理和备品备件管理等功能。

① 设备前期管理　系统可实现设备选型、采购、安装标准化、规范化、流程化管理，加强设备的前期管理。

② 设备运行周期管理　系统应实现设备启停管理，记录统计设备运行时长，减少或避免非计划启停，提高设备使用寿命。

③ 设备维保管理　系统应具备维保在线记录、维保提醒等功能，使设备常年处于最佳技术状态。

④ 设备巡检　系统可实现与智能巡检系统相关联，实现设备巡检科学化、规范化、智能化管理。

⑤ 设备检维修管理　系统应具备设备故障报修或设备检修工单申报功能，并可对实际进度与计划进度进行实时监测对比纠偏，工单处理流程完成后自动关联工单档案，与设备首页数据展示关联，实现设备"异常故障 - 报修 - 检修 - 隐患消除"闭环管理。

⑥ 设备报废管理　系统可实现对不能满足标准要求、工艺要求、质量要求、老化、性能落后、耗能高、效率低的设备进行报废处置管理，规范企业设备的报废管理，提高设备利用效率。

⑦ 备品备件管理　系统可实现备品备件领用申请，实时监测设备备件入出库，库存数量自动更新，具备备件高低储预警管理和溯源查询功能。

（4）预防性维修

企业应根据设备管理的需要，汇聚日常使用、保养、润滑、紧固、调整、巡检、状态监测、检验检测、功能测试、周期性维修、周期性换件等信息，以及特殊行业的标准要求，做好设备预防性维修。

① 系统应能根据设备基础信息、历史检维修记录等，生成相应的年度预防性维修计划，并具备年度预防性维修在线查看、审批等功能。

② 系统实现年度预防性维修计划自动分解生成月度预防性维修计划，结合实际生产情况进行计划调整，对于临时计划可以手工增加，报相关管理人员审批后执行。系统具备月度预防性维修计划、审批、下发等功能

③ 系统具备在线填报维修记录、责任人验收审批及维修工单结果评价等功能，实现维修工单的闭环管理。

④ 系统实现预防性维修计划执行提醒、报警等功能，支持查看、统计、分析执行情况，自动生成下一年度预防性维修计划。

⑤ 系统应基于大数据分析技术，建立设备腐蚀等检测数据与设备剩余使用寿命的预测模型，支持根据检验检测结果，动态优化设备预防性维修周期和备品备件量。

(5) 预测性维修

系统应通过先进的预测性维修与故障诊断技术、可靠性评估与预测技术等判断设备的状态，识别故障的早期征兆，对故障部位及其严重程度生成故障预判，并根据诊断预知结果，生成检维修建议措施。

预测性维修的具体要求如下：

① 状态感知层 应用物联网技术，针对不同类型的设备；建立包括生产工艺过程参数（温度、压力、液位、流量等）、设备状态监测数据（电流、振荡、频谱、声音、图像等）和物料化验数据等所共同组成的泛在感知网络。实现设备状态的实时监测，感知数据自动采集、集成和设备状态异常监测功能提高管理自动化水平和数据共享性，为大数据分析创造条件。

② 业务执行层 以 KPI 绩效为指引，将管理和技术有机融合，并具备大数据的集成及二次应用分析功能，实现设备管理 PDCA 循环提升，提高体系化管理和智能化水平。

③ 业务管控层 以分级管控为原则，重在形成可靠、安全评价知识库，为保障正确决策提供技术手段，并能具备实施综合监控及展示功能，提高业务管控和科学决策水平。

预测性维修的流程及功能如下：

① 数据收集和处理 以设备完整性管理数据为基础，结合采集设备实时在线特征数据，为健康状态的预测提供数据基础。系统宜采用自然语言处理、图像识别、声纹识别等人工智能技术对巡检记录、视频、声音等数据进行处理。

② 健康度预测 系统实时监测设备的感知特征数据和完整性管理数据，预测设备的安全状态和设备的低劣化发展趋势，自动优化生成设备检验检测计划。

③ 维护的执行和管理 以健康度分析的结果为基础，结合企业设备管理制度流程和安全分析结果，自动生成设备检维修策略，过程信息自动汇聚设备全生命周期管理数据库。

(6) 绩效管理

为保障设备的安全稳定运转，保持其技术状况完好并不断改善，通过各项 KPI 指标合理计算企业内设备使用生产情况。

① 完好率 结合设备台账与检维修管理等计算完好的生产设备在全部生产设备中的比重，支持时间筛选及下载功能，对关注的月份可以放大展示。

② 故障率 根据设备台账及设备检维修管理等计算出设备在其寿命周期内，设备暂时丧失其规定功能的状况。

③ 投用率 根据设备联锁管理及自控系统等计算联锁及自控设备投用情况。

④ 密封点泄漏率 通过企业人员上报的静密封点泄漏况以及在线监测设施数据等，按照不同维度计算出密封点泄漏情况。

⑤ 特种设备取证率 为加强和规范特种设备使用环节的管理，对特种设备使用登记证进行统计。

⑥ 强检设备检定率 系统实现自动计算特种设备到期检验情况，并支持临期、超期提

醒功能。

⑦ 计划执行率　根据维保和检维修管理要求，系统自动计算计划执行情况。

（7）提升功能要求

基于 AI、机器学习、聚类分析等先进算法技术，对海量典型设备故障案例和数据开展数据挖掘分析，获取设备健康状态劣化时的振动、声、光、电、热、磁等多种特征以及劣化加速失效的时间点和关键指标发展趋势，从而建立设备预测性检维修量化模型，自动生成设备预测性检维修的时间点和推荐检维修方法，避免设备受损、意外停机和发生生产安全事故。

（8）数据交换要求

鼓励有条件的企业采用工业互联网平台＋工业 APP 的方式建设应用设备完整性管理与预测性维修系统。不具备条件的，应支持数据 API 接口等数据访问方式，便于同企业自身其他信息化智能化系统以及政府监管平台进行数据交换。

7.4.2　设备资产完整性管理数字化平台设计与应用

设备在管理的过程中会经历一系列的设备及财务的台账和管理及维修记录，如设备的可靠性管理及维修费用的历史数据，这些都可以作为设备全生命周期的分析依据，最终可以在设备报废之后，对设备整体使用经济性、可靠性及其管理成本做出科学分析，并辅助设备采购决策，更换更加先进的设备重新进行全生命周期的跟踪，也可以仍然使用原型号的设备，并应用原设备的历史数据采取更加科学的可靠性管理及维修策略，使其可靠性及维修经济更加优化，从而使设备全生命周期管理形成闭环。

如图 7-8 所示，设备资产完整性管理数字化平台的建设以企业资源计划（ERP）系统为主体，通过数据集成、结合专业应用和跨系统业务集成和流程梳理，实现设备管理与资产管理、物资管理、项目管理、财务管理的集成，站在设备全生命周期的角度，从项目管理、设备资产管理、设备健康管理、设备维修管理及成本归结、备品备件管理等角度完善管理，以达到使全生命周期成本最小的目的。

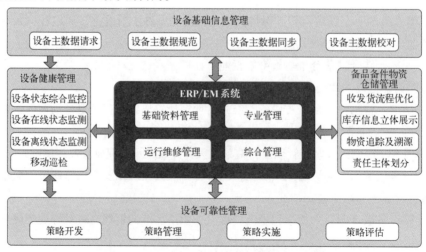

图 7-8　设备资产完整性管理数字化平台架构

（1）项目管理

项目建设初期，通过设备清册程序，在项目预算的许可范围内，生成相应的采购申请和采购订单，纳入物资管理的采购阶段。当在建项目完成后，可通过项目转资，将已安装的设备形成设备清单，同时将项目上的费用转资成固定资产卡片，在系统内建立起设备清单和固定资产卡片的对应关系。

（2）设备资产管理

通过过程危害分析和关键资产信息识别，制定以可靠性为中心的维修（RCM）、基于风险的检验（RBI）等管理策略；通过设备运行状态监控，进行设备故障诊断及预测，确定运行保养和维修维护的技改举措；最后，通过评估分析、发现问题、分析原因，提出管理策略修正建议，实现降低资产故障率、缩短维修时间的目的，最优化全生命周期费用。设备资产管理逻辑如图7-9所示。

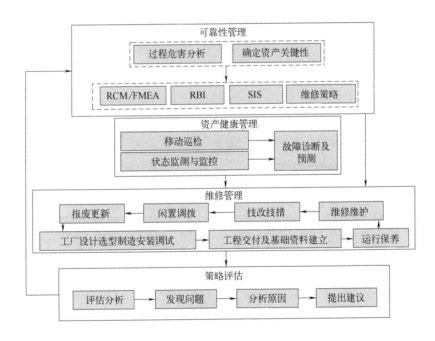

图7-9　以最优化全生命周期费用为目标的设备资产管理逻辑图

（3）设备维修管理及成本归结

维修管理业务通过ERP检修工单的形式对设备检修情况进行统一管理。工单是系统中对检修工作进行成本归集和工作进度控制的工具。在工作完成时，将会把工单上实际发生的费用，归集到财务的不同科目上。财务人员对完成业务的工单进行成本结转，并生成相应的财务凭证。同时，在ERP系统外新增业务执行进度及费用的管理功能，维修管理中计划、审批、下达、合同、采购、备案、施工、资料收集、考核、结算各个环节均在系统内设置状态采集功能，可在统一的展示界面对所有维修计划的进度及费用进行监控。设备维修管理及成本归结如图7-10所示。

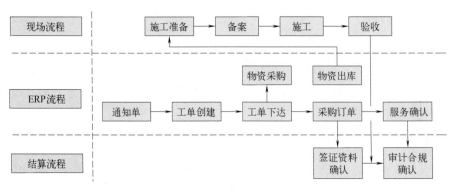

图 7-10　设备维修管理及成本归结

（4）备品备件管理

与智能仓储关联，对各种设备易损件的动态管理过程涉及物资管理（maintenance repair & operations，MRO）模块的物资采购、库存、发货，在 ERP 系统中 MRO 模块基础上开发备品备件标记、统计、记录功能。建设基于二维条码和射频识别（RFID）技术的物资仓库实物管理，通过批次管理和物资需求计划（MRP）自身的运算逻辑，实现责任主体追踪。

（5）应用举例

图 7-11 所示为某公司开发的设备资产完整性管理数字化平台整体框架，以"工业大数

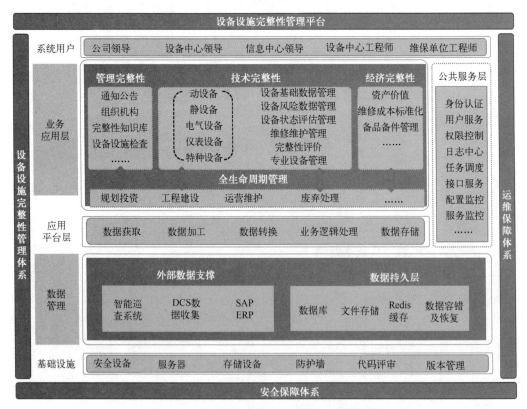

图 7-11　设备资产完整性管理数字化平台框架

据"技术为依托,构建集"管理、技术、经济"于一体的数字化设备安全管理平台。该平台基于中国海油的先进资产完整性管理理念,借鉴行业内设备管理信息系统良好做法,以管理完整性、技术完整性、经济完整性和全生命周期管理为核心内涵,对设备设施开展系统、动态管理。管理系统各个功能模块划分为系统用户、业务应用层、数据管理、应用平台层等,多层架构符合"高内聚,低耦合"思想,各层之间采用接口相互访问。通过对信息的深度挖掘利用、智能化分析与可视化应用,实现设备运行风险管控、设备异常预测预警、设备预防性维修,为设备完整性管理开展全面分析及决策提供全方位支持,提升了设备实时感知、风险预警、知识管理、决策支持能力,保障设备设施本质安全。

平台基于设备完整性管理业务及流程,功能模块涵盖数据管理、KPI指标、风险管理、状态监测、运行管理、故障管理、检修管理等,将设备管理涉及的设备检查、监测、保养、维修等各个环节的数据进行集中管理,规范管理流程,并与DCS系统、监测系统等进行数据交互,实现基于风险的全生命周期管理。通过完整性管理数字化平台应用,能充分整合企业在设备管理中产生的有用数据,通过对状态监测系统、DCS和SAP等系统的集成,实现对信息的深度挖掘利用、智能化分析与可视化应用,实现设备运行风险管控,设备异常预测预警,设备预防性维修,为设备完整性管理开展全面分析及决策提供全方位支持,提升了设备实时感知、知识管理、决策支持能力。

7.5 应用示例:智能工厂建设与HSE管理智能化建设

7.5.1 智能工厂建设

智能工厂的特点是以卓越运营为目标,贯穿运营管理全过程,具备高度自动化、数字化、可视化、模型化和集成化。图7-12所示为某石化企业智能工厂模型框架,共涉及"生产管控、供应链管理、资产管理、能源管理、HSE管理、辅助决策"六个核心业务领域。

该企业智能工厂的建设愿景是实现运营决策科学化、运营管理协同化、运行操作自动化。运营决策科学化指事前科学预测、事中动态改进、事后全面分析;运营管理协同化指流程高度集成、业务高度协同、价值全局最优;运行操作自动化指过程自动控制、操作实时优化、指挥高效协同。通过技术变革和业务变革,让企业具有更加优异的感知、预测、协同和分析优化能力。智能工厂的价值体现主要聚焦在五项服务举措上:"实现全过程优化、实现降本增效、强化精细化管理、保障长周期运行、持续推进节能减排"。图7-13所示为智能工厂建设中5个智能化应用、1个综合应用与2个支持体系间的关系。

① 供应链管理智能化 图7-14所示为供应链管理智能化的具体内涵,主要包括建设供应链监控与分析系统和供应链一体化优化系统。通过建设产供、产销信息的动态监控体系,实现生产指标体系的设计、监控、分析和预测;通过提升计划优化模型和调度优化模型,实现模型自校核和供应链一体化优化。

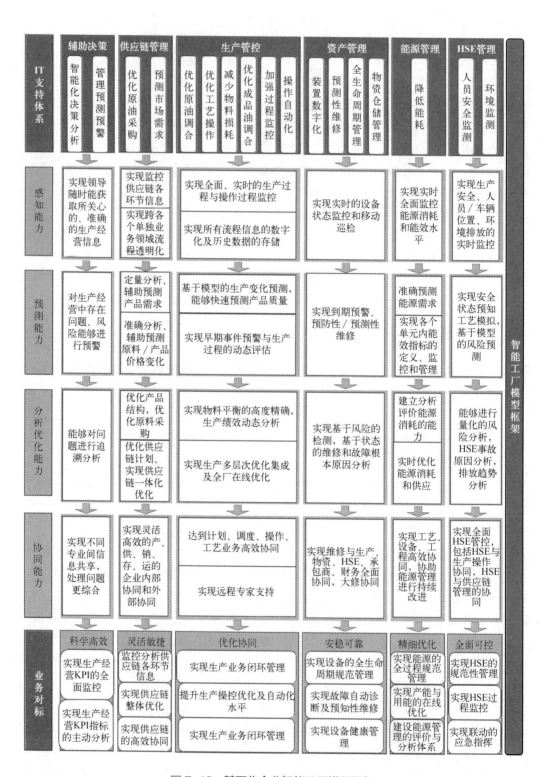

图 7-12　某石化企业智能工厂模型框架

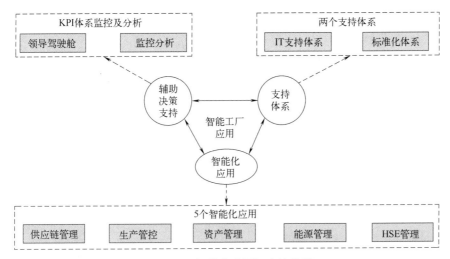

图 7-13 智能化应用与支持体系

图 7-14 供应链管理智能化

② 生产管控智能化 图 7-15 所示为生产管控智能化的具体内涵,主要包括生产管控与指挥系统、工艺管理与分析系统以及操作管理与优化系统的建设。对于生产管控与指挥系统,通过建设智能调度指挥,搭建异常工况、应急状态下的系统风险预警模型和加工方案调整知识库,实现调度指挥辅助支持。对于工艺管理与分析系统,通过建设企业端的工艺管理与分析,实现企业端的工艺技术管理电子化、工艺分析及技术报表自动生成,完成与技术分析及远程诊断系统集成。对于操作管理与优化系统,对重点装置实施异常工况报警与 HAZOP 分析,给出操作建议;对重点装置和罐区的关键操作过程建设操作导航,给出操作指导。

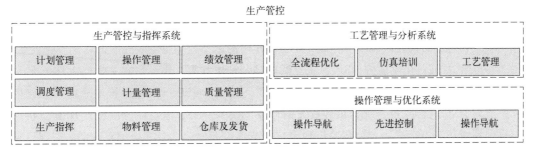

图 7-15 生产管控智能化

7

③ 资产管理智能化　图 7-16 所示为资产管理智能化的具体内涵，主要包括设备全生命周期管理、设备可靠性管理与设备健康管理等系统建设。通过建设设备运行监控，支撑设备预知性维修；制定 RCM、RBI、SIS 等维修策略，进行关键绩效指标监控，并通过帕累托分析、度量示图、可靠性分析模型，实现设备的问题分析及故障预测；建设基于二维条码和 RFID 技术的物资仓库实物管理，通过批次管理和 MRP 自身的运算逻辑，实现责任主体追踪。

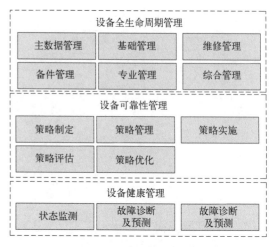

图 7-16　资产管理智能化

④ 能源管理智能化　图 7-17 所示为能源管理智能化的具体内涵，主要建设能源供应链监控与分析和一体化优化系统。通过建立动力锅炉、汽轮机、减温减压器、除氧器等设备及汽、电模型，实现动力在线优化；对瓦斯、氢气建立产、耗模型、管网模型、调度优化模型，开发成本核算、管网在线模拟、装置消耗预测模型，实现瓦斯、氢气管网监测与模拟优化。

⑤ HSE 管理智能化　图 7-18 所示为 HSE 管理智能化的具体内涵，主要包括应急状态下的指挥与协调和日常状态下的规范管理与移动监管。通过扩充安全环保及应急指挥系统：在 HSE 系统中新增环境排放监控、关键装置要害部位监控和职业危害场所监控；在应急指挥系统中新增三维事故模拟和三维虚拟演练等功能。

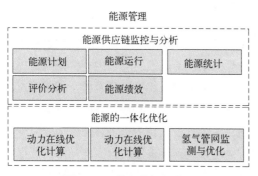

图 7-17　能源管理智能化

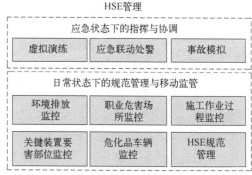

图 7-18　HSE 管理智能化

7.5.2　HSE 管理智能化建设

HSE 管理的智能化建设对于提高化工企业风险防范能力和应急响应能力具有重要意义。图 7-19 所示为某石化企业的 HSE 管理智能化建设总体方案，建设内容主要包括 HSE 日常操作管理、HSE 运行监控、应急指挥三个模块。其中，HSE 日常操作管理系统和应急指挥系统为 HSE 运行监控系统提供装置数据与报警数据；HSE 运行监控系统为 HSE 日常操作管理系统和应急指挥系统反馈监控视频数据与巡检数据，三个模块相互联动，实现日常 HSE 运行过程监控预警和事故状态下的应急辅助决策，支撑全面可控的 HSE 管理。

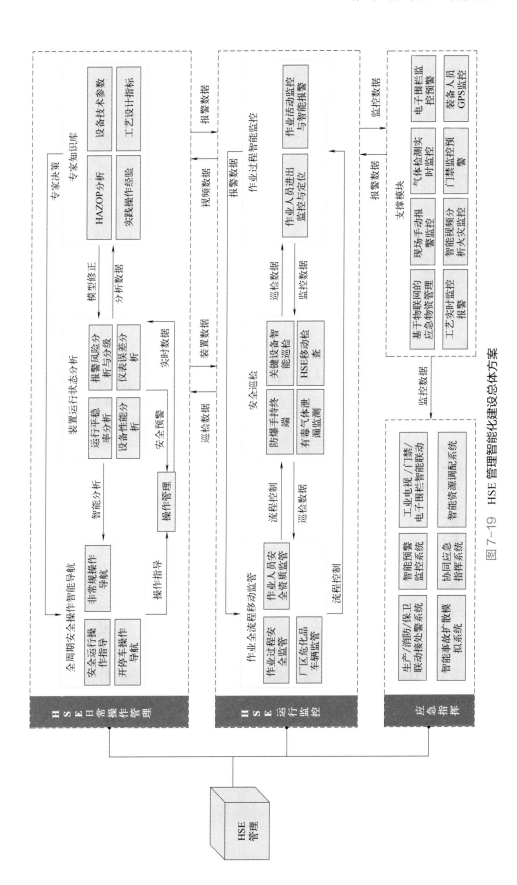

图7-19　HSE管理智能化建设总体方案

（1）HSE 日常操作管理系统

HSE 日常操作管理系统以装置运行状态分析为核心，通过建立包括设备技术参数、工艺设计指标、HAZOP 分析以及实践操作经验等内容的专家知识库，对装置运行平稳率、设备性能、仪表误差、报警风险等分析模型进行修正；通过分析实时采集的操作数据，形成全周期安全操作智能导航建议，包括安全运行操作指导、非常规操作导航以及开停车操作导航等。

（2）HSE 运行监控系统

HSE 运行监控系统主要包括作业全流程移动监管、安全巡检和作业过程智能监控。通过防爆手持终端、有毒气体泄漏监测、关键设备智能巡检以及 HSE 移动检查获得 HSE 管理的巡检数据；通过作业人员进出监控与定位和作业活动监控与智能报警实现作业过程安全监管、厂区危化品车辆监管和作业人员安全资质监管等作业全流程移动监管。

（3）应急指挥系统

应急指挥系统基于气体检测实时监控、工艺实时监控报警、智能视频分析火灾监控、现场手动报警监控、门禁监控预警、电子围栏监控预警、装备人员 GPS 监控、物联网应急组织管理等支撑模块，实现生产/消防/保卫联动接处警、智能资源调配与协同应急指挥。

以 HSE 运行监控和应急指挥子系统为例介绍建设任务。

（1）HSE 运行监控系统建设

HSE 运行监控系统建设任务主要包括开展关键装置要害部位全面监控，综合分析关键装置要害部位设备运行、工艺操作、HSE 管理、工业电视等方面的数据，基于 GIS 的三维工厂实现风险和异常情况的预警提示和信息主动推送；开展职业危害场所的全面监控，综合分析实时监测、职业危害检测等方面的数据，基于 GIS 的三维工厂实现异常超标的预警提示和信息主动推送；结合企业环境在线监测数据、LIMS 系统数据，实现外排污水烟气、环保设施排放的综合监测和异常报警提示、原因分析和信息主动推送。

① 环境排放监控　环境排放监控以环境排放管理为核心，实时动态监控超标情况，并给出原因分析结果。通过采集 LIMS、在线监测系统中外排废水废气、生产过程环境监测等数据，针对环境排放超标情况进行监控分析，设计开发环境排放监控日报和月报模型，同时结合超标原因分析专家知识库，实现环境排放从装置、污水处理设施到外排口全方位的报警监控，为原因分析和管理处置提供分析依据。

② 关键装置要害部位监控　关键装置要害部位监控以关键装置要害部位管理为核心，实现其综合监控与报警的主动推送。基于企业三维工厂模型，采集集成与该关键装置要害部位相关的视频、工艺参数、检测分析、装置异常工况报警及处置数据；关键装置基本信息，领导活动记录信息，关键装置相关的问题、隐患、事故等相关数据，利用数据综合分析模型，实现数据监控展示和报警的主动推送。

③ 职业危害场所监控　职业危害场所监控以实现职业危害场所的综合监控，支持职业

危害场所的智能监管为目标。基于企业三维工厂模型，采集集成与职业危害场所相关的实时监控视频、职业卫生检测数据、超标点数据等，利用数据综合分析模型，实现数据监控展示和报警的主动推送。

（2）应急指挥系统建设

① 应急资源调配 应急资源调配以资源调配为核心，实现事故场景下资源调配决策。收集突发事件各种关键信息，开发事故应急指挥辅助模型，模型中涵盖预案匹配与启动、事故模拟、资源调配和智能数据分发，实现事故过程中的全过程应急指挥。

② 三维事故模拟 三维事故模拟为应急指挥提供决策依据。通过采集企业装置和设备数字化信息，在三维数字化工厂的基础上，开发事故模拟三维模型，模拟典型事故的发生、发展过程。

③ 三维应急虚拟演练 三维应急虚拟演练为应急演练和预案完善提供依据。通过采集企业装置和设备数字化信息，在三维数字化工厂的基础上，开发虚拟演练模型，实现企业分角色协同的应急预案数字化推演。

 本章小结

本章主要介绍我国"互联网＋危化安全生产"规划的总体建设方案，包括企业应用场景、化工园区应用场景和政府应用场景的建设目标与建设内容、需要开发和完善的工业 App 以及支撑危化安全生产管理的工业机理模型；介绍危化企业安全风险智能化管控平台的建设内容，包括系统和网络架构、数据体系、系统信息安全体系等；介绍危化企业安全风险管控应用服务的数字化建设，结合应急管理部发布的最新应用指南，对危险化学品企业双重预防机制的数字化建设的主要任务，以及特殊作业许可与作业过程管理系统、智能巡检系统、人员定位系统的设计要求和系统功能进行总结。在以上基础上，进一步介绍了智能化设备全生命周期管理技术，包括设备全生命周期管理系统功能和设备资产完整性管理数字化平台的设计与应用；最后，结合工程实际案例介绍了智能工厂建设的核心业务领域与典型智能化应用以及 HSE 管理智能化建设的相关内容。

 思考题

1. "工业互联网＋危化安全生产"的总体建设目标是什么？企业、化工园区和政府应用场景"工业互联网＋危化安全生产"的建设内容有哪些联系？

2. 危化生产涉及的主要工业 App 和工业机理模型有哪些？

3. 危化企业安全风险智能化管控平台系统架构包括哪几层？各层的主要功能是什么？

4. 危险化学品企业双重预防机制数字化建设的主要任务包括哪些？

5. 简述特殊作业许可与作业过程管理系统的总体设计要求和系统功能。

6. 简述智能巡检系统的总体设计要求和系统功能。

7. 简述人员定位系统的总体设计要求和系统功能。

8. 设备全生命周期管理包括哪些内容？

9. 智能工厂建设一般涉及哪些业务领域？ 5 种典型智能化应用主要包括哪些内容？

10. HSE 管理智能化建设主要包括哪些内容？

 参考文献

[1] 工业和信息化部，应急管理部 .《"工业互联网 + 安全生产"行动计划（2021—2023 年)》[Z].
     2020-10-10.
[2] 国务院安全生产委员会 .《"十四五"国家安全生产规划》[Z]. 2022-4-6.
[3] 应急管理部办公厅 .《"工业互联网 + 危化安全生产"试点建设方案》[Z]. 2021-3-28.
[4] 应急管理部办公厅 .《化工园区安全风险智能化管控平台建设指南（试行)》[Z].2022-1-29.
[5] 应急管理部办公厅 .《危险化学品企业安全风险智能化管控平台建设指南（试行)》[Z].2022-1-29.
[6] 应急管理部办公厅 .《"工业互联网 + 危化安全生产"智能巡检系统建设应用指南（试行)》[Z].
     2021-9-10.
[7] 应急管理部办公厅 .《"工业互联网 + 危化安全生产"特殊作业许可与作业过程管理系统建设应用
     指南（试行)》[Z]. 2021-9-10.
[8] 应急管理部办公厅 .《"工业互联网 + 危化安全生产"人员定位系统建设应用指南（试行)》[Z].
     2021-9-10.
[9] 应急管理部危化监管一司 .《危险化学品企业双重预防机制数字化建设工作指南（征求意见稿)》
     [Z]. 2022-1-20.
[10] 应急管理部危化监管一司 .《"工业互联网 + 危化安全生产"设备完整性管理与预测性维修系统
     建设应用指南（试行)》[Z].2023-3-1.
[11] 夏向阳，尹飞，睢星飞，等 . 设备资产完整性管理数字化平台设计与应用 [J]. 设备管理与维修 .
     2023（2）：89-91.
[12] 覃伟中，谢道雄，赵劲松，等 . 石油化工智能制造 [M]. 北京：化学工业出版社，2021: 194-249.
[13] 张勇 . 物联网智慧安监技术 [M]. 北京：清华大学出版社，2019: 1-23.